KB261530

마인드맵으로 술술 풀어 가는
용어 사전 생명과학

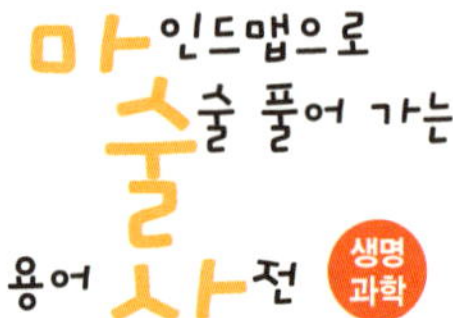

초판 1쇄 발행 2013년 3월 11일

지은이 전성호, 오정민

펴낸이 김선기
펴낸곳 (주)푸른길
출판등록번호 제16-1292호
출판등록일자 1996년 4월 12일
주소 (137-060) 서울시 서초구 방배동 1001-9 우진빌딩 3층
전화 번호 02-523-2907
팩스 번호 02-523-2951
홈페이지 www.purungil.co.kr
이메일 주소 pur456@kornet.net

ISBN 978-89-6291-224-1 44470

이 도서의 국립중앙도서관 출판시도서목록(CIP)은 서지정보유통지원시스템 홈페이지(http://seoji.nl.go.kr)와 국가자료공동
목록시스템(http://www.nl.go.kr/kolisnet)에서 이용하실 수 있습니다.(CIP제어번호: CIP2013001096)
책값은 뒤표지에 있습니다.

지은이 **전성호 · 오정민**

푸른길

머리말

우리 인류의 삶의 모습을 크게 변화시킨 역사적 사건이 세 가지 있습니다. 첫 번째가 신석기 시대의 농업 혁명, 두 번째가 근대의 산업 혁명, 그리고 세 번째가 현대의 정보 혁명입니다. 돌도끼를 사용하여 사냥을 하던 초기 인류는 신석기 혁명 시기에 농사를 하기 위한 정교한 도구를 만들기 시작하였고, 과학과 기술을 발달시켜 산업 혁명 시기에는 풍요로운 물질문명의 혜택을 누리게 되었습니다. 그 후 현대의 인류는 과거 우리 조상이 들고 다녔던 돌도끼 대신에 첨단 과학 기술의 집약체인 스마트폰을 들고 다니는 신세계에서 살게 되었습니다. 1980년 미국의 미래 학자 앨빈 토플러가 『제3의 물결』이란 저서를 통해 21세기의 후기 산업화 사회를 정보 혁명의 혜택을 누리는 정보화 사회로 예견했던 것이 정확히 들어맞은 것입니다. 이 모든 역사적 변화에는 항상 과학의 힘이 작용해 왔습니다. 또한 미래의 우리 인류가 삶의 모습을 변화시킬 때도 역시 과학의 힘을 빌려야 가능할 것입니다. 그러므로 미래의 변화된 세상 속에서 뒤처지지 않게 살기 위해서는 과학을 공부하고 과학적 소양을 갖추는 것이 반드시 필요할 것입니다.

학교에서 배우게 되는 과학은 자연 현상과 사물에 대해 호기심을 갖고 그 호기심을 풀기 위해 해답을 찾아가는 과정이며, 그 과정 속에서 새롭게 체득하게 되는 지식입니다. 우리가 지금 학교에서 배우는 과학 교과서는 지난 수백 년 동안 인간이 호기심을 갖고 그 호기심을 풀어 간 땀의 결과물입니다. 한 권의 과학 교과서 안에는 자연의 본질을 알기 위해 노력했던 수많은 과학자들의 고민과 노력과 그들의 혜안이 집약되어 있는 것입니다.

과학 교사의 입장에서 과학을 가르칠 때 학생들에게 과학 현상에 대한 인과 관계를 이해시키는 일은 단순한 결과적 지식을 제시하는 것보다 더 우선해야 합니다. 또한 과학사적 관점에서 무엇이 과학자들로 하여금 그러한 과학 현상의 인과 관계를 설명하게끔 노력하게 만들었는지에 대한 상황 제시 또한 중요합니다. 학생들에게 활자화된 피상적 과학이 아니라 과학하는 법—과학적으로 생각해 보는 법, 과학을 즐기는 법—을 가르쳐 줄 수 있기 때문입니다.

학생의 입장에서 과학을 공부할 때 가장 중요한 것 중의 하나는 정확한 과학 용어의 의미를 학습하는 것입니다. 외국어로 쓰여진 문장을 해석하여 전체적인 내용을 알기 위해서는 단어 하나하나의 뜻을 알아야 하듯이, 어려운 과학 이론을 공부하기 위해서는 과학의 각 분야에서 정의 내리고 있는 용어의 뜻을 정확히 알고 있어야만 과학 현상에 대한 정확한 원리 이해가 가능합니다. 하지만 교과서로 과학을 공부하며 따로 과학 용어를 정리하는 것은 학생의 입장에서 쉽지 않습니다. 학생들을 위한 영어 단어책은 있지만 과학 용어책은 없는 것이 현실입니다. 이에 현장 경험을 바탕으로 과학 용어에 대한 별도의 서적이 필요함을 느끼게 되었고, 과학을 가르치는 교사와 과학을 배우는 학생의 입장을 모두 고려하여 이 책을 집필하게 되었습니다.

이 책의 특징은 다음과 같습니다. 첫째, 2011년에 2009 개정 교육 과정에 따라 새롭게 나온 교과서에 맞는 과학 용어를 사용하였습니다. 둘째, 생물 교과서의 명칭이 생명 과학으로 바뀜에 따라 새로 나온 생명 과학Ⅰ, 생명 과학Ⅱ 교과서 중에서 학생들이 가장 많이 접하는 생명 과학Ⅰ 교과서에 있는 용어들을 먼저 소개하였습니다. 셋째, 마인드맵 기법을 사용하여 전체 구조를 파악하고 용어가 전체 구조의 어떠한 위치에 있는지 쉽게 알 수 있도록 구성하였습니다. 넷째, 한자와 원어를 동시에 표기하여 그 의미를 더 잘 알 수 있도록 하였습니다. 다섯째, 용어의 설명을 스토리텔링 방식을 이용하여 쉽게 이해하도록 풀어 썼습니다. 마지막으로, 각 이야기의 끝에 있는 'Tip' 코너에서는 주제어와 연관된 추가 사항을 소개하여 학습에 좀 더 도움이 되도록 구성하였습니다.

무엇보다도 이 책의 장점은 과학 용어를 공부하는 동안 과학 이론을 동시에 공부할 수 있다(easy study)는 것입니다. 또한 각 주제어가 한두 페이지 분량으로 구성되어 있어서 짧은 시간 동안 읽을 수 있는(easy reading) 장점도 있습니다. 학업으로 바쁜 와중에도 책을 읽어야 하는 학생들에게 알맞은 구성이라고 생각합니다. 부디 이 책이 생명 과학을 공부하는 모든 이들에게 좋은 길잡이 역할을 하기를 기원합니다.

많이 고민하며 정성을 들여 이 책을 집필하는 데에 2년이라는 시간이 흐르게 되었습니다. 어려운 과정 속에서 출판에 도움을 주신 이두현 선생님, 함께 집필하며 노력해 주신 오정민 선생님, 이 책의 검토와 교정을 도와준 나의 제자들인 서울대학교 생물교육과의 김재균, 카이스트 생명과학부의 심지은, 그리고 이 책을 출판하도록 결정해 주신 푸른길 출판사의 김선기 사장님, 집필과 편집 기간 동안 너무 애써 주신 염교희 부장님께 진심으로 감사의 마음을 전합니다.

집필자 전성호 씀

차 례

Contents

제3장

항상성과 건강

제4장

자연 속의 인간

생명
과학

생명 과학의 이해

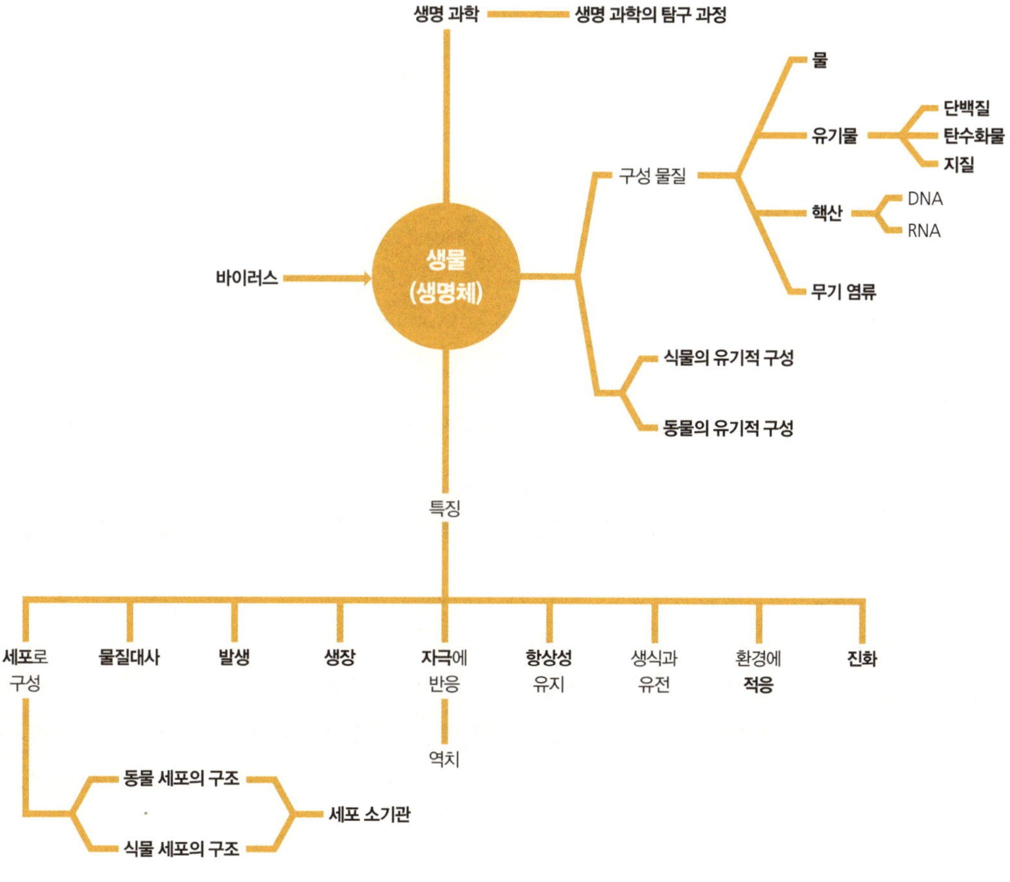

생명 과학 ── 생명 과학의 탐구 과정

구성 물질
물
유기물 ── 단백질 / 탄수화물 / 지질
핵산 ── DNA / RNA
무기 염류

식물의 유기적 구성
동물의 유기적 구성

바이러스 → 생물 (생명체)

특징
세포로 구성
물질대사
발생
생장
자극에 반응 ── 역치
항상성 유지
생식과 유전
환경에 적응
진화

세포로 구성
동물 세포의 구조 ── 세포 소기관
식물 세포의 구조

주제 **1**

생명 과학 〔살 생 生, 목숨 명 命, 과목 과 科, 배울 학 學〕
life science

생명 현상을 종합적으로 연구하는 학문

마인드 맵

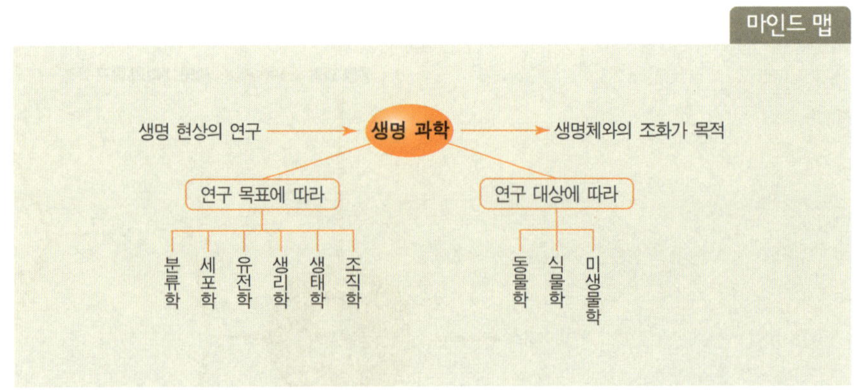

■**생물학**(生物學): 다양한 생물의 구조와 기능을 연구하는 학문.

■**화학**(化學): 물질의 성질과 조성, 구조 및 그 변화를 다루는 학문.

■**물리학**(物理學): 물질의 물리적 성질과 물체의 운동, 열, 소리, 빛, 전기 에너지 등의 모든 현상과 구조 등을 연구하여 그 사이의 관계·법칙을 밝히려는 학문.

생명 과학은 생명에 관계되는 여러 가지 현상을 종합적으로 연구하는 학문으로 생물학■, 화학■, 물리학■ 등과 같은 순수 자연 과학뿐 아니라 의학, 심리학 등과 같은 여러 학문과도 관련이 있다. 생명 과학의 주된 연구 목적은 생명에 관련된 자연의 탐구이다.

생명 과학이라는 말은 미국에서 시작된 용어인 '라이프 사이언스life science'를 한자로 번역한 말로, 생명의 신비를 연구하고 밝혀내어 그 성과를 올바른 방법으로 이용함으로써 인류의 복지와 지구에 존재하는 생명체와의 조화를 이루고자 하는 종합적인 과학이라고 할 수 있다.

또 생명 과학은 고등학교 과학 교과 과목 중의 하나를 일컫는 말2012년부터 '생물'에서 '생명 과학'으로 교과명이 바뀌었음이기도 하며, 대학교에도 '생명 과학부'라는 명칭의 학부가 존재한다.

◀ 2012년 개정판 고등학교
생명 과학 교과서

생명 과학은 종종 생명 공학과 같은 의미로 사용되기도 하지만 이는 잘못된 것이다. 생명 공학은 생물체의 기능이나 특성 및 생명 활동에 대한 연구를 통해 인간에게 필요한 것을 만들어 내는 것이 그 목적으로, 생명 현상을 종합적으로 연구하는 생명 과학과는 다르다.

각 대학의 전공 학부 중에서 '생명 과학부'가 있는데, 이 학부로 진학하는 경우에 배우는 전공 교과로는 세포생물학, 생화학, 분자생물학, 유전학, 발생생물학, 신경생물학, 생물물리학 등과 같은 생명체에 대한 이해와 기초 지식을 습득할 수 있는 기초 생명 과학 과목과 세포공학, 생물공학, 유전공학, 식품공학, 환경공학 등의 생명 공학 과목이 있다.
생명 과학부를 졸업한 후의 진로로는 환경부 및 보건 복지부를 비롯한 정부 기관에서 일하는 공무원이 될 수도 있고, 의학·치의학·약학 전문 대학원으로 진학하거나 식품, 비료, 화장품 및 생명 공학 제품을 다루는 업체에 지원할 수 있다. 또 환경 관련 업종에 종사하기도 하며, 박사 과정 이상을 밟은 학생들은 대학 교수가 되기도 한다.

생물(생명체)

〔살 생 生, 만물 물 物(살 생 生, 목숨 명 命, 몸 체 體)〕
a living thing, a creature, an organism

생명 활동을 하는 모든 것

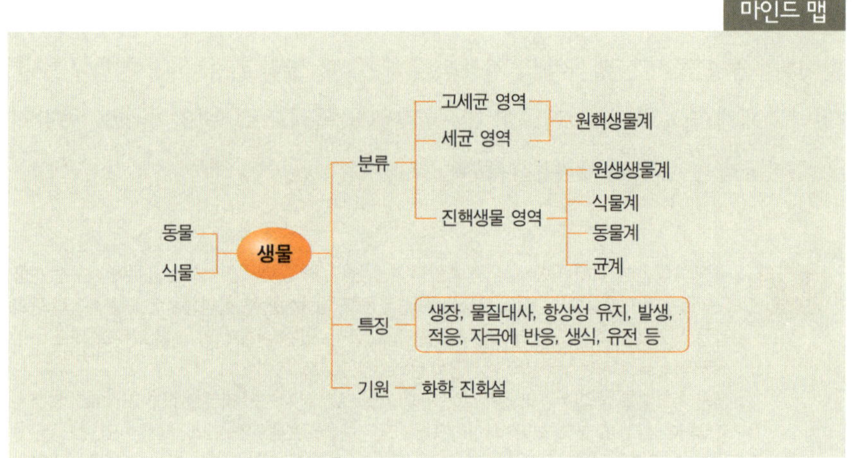

생명체 또는 생물은 살아 있는 모든 것을 총칭하는 말로, 보통 동물과 식물 등 모든 살아 있는 존재를 두루 일컫는다. 생명체는 가장 작게는 박테리아세균부터 고래, 코끼리, 사람 등에 이르기까지 다양한 생물이 존재하며, 생명체들끼리 복잡한 관계를 맺고 있다.

생명체는 다른 말로 생물체 또는 유기체라고도 하며 크게 3영역 5계로 분류하는데 3영역은 고세균 영역Archaebacteria과 세균 영역Bacteria, 진핵생물 영역Eukarya이고, 5계는 원핵생물계, 원생생물계, 식물계, 동물계, 균계로 나뉜다.

생물은 세포라는 구조적·기능적 기본 단위로 이루어져 있으며, 무생물과는 달리 자기 증식 능력생장, 에너지 변환 능력물질대사, 항상성 유지 능력이라는

3가지 능력을 가지고 있다. 또한 생물은 자극을 주면 반응을 하고, 자식을 낳으며생식, 자손에게 유전자를 전달하는 등 무생물과 확연히 구별되는 특징이 있다.

생명체를 이루는 중요한 구성 성분으로는 물, 단백질, 지질, 탄수화물, 핵산nucleic acid: 유전 물질로 DNA와 RNA 2종류가 있음 등이 있으며, 로버트 훅Robert Hooke이 처음 세포를 발견했을 때 이를 작은 방cell으로 이름 붙인 것처럼, 세포는 경계가 있는 공간으로 바깥 세계로부터 내부를 격리시켜 하나 또는 여러 개가 서로 모여 생물체를 형성한다.

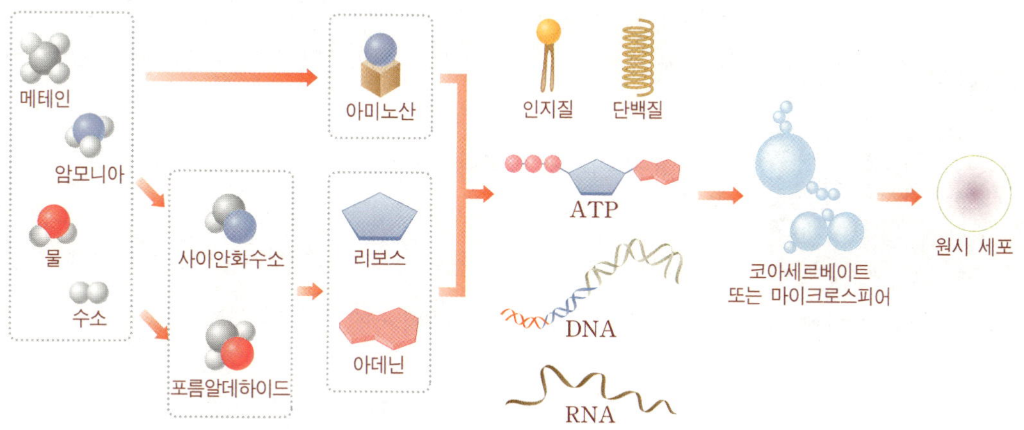

▲ 화학 진화설

주제 **3**

세포 〔가늘 세 細, 세포 포 胞〕
cell

생물체를 구성하고 생명 활동이 일어나는 구조적·기능적인 기본 단위

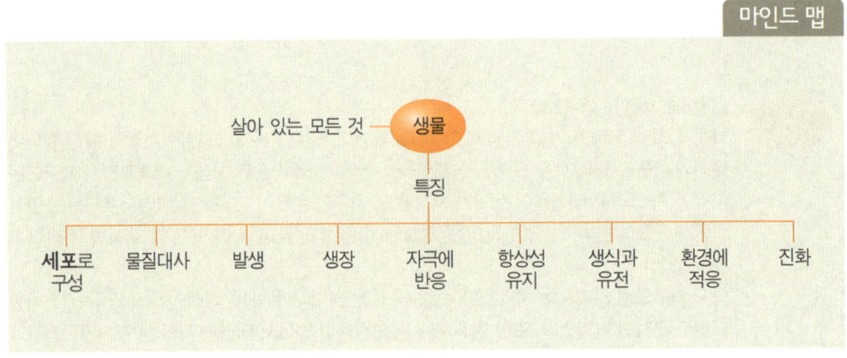

세포란 생물을 구성하는 구조적 단위이며 생명 활동이 일어나는 기능적 단위로서, 모든 생물은 세포로 이루어져 있다. 하나의 세포로 이루어진 생물을 '단세포 생물'이라고 하는데 그 예로 짚신벌레, 아메바 등이 있다. 대부분의 생물은 '다세포 생물'로서 수많은 세포로 이루어져 있으며 코끼리, 사람, 각종 식물 등이 여기에 속한다. 다세포 생물은 체계적인 구성으로 이루어지는데 세포 → 조직 → 기관 → 개체의 순으로 구성된다.

세포는 원형질막으로 둘러싸인 단위체로서 막 내부는 핵과 여러 화학 물질을 포함하고 있는 수용액세포질(cytoplasm)으로 채워져 있고, 성장과 분열을 통해 스스로 복제할 수 있다.

세포는 어떻게 생겨났을까? 가장 작은 화학적 단위인 원자가 서로 결합하여 분자가 되고 다양한 분자들 간의 결합으로 막이 형성되어 그 막 안에 다양한 분자가 갇혀 상호 작용을 하게 되면서 원시 생명체의 기원이 되는 물질들이 생겨나고 그 안에 유전 물질인 핵산이 들어가면서 세포가 생겨났으며, 바

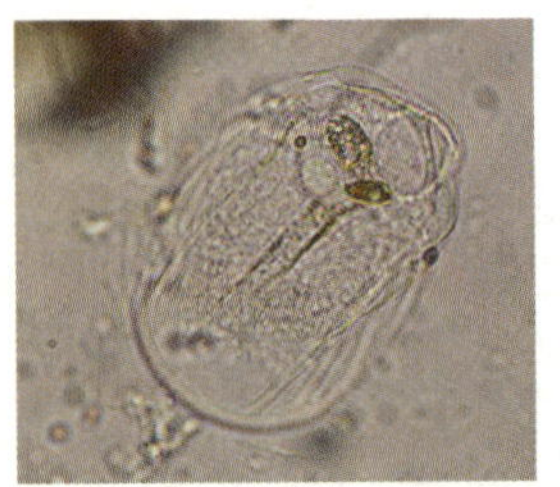

▲ 단세포 생명체인 아메바의 모습

로 이 세포가 모든 생명체의 기본 단위가 되었다고 하는 '화학 진화설'로 대부분의 과학자들이 세포의 출현 과정을 설명한다.

세포는 생명체가 가진 기본 특징인 에너지를 만들고 자신을 복제하는 데 매우 효율적이어서 생겨난 후부터 생명체를 이루는 단위가 되었다. 세포의 종류는 감각세포sensory cell, 줄기세포stem cell 등 수십여 종인데, 가장 간단한 생물체의 형태는 단세포 생물로 단 한 개의 독립된 세포로 구성되어 있다.

인간은 한 개의 세포인 수정란이 성장과 분열을 반복하여 형성된 여러 종류의 다수의 세포로 이루어진 집합체로, 약 60조 개의 세포로 이루어져 있다. 인간의 몸에서 가장 큰 세포는 난자ovum로 100~150㎛▪이며, 가장 긴 세포는 신경세포nerve cell로 무려 1m나 되는 것도 있다. 타조 알은 지구상에서 가장 큰 세포10cm 이상로 알려져 있다.

▪ ㎛(마이크로미터): 1㎛=1/1,000㎜

원핵세포와 진핵세포

세포는 진화 정도에 따라 원핵세포와 진핵세포로 구분된다. 원핵세포는 대부분 세균이거나 세균을 구성하는 세포로, 핵막이 없고 막성 소기관▪이 존재하지 않는다. 원핵세포에서 진화한 진핵세포는 대부분의 동식물을 구성하며, 막으로 이루어진 세포 소기관을 갖고 있고 크기도 원핵세포보다 크다.

▪**막성 소기관**: 막으로 이루어진 골지체, 소포제, 미토콘드리아 등과 같은 소기관을 통칭하는 말.

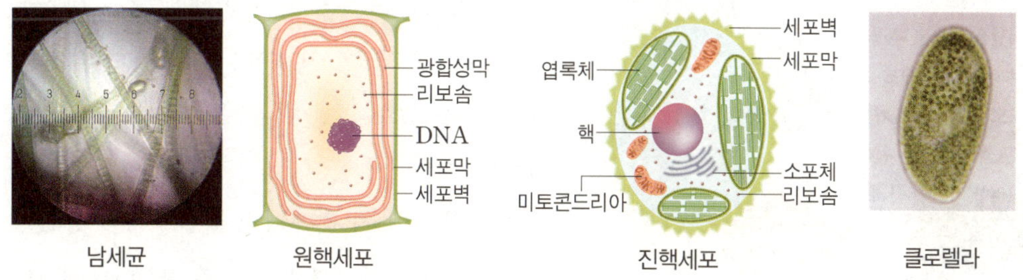

▲ 원핵세포와 진핵세포

세포를 관찰할 때는 대개 빛을 이용하는 광학 현미경(optical microscope)을 사용한다. 또한 연구실 등에서는 광학 현미경 이외에도 전자파를 이용하는 주사 전자 현미경(scanning electron microscope: 입체 구조 관찰)이나 투과 전자 현미경(transmission electron microscope: 세포 내부 관찰)을 사용하여 세포를 관찰하며, 대물 마이크로미터와 접안 마이크로미터를 이용하여 세포 하나의 크기를 측정할 수도 있다.

주제 **4**

물질대사

〔만물 물 物, 바탕 질 質, 대신 대 代, 갈아들 사 謝〕
metabolism

생명 활동을 유지하기 위해 생명체 내에서 끊임없이 일어나는 화학 반응

마인드 맵

생명체 내에서 진행되는 물질의 분해·합성과 관련된 화학 반응을 총칭하여 '물질대사'라고 하며 '신진대사' 또는 단순히 '대사'라고도 한다. 생명체는 살아가기 위해 에너지가 필요하며 그 에너지를 환경으로부터 얻는다.

식물은 태양의 빛에너지를 흡수하여 광합성 光合成: 빛에너지를 이용하여 무기물을 유기물로 만드는 과정이라는 작용을 통해 필요한 물질인 당糖 glucose을 직접 만들고 이를 호흡을 통해 분해하여 에너지를 얻는 반면, 동물은 식물이나 다른 동물이 가지고 있는 고분자 유기 화합물을 먹고 호흡을 통해 분해하여 에너지를 얻는다. 동물이 섭취

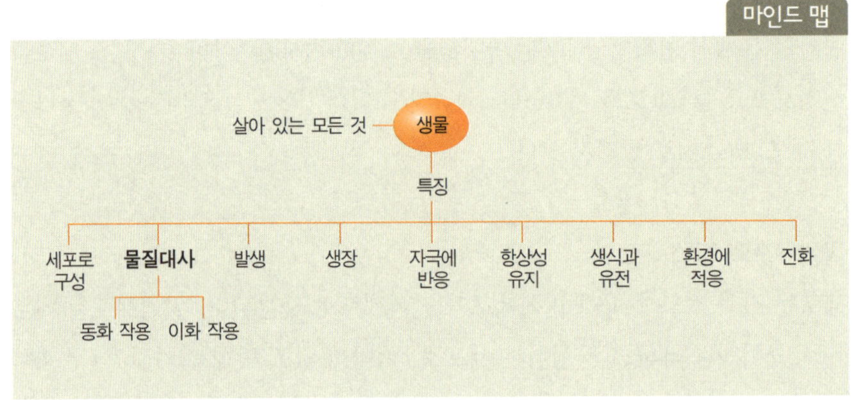

▲ 식물의 광합성과 생명체의 호흡

한 먹이는 소화·흡수 과정을 거쳐 생체에 이용될 수 있는 단순한 화합물로 분
해되고, 이러한 저분자 물질들은 다시 복잡한 화학 반응을 거쳐 필요한 에너
지를 생산해 내며 세포의 구성 요소들을 합성·조립하는 데 사용된다.

　생물의 체내에서 일어나는 이러한 유기 화합물의 모든 화학 반응과 이와 더
불어 일어나는 에너지의 변환을 '물질대사'라고 한다.

　특히 에너지를 이용해 저분자 물질이 고분자 물질로
합성되는 과정을 '동화 작용同化作用 anabolism'이라고 하
는데, 광합성이나 단백질 합성 등이 동화 작용의 예이
다. 또한 고분자 물질이 저분자 물질로 분해되면서 에
너지가 방출되는 과정을 '이화 작용異化作用 catabolism'이
라고 하는데, 세포의 호흡이나 소화 등이 이화 작용의
예이다.

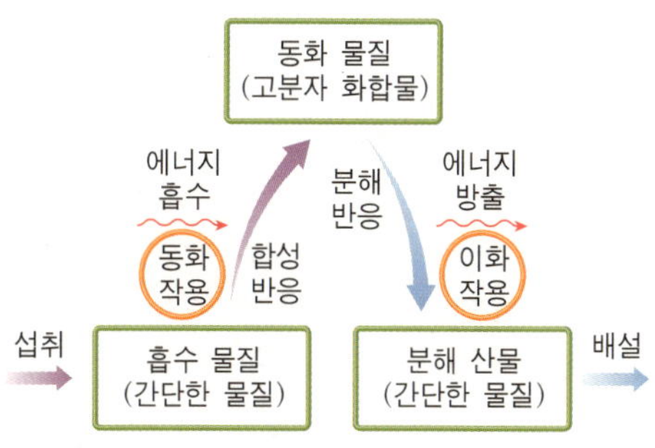

▲ 동화 작용과 이화 작용 모식도

Tip　물질대사가 일어날 때는 에너지가 흡수되거나 방출된다. 이때 효소가 관여하기 때문에 효소의
존재 여부가 생명 활동이 일어날 수 있는지에 대한 척도가 되기도 한다.

주제 **5**

발생 〔필 발 發, 살 생 生〕
development

다세포 생물의 난자와 정자가 결합하여 성체가 되는 과정

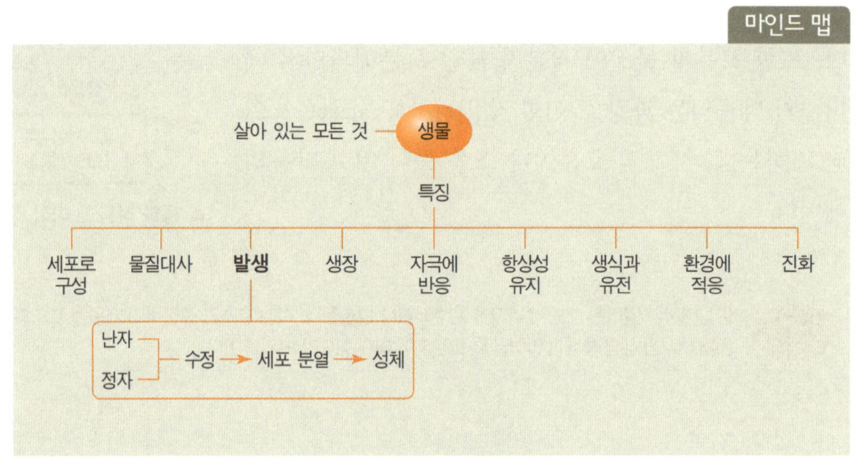

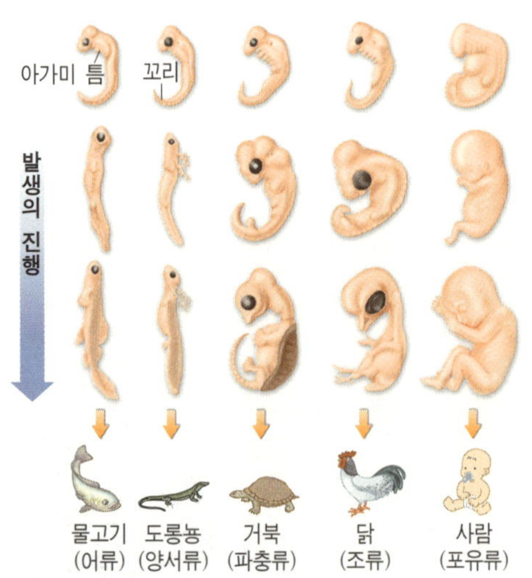

▲ 척추동물의 발생 과정의 비교

다세포 생물은 단세포성인 생식세포난세포 또는 난자, 정세포 또는 정자를 각각 성별에 따라 만든다. 이후 난자와 정자는 서로 만나 결합수정(受精 fertilization)하여 수정란이 된 후 연속적인 세포 분열난할(卵割 cleavage)을 통해 점점 복잡한 체제를 만들어 가는데, 이와 같은 현상을 '개체 발생個體發生'이라고 한다.

개체 발생의 과정

난할은 수정 후 생물의 발생 초기 단계에서 빠르게 일어나는 세포 분열이다. 난할은 세포질의 복제 없이 핵 분열만 진행되므로, 난할 결과 생겨난 세포할구(割球)의 크기는 난할이 진행될수록 점점 작아지게 된다.

이후 초기 배아포배(胞胚 blastula)가 자궁에 착상되면 세포질 복제가 일어나는 세포 분열체세포 분열을 통해 세포 수를 늘려 가면서 생장하여 보다 복잡한 형태인 낭배囊胚 gastrula가 된다.

낭배가 되면 세포들은 형태적·기능적으로 특수화분화(分化 differentiation)가 진행되면서 특이성이 확립되어 외배엽·중배엽·내배엽을 만들고, 각각의 배엽은 여러 조직과 기관으로의 분화를 계속하면서 체제가 더욱 복잡해지고 생장이 계속된다.

외배엽은 표피와 이로부터 분화하여 만들어지는 비늘·각질층·깃털 등과 뇌·척수·신경 및 여러 종류의 감각 기관이 된다. 중배엽은 근육·골격·혈액·순환 기관·배설 기관·생식 기관들로 분화되며, 내배엽은 소화 기관과 그 내상피층·간·이자 등으로 발달하면서 개체 발생이 일어난다.

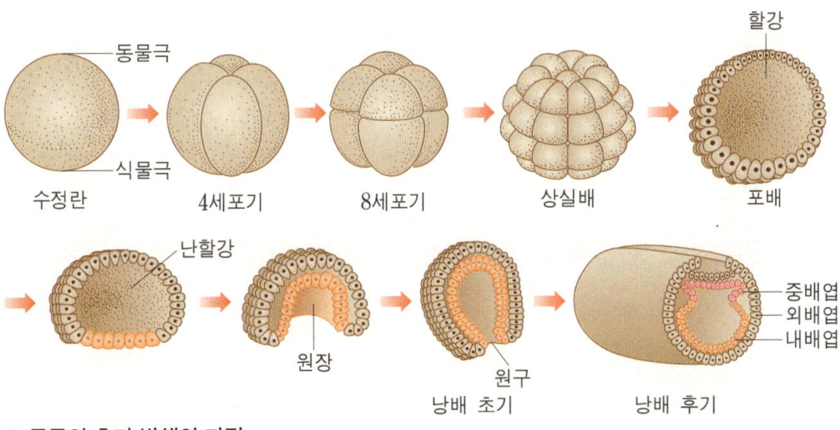

▲ 동물의 초기 발생의 과정

'발생'은 난생(卵生)인 동물(어류, 양서류, 파충류, 조류)의 경우에는 알에서 깨어나기 직전까지이고, 태생(胎生)인 동물(포유류)의 경우에는 어미의 몸에서 출산되기 전까지로 출생 이후는 모두 '생장'이라고 한다.

주제 **6**

생장 〔살 생 生, 길 장 長〕
growth

세포의 크기가 커지거나 그 수가 증가하여 생명체의 크기가
커지거나 자라는 것

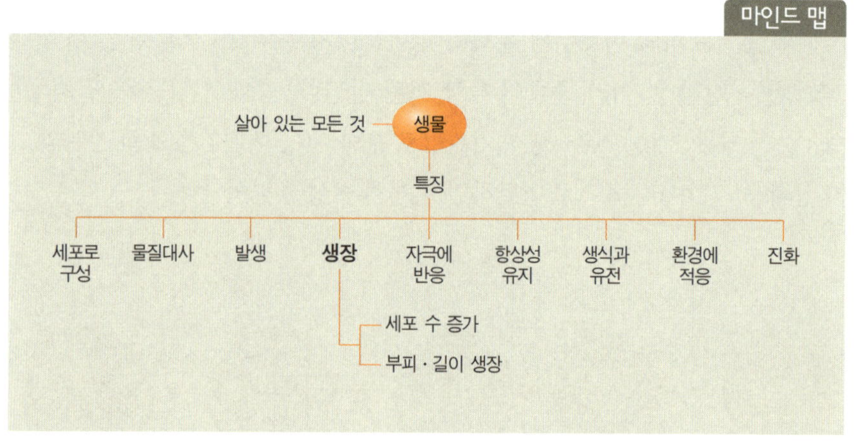

　생명 과학에서 개체 일부의 증가 현상 또는 생명체의 양적·질적인 증가 현상을 '생장'이라고 한다. 다세포로 이루어진 생명체의 생장은 세포 수가 증가하는 것과, 세포 자체의 부피가 커지거나 길이가 길어지는 것의 2가지 경우가 있다.

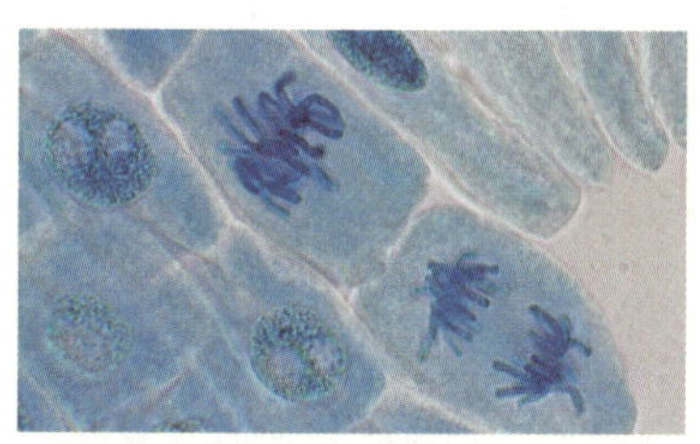
▲ 양파의 뿌리 끝(생장점)에서 일어나는 세포 분열

　세포 수는 체세포 분열을 통해 증가하며, 이 과정에서 유전 물질이 복제되어 모세포에서 2개의 딸세포로 분배된다. 모세포의 세포질이나 세포막, 세포 소기관 등도 유전 물질과 마찬가지로 2배로 늘어난 후 모세포가 균등하게 분열되어 2개의 딸세포가 된다.

　식물 세포의 대부분에서는 세포 분열은 없이 세포의 크기만 증가하는 부피 생장이나 길이 생장이 일어난다. 이때 부피 생장은 식물 세포 내부의 액포液胞라는 주머니에 물이 가득 차서 일어나게 된다. 식물의 세포 분열은 뿌리와 줄기의 끝, 줄기의 분열층과 같은 분열 조직에서만 일어난다.

　동물 세포는 식물에 비해 세포 분열을 하는 생장 부위가 넓으나 생장에 시간적 제한이 있어 성장기에 집중적으로 일어나고, 생장 속도도 부위마다 다르다. 동물 세포에서 성장기 이후의 세포 분열은 기존 세포의 죽음으로 인한 대체 현상에 불과하다.

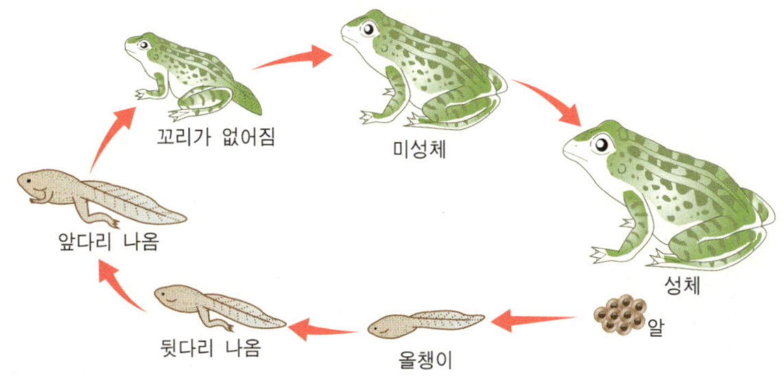

▲ 양서류(개구리)의 발생에서 생장까지

Tip
발생과 생장의 비교
발생은 다세포 생물에서 하나의 수정란이 세포 분열을 통해 세포 수가 증가하고, 세포의 구조와 기능이 다양해지면서 하나의 개체가 되는 현상이다.
예) 수정란 → 난할 → 상실배 → 포배 → 낭배 → 기관 형성(개체)
생장은 발생을 통해 태어난 개체가 세포 분열을 통해 세포 수를 늘려 몸집이 커지고 무게가 증가하는 현상이다.

주제 **7**

자극 〔찌를 자 刺, 창 극 戟〕
stimulus

생물의 세포 · 기관 등에 어떤 반응을 일으키게 하는 변화

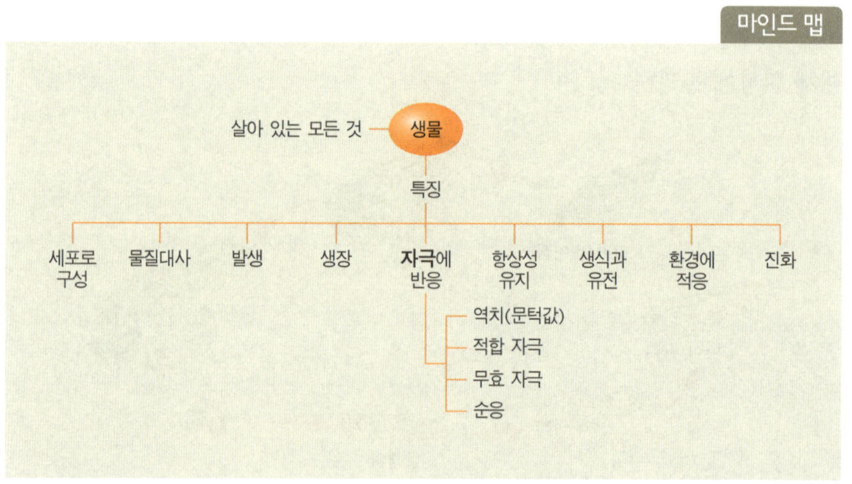

생명체의 눈이나 코, 피부 등과 같은 감각 기관에 작용하여 흥분 또는 반응을 일으키거나 그러한 작용의 요인이 되는 것을 '자극'이라고 한다. 내부 또는 외부의 변화 모두가 자극이 될 수 있으나 어느 정도 이상의 강한 자극만이 반응을 일으킬 수 있는데, 이처럼 반응을 일으킬 수 있는 최소한의 자극의 세기를 '역치閾値' 또는 '문턱값threshold'이라고 한다. 역치는 자극을 받아들이는 세포의 종류에 따라 다르고, 같은 세포일지라도 그 세포가 자극을 받는 상태에 따라서도 달라진다.

역치의 크기는 그 세포가 흥분하기 쉬운지 어려운지를 나타내는데, 역치가 작으면 약한 자극에도 흥분이 일어나고, 역치가 크면 강한 자극을 주어야 흥분이 일어난다. 각각의 감각 기관 또는 수용기자극을 최초로 받아들여 반응을 일으키는 세포들이나 세포들이 모인 기관가 반응할 수 있는 특정한 자극을 '적합 자극適合刺戟 adequate stimulus'이라고 한다.

　생명체에 반응을 일으키는 자극은 그 에너지의 종류에 따라 기계적 자극·화학적 자극·온열적 자극·삼투압 자극·전기적 자극 등으로 구분할 수 있다. 자극을 일으키게 하는 변화라도 그것의 강도가 역치보다 낮으면 흥분을 일으키지 못하는데, 이러한 자극을 '무효 자극'이라고 한다.
　그러나 역치 이상의 강한 자극이 지속적으로 주어지면 감각 기관의 민감성이 변화되어 역치가 상승하므로 감수성이 둔해져 새로운 변화에 적응하게 된다. 이를 '순응adaptation'이라고 하며, 순응이 된 경우에는 더 큰 자극이 주어져야만 느낄 수 있다.

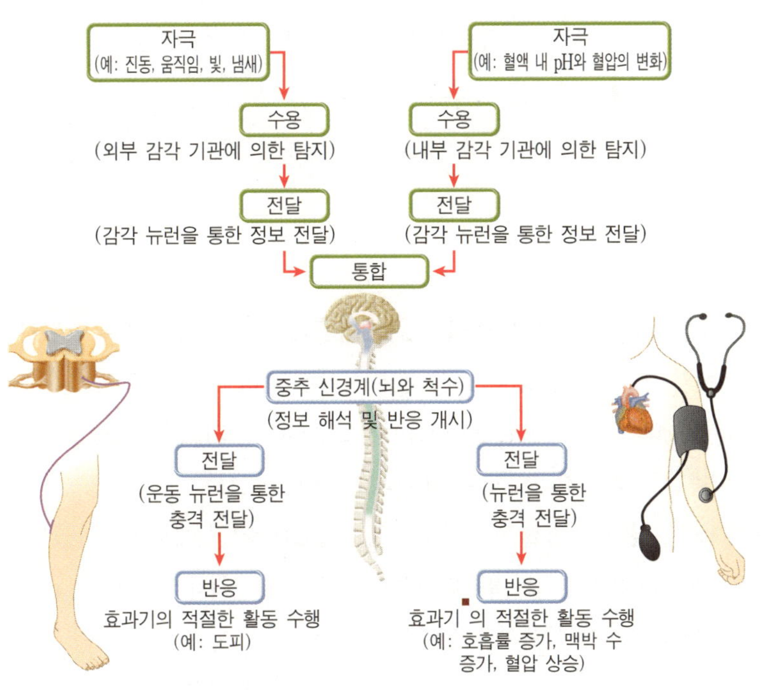

▲ 신경계를 통한 자극의 반응과 경로

■ **효과기**(效果器): 외계의 자극에 능동적으로 작용하기 위한 기관이나 세포.

주제 **8**

항상성 〔항상 항 恒, 항상 상 常, 성질 성 性〕
homeostasis

생물체가 내부 환경을 최적화 상태로 유지하는 자율적인 조절 작용

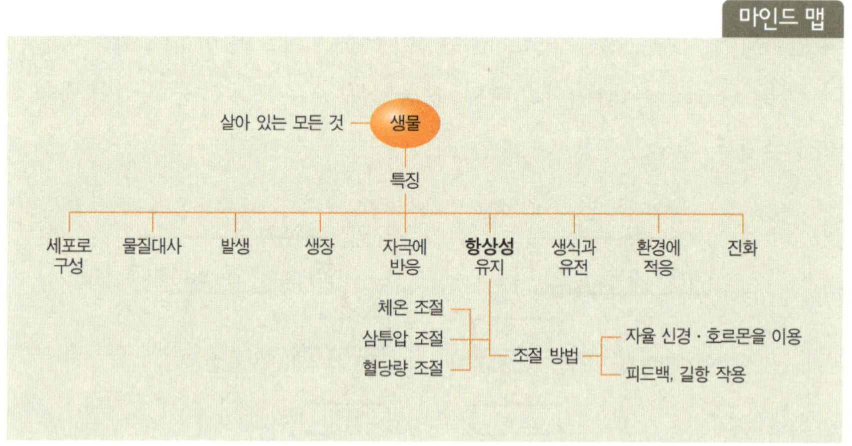

생명체가 여러 가지 환경 변화나 스트레스에 대응하여 내부를 일정하게 유지하려 하는 조절 과정 또는 그 상태를 '항상성'이라고 한다. homeostasis항상성에서 homeo의 의미는 same동일한, 똑같은이고, stasis의 의미는 standing유지하다의 뜻으로 '동일하게 유지하다'라는 용어의 조합이다.

체온 조절, 삼투압 조절, 혈당량 조절 등을 항상성의 예로 들 수 있는데, 생명체의 기능이 효율적으로 일어나 생명을 유지하기 위해서는 체온, pH, 삼투압 등 생화학 성분을 포함해 다른 체내 환경이 항상 어떤 범위 안에서 유지되는 것이 필요하다. 이를 조절하는 과정이 '항상성 유지'이다.

동물에서는 주로 자율 신경교감·부교감 신경이나 호르몬내분비계에 의해 항상성이 조절되고, 피드백▪ 작용과 길항 작용▪을 통해 항상성이 유지되거나 조절된다. 만약 항상성이 깨지면 그 생명체는 병이 생기거나 죽음에 이르게 된다.

▪**피드백**(feedback): 어떤 원인에 의해 나타난 결과가 다시 원인으로 작용하여 그 결과를 줄이거나 늘리는 자동 조절 원리.

▪**길항 작용**(antagonism): 상반되는 2가지 요인이 동시에 작용하여 그 효과를 서로 상쇄시키는 작용.

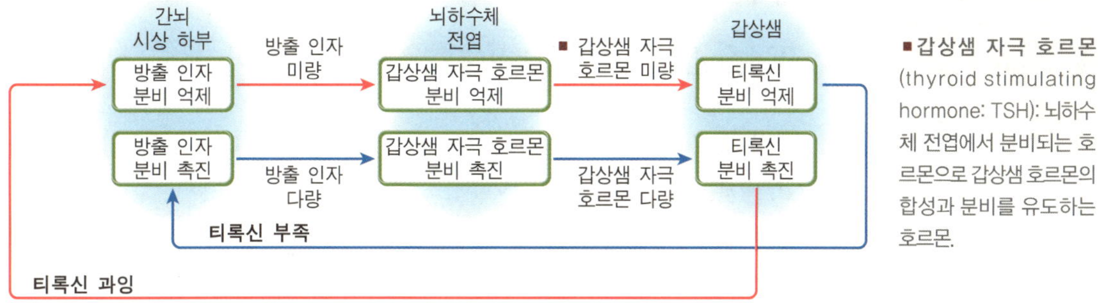

▲ 피드백 작용에 의한 티록신(갑상샘 호르몬)의 분비 조절

■**갑상샘 자극 호르몬**(thyroid stimulating hormone: TSH): 뇌하수체 전엽에서 분비되는 호르몬으로 갑상샘 호르몬의 합성과 분비를 유도하는 호르몬.

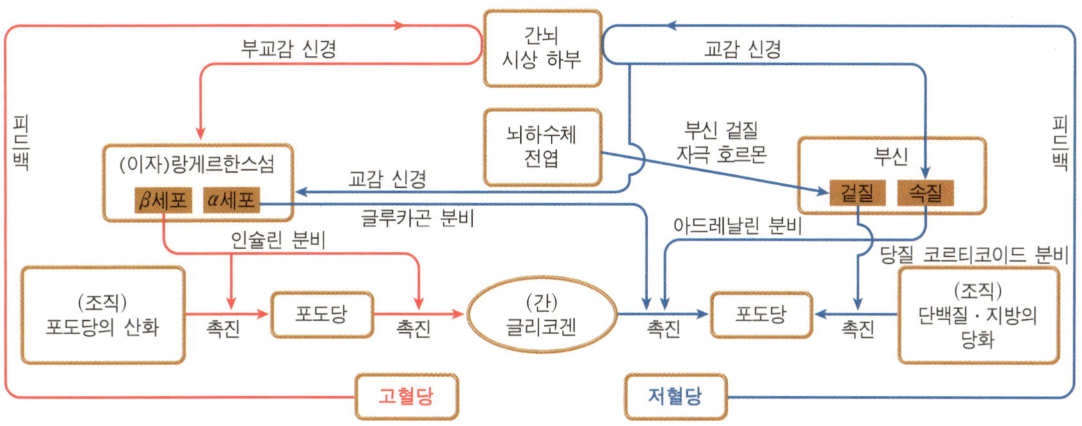

▲ 혈당량의 조절 작용(길항 작용–교감·부교감 신경과 피드백 작용–호르몬을 통하여)

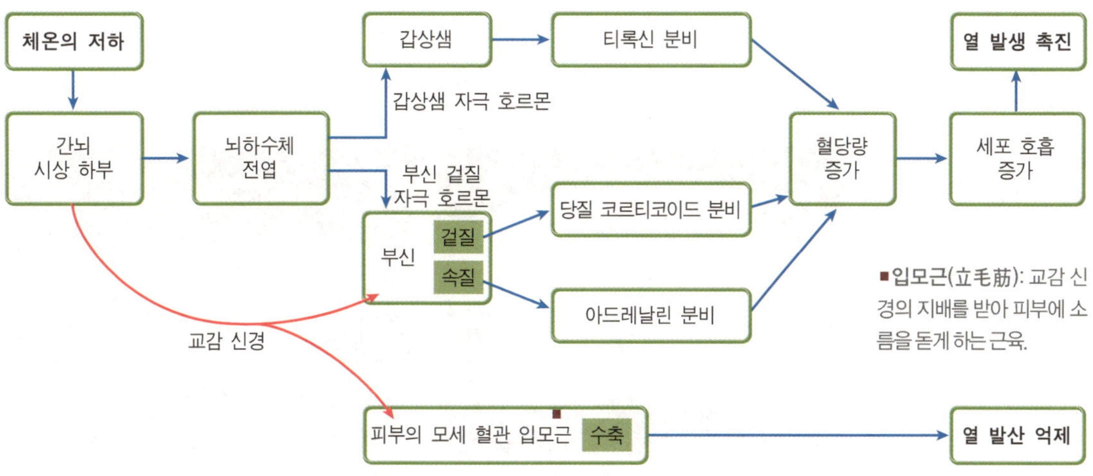

▲ 추울 때의 체온 조절 작용

■**입모근(立毛筋)**: 교감 신경의 지배를 받아 피부에 소름을 돋게 하는 근육.

주제 **9**

적응 〔맞을 적 適, 응할 응 應〕
adaptation

생물체가 환경의 변화에 맞게 자신의 상태나 구조를 끊임없이 변화시키는 과정

마인드 맵

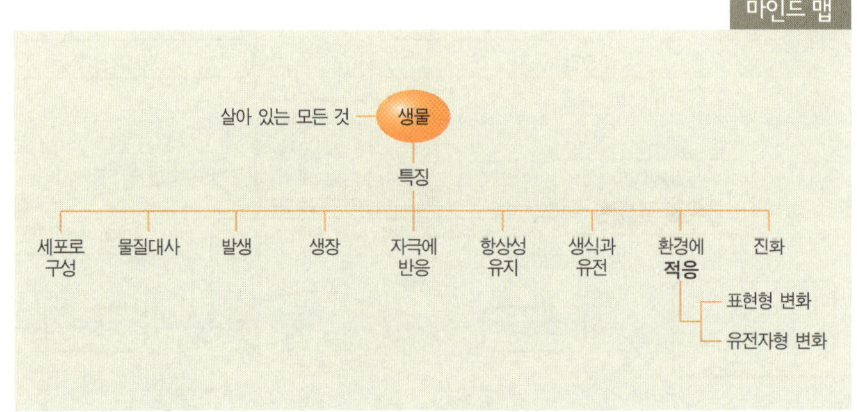

생물체의 형태나 기능, 행동 등이 환경 조건이나 변화에 따라 생활하기 쉽도록 변화해 가는 과정 또는 그러한 개체의 성질을 '적응'이라고 한다. 적응에는 단순히 표현형▪만 변하는 것과 유전자형▪까지 변하는 경우가 있다.

▪**표현형**(表現型): 생물에서 겉으로 드러나는 특성.

▪**유전자형**(遺傳子型): 형질을 나타내는 유전자의 조합을 기호로 표시한 것.

▲ **북극여우**: 열 손실을 줄이기 위해 귀가 작은 반면 열 발생을 늘리기 위해 몸집이 크다.

▲ **사막여우**: 열 발산을 늘리기 위해 귀가 큰 반면 열 발생을 줄이기 위해 몸집이 작다.

적응의 예를 들자면 비좁은 숲에서 위로만 자라던 소나무를 넓은 들에 옮겨 심으면 옆으로 넓게 퍼져 자라게 되는 것과, 사막에서 자라는 선인장의 잎이 점차 가시 모양으로 변하여 수분의 손실을 최소화하도록 된 것 등이 있다.

환경에 대한 적응의 예

① 먹이에 의한 새의 부리 모양의 적응

- 독수리는 부리가 튼튼하고 갈고리처럼 휘어져 있어 고기를 찢기에 알맞다.
- 마도요는 부리가 길고 뾰족하여 갯벌 속의 게를 잡아먹기 쉽다.
- 쏙독새는 부리는 짧지만 부리 주위에 강모_{뻣뻣한 깃털}가 있어 부리를 벌려서 쓸어 담듯 곤충을 잡는다.
- 왜가리는 부리가 가늘고 길어서 머리를 물속에 넣지 않아도 고기를 잡을 수 있다.
- 저어새는 부리가 넓적하여 고기를 뜰채처럼 떠서 잡아먹는다.

② 주위 환경에 의한 생김새의 적응

- **보호색**: 몸의 색깔을 주위와 비슷한 색깔로 변하게 하여 몸을 보호하는 것이다. 개구리, 메뚜기, 배추벌레, 나방, 흰곰, 가재, 게, 플라나리아 등을 예로 들 수 있다.
- **의태**: 몸의 색깔뿐만 아니라 생김새까지 주위 환경과 비슷한 모양을 하는 것을 말한다. 그 예로 자벌레의 몸체는 나뭇가지와 매우 비슷하다.

주제 **10**

진화 〔나아갈 진 進, 될 화 化〕
evolution

생물 집단이 여러 세대를 거치면서 점차 변화해 온 과정 또는 그 변화

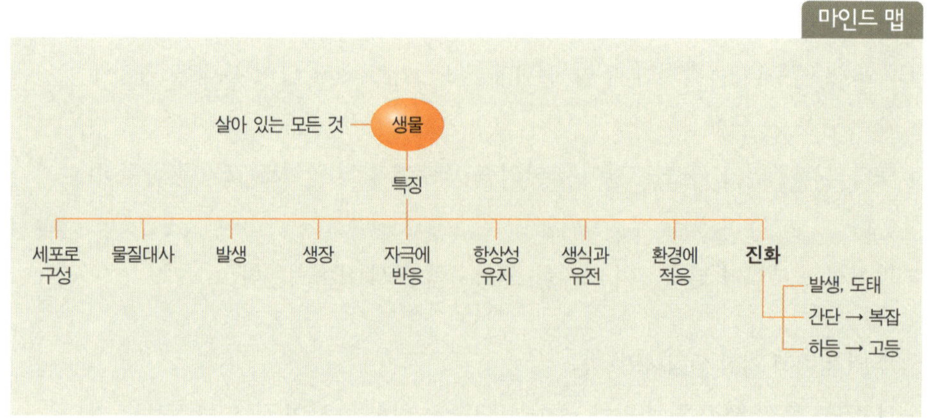

생물의 각 종류가 과거에서 현재까지 생식을 통하여 대를 이어 가면서 변화해 온 과정을 '진화'라고 한다. 즉 생물이 일정한 조건에서 자연적으로 발생하고 도태된 것을 포함하여 점차 간단한 것으로부터 복잡한 것으로, 하등한 것으로부터 고등한 것으로 발전하는 것을 두루 일컫는다. 일반적으로 집단 내의 변화나 집단 종 이상의 유전적 성질의 변화도 진화라고 한다.

진화의 증거

① 화석상의 증거

지층이 다르면 그곳에서 출현하는 화석의 종류도 다른데, 이것이 생물의 변천을 단적으로 나타내는 것이다. 대체로 새로운 지층에서 발견되는 생물의 화석일수록 더욱 발달된 모습을 나타내는 것도 있는데, 이로써 생물은 간단한 것으로부터 발달되고 복잡한 생물로 변화해 간다는 사실을 알 수 있다.

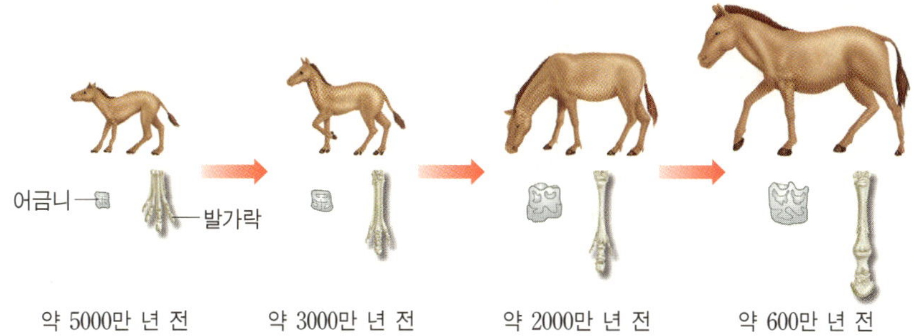

▲ **말의 진화 과정**: 여러 개의 발가락에서 잘 달릴 수 있는 한 개의 발가락으로 점점 진화했다.

② 비교 해부학상의 증거

서로 다른 무리의 생물 사이에서 기본적으로 같은 배치와 구조를 나타내는 기관을 상동 기관相同器官이라고 한다. 상동 기관은 조상 생물의 어떤 기관에서 유래하여 후손이 여러 세대를 거치는 사이에 2차적으로 그 기관의 배치와 구조가 달라진 것으로, 이것은 생물이 공동 조상으로부터 유래하여 변화해 왔음을 증명한다.

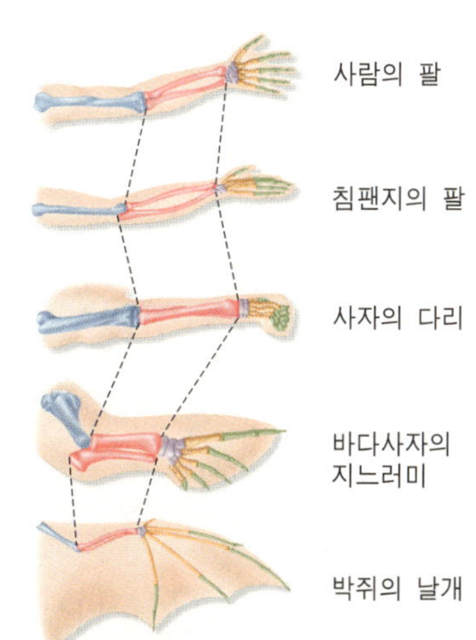

▲ **비교 해부학상의 증거** (상동 기관의 예)

③ 발생학상의 증거

척추동물인 어류·양서류·파충류·조류·포유류의 유생형幼生形이 상당히 유사하다는 것은 각 종이 공동 조상에서 갈라져 진화했음을 암시한다.

④ 비교 생리학 및 생화학상의 증거

비교 혈청학에서 밝혀진 항원 항체 반응을 이용하여 동물 사이의 관계를 조사해 보면 분류학적으로 가까운 것일수록 반응이 강함을 볼 수 있는데, 이것은 생물이 공동 조상으로부터 자손이 갈라져 나와 진화함에 따라 처음에는 같았던 체내 단백질의 종류와 구조가 차차 달라졌음을 뜻한다고 생각할 수 있다.

그 이외에도 진화의 증거에는 생물 지리학상의 증거와 유전학상의 증거가 있다.

주제 **11**

바이러스 _virus_

생명체의 특성과 비생명체의 특성을 다 가지고 있는 세균보다 작은 크기의 병원체

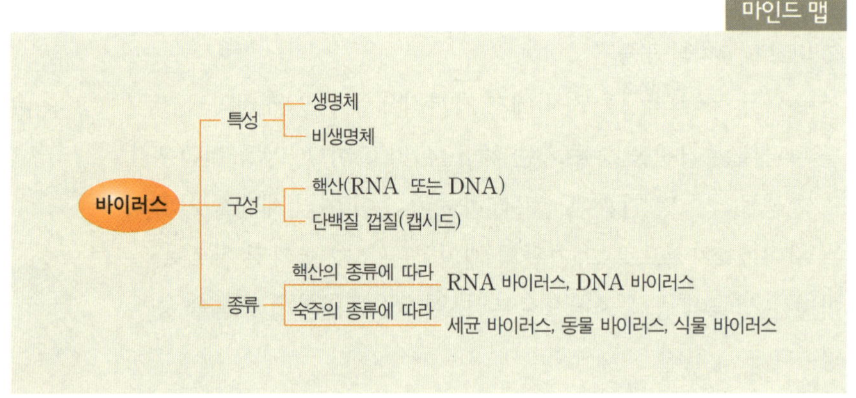

▪ **nm**(나노미터): 1nm= 10^{-9} m

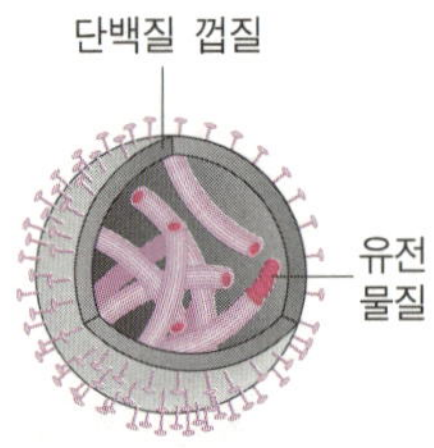

▲ **바이러스의 일반적 구성**

바이러스는 세균을 걸러 내는 여과기를 그대로 통과할 정도로 가장 작은 입자이다. 일반적인 세균은 크기가 약 400nm▪인 것에 비해 바이러스는 지름이 20~250nm 정도로 매우 작다. 바이러스는 단일 또는 2중 나선의 유전 물질핵산(RNA 또는 DNA)을 단백질 껍질캡시드(capsid)로 둘러싼 형태로 구성되어 있다. 어떤 바이러스는 단백질 이외에 지방이 섞인 막으로 싸여 있기도 하다.

바이러스는 생명체 안에 들어가야만 생명체로서 기능할 수 있으며, 생명체 밖에서는 단순히 단백질과 핵산 덩어리인 비생명체에 불과하다. 이처럼 바이러스가 기생하여 사는 생명체를 '숙주宿主'라고 하며, 바이러스의 유전 물질인 핵산을 보호하는 단백질 껍질은 바이러스로 하여금 적당한 숙주 세포로 들어가게 해 주는 분자들을 가지고 있다.

바이러스는 막대 모양이나 구형인 것도 있고, 다면체로 된 '머리'와 원통형의 '꼬리'로 구성된 복잡한 구조를 갖는 것도 있다.

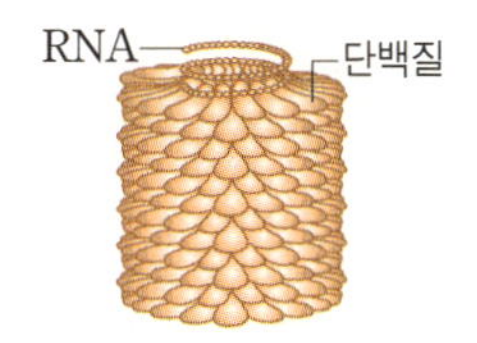

▲ 담배 모자이크 바이러스 구조

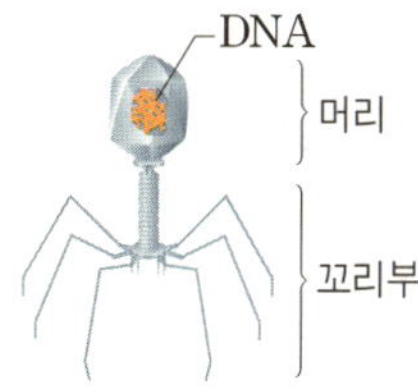

▲ AIDS 바이러스 구조

▲ 박테리오파지 구조

바이러스는 핵산의 양·크기, 캡시드의 모양, 지방 단백질성 외피의 유무 등으로 종류를 나누는데, 1차적으로 가지고 있는 핵산의 종류에 따라 RNA 바이러스와 DNA 바이러스로 분류하고, 숙주의 종류에 따라 세균 바이러스박테리오파지, 동물 바이러스, 식물 바이러스로 분류한다.

바이러스의 증식 과정

바이러스는 살아 있는 세포의 외부에서는 비생명체로 존재하나 적당한 숙주 세포 안으로 들어가면 새로운 바이러스를 생산하기 위해 숙주 세포의 물질대사 활동을 파괴할 수도 있다. 바이러스의 증식은 핵산이 숙주에 들어가면서 시작된다.

바이러스가 숙주 세포 내로 들어가는 방법은 세균 바이러스의 경우 우선 세균의 표면에 붙어 단단하게 달라붙은 다음 세균의 단단한 세포벽을 관통해 바이러스의 게놈▪을 숙주 세포로 옮긴다.

동물 바이러스는 동물 세포의 내포 작용▪이라는 과정을 통해 숙주 세포에 침투한다.

식물 바이러스는 바람이나 곤충에 의해 생긴 상처 난 식물의 세포벽으로 일단 들어간 다음 숙주 세포로 들어가면 바이러스의 게놈은 숙주 세포의 핵산과 결합하여 바이러스 자신을 구성하는 성분인 핵산과 단백질을 새로이 만들게 한다. 그러한 구성 요소들은 다시 조립되어 완전한 바이러스비리온(virion)가 되어 숙주 세포 밖으로 나온다.

▪**게놈**(genome): 핵산의 일부분으로 한 생물이 가지는 모든 유전 정보 또는 유전체.

▪**내포 작용**(endocytosis): 외부 물질을 세포막으로 싸 세포 내부로 들여오는 작용.

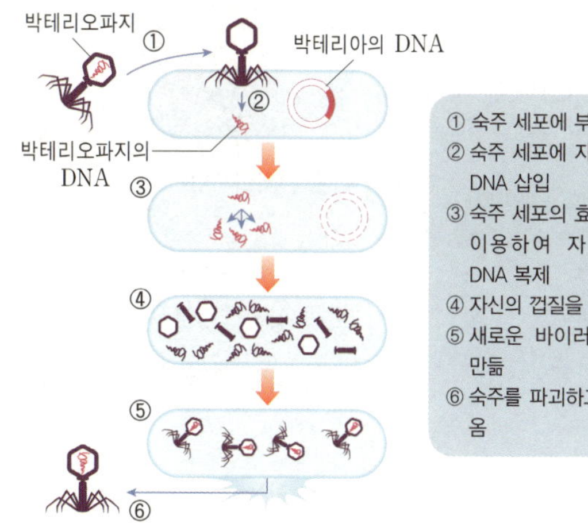

① 숙주 세포에 부착
② 숙주 세포에 자신의 DNA 삽입
③ 숙주 세포의 효소를 이용하여 자신의 DNA 복제
④ 자신의 껍질을 만듦
⑤ 새로운 바이러스를 만듦
⑥ 숙주를 파괴하고 나옴

▲ 바이러스의 증식 과정(박테리오파지)

물 water

상온에서 무색·무미·무취의 액체로 분자식은 H_2O

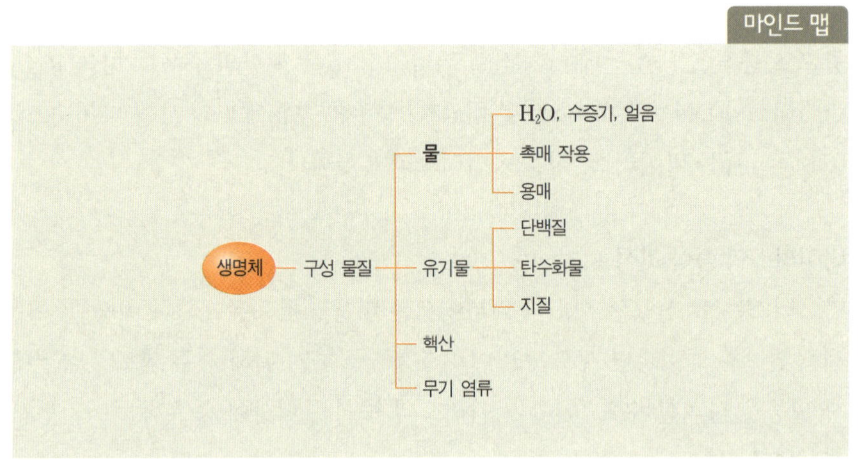

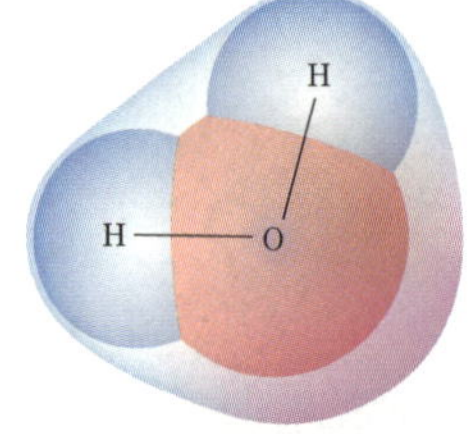

▲ 물 분자의 구조

물은 생명체의 생존에 없어서는 안 되는 중요한 물질로 무색투명하고 냄새와 맛이 없다. 물 분자는 1개의 산소 원자와 그것에 단일 화학 결합으로 연결된 2개의 수소로 이루어져 있으며, 상온에서는 액체 상태로 존재한다.

액체 상태의 물을 100℃로 가열하면 기화하여 수증기가 되고, 0℃ 이하의 온도에서는 딱딱하게 얼어 고체 상태의 얼음이 된다. 보통 물이라고 하면 액체 상태만을 말하지만, 넓은 의미로는 기체 상태인 수증기와 고체 상태인 얼음을 포함한다.

물의 기능

생명체가 살아가는 데 꼭 필요한 물은 강, 바다, 호수, 빙하 등의 형태로 자연에 가장 풍부하게 존재하며, 여러 가지 화합물의 기본 요소이기도 하다.

물은 촉매[*]나 화학 반응의 용매[*]로 널리 사용되고, 물질 수송과 폐기물 처리의 운반 수단 및 공업용수 등으로 쓰이며 에너지를 발생시키는 수력 발전에도 이용되고 있다.

▲ 물 분자 구조와 물 분자끼리 일어나는 수소 결합

유기물

〔있을 유 有, 틀 기 機, 만물 물 物〕
organic compound

하나 이상의 탄소가 다른 원소와 결합을 이루고 있는 화합물

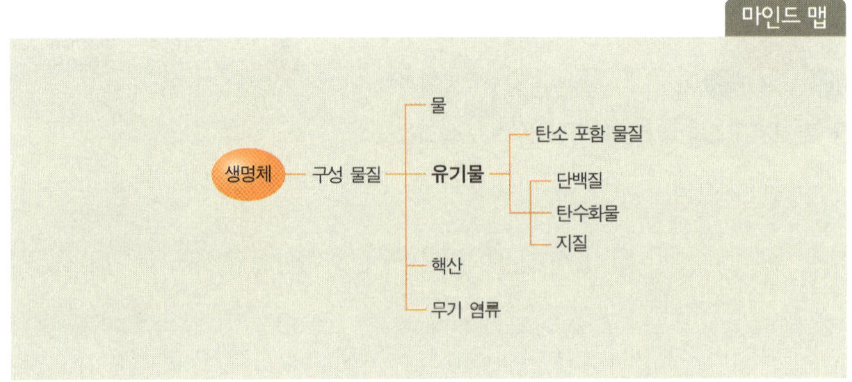

생명체가 만들어 내는 탄소carbon를 포함하는 화합 물질인 유기 화합물의 줄임말이다. 흑연과 다이아몬드 등의 탄소 동소체▪, 일산화탄소·이산화탄소·탄화칼슘 등의 금속 탄화물, 시안화물 등도 탄소를 중심으로 하는 분자의 한 종류이지만 생명체가 탄생하기 전에도 이미 존재했거나 생명체가 만들어 내지 않은 화합물 형태로 발견되므로 유기 화합물이 아닌 '무기 화합물'로 분류된다.

▪**동소체**(同素體): 같은 원소로 되어 있으나 모양과 성질이 다른 홑원소 물질.

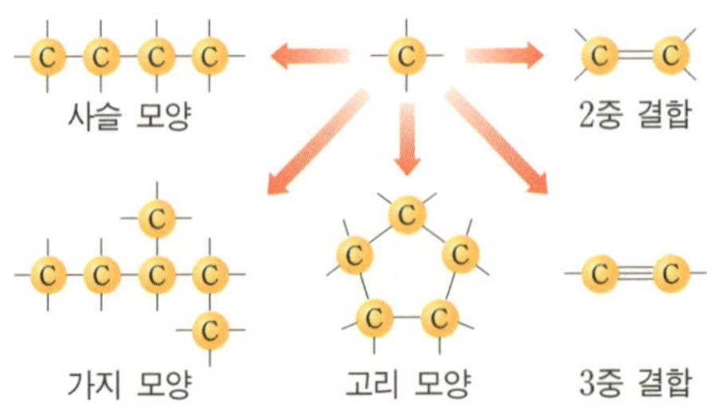

▲ 다양한 탄소 골격 구조

유기 화합물의 구조

유기 화합물은 탄소 골격의 길이나 분기branch 나뉘어서 갈라짐의 다양성에 제한이 없어 복잡한 구조를 가질 수 있으며, 탄소에 다양한 원소가 결합하는 것이 가능하기 때문에 무한한 다양성을 보여 준다.

　그 다양성 때문에 유기 화합물은 생물을 구성하는 요소로 없어서는 안 되는 물질이다. 대표적인 유기물로는 단백질, 탄수화물, 지질이 있다.

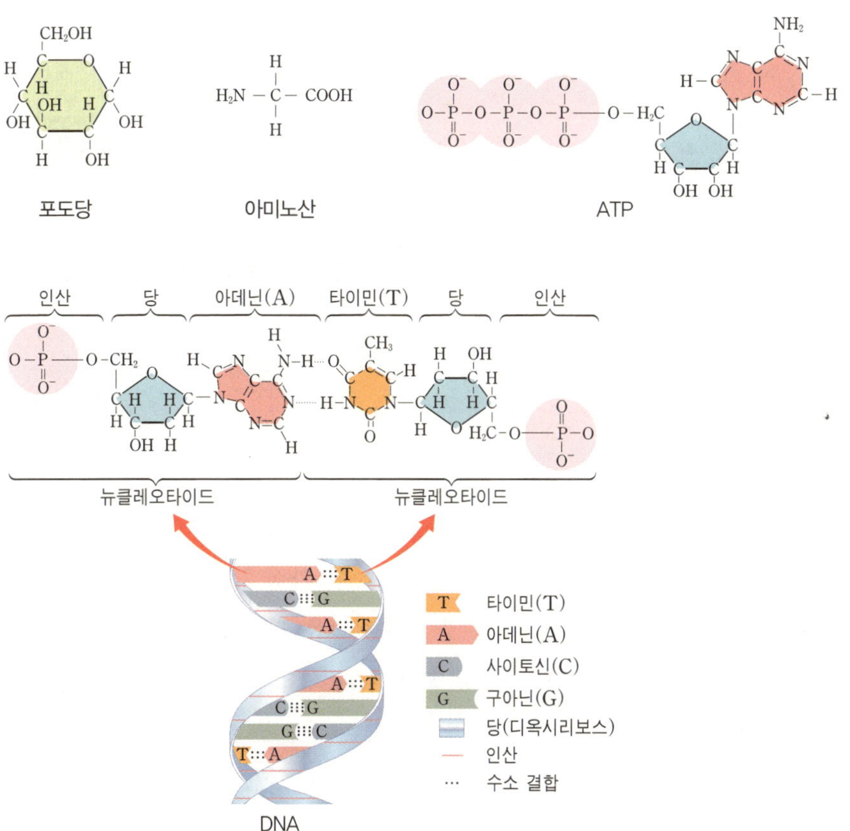

▲생명체의 다양한 탄소 화합물의 예(포도당, 아미노산, ATP, DNA)

주제 **14**

단백질 〔새알 단 蛋, 흰 백 白, 바탕 질 質〕
protein

생물체의 원형질을 구성하는 고분자 유기 물질

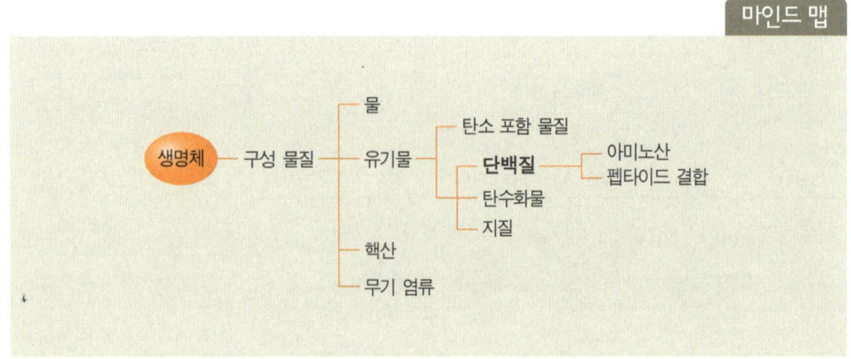

단백질은 물을 제외하고 우리 몸을 구성하는 가장 많은 탄소 화합물이다. 탄소 C, 산소 O, 수소 H, 질소 N 및 황 S를 함유하는 20여 종의 아미노산이 펩타이드 결합으로 연결되어 구성된 화합물로, 생명체의 생명 현상과 밀접한 관련을 가진다.

아미노산과 펩타이드 결합

단백질을 구성하는 기본 단위는 아미노산amino acid이다. 아미노산은 탄소 원자에 아미노기인 $-NH_2$, 카복시기인 $-COOH$, 수소 원자인 H가 작용기인 R과 결합된 기본 구조를 갖고 있다. 이 작용기 R에 의해 아미노산의 종류가 결정되는데, R의 종류에는 20여 가지가 있다.

한 아미노산의 아미노기와 다른 아미노산의 카복시기 사이에서 물이 한 분자 빠져나오면서 결합이 일어나는데, 이를 '펩타이드 결합peptide bond'이라고 한다. 이러한 펩타이드 결합을 통해 아미노산이 여러 개 연결된 아미노산 사슬을 '폴리펩타이드polypeptide'라고 하며, 이 폴리펩타이드가 접히거나 꼬인

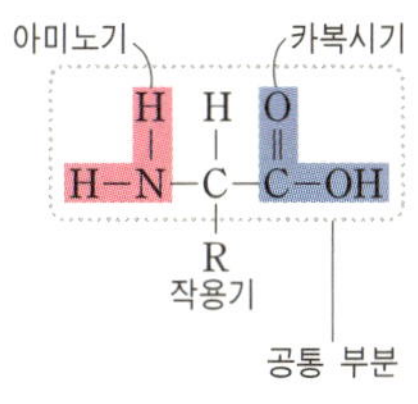

▲ 아미노산의 기본 구조

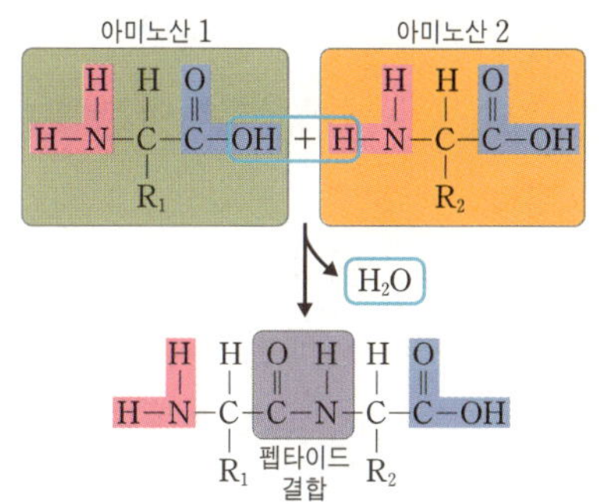

▲ 펩타이드 결합(다이펩타이드)

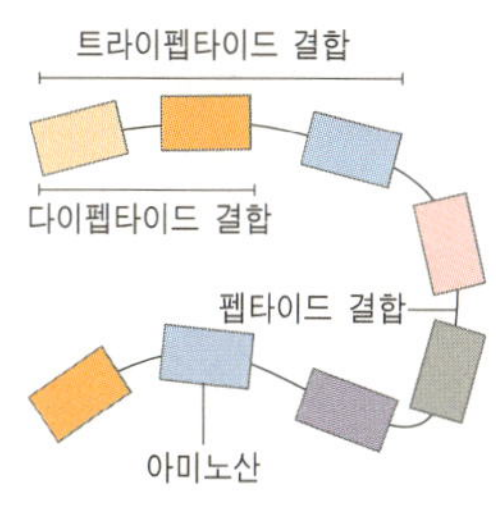

▲ 폴리펩타이드 결합

것이 여러 개 엉켜 덩어리를 이룬 형태를 '단백질'이라고 한다.

단백질의 구조

단백질을 이루는 기본 단위인 아미노산은 20종류에 이르며 여러 종류의 아미노산이 여러 개 연결되어 단백질을 이루는데, 이때 단백질의 구조는 총 4차로 구분한다.

단백질 1차 구조선 구조는 아미노산과 아미노산 사이의 펩타이드 결합으로 이루어진 선 구조로 아미노산의 종류와 배열 순서에 따라 단백질의 종류가 달라진다.

단백질 2차 구조면 구조는 1차 구조가 꼬인 모양α 나선 구조이나 꺾인 모양β 병풍 구조의 구조가 형성된다.

단백질 3차 구조입체 구조는 폴리펩타이드 사슬 사이의 소수성 결합, 수소 결합, 반데르발스 힘, 정전기적 인력, 이황화-s-s- 결합 등과 같은 여러 화학적 결합에 의하여 복잡한 입체 구조가 형성된다.

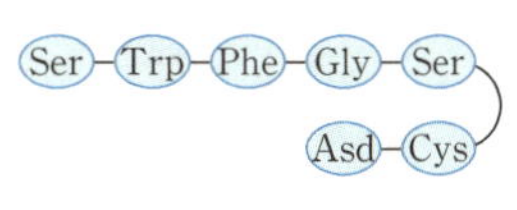

1차 구조

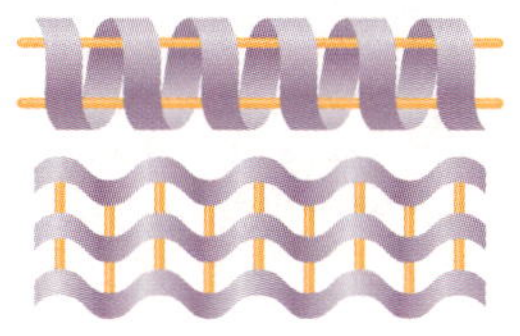
2차 구조

3차 구조

4차 구조

▲ 단백질의 구조

단백질 4차 구조집합체는 3차 구조의 폴리펩타이드 사슬이 2개 이상 모여 소수성 결합이나 수소 결합 등에 의해 복합되어 있는 하나의 집합체이다.

이러한 구조는 각각의 단백질이 고유한 기능을 수행할 수 있는 특징을 갖게 한다. 그러나 온도가 높아지면 단백질의 구조를 유지하는 여러 결합들이 깨어지며, pH의 변화 역시 단백질을 구성하고 있는 분자의 이온 구조에 급격한 변화를 일으켜 결합이 깨지면서 단백질이 원래 가지고 있던 특성을 잃고 원래 상태로 돌아가지 못하는 비가역적 현상변성(變性)이 발생한다.

단백질의 기능

단백질은 신체 내 모든 세포에서 발견되며 신체 조직의 성장과 유지에 매우 중요하다. 식사로부터 섭취한 단백질이 충분해야만 임신이나 성장기 동안 정상적인 성장이 이루어진다. 특히 평생 동안 단백질이 많이 요구되는 중요한 시기는 임신기, 수유기 및 성장기이다.

단백질의 섭취가 부족할 경우 성장이 정상 속도보다 느려지고 심하면 성장이 멈출 수 있다. 단백질은 체내에 필수적인 중요한 물질들을 만들거나 운반하고, 외부에서 들어온 이물질과 싸워 몸을 방어하며, 나아가서는 머리카락이나 손톱·발톱의 성장과 피부나 뼈와 결합 조직 그리고 혈액의 유지를 위해서도 필요하다.

이와 같이 단백질은 생물체 내의 주요 구성 성분일 뿐만 아니라 세포 안의 각종 화학 반응의 촉매 역할효소을 하며, 항체를 형성하여 면역을 담당하는 등 여러 가지 중요한 역할을 수행한다.

탄수화물 〔숯 탄 炭, 물 수 水, 될 화 化, 만물 물 物〕
carbohydrate

탄소와 물 분자로 이루어진 유기 화합물로 화학식은 $C_n(H_2O)_m$

마인드 맵

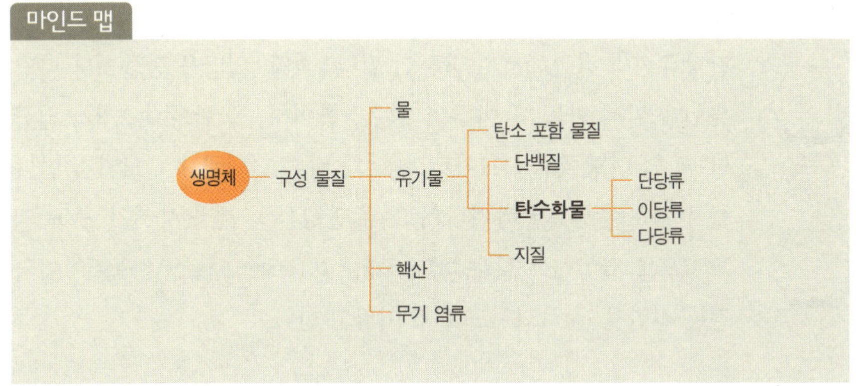

탄수화물은 탄소 C, 산소 O, 수소 H로 이루어진 생물체의 주요 에너지원이다. 탄수화물은 생체 구성 물질로 중요한 기능을 담당하며 '당류糖類' 또는 '당질糖質'이라고도 부른다.

탄수화물은 가수 분해가 되었을 때 생성되는 당류의 수에 따라 단당류, 이당류, 다당류 등으로 분류된다. 단당류에는 포도당glucose, 과당fructose, 갈락토스galactose 등이 있고, 이당류에는 설탕, 엿당maltose, 젖당lactose 등이 있으며, 다당류에는 녹말, 글리코겐glycogen, 셀룰로스cellulose 등이 있다.

▲ **단당류인 포도당과 과당의 구조:** 화학식이 둘 다 $C_6H_{12}O_6$로 동일하나 구조가 다른 이성질체이다.

탄수화물은 단당류인 포도당이나 과당이 글리코시드 결합을 통해 길게 연결된 중합체■로, 탄소와 물 분자H_2O로 이루어져 있어 '탄소의 수화물의 형태를 띠고 있다' 하여 '탄수화물'이라는 이름이 붙었으나 수화물은 아니다.

녹색 식물은 광합성을 통하여 단당류인 포도당을 합성하고 이것을 다당류인 녹말로 합성하여 저장하며, 동물은 탄수화물을 합성하지 못하므로 식물을 통해 섭취한다.

글리코시드 결합

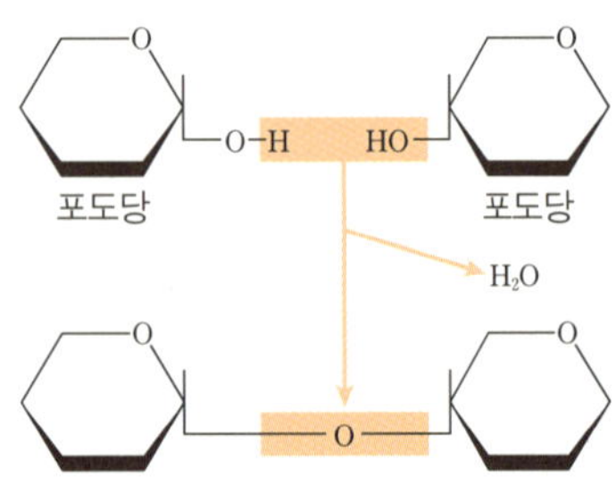

▲ 글리코시드 결합

단당류끼리 결합해서 이당류인 설탕, 젖당, 엿당을 만들거나 다당류인 녹말을 만들 때 이루어지는 결합이다. 즉 단당류 2개가 결합할 때 한 단당류의 OH기히드록시기와 다른 단당류의 OH기가 만나 물 분자H_2O 하나가 빠져나가고 두 단당류의 분자 사이가 −O−의 모양으로 결합하는 탈수축합脫水縮合: 물이 빠지면서 결합을 하는데, 이와 같은 결합을 '글리코시드 결합'이라고 한다.

▲ 이당류인 설탕, 젖당, 엿당의 기본 구조

▲ 다당류인 셀룰로스의 구조

탄수화물의 기능

탄수화물을 자동차 연료에 비유한다면 무엇에 해당할까? 가스 아니면 경유? 아마 탄수화물은 휘발유로 비유할 수 있을 것이다. 그만큼 탄수화물은 효율이 뛰어나고 찌꺼기가 적어 강도 높은 운동이나 짧고 폭발적인 힘이 필요할 때 주요 에너지원으로 쓰이는데, 1g당 4kcal의 열량을 낸다.

우리가 섭취한 탄수화물은 생화학 반응을 통하여 에너지화된다. 탄수화물은 간과 근육에 저장되어 있다가 신체 활동에 쓰이는데 제일 먼저 쓰이는 것은 근육 속에 저장되어 있던 '근 글리코겐筋glycogen: 포도당의 저장 형태'이다. 근 글리코겐이 사용됨에 따라 혈중에 있던 포도당은 근육으로 들어가 글리코겐의 저장량을 유지시켜 주고, 이때 부족한 혈중의 포도당은 간에 저장되어 있던 간 글리코겐이 보충해 주게 된다. 글리코겐으로 저장 가능한 양을 초과하면 나머지의 포도당은 지방으로 저장된다.

탄수화물은 에너지원으로의 기능 이외에도 독특한 단맛과 향을 지니고 있어 음식을 맛있게 하며, 식이 섬유질은 포만감을 주어 비만을 예방하고, 불용성 섬유질은 수분을 흡수하여 부피를 증가함으로써 변의 양이 많아져 장 근육을 자극하고 변 배설을 용이하게 한다. 또한 섬유질은 소장의 당 흡수를 느리게 하므로 혈당을 조절하여 당뇨병 치료에 도움을 주며, 혈중 콜레스테롤을 감소시키므로 심혈관계 질환과 쓸갯돌증담석증: 쓸개나 온쓸개관에 돌이 생겨 일어나는 병을 예방한다.

탄수화물의 섭취가 부족하면 체내의 에너지 대사에 장애가 발생하여 중간 대사산물(代謝産物)이 쌓이는 등 여러 가지 부작용이 생길 수 있다. 이런 대사상의 장애를 막기 위해서는 최소한 50~100g의 탄수화물을 매일 섭취해야 한다. 영양학자들은 총 칼로리 섭취량의 65% 정도를 탄수화물로 섭취하는 것이 바람직하다고 권하지만 우리나라 사람들은 총열량의 70~75% 정도를 섭취하고 있는 실정이다. 따라서 탄수화물의 섭취보다는 다른 칼로리원인 단백질과 지방의 섭취량을 늘리는 데 중점을 두도록 신경을 써야 한다.

주제 **16**

지질 〔기름 지 脂, 바탕 질 質〕
lipid

물에 녹지 않으며 동식물의 조직에 분포되어 있는 무색의 유기 화합물

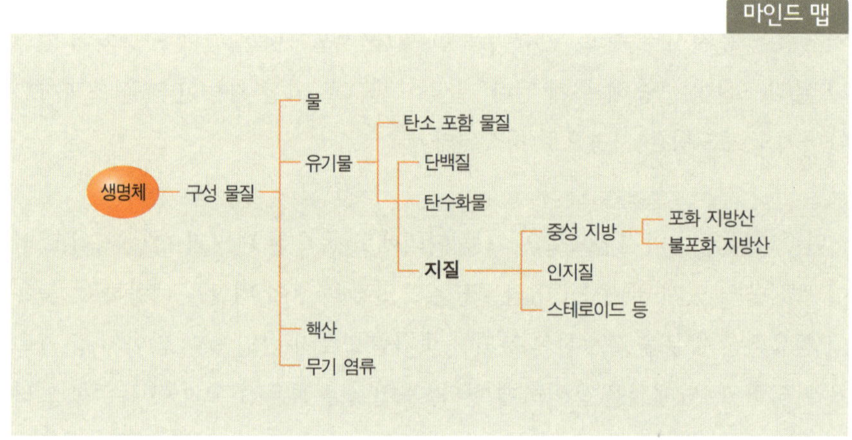

    지질은 매우 농축된 에너지 공급원으로 탄소 C, 산소 O, 수소 H로 이루어져 있다. 탄수화물·단백질들 다 1g당 4kcal보다 2배 많은 1g당 9kcal의 열량을 내는 지질은 움직임의 강도가 낮고 오랜 시간을 요구하는 에너지 대사에 쓰인다. 이때 소비되고 남은 에너지는 거의 무제한적으로 피하 지방 세포에 저장되므로 이것이 필요 이상으로 많아지면 바로 살이 찌게 된다. 피하 지방으로 저장된 체지방지질은 외부와의 절연체 역할을 하여 체온을 유지시켜 주며, 체내의 장기를 둘러싸고 보호해 주는 충격 흡수의 역할을 한다. 또한 체내의 신진대사를 조절하는 데 필요한 필수 지방산을 공급해 주고, 비타민 A·D·E·K와 같은 지용성 비타민의 흡수를 돕기도 한다.

    일반적으로 지질은 건강을 위협하는 영양소라고 생각되는 경향이 있으나 지질 역시 다른 영양소처럼 인체에 꼭 필요한 물질로서 반드시 음식을 통해 섭취해야 한다. 우리가 흔히 지방이라고 부르는 기름 덩어리는 지질의 한 종류이다.

지질의 종류와 기능

지질에는 중성 지방우리가 일반적으로 알고 있는 지방, 인지질, 스테로이드, 카로티노이드와 프로스타글란딘 등이 있는데, 모두 화학식과 구조가 다르고 그 기능이 다르다.

① 중성 지방

체내에 저장되어 있다가 에너지원으로 사용되며, 분자 구조는 글리세롤 1분자에 지방산 3분자가 에스테르 결합▪을 한 형태이다. 식품이나 체지방 속에 있는 지질의 95%가 중성 지방이다.

중성 지방은 C와 H가 연결된 사슬 모양인데 이 사슬의 형태가 단일 결합 탄소 사

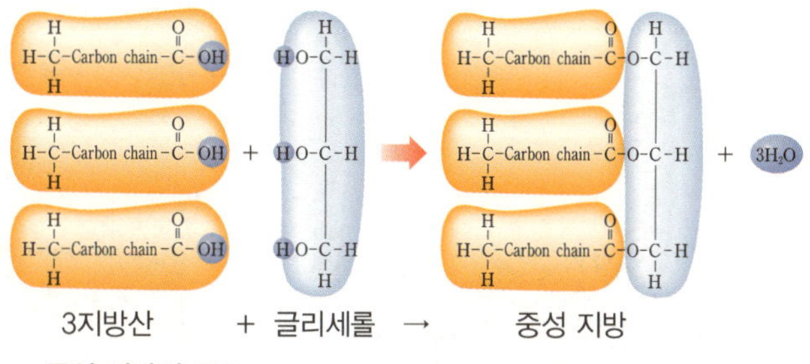

▲ 중성 지방의 구조

▪**에스테르 결합:** 글리세롤의 수산기 −OH와 지방산의 카복시기 −COOH 사이에서 물 한 분자가 빠짐으로 형성되는 결합.

슬이면 '포화 지방산', 부분 2중 결합 탄소 사슬이면 '불포화 지방산'으로 구분한다. 포화 지방산은 인체 내에서 에너지 저장체로 작용하고 대부분 몸에 축적되어 살이 되며, 불포화 지방산은 세포막을 구성하거나 근육 수축의 조절과 정상 혈압의 유지, 신경 자극−전달 및 소화 효소 분비 조절, 생리 활성 조절 등 체내에서 매우 중요한 역할을 수행한다예: HA, EPA, 오메가−3 등. 불포화 지방산 중에서 오메가−3와 오메가−6 지방산은 체내에서 합성되지 않고 반드시 식품

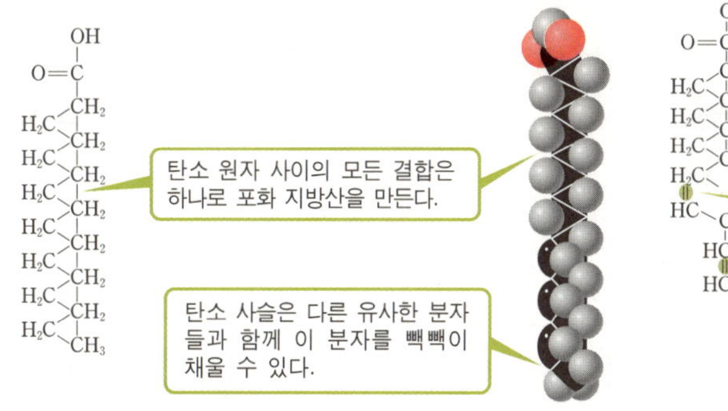

▲ 포화 지방산의 구조

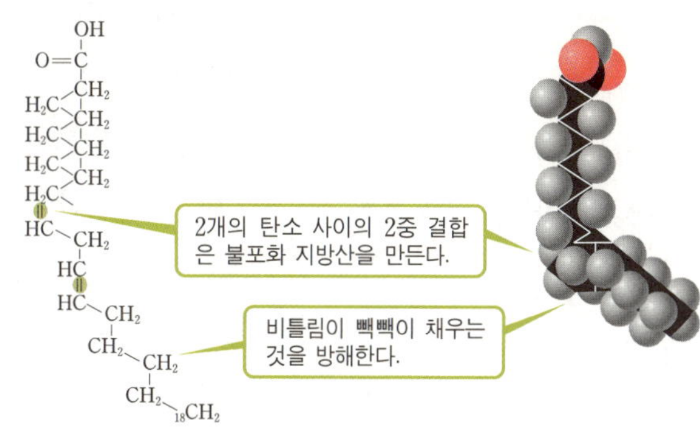

▲ 불포화 지방산의 구조

의 섭취를 통해 공급받아야 하는 영양소이기에 '필수 지방산'이라고 한다.

② 인지질

세포막을 구성하는 주성분으로 인산기와 지방산으로 이루어져 있다. 인지질의 한쪽 끝은 전하를 띠고 있어 친수성親水性: 물과 잘 어울리는 성질을 갖고 있으며, 분자의 다른 한쪽 끝은 지방산으로 구성되어 있어 소수성疏水性: 물과 잘 어울리지 못하는 성질을 띠므로 물에 녹지 않고 지방에 녹는다. 인지질은 이처럼 양극성兩極性: 소수성과 친수성을 모두 갖고 있는 성질을 갖고 있어 세포막을 형성할 때 극성을 띤 머리 부분은 물과 접촉하여 세포 내부나 외부를 향하고, 중성인 꼬리 부분은 서로 마주 보는 2중 구조로 세포막을 형성한다.

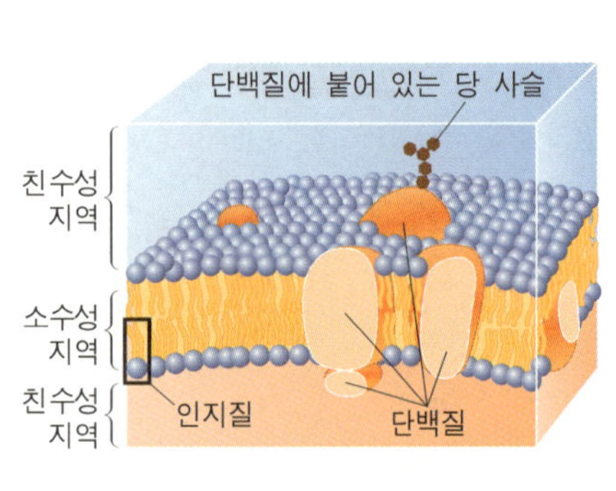

▲ 인지질이 세포막을 이루고 있는 모양

▲ 인지질의 구조

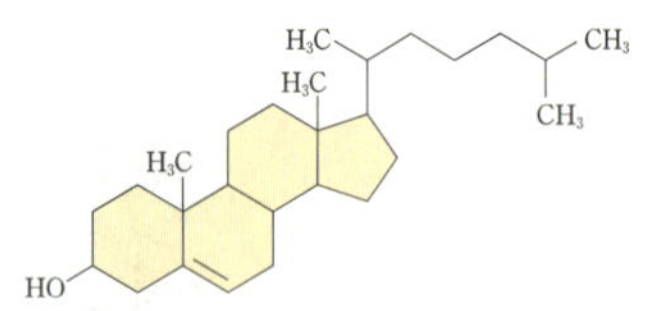

▲ 콜레스테롤의 기본 구조

③ 스테로이드

콜레스테롤과 같은 스테로이드는 세포막의 구성 성분이자 호르몬 등 생물학적으로 활성이 있는 물질을 생합성하는 데 중요한 역할을 한다.

이외에도 많은 식물에 존재하는 지질 색소인 카로티노이드는 광합성에 관여하고 프로스타글란딘은 물질대사에 복잡하게 작용하며 종종 국부적인 호르몬으로도 작용한다.

핵산 〔씨 핵 核, 초 산 酸〕
nucleic acid

생물의 세포 속에 들어 있는 고분자 유기물의 한 종류

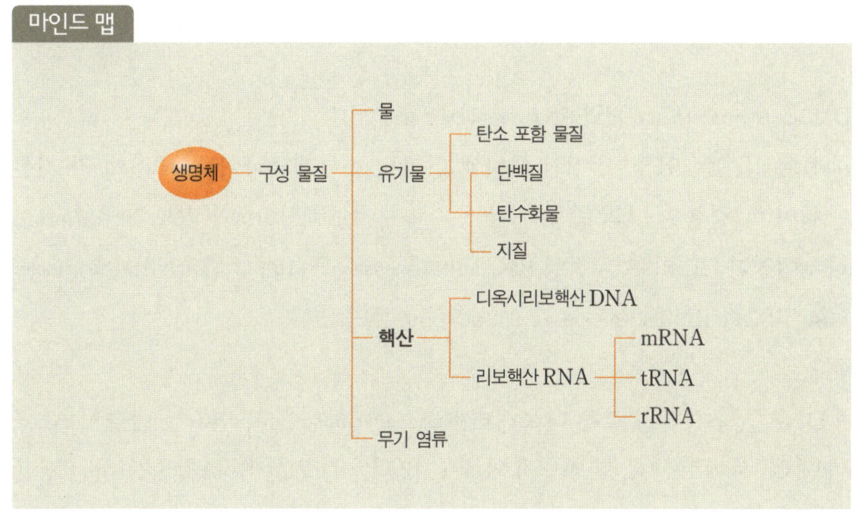

핵산은 핵 속에 있는 물질 중에서 단백질을 제외한 부분으로, 모든 생명체의 세포 안에 들어 있는 본질적인 성분이다. 유전 정보를 암호화한 물질로서 탄소 C, 수소 H, 산소 O, 질소 N, 인 P로 구성되어 있다.

핵산의 발견

핵산은 누가 어떻게 발견했을까? 1869년 생물학자 미셰르Johann Friedrich Miescher는 세포의 핵 속에 들어 있는 물질을 분석하기 위해 적당한 재료를 찾다가 병원에서 붕대에 묻어 나오는 고름을 택하였다. 고름은 백혈구가 파괴된 것이기 때문에 이것을 사용하면 다량의 핵 물질을 비교적 용이하게 얻을 수 있었다. 미셰르는 이 고름에서 핵 성분을 분리 추출하여 분석한 결과 강한 산성을 나타내며 인을 함유하는 유기 화합물이 있음을 알아내고, 이 물질에 '뉴클레인nuclein'이라는 이름을 붙였다.

뉴클레인은 그 후 핵 속에 들어 있는 산성 물질이라는 뜻에서 nucleic acid, 즉 핵산이라고 불리게 되었다. 처음에 이 물질은 모든 생물을 구성하는 세포의 핵 속에 공통적으로 존재하는 것으로 밝혀졌으나, 이후 핵 속뿐만 아니라 핵 바깥인 세포질 속 세포 소기관에도 미량이 존재한다고 밝혀졌다. 이어 핵산의 화학 구조가 철저히 연구되어 분자 구조가 밝혀졌고, 생물체 내에서의 기능도 자세히 알려졌다.

DNAdeoxyribonucleic acid와 RNAribonucleic acid

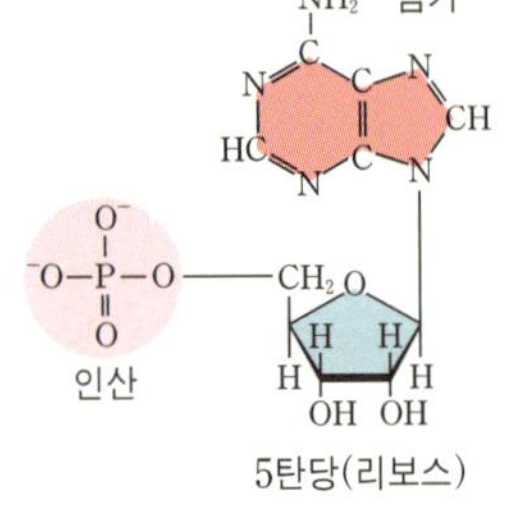

▶ **뉴클레오타이드의 구조**

핵산은 당5탄당, 인산, 염기가 하나씩 결합된 뉴클레오타이드nucleotide가 기본 단위이며, 결합된 당의 종류에 따라 디옥시리보핵산DNA과 리보핵산RNA으로 나누어진다. 또 RNA는 전령 RNAmRNA: messenger RNA, 운반 RNAtRNA: transfer RNA, 리보솜 RNArRNA: ribosomal RNA의 3종류가 있다.

DNA를 구성하는 당은 디옥시리보스deoxyribose이고, 염기는 아데닌 A, 구아닌 G, 사이토신 C, 타이민 T의 4가지가 있다. 또한 RNA를 구성하는 당은 리보스ribose이고, 염기는 아데닌 A, 구아닌 G, 사이토신 C, 우라실 U의 4가지가 있다.

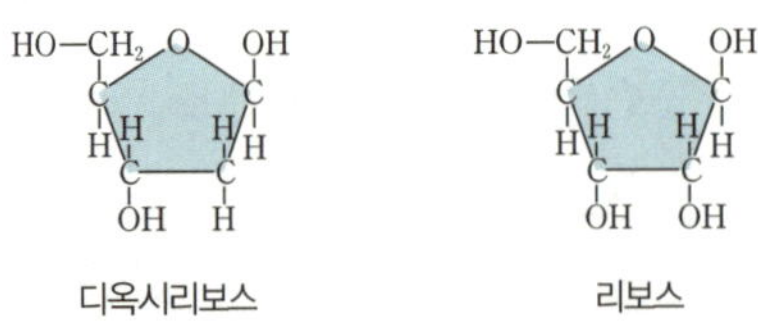

▲ **핵산의 당**

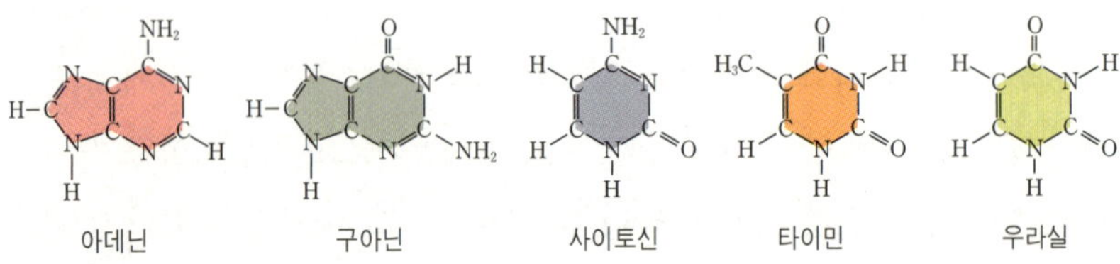

▲ **핵산의 염기**

핵산은 한 뉴클레오타이드의 인산과 다른 뉴클레오타이드의 5탄당 사이의 결합으로 뉴클레오타이드 사슬 모양의 분자를 형성하고 있다.

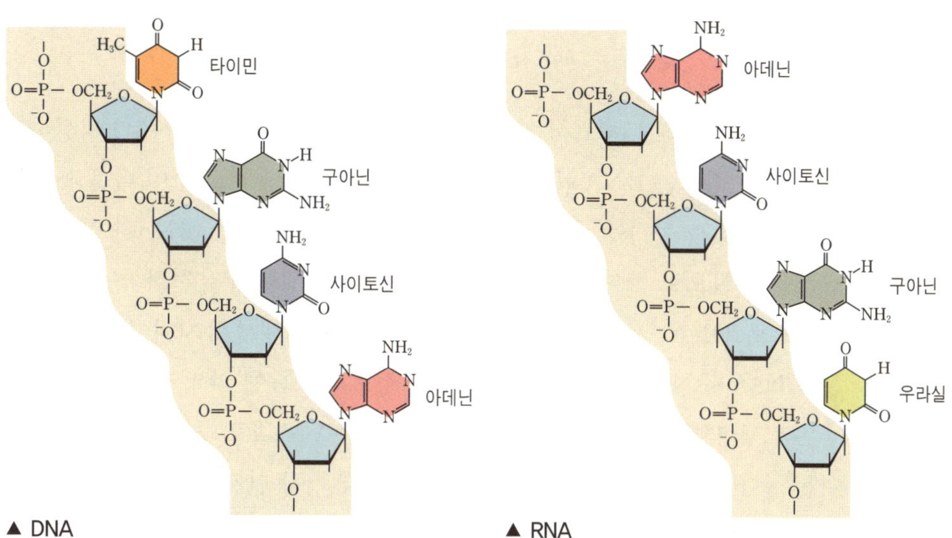

▲ DNA

▲ RNA

DNA는 서로 상보적■ 염기 서열을 갖는 2중 가닥의 폴리뉴클레오타이드 사슬이 염기 간의 수소 결합에 의해 서로 꼬여서 2중 나선 구조나사 모양를 취하는 데 비하여, RNA는 외가닥 분자로 되어 있다.

■**상보적**(相補的): 서로 짝을 이룬다는 뜻. 염기 A(아데닌)의 짝은 T(타이민), 염기 C(사이토신)의 짝은 G(구아닌)로 이들끼리 짝을 이루어 DNA 2중 나선을 형성하는 것을 상보적 구조라고 한다.

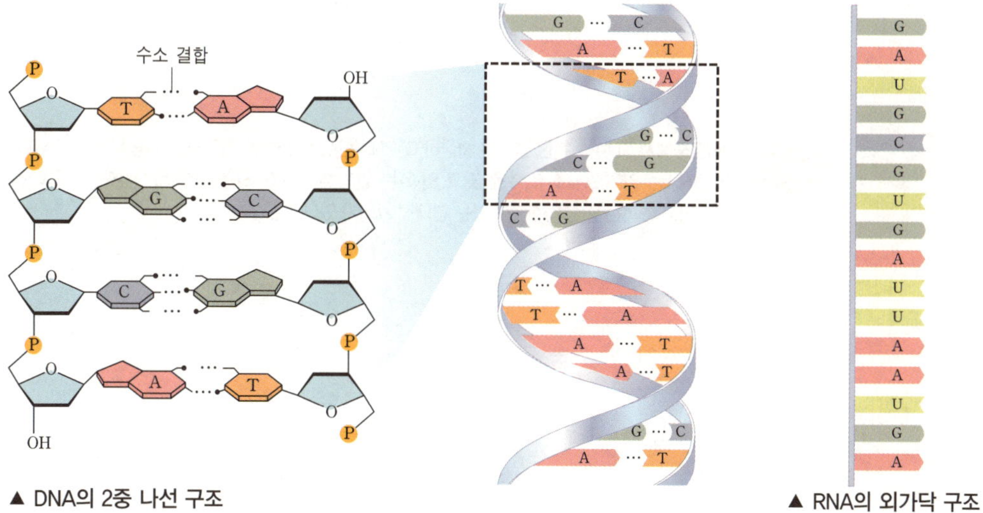

▲ DNA의 2중 나선 구조

▲ RNA의 외가닥 구조

DNA 사슬은 알칼리에 대해서 비교적 안정적이지만 RNA는 알칼리에 의해서 분해되므로 이 차이를 이용하여 DNA와 RNA의 구별 및 RNA의 구조 해석이 가능하다.

핵산의 기능

DNA는 유전자의 본체로서 인체의 설계도라고 할 수 있다. DNA가 저장하고 있는 유전 정보는 DNA 복제에 의해서 원칙적으로는 착오 없이 다음 세대로 전해지는 것과 동시에, 한편으로 DNA의 배열에 따라서 mRNA가 합성되고 그것을 주형으로 하여 단백질이 만들어진다. 즉 생물의 유전적 연속성은 일반적으로 'DNA → DNA'라고 하는 정보 전달에 의해서 유지되며, 형질 발현은 'DNA → RNA → 단백질'이라는 유전 정보의 흐름에 의해 지배되고 있다.

우리 생명체는 이들 핵산에 의해 만들어지는 단백질로 구성되므로 핵산 없이는 살아갈 수 없다. 핵산은 세포가 분열할 때 가장 먼저 복제되어 각 딸세포의 핵 내부로 이동한다. DNA는 부모로부터 자식에게 유전되는 일종의 설계도이므로 DNA는 유전을 주도하는 유전 물질이다. 따라서 DNA를 생명의 근원 물질이라고도 부른다.

그러므로 이러한 DNA 설계도에 이상이 발생하면 유전병이나 유전적 체질이 생명체에 나타나게 된다. 신체를 구성하고 있는 체세포의 DNA 손상에 의한 이상은 조직이나 부위에 따라서 암, 당뇨병, 치매, 아토피 피부염 등을 유발한다.

핵산 중에서 DNA는 유전 정보를 저장하고, RNA는 유전 정보를 전달하는 기능적 차이가 있다. 또 DNA는 염기 A·G·C·T를 갖고 RNA는 염기 A·G·C·U를 가지며, DNA는 2중 나선 구조이고 RNA는 단일 나선 구조라는 형태적 차이가 있다.

주제 **18**

무기 염류 〔없을 무 無, 틀 기 機, 소금 염 鹽, 무리 류 類〕
inorganic salt

생명체에 꼭 필요한 무기 성분의 한 형태

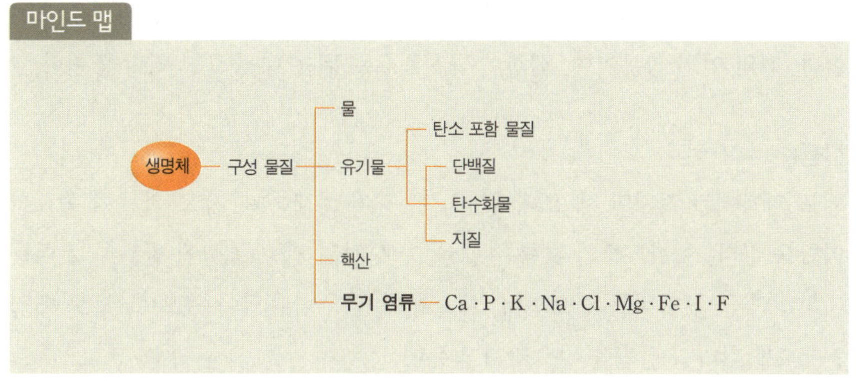

우리 몸에 필요한 영양소 중에서 비타민·물과 함께 부영양소에 속하며, 단백질·지방·탄수화물·비타민과 함께 5대 영양소 중의 하나이다. 무기 염류는 몸을 구성하고 생명 활동과 생리 작용을 조절하는 일을 하며, 필요한 양은 적지만 부족하면 결핍증에 걸리므로 반드시 적당량을 섭취해야 한다.

무기 염류 중에서 인체를 구성하는 원소인 칼슘 Ca·인 P·칼륨 K·나트륨 Na·염소 Cl·마그네슘 Mg·철 Fe·아이오딘 I·플루오린 F·구리 Cu·아연 Zn·코발트 Co·망가니즈 Mn 등은 미량으로도 충분하지만 없어서는 안 되는 원소들이다. 따라서 이들 무기 염류의 섭취가 부족하면 각종 결핍증을 유발한다. 예를 들어 칼슘은 뼈나 이의 구성 성분으로 근육 운동에 관여하기 때문에 부족하면 구루병뼈가 휘는 병이 생기거나 근육 운동을 조절하지 못한다. 또 적혈구와 관계된 철이나 구리 등이 부족하면 빈혈이 생긴다. 무기 염류는 우유, 멸치, 해조류, 채소 등에 많이 들어 있다.

칼슘Ca

체중의 약 2%를 차지하며, 그 대부분이 인산칼슘의 형태로 뼈와 이의 성분을 이룬다. 혈장에도 약간 존재하며 근육 및 신경의 기능 조절, 혈액 응고에 관여한다.

인P

칼슘 다음으로 체내에 많이 존재하며, 핵산의 구성 성분이기도 하다. 각종 효소에 들어 있으며, 지질과 당의 대사를 돕고, 체액의 산성과 알칼리성을 조절한다. 뼈와 이의 성분이며, 심장이 규칙적으로 뛰는 데 중요한 역할을 한다.

칼륨K

세포 외액에는 적지만 세포 내에는 많은 양이 존재하며, 세포 기능에 중요한 역할을 한다. 혈장* 중의 칼륨은 근육 및 신경의 기능 조절에 필요하고 너무 저하되면 근육 마비를 일으킨다. 채소류에 많이 함유되어 있으며, 보통 매일 2~3%를 취하면 결핍을 일으키지 않는다.

나트륨Na

칼륨과 반대로 세포 내에는 적고 세포 외액에 주로 존재하며, 삼투압을 바르게 유지한다. 음식에는 보통 식염의 형식으로 섭취되어 소변으로 배설되지만, 식염의 섭취가 없으면 즉시 콩팥에서의 나트륨 배설이 정지되어 결핍은 일어나지 않는다. 그러나 땀이 심하게 날 때에는 식염분이 땀과 함께 대량 상실되므로 식염을 충분히 보충하지 않으면 나트륨 상실을 초래하여 혈압 저하, 근육 경련 등의 장애를 일으킨다.

염소Cl

보통 나트륨과 함께 체내에 분포하며, 위액의 염산으로서 분비된다. 식염으로서 나트륨과 함께 섭취되어 대사도 거의 나트륨과 같다. 한국인은 매일 10~20g 이상의 식염을 섭취하고 있다.

마그네슘Mg

체내의 약 0.1%를 차지하며 칼슘과 함께 뼈에 함유되어 있다. 근육과 신경의 기능을 유지하고, 에너지를 발생시키며, 단백질 합성의 촉매로 작용한다. 칼슘, 칼륨, 나트륨 등 다른 무기 염류의 대사에도 영향을 미치므로 마그네슘이 부족하면 질병에 걸리거나 기존의 질병이 악화될 수 있다. 녹색 채소, 호두·땅콩과 같은 견과류, 정제하지 않은 곡물 등에 많이 들어 있다.

철Fe

체내의 절반 이상이 적혈구인 헤모글로빈의 성분으로 산소 운반에 관여한다. 태아는 출생 전에 모체로부터 출생 후 이유기까지 필요한 많은 양의 철을 간에 저장해 두려고 하기 때문에 임신 중에 모체는 철이 고갈되어 빈혈이 일어날 수 있다. 성인의 필요량은 1일 10mg 정도이며, 출혈성 질환·월경 개시기·임신기·출산기·성장기에는 수요가 높아져 음식의 종류에 주의하지 않으면 결핍되기 쉽다.

아이오딘I

갑상샘 호르몬물질대사를 촉진함의 구성 성분으로 해조류에 많이 들어 있어 바다에서 떨어진 내륙 지방에서 종종 아이오딘의 결핍으로 갑상샘 기능이 저하되거나 지방병성 갑상샘종 환자가 발생한다. 아메리카 내륙의 주州에서는 법령으로 식염에 아이오딘염鹽을 혼입시켜 질병을 예방하고 있다. 한국인은 아이오딘이 풍부한 해조류를 먹고, 음료수에도 아이오딘이 함유되어 있어서 아이오딘 결핍 현상이 적다.

플루오린F

음료수 속에 적당량100만 분의 1 정도이 있으면 충치가 적다는 통계가 있다. 외국에서는 수돗물에 플루오린화물을 넣는 곳도 있다. 그러나 물속에 플루오린의 함량이 과다하면 이의 표면에 반점이 생기고 이가 약해진다. 요즘에는 특히 어린이들의 이에 플루오린을 도포하여 충치를 예방하고 있다.

주제 **19**

동물 세포의 구조

동물 세포 내부에 있는 소기관의 모양

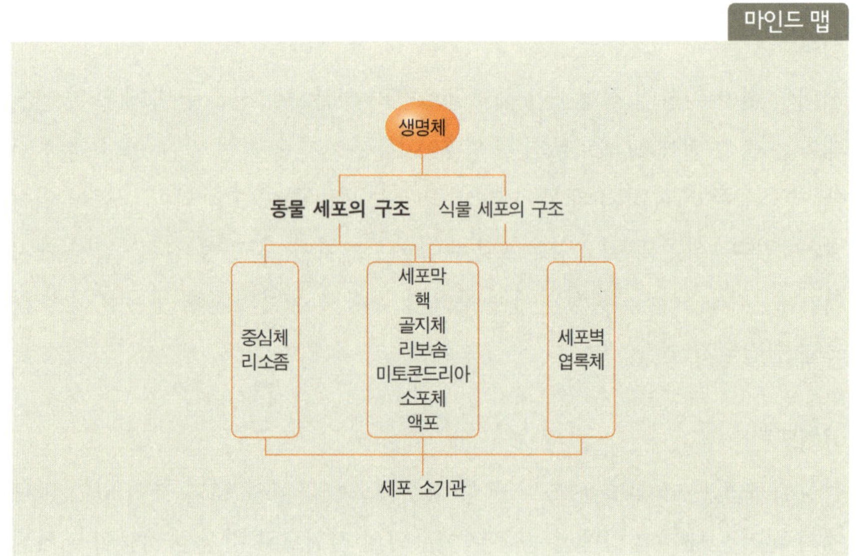

동물 세포는 인지질 2중 층으로 형성된 세포막으로 둘러싸여 있으며, 세포막 내부에는 세포질액체이 가득 채워져 있고 세포질 안에는 여러 가지 소기관이 들어 있다.

동물 세포의 소기관

동물 세포의 한가운데에는 유전 물질인 DNA가 위치하고 있는 핵이 있다. 핵 내부에는 RNA가 많이 들어 있는 인이 있으며, 핵 주변에 위치한 물질의 합성 및 이동 통로의 역할을 하는 소포체, 물질의 포장 및 수송 역할을 하는 골지체, 단백질을 합성하는 장소인 리보솜, 세포 소기관을 세포 내에 고정시키는 역할을 하는 미세 소관, 포도당 등의 유기물을 분해하여 에너지를 발생시켜

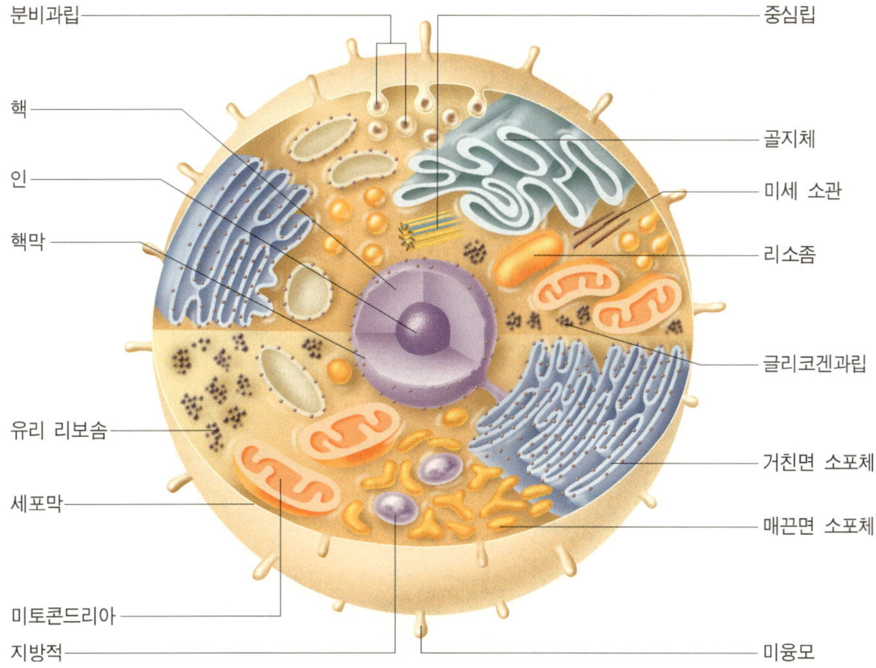

▲ 동물 세포의 입체 모식도

세포 호흡을 담당하는 미토콘드리아 등의 소기관이 있다. 이와 같은 소기관은 동물 및 식물 세포에 공통으로 들어 있다.

동물 세포에만 들어 있는 소기관으로는 방추사를 형성하는 기관인 중심체중심립와 가수 분해▪ 효소를 가지고 있어 외부에서 오는 세균 등의 이물질을 제거하는 리소좀이 있다. 세포질이 분열할 때 식물 세포와는 달리 안으로 세포막이 함입되는 세포질 함입의 방법으로 세포 분열이 종료된다.

▪ **가수 분해**(加水分解): 하나의 덩어리로 되어 있던 물질이 물이 첨가되어 분해되는 과정으로, 소화 작용에서 음식물을 분해하는 과정이 가수 분해 과정의 한 예이다.

주제 **20**

식물 세포의 구조

식물 세포의 내부에 있는 소기관의 모양

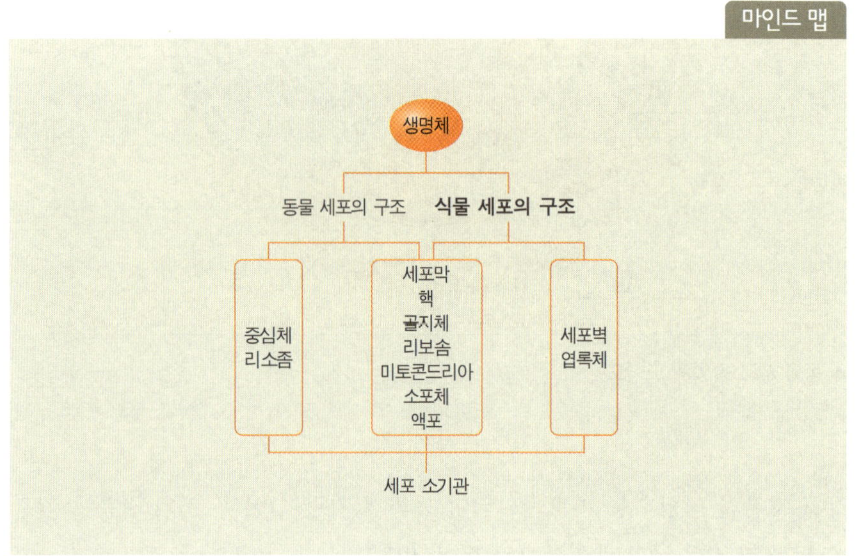

  식물 세포는 셀룰로스로 이루어진 세포벽과 인지질 2중 층으로 형성된 세포막으로 둘러싸여 있으며, 세포막 내부에는 세포질액체이 가득 채워져 있고 세포질 안에는 여러 가지 소기관이 들어 있다.

식물 세포의 소기관

식물 세포의 한가운데에는 유전 물질인 DNA가 위치하고 있는 핵이 있다. 핵 내부에는 RNA가 많이 들어 있는 인이 있으며, 핵 주변에 위치한 물질의 합성 및 이동 통로의 역할을 하는 소포체, 물질의 포장 및 수송 역할을 하는 골지체, 단백질을 합성하는 장소인 리보솜, 세포 소기관을 세포 내에 고정시키는 역할을 하는 미세 소관, 포도당 등의 유기물을 분해하여 에너지를 발생시켜

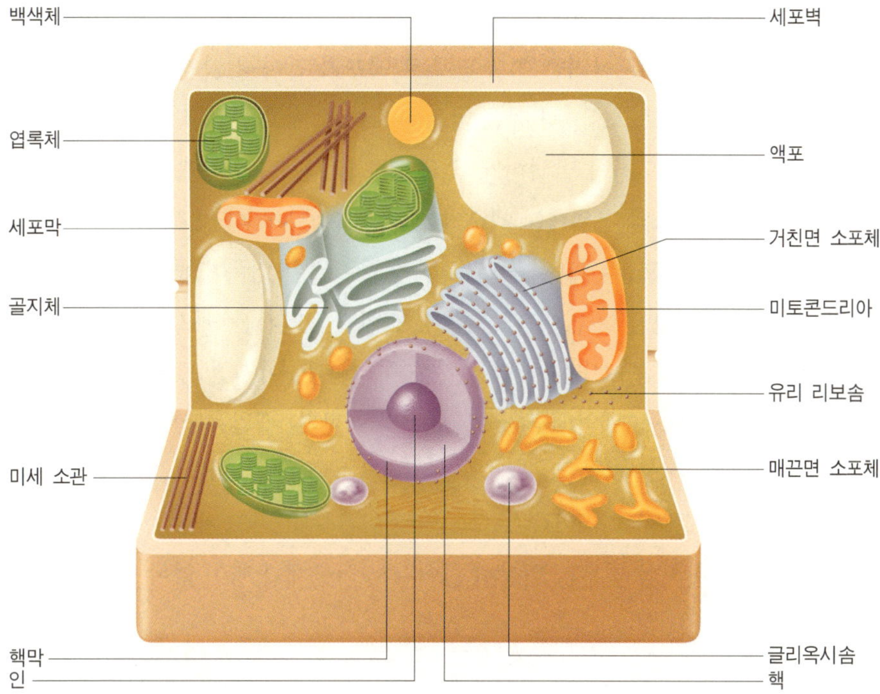

▲ **식물 세포의 입체 모식도**

세포 호흡을 담당하는 미토콘드리아 등의 소기관이 있다. 이와 같은 소기관
은 동물 세포와 마찬가지로 식물 세포에도 들어 있다.

액포液胞

식물 세포는 동물 세포와는 달리 액포가 크게 발달되어 있는데, 액포는 막으
로 싸인 거대한 세포 소기관으로 세포벽, 세포 함유물과 마찬가지로 후형질
에 속한다. 후형질이란 원형질동식물의 세포에서 살아 있는 부분이자 생명에 필요한 대사 기능을
하는 부분에서 2차적으로 생긴 물질을 말하며, 세포의 생명 활동과는 직접적인
연관이 없는 죽은 부분이다.

  액포는 대부분의 식물 세포에서 관찰할 수 있으며 일부 동물 세포도 가지고
있는 기관이다. 액포 속에는 당류·무기 염류·유기산·단백질 등이 포함된 세
포액이 들어 있는데, 이 세포액은 같은 세포 내에 있는 액포 간에도 그 구성
성분이 다르다.

동물 세포에는 리소좀이라는 소기관이 있어 외부의 이물질을 제거할 수 있으나, 식물 세포에는 이러한 역할을 주로 액포가 맡아서 처리한다. 이외에도 액포 내부에는 안토시아닌과 같은 많은 색소나 노폐물 등을 갖고 있어 액포와 세포질 사이에 농도차가 발생하게 되고, 그 결과 많은 양의 물이 액포로 들어온다. 성숙한 세포의 경우에는 액포가 세포 내부의 80%나 차지하기도 한다.

이렇게 커진 액포는 세포질을 세포막 쪽으로 밀어 엽록체들이 세포 바깥쪽으로 밀려 나가 빛을 더 많이 받을 수 있게 한다. 또 커진 액포는 식물 세포의 부피를 크게 하여 세포벽에 압력을 가하게 되는데, 이처럼 세포 내부에서 외부로 가하는 압력을 '팽압turgor pressure'이라고 한다. 팽압은 식물 세포를 팽팽하게 긴장시켜 식물 자체를 곧게 세우는 힘을 제공한다. 만약 식물 세포가 수분을 많이 잃어 액포가 쭈글쭈글해지면 팽압은 사라지고 세포가 세포벽으로부터 분리되는 원형질 분리 현상이 일어나서 식물체가 힘이 없어 축 늘어지게 된다.

엽록체葉綠體

식물 세포에는 동물 세포에는 없는 엽록체라는 소기관이 있는데, 엽록체는 광합성물, 이산화탄소를 이용하여 포도당과 산소를 만드는 과정을 담당하는 소기관이다. 식물은 입이 없고 동물처럼 소화 기관이 발달되어 있지 않아 스스로 양분을 합성하여 살아가야 하는데, 이러한 약점을 극복하는 방법으로 엽록체라는 소기관을 발달시켜 스스로 양분을 합성하여 살아간다.

동물 세포와 식물 세포의 차이

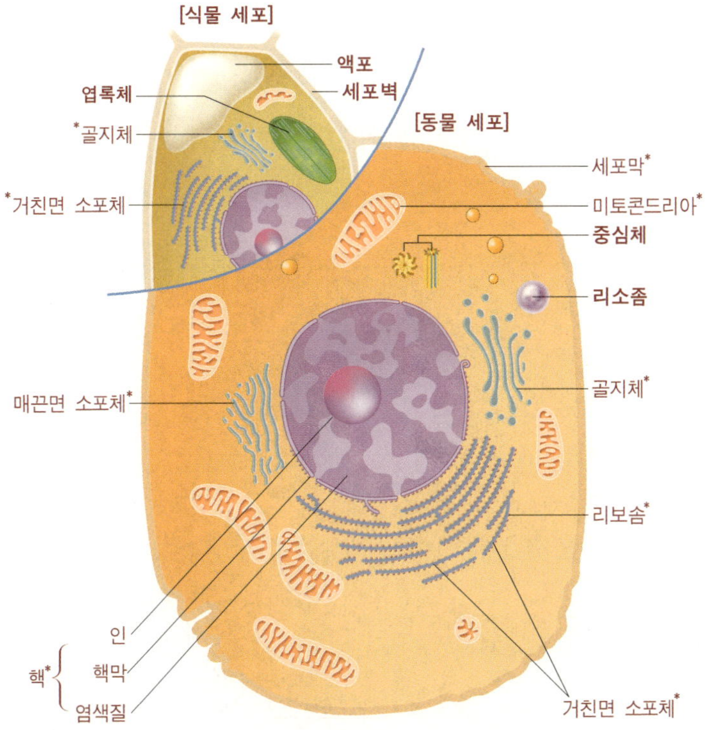

▲ **식물 세포와 동물 세포의 내부 비교**

*동물 세포와 식물 세포에 공통으로 있는 세포 기관.

구분	동물 세포	식물 세포
세포벽	없음	있음. 섬유소가 주성분
색소체	없음	있음
후형질	없음	있음
액포	있으나 잘 발달되어 있지 않음	있음
중심체	있음	없음
리소좀	있음	없음
미소체	페르옥시솜	페르옥시솜, 글리옥시솜
세포 간 정보 전달	간극 연결	원형질 연락사
식세포 작용	내포 작용, 외포 작용	없음
운동성	편모, 섬모	없음(유주자는 예외)
세포질 분열	세포질 함입, 구심성	세포판 형성, 원심성
엽록체	없음	있음

주제 **21**

세포 소기관

[가늘 세 細, 세포 포 胞, 작을 소 小, 그릇 기 器, 벼슬 관 官]　**organelle**

세포 내 원형질이 분화하여 만들어진 일정한 구조와 기능을 가진 부분

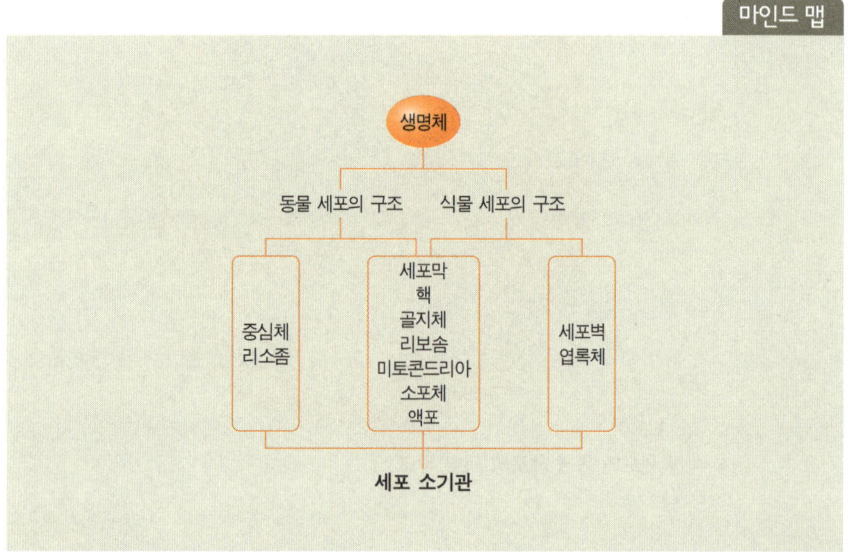

　사람의 몸에 위나 장 등 여러 가지 기관이 있는 것처럼 세포 소기관은 세포의 내부에 존재하며 세포의 여러 기능을 나누어 맡아 하고 있는 단위 구조이다. 세포 내에는 여러 기관들이 존재하는데 넓은 뜻으로 대부분의 세포에서 볼 수 있는 핵·색소체·미토콘드리아·골지체·중심체 등뿐만 아니라 세포의 움직임과 관련된 소기관인 위족가짜발·편모·섬모, 소화와 관련된 소기관인 세포구細胞口·세포인두細胞咽頭·식포食胞, 배설과 관련된 소기관인 수축포 등도 포함된다.

　세포 소기관에는 막으로 둘러싸인 소기관막성 소기관과 리보솜ribosome·미소관·방추체·핵소체인와 같이 막 구조가 아닌 소기관비막성 소기관이 존재하는데,

좁은 뜻으로 세포 소기관이라고 하면 막으로 된 소기관을 말한다. 막성 소기관은 세포 속 자신만의 공간을 따로 가져 자체 환경을 유지한다.

각 세포 소기관에는 소기관 특유의 효소나 단백질이 존재하여 제각기 고유의 기능을 갖고 있다. 막성 소기관에는 2중막으로 둘러싸인 핵·미토콘드리아·엽록체식물 세포와 단일막으로 둘러싸인 소포체·골지체·분비과립·분비소포·리소좀·파고솜·액포식물 세포·페르옥시솜 등이 있다.

세포 소기관의 특징 및 기능

① 핵nucleus

핵 내부에는 유전 물질인 염색체가 들어 있으며, 핵은 2겹의 막으로 된 2중막으로 둘러싸여 주변의 세포질과 분리된다. 핵막은 소포체와 연결되어 있으며, '핵공nuclear pore'이라는 구멍이 뚫려 있어 물질을 교환할 수 있다.

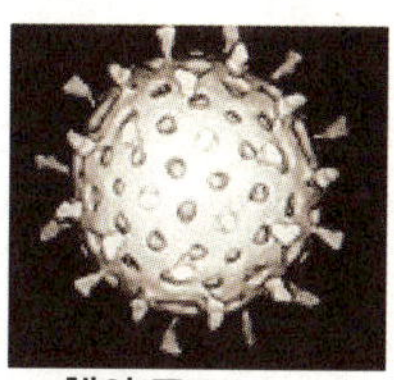

▲ 핵의 구조

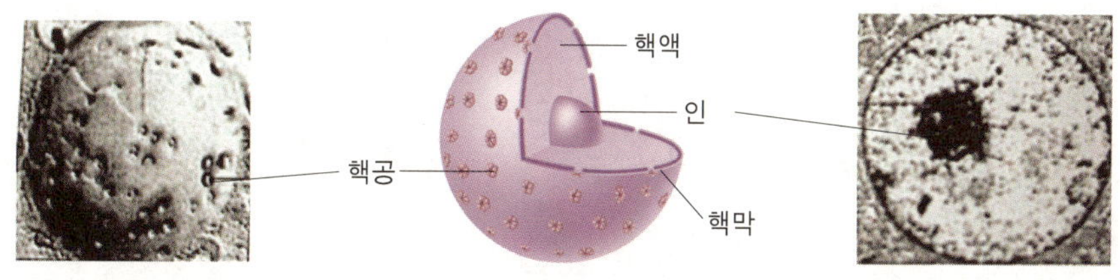

주사 전자 현미경 사진

투과 전자 현미경 사진

② 세포막cell membrane

세포의 표면에 있는 막으로 '원형질막'이라고도 하며, 물질의 출입을 조절한다. 세포막의 주성분은 인지질과 단백질이다.

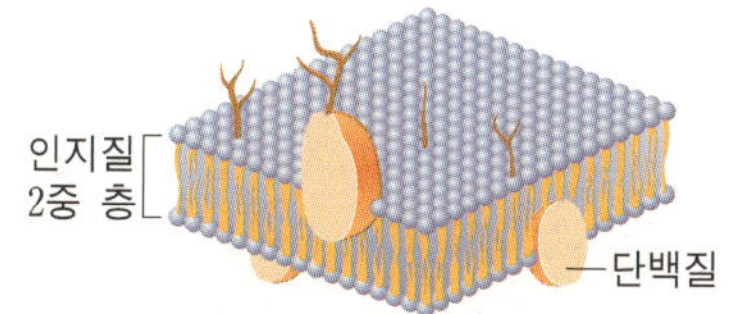

▶ 세포막 모식도

③ 미토콘드리아mitochondria

대부분의 미토콘드리아는 0.3~0.5nm 크기의 콩팥 모양이며, 산소 호흡을 하는 모든 진핵세포의 세포질에 존재한다. 그뿐만 아니라 세포 호흡에 관계하는 여러 효소가 들어 있어 포도당과 같은 유기물을 산화시켜 ATP를 합성함으로써 세포 활동에 필요한 에너지를 제공하는 역할을 한다.

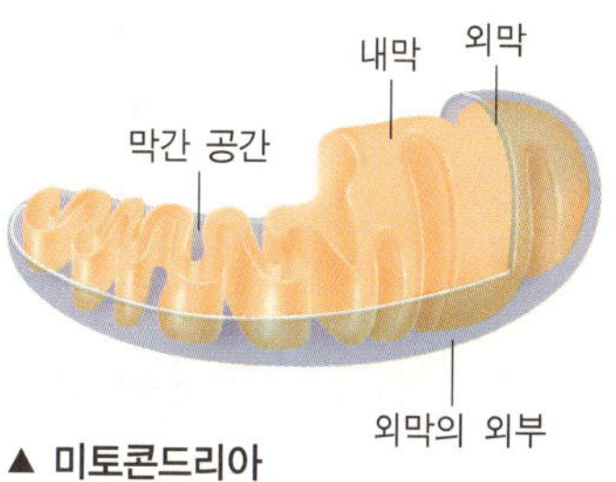

▲ 미토콘드리아

④ 소포체|endoplasmic reticulum: ER

세포질에 있는 원형질막이 주름 잡힌 주머니 모양을 한 세포 소기관이다. 원형질막과 핵막 간의 순환 통로를 이루며 세포 내 미세 구조물들을 고정시켜 준다. 단백질 합성, 지방질 대사 및 세포 내 물질 수송 등의 기능을 하는데, 거친면 소포체와 매끈면 소포체로 나뉜다.

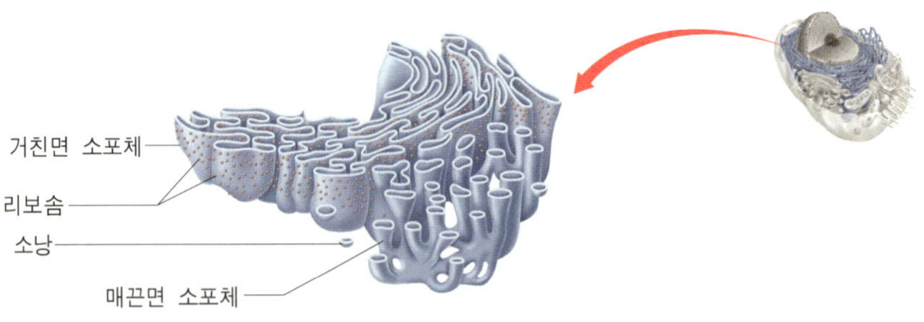

▲ 소포체

⑤ 골지체|golgi body

세포질 속 그물 모양의 기관으로 단백질이나 탄수화물 등을 운반한다.

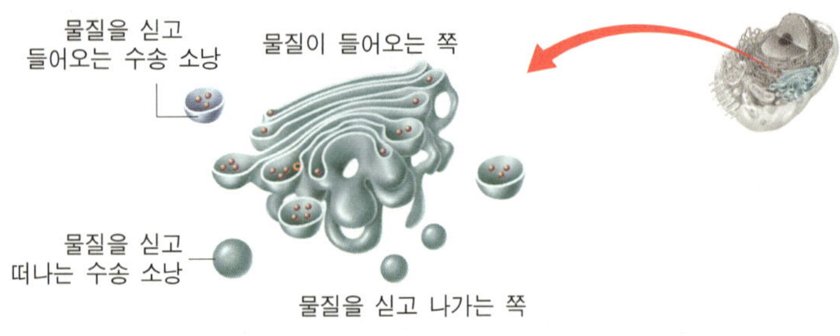

▲ 골지체

⑥ 리보솜|ribosome

가장 작은 세포 기관으로 막 구조가 아니며, 크고 작은 2개의 단위체로 구성되어 있다. 주성분은 rRNA와 단백질이고, 핵 속의 인에서 합성된다. 또한 리보솜은 단백질의 합성 장소이다.

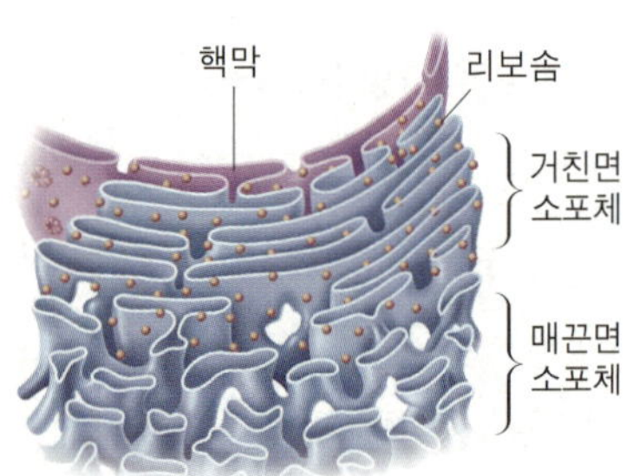

▲ 리보솜

⑦ 리소좀lysosome

가수 분해 효소를 많이 함유하고 있으며 세포내 소화 작용을 하는 세포의 작
은 기관이다.

⑧ 중심체centrosome

동물 및 균류, 조류, 이끼류와 같은 하등 식물의 세포질 안에서 핵
가까이 위치하고 있는 소기관이다. 세포가 분열할 때 중심적인 역
할을 하며 방추사를 형성한다.

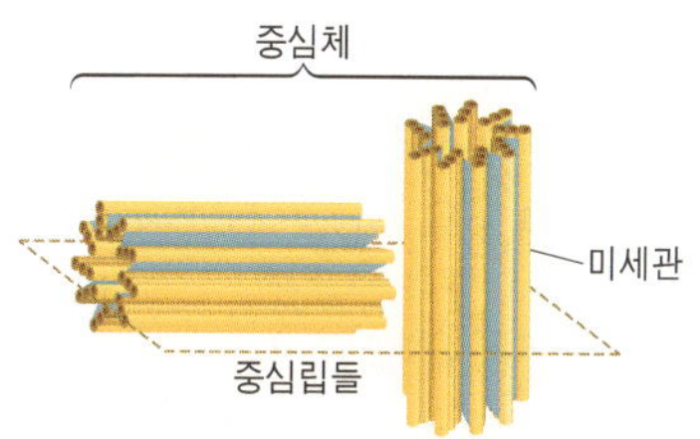

▲ 중심체

⑨ 엽록체chloroplast

식물 세포에만 있는 것으로 식물 잎의 세포 안에 함유된 둥근 모양 또는 타원
형의 작은 구조물이다. 물과 이산화탄소를 재료로 엽록체에 있는 그라나grana
와 스트로마stroma에서 태양 에너지를 흡수하여 포도당과 같은 유기물을 생
성한다.

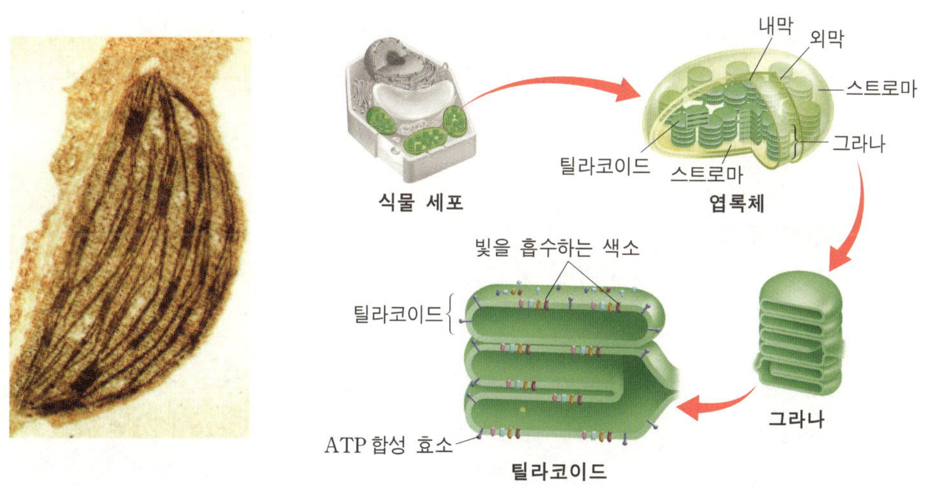

▲ 엽록체(현미경 사진)

⑩ 액포vacuole

주머니 모양의 세포 기관으로, 성숙한 식물 세포에서 잘 발달하며 세포벽 및
세포 함유물과 함께 후형질에 속한다. 세포가 활동하면서 만들어지는 독성
물질이나 노폐물 등을 분해하는 역할을 한다.

주제 **22**

식물의 유기적 구성

식물을 구성하고 있는 각 부분이 서로 밀접한 연관을 가지고 모여 개체를 이루는 것, 또는 그 각 부분

마인드 맵

생명체
- **식물의 유기적 구성** — 세포 → 조직 → 조직계 → 기관 → 개체(식물체)
- 동물의 유기적 구성 — 세포 → 조직 → 기관 → 기관계 → 개체(동물체)

식물의 경우는 비슷한 기능을 하는 '세포'가 모여 '조직'이 되고, 조직이 모여 '조직계'를, 조직계가 모여 '기관'을 형성하고, 각 기관들이 모여 '개체식물체'가 된다. 이를 '식물의 유기적 구성'이라고 한다.

식물의 조직

크게 구분하여 분열 조직과 영구 조직으로 나누어진다.

① 분열 조직

세포 분열이 왕성한 세포가 모인 조직이다.

- **생장점**: 길이 생장(뿌리 · 줄기 끝)
- **형성층**: 부피 생장, 코르크층(껍질)

② 영구 조직

분열 조직에서 만들어진 세포들이 분화한 것으로, 세포 분열 능력이 없어진 후 세포벽이 두꺼워지고 액포가 크게 발달한 조직이다.

- **표피 조직**: 식물체의 표면을 덮는 조직으로 표피, 뿌리털, 잎의 털, 공변세포 등이 있다.

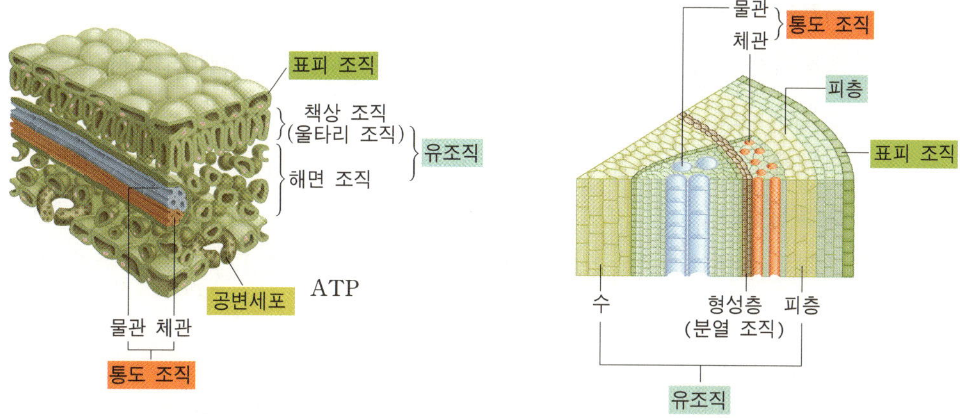

▲ 식물의 조직

- **통도 조직**: 물이나 양분이 이동하는 통로가 되는 조직으로 물관, 헛물관■, 체관■이 있다.
- **기계 조직**: 식물체를 지탱하는 조직으로 후막 세포, 후각 세포, 물관, 체관 의 섬유 등이 있다.
- **유조직**: 피층, 잎살 등의 연한 세포로 동화 작용광합성 작용 및 저장·분비 기 능을 한다.

■**헛물관**: 죽은 세포로 물의 상승 통로이다.

■**체관**: 살아 있는 세포로, 동화 양분(대표적인 동화 작용인 광합성 작용의 결과로 만들어진 양분으로 포도당 등)의 하강로이다.

식물의 조직계

조직이 모이면 조직계가 된다. 식물에만 있는 구성 단계로 3가지가 있다.

① 표피 조직계

표피 조직으로 되어 있고 식물체의 표면을 덮어 내부를 보호한다.

② 관다발 조직계

물질의 이동 통로로 식물체를 지지하는 역할을 한다. 물관부, 체관부, 형성층 등이 있다.

③ 기본 조직계

표피 조직계와 관다발 조직계를 제외한 식물체의 대부분을 차지하며, 유조직 으로 이루어져 있다.

식물의 기관

조직계가 모여 형성된 기관으로 크게 영양 기관과 생식 기관으로 구분된다.

① 영양 기관

식물체의 생존에 직접 관여하는 기관으로 뿌리, 줄기, 잎이 있다.

② 생식 기관

개체를 증식시켜 종족의 보존에 관여하는 기관으로 꽃, 열매, 씨 등이 있다.

식물의 개체

기관이 모여 형성된 개체는 관다발의 유무에 따라 크게 2가지로 구분된다.

① 관다발 식물

관다발로 줄기를 지탱하며 크게 자랄 수 있으며 뿌리, 줄기, 잎이 뚜렷한 경엽 식물이다. 고사리, 종자 식물 등이 있다.

② 비관다발 식물

관다발이 없어 줄기를 지탱하기가 어렵고 낮게 자라며 생김새가 넓은 잎 모양 같은 엽상체이다. 이끼, 김, 미역 등이 있다.

동물의 유기적 구성

동물을 구성하고 있는 각 세포가 서로 밀접한 연관을 가지고
모여 전체를 이루는 것, 또는 그러한 구성

마인드 맵

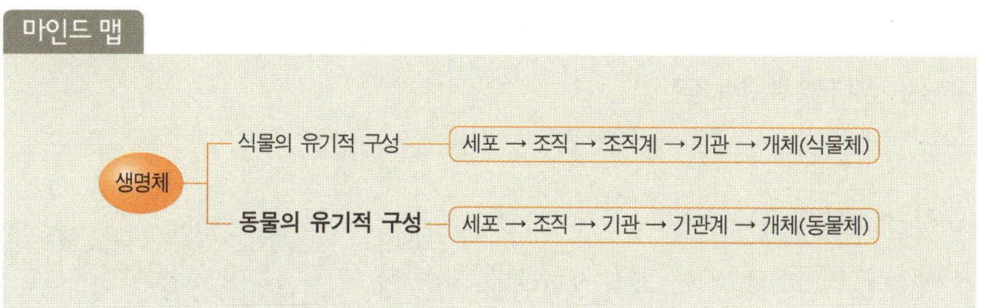

동물의 경우는 비슷한 기능을 하는 '세포'가 모여 조직이 되고, '조직'이 모여 '기관'을, 기관이 모여 '기관계'를 형성하고, 각 기관계가 모여 개체동물체가 된다. 이를 '동물의 유기적 구성'이라고 한다.

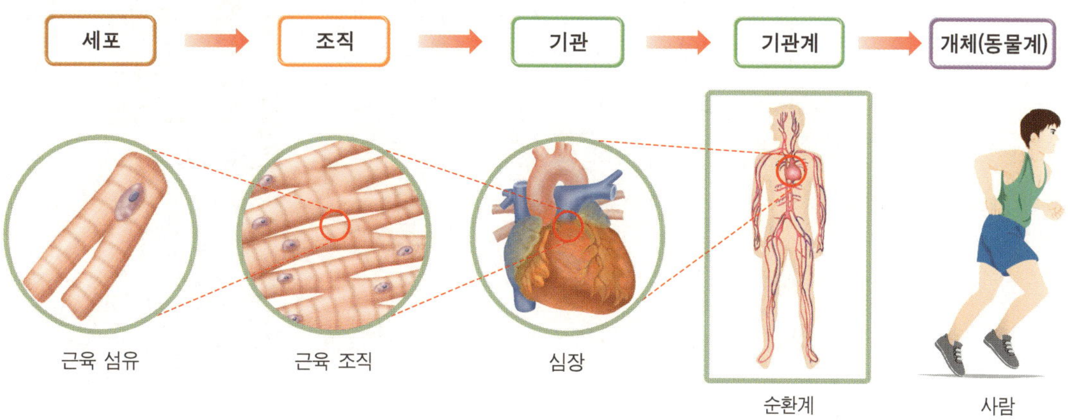

동물의 조직

① 상피 조직

동물의 체표, 기관의 내벽을 덮는 조직으로 보호 상피, 감각 상피, 샘상피, 흡수 상피 등이 있다.

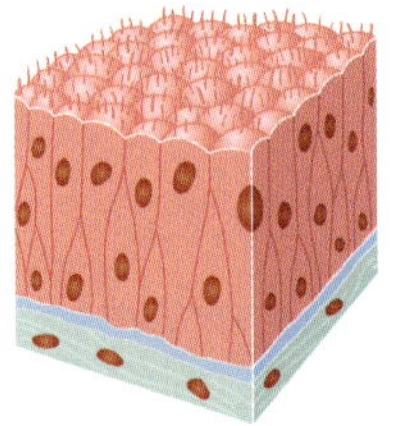 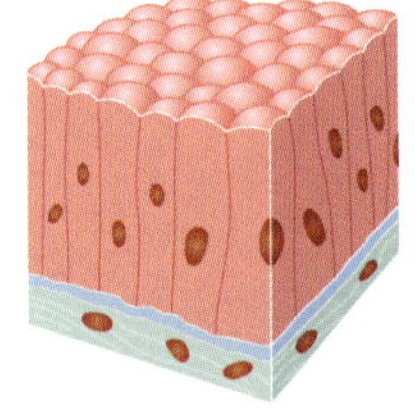 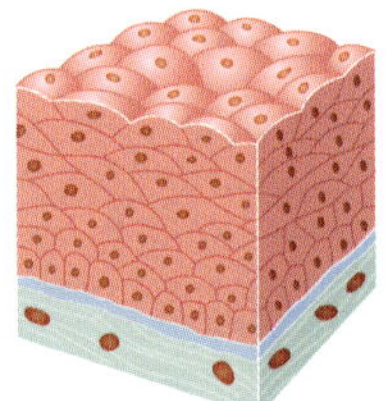

▲ 여러 가지 모습의 상피 조직

② 결합 조직

조직·기관을 연결 또는 밀착시켜 몸을 지탱하는 조직으로 섬유성 결합 조직_{진피·힘줄·판막}, 골 조직, 연골 조직_{탄산칼슘·인산칼슘}, 액상 결합 조직_{혈액·림프} 등이 있다.

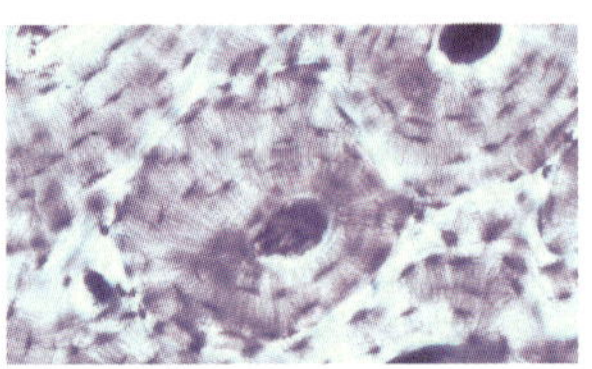

▲ 결합 조직

③ 근육 조직

자기 마음대로 움직일 수 있는 근육인 수의근 voluntary muscle과 심장 근육이나 내장 근육처럼 자기 마음대로 조절이 불가능한 불수의근 involuntary muscle이 있다.

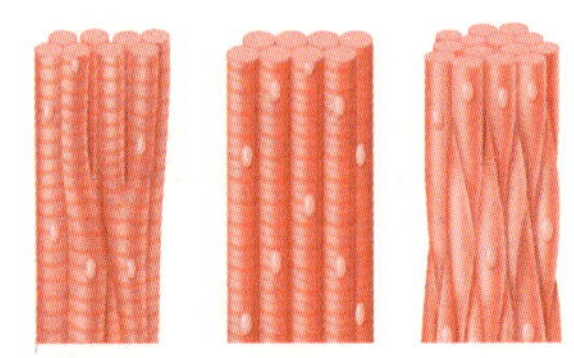

▲ 근육 조직

④ 신경 조직

신경계를 이루는 조직으로 뉴런을 기본 단위로 한다.

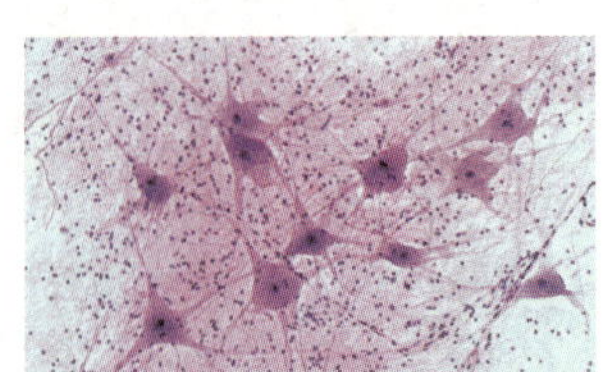

▲ 신경 조직

동물의 기관과 기관계

동물의 기관은 독립된 기능을 수행하는 조직의 모임이며, 같은 기능을 수행하는 기관이 모이면 기관계가 된다. 동물의 기관계 및 이를 구성하는 각 기관은 다음과 같다.

기관계	기관
소화계	입, 식도, 위, 소장, 대장, 간, 이자 등
호흡계	폐, 기관, 아가미 등
순환계	심장, 혈관, 림프관 등
배설계	콩팥, 오줌관, 방광 등
감각계	눈, 귀, 코, 피부, 혀 등
신경계	뇌, 척수, 신경, 신경절 등
피부계	피부, 털, 깃털, 손톱, 피부샘 등
근육계	골격근, 내장근, 심장근 등
골격계	머리, 가슴, 팔, 다리 등의 뼈 등
생식계	난소, 자궁, 정소 등
내분비계	뇌하수체, 갑상샘, 부신 등

주제 **24**

생명 과학의 탐구 과정

자연 현상을 관찰하면서 찾아낸 의문점을 해결하기 위하여
과학적으로 행하는 모든 과정

마인드 맵

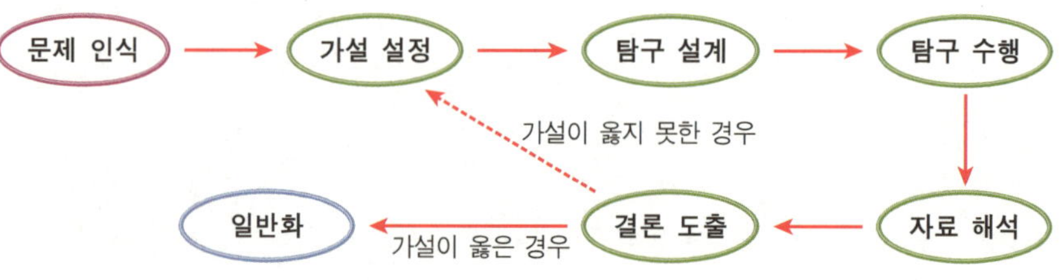

생명 과학의 탐구 과정은 크게 2가지로 나뉘는데, 결론이 뒤에 내려지는 귀납적 탐구관찰 → 결론와 잠정적인 결론인 가설을 먼저 세우고 시작하는 연역적 탐구가설 → 실험(검증)가 있다.

귀납적 탐구는 여러 가지 관찰 결과를 종합하여 일반적인 결론을 이끌어 내는 것으로, 관찰 자료가 주제에 적합하고 많을수록 결론의 타당성이 높아진다.

연역적 탐구는 문제에 대한 가설을 설정하고 실험을 통해 가설을 검증하는 과정으로, 실험군▪과 대조군▪의 실험 결과를 비교하여 과학적으로 결론을 도출한다. 일반적으로 생명 과학의 탐구 과정은 연역적 탐구를 기본으로 한다.

▪**실험군**: 실험 결과를 도출하기 위해 인위적 또는 어떤 조작을 통해 환경 설정을 한 집단.

▪**대조군**: 실험 결과가 제대로 도출되었는지의 여부를 판단하기 위해 어떤 조작이나 조건도 가하지 않은 집단.

▲ 연역적 탐구 과정

연역적 탐구 과정의 순서

① 문제 인식

어떤 자연 현상이 기존의 과학 지식으로 설명되지 않을 때, 그 현상을 관찰하여 여러 사실을 수집하고 문제점을 발견하는 과정이다.

② 가설 설정

인식한 문제에 대하여 과학적으로 검증이 가능한 잠정적인 결론을 내리는 과정으로, 귀납적 탐구와 다른 점이다.

③ 탐구 설계

설정된 가설의 타당성 여부를 증명하기 위한 실험의 계획 및 준비 과정이다. 탐구 설계를 할 때 유의해야 할 사항은 반드시 실험군과 대조군을 설계해야 하며, 실험과 관계되는 요인인 변인을 잘 통제하여 실험을 설계해야 한다.

- 독립 변인: 실험을 할 때 실험의 결과에 영향을 줄 수 있는 모든 변인
- 종속 변인: 독립 변인에 따라 변하는 변인실험 결과
- 조작 변인: 실험에서 의도적으로 변화시키는 변인
- 통제 변인: 실험에서 일정하게 유지하는 변인
- 변인 통제: 종속 변인에 영향을 미칠 수 있는 통제 변인들을 모두 일정하게 유지하는 것

④ 탐구 수행

계획한 탐구 설계대로 탐구를 수행하여 검증할 자료를 얻어 낸다.

⑤ 자료 해석

얻어진 자료를 표·그래프 등으로 정리하고 이를 통해 변인들 사이의 상관관계 및 경향성, 규칙성 등을 찾는 단계이다.

⑥ 결론 도출

자료들을 해석하여 객관적이고 타당한 결론을 이끌어 내는 과정이다. 이 결론에 의해 가설이 옳지 못한 것으로 판명되면 가설을 수정하거나 새로운 가설을 설정하여 다시 실험한다.

⑦ 일반화

보편적이고 포괄적인 진술이나 법칙을 이끌어 내는 방법으로 결론이 일반화 과정을 거치면 학설이나 법칙으로 인정받게 된다.

제2장

세포와 생명의 연속성

염색체

DNA

유전자

염색 분체

대립 유전자

상동 염색체

세포 분열

세포 주기

암

체세포 분열

감수 분열

유전

형질

표현형 / 유전자형

우성 / 열성

자가 수분 / 타가 수분

검정 교배

우열 법칙

분리 법칙

독립 법칙

연관

교차

중간 유전

가계도

단일인자 유전

다인자 유전

반성 유전

한성 유전

돌연변이

유전자 돌연변이

결실 / 중복 / 역위 / 전좌

염색체 비분리

이수성 / 배수성

핵형 분석

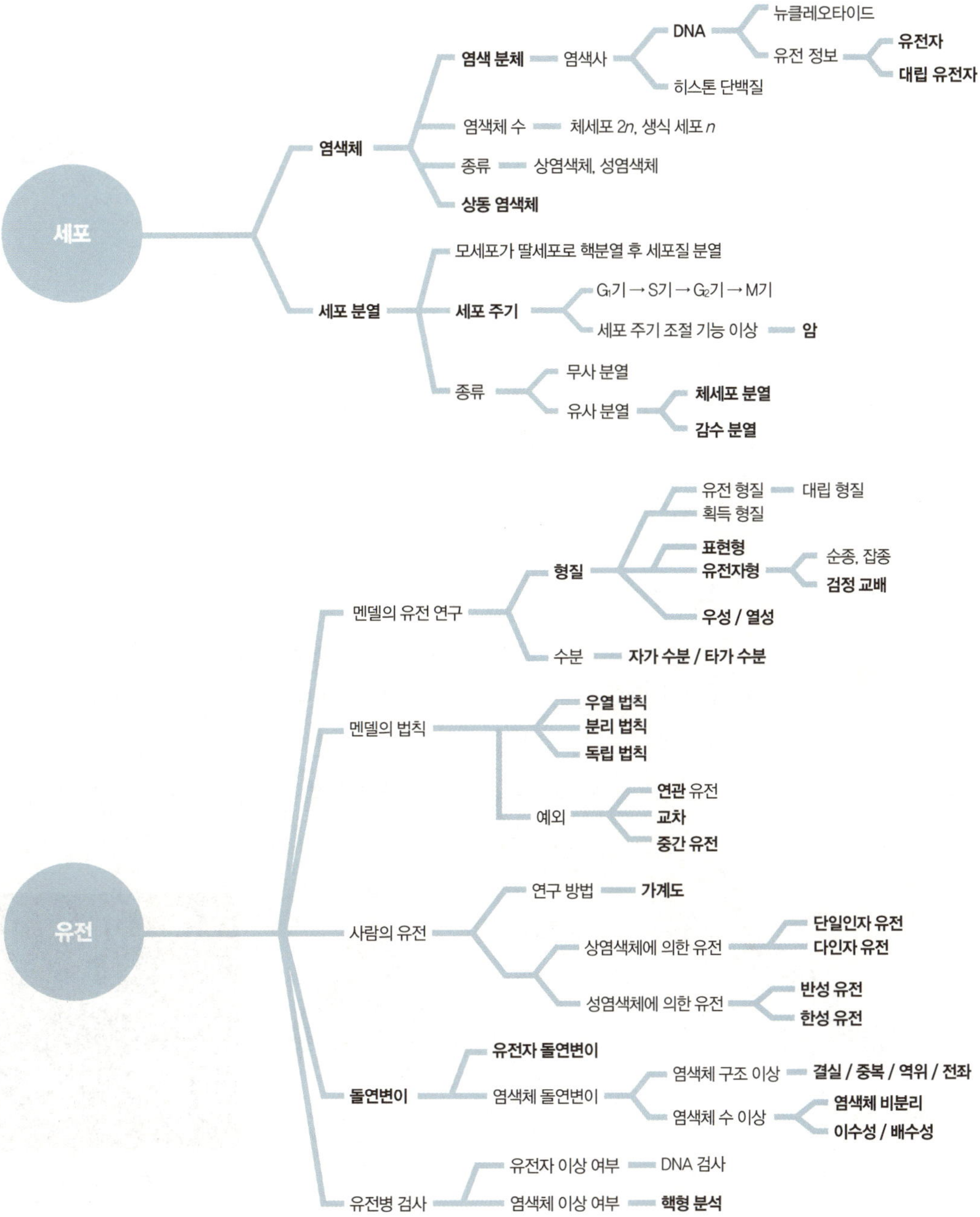

세포

염색체
염색 분체 — 염색사 — DNA — 뉴클레오타이드
유전 정보 — 유전자
대립 유전자
히스톤 단백질
염색체 수 — 체세포 2n, 생식 세포 n
종류 — 상염색체, 성염색체
상동 염색체

세포 분열
모세포가 딸세포로 핵분열 후 세포질 분열
세포 주기 — G₁기 → S기 → G₂기 → M기
세포 주기 조절 기능 이상 — 암
종류 — 무사 분열
유사 분열 — 체세포 분열
감수 분열

유전

멘델의 유전 연구
형질 — 유전 형질 — 대립 형질
획득 형질
표현형
유전자형 — 순종, 잡종
검정 교배
우성 / 열성
수분 — 자가 수분 / 타가 수분

멘델의 법칙
우열 법칙
분리 법칙
독립 법칙
예외 — 연관 유전
교차
중간 유전

사람의 유전
연구 방법 — 가계도
상염색체에 의한 유전 — 단일인자 유전
다인자 유전
성염색체에 의한 유전 — 반성 유전
한성 유전

돌연변이
유전자 돌연변이
염색체 돌연변이 — 염색체 구조 이상 — 결실 / 중복 / 역위 / 전좌
염색체 수 이상 — 염색체 비분리
이수성 / 배수성

유전병 검사
유전자 이상 여부 — DNA 검사
염색체 이상 여부 — 핵형 분석

주제 **1**

염색체 〔물들일 염 染, 빛 색 色, 몸 체 體〕
chromosome

세포의 핵 속에서 관찰되는 유전 정보를 갖고 있는 물질

마인드 맵

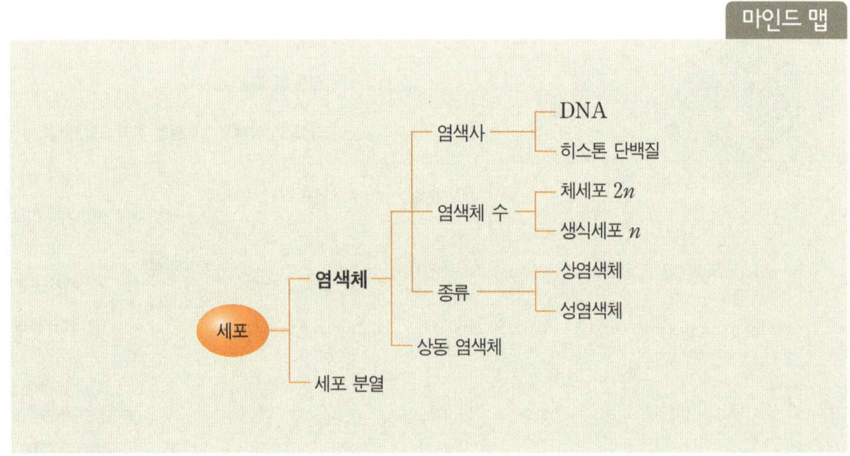

 핵 속의 유전 물질이 아세트산카민acetocarmine과 같은 염색약에 의해 염색이 잘되어 세포 분열 중에 쉽게 관찰되었기 때문에 그 유전 물질을 '염색체'라고 이름 붙였다. 염색체는 실 모양의 물질인 염색사染色絲가 응축된 형태로, 염색사가 바느질에 쓰이는 실이라고 하면 염색체는 염색사가 수없이 많이 꼬여

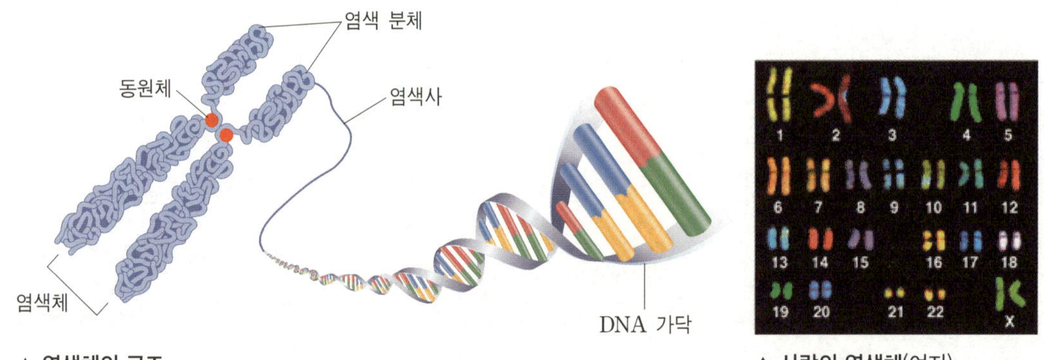

▲ 염색체의 구조

▲ 사람의 염색체(여자)

짧게 응축된 실을 감아 놓은 실 뭉치로 비유할 수 있다.

　염색사는 우리가 유전 물질이라고 부르는 DNA와 히스톤 단백질■로 이루어져 있다. 세포 안의 DNA는 일렬로 연결하면 길이가 약 2m나 되므로 지름이 약 5㎛밖에 안 되는 핵 속에 들어 있기 위해서는 고도의 응축 과정이 필요하게 된다.

　세포는 분열하기 전에 염색체를 구성하고 있는 DNA를 복제하므로 세포 분열이 일어나서 유전 정보가 반으로 나뉘더라도 전체 유전 정보의 양에는 변화가 없다. 세포는 간기interphase: 세포 분열이 일어나기 전의 준비기 동안 DNA를 2배로 복제하여 그 부피가 처음보다 2배로 늘어나고, 그동안 실처럼 풀어져 있던 염색사가 덩어리인 염색체로 응축된다. 이 염색체는 세포 분열의 말기에 둘로 나누어지기까지는 하나의 염색체로 행동하게 된다.

염색체 수

일반적으로 체세포가 가지고 있는 염색체 수는 $2n$으로 표시하며, 생식세포의 염색체 수는 감수 분열■의 결과로 반감하여 n이 된다. 사람의 염색체 수는 46개이며, 염색체 수가 가장 적은 것은 말의 회충으로 4개이고, 염색체 수가 많은 것은 게 종류인 북방참집게로 254개나 된다. 이외에도 백합은 24개, 나팔꽃은 30개, 벼는 24개, 완두는 14개, 벼메뚜기의 수컷은 23개, 암컷은 24개, 고양이는 38개, 말은 66개이다.

염색체의 종류

염색체에는 상염색체와 성염색체가 있다. 상염색체는 암수가 모두 가지고 있는 염색체로 사람의 경우 46개의 염색체 중에서 44개가 상염색체이고, 성을 결정하는 성염색체는 2개이다. 오른쪽 사람의 성염색체의 구조에서 큰 것이 X 염색체이고 작은 것이 Y 염색체이다.

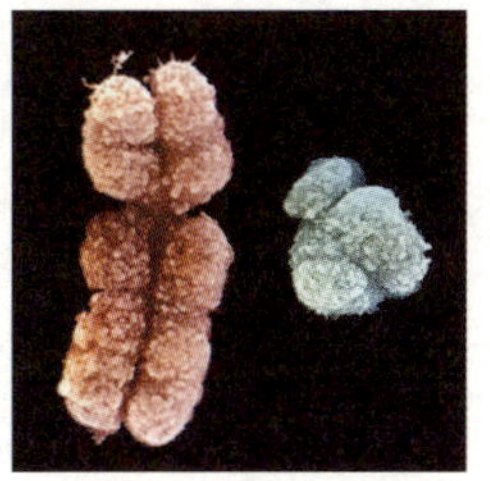

▲ 사람의 성염색체의 구조

■히스톤 단백질: 진핵세포에서 DNA와 결합하고 있는 염기성 단백질로 핵 안의 DNA 구조를 안정화시키고 세포 분열을 할 때 DNA를 응축시키는 데 관여한다.

■감수 분열(減數分裂): 정자나 난자와 같은 생식세포를 만들기 위해 생식 기관에서 일어나는 분열로 염색체 수가 반으로 줄어드는 세포 분열.

주제 **2**

DNA deoxyribonucleic acid

핵산의 한 종류로, 히스톤 단백질과 함께 염색체를 형성하며
유전자의 본체를 이루는 물질

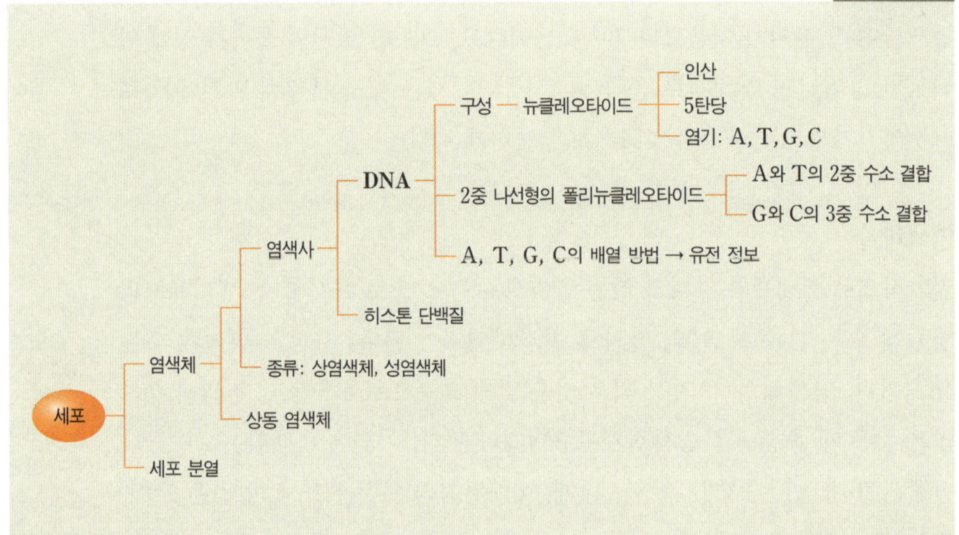

핵 속에는 유전에 관여하는 물질이 있는데 이 물질은 산성을 띠며 핵산核酸
nucleic acid이라고 불린다. 핵산의 한 종류인 DNA디옥시리보핵산는 주로 핵에 있
고, 다른 한 종류인 RNA리보핵산 ribonucleic acid는 핵과 세포질 속에 분포해 있다.

한 개의 세포가 정상적으로 세포 분열을 하여 2개의 딸세포를 만들기 위해
서는 핵산 성분이 2배로 복제되어 2개의 딸세포에 정확히 둘로 나뉘어 들어
가야만 모세포의 특징을 그대로 물려받은 딸세포를 생성할 수 있다. 이처럼
DNA는 유전 정보를 암호화하고 있는 물질로서 얼굴과 근육, 머리카락, 피부
등 우리의 전체적인 특징을 결정짓는 몸 전체의 설계도에 비유할 수 있다.

사람은 약 60조 개의 세포로 이루어져 있는데, 이 세포 하나하나에 있는 핵 속에는 동일한 유전 정보를 가지고 있는 DNA가 들어 있다. 모계와 부계의 DNA를 각각 절반씩 갖고 있는 생식세포인 난자와 정자가 수정을 통해 합쳐 져 부모와 동일한 양의 DNA를 갖는 수정란이 되고, 이 수정란이 난할■과 체 세포 분열■을 거듭하여 배아에서 태아로, 더 나아가 완전한 인간으로의 발생 이 진행되므로 출생 후 동일한 DNA를 갖는 세포 수는 60조 개로 늘어난다.

DNA가 인간의 몸 전체를 결정하는 '전체 설계도'라고 한다면, RNA는 몸의 부분을 결정하는 '부분 설계도'라고 할 수 있다. 설계도의 결과 만들어지는 우 리 몸은 단백질로 되어 있으므로 결국 DNA의 정보는 RNA로 전해지고, RNA의 정보에 따라 단백질이 만들어지게 된다.

DNA의 구성

DNA는 뉴클레오타이드nucleotide라는 물질이 사슬과 같이 연결되어 있고, 그 사슬은 2중 나선형으로 되어 있다. 뉴클레오타이드는 인산, 5탄당, 염기로 이 루어져 있는데, 이 중에서 염기는 아데닌A, 타이민T, 구아닌G, 사이토신C의 4종류가 있다.

▲ DNA와 뉴클레오타이드

■난할(卵割): 수정란의 초기 세포 분열로 단세포인 수정 란이 다세포가 되기 위하여 연속적으로 핵분열이 일어 나는 과정. 분열 후에도 염색 체 수가 변함이 없어 체세포 분열의 일종으로 보나 핵분 열이 일어난 후 세포질 분열 이 일어나지 않기 때문에 체 세포 분열과는 조금 다르다.

■체세포 분열(體細胞分 裂): 체세포가 원래 가지고 있던 유전자를 그대로 복제 하여 2개의 세포로 분열하는 방식. 전기·중기·후기·말 기의 핵분열이 끝나면 세포 질 분열이 일어난다.

DNA의 구조

DNA는 모양이 다른 4종류의 염기가 조합된 뉴클레오타이드가 이인산에스테르 결합으로 이어져 하나의 폴리뉴클레오타이드를 형성하며 2줄의 폴리뉴클레오타이드가 서로 역방향으로 아데닌A은 타이민T과 2중 수소 결합을, 구아닌G은 사이토신C과 3중 수소 결합을 이루어 나선형의 사다리 형태를 띤 2중 나선 모양을 형성한다.

이때 A, T, G, C의 배열 방법이 유전 정보이며, 이 배열은 생물의 종류에 따라, 또 같은 종류라도 개체에 따라 다르다. 같은 사람이라도 사람마다 미묘한 차이가 있어서 피부 색깔, 체질, 모습, 형상, 성격 등이 각각 다르게 된다.

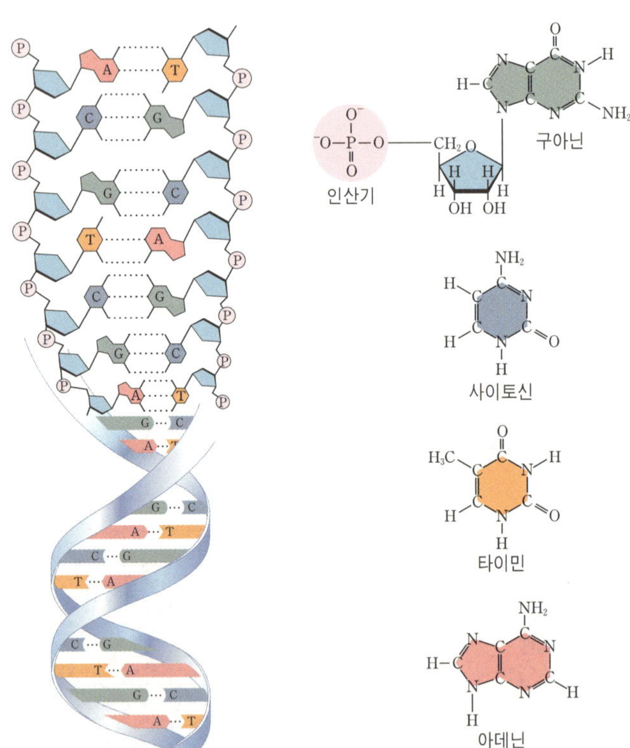

▲ 왓슨과 크릭의 DNA 모형과 뉴클레오타이드와 염기

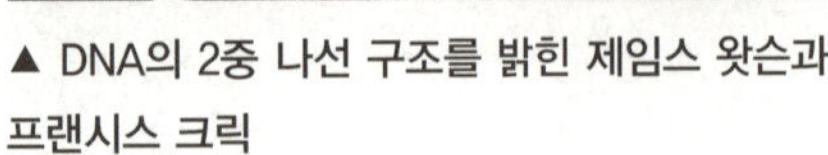

▲ DNA의 2중 나선 구조를 밝힌 제임스 왓슨과 프랜시스 크릭

유전자 〔남길 유 遺, 전할 전 傳, 아들 자 子〕
gene

형질을 만들어 내는 인자로 유전 정보의 단위

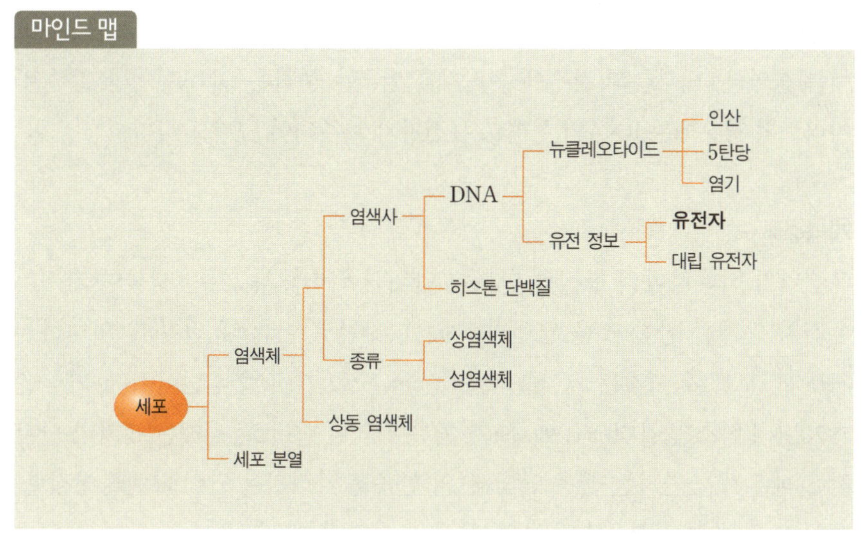

부모로부터 자식으로 전해지는 여러 가지 특징, 즉 형질동식물의 모양·크기·성질 등의 고유한 특징을 만들어 내는 인자로 유전 정보의 단위를 '유전자'라고 한다. 유전자는 세포의 핵 속에 있는 염색체를 구성하는 DNA의 일부분으로 사람의 유전자는 약 15,000개에서 30,000개로 추정된다. 이처럼 유전자는 DNA의 일부분이므로 하나의 모세포에서 2개의 딸세포를 형성할 때 모세포의 DNA를 2배로 복제하여 각각의 딸세포에 나누어 들어가게 하는 방법으로 부모 세대에서 다음 세대로 이어짐으로, 부모가 자식에게 자신의 특성을 물려주는 현상인 '유전'을 일으킨다.

DNA는 2중 나선 모양을 띠고 있기 때문에 이 2중 나선 모양이 풀린 후 각각의 사슬이 연쇄적으로 다시 2중 나선 모양으로 합성됨으로써 DNA가 복제된다.

유전자의 발현

본질적으로 정보일 뿐인 유전자가 그 기능을 발휘하기 위해서는 발현이 되어야 가능하다. 발현은 DNA가 RNA에 복사가 되는 전사transcription 과정과 RNA가 단백질로 바뀌는 번역translation 과정을 가리킨다. 이와 같이 만들어진 단백질이 생체 내에서의 온갖 작용을 일으킴으로써 유전자의 효과가 나타난다. 이러한 과정을 생물학자인 제임스 왓슨James Watson과 함께 DNA의 구조를 밝혀낸 생물학자 프랜시스 크릭Francis Crick이 '중심 원리Central Dogma'라고 이름 붙였다. 대부분의 경우에 유전자를 이루는 물질은 DNA이지만 일부 바이러스의 경우에는 RNA의 형태로 유전자가 보존되어 있기도 하다.

게놈genome

유전자가 하나하나의 형질을 만드는 단위임에 비해서, 어떤 생물이 가지는 유전자 전체를 합한 것을 말한다. 게놈이라는 단어는 '유전자'를 의미하는 'gene'에 '모든 것'이라는 의미를 가진 '−ome' 어미가 조합된 단어이다. 게놈은 1920년에 한스 빙클러Hans Winkler가 처음 정의한 단어로, 원래는 정자나 난자 같은 배우자가 가지는 상동 염색체■의 한쪽을 가리키는 단어로 만들어졌다. 게놈이 현재와 같은 '한 생물의 전체 유전자 집합'으로 다시 정의된 것은 1930년 기하라 히토시木原均에 의해서이다. 이러한 정확한 정의는 잘 알려져 있지 않기 때문에 일반적으로 이야기할 때는 유전자와 게놈을 동일하게 생각하는 경우가 많다.

DNA의 2중 나선 구조와 정보 유지

모든 컴퓨터 프로그램이 0과 1이라는 2가지 숫자의 배열로 구성되어 있듯, 유전자 역시 DNA의 배열에 의해 구성된다. DNA는 인산, 디옥시리보스, 염기 3가지가 결합한 형태가 하나의 단위인데, 이 기본 단위를 뉴클레오타이드nucleotide라고 하며 이때 염기의 종류는 4가지이다. 아데닌 A, 구아닌 G, 타이민 T, 사이토신 C의 4가지 염기가 긴 DNA 사슬에 배열되어 있는 순서, 즉 서열이 특정한 단백질을 만들게 된다. 특히 4가지의 염기는 A와 T가, G와 C가 서로 결합하는 특성을 가진다. 따라서 DNA가 2중 나선 구조를 가지고 배치

되었을 때 2줄의 나선형 사슬은 동일한 정보를 저장할 수 있게 된다. 이는 DNA에 담겨 있는 정보를 유지하며 정확하게 2개로 분열되는 데에 중요한 역할을 한다.

한 개의 아미노산을 만들 수 있는 염기 조합 트리플렛 코드

DNA가 발현될 때는 mRNA로 정보를 전달하는 전사 과정을 먼저 거치게 되는데, 여기서 DNA를 직접 단백질 합성에 이용하지 않는 것은 DNA를 보호하기 위한 것이라고 여겨진다. 이와 같이 만들어진 mRNA상에 있는 염기 3개는 그에 맞는 아미노산과 결합하여 단백질을 합성한다. 이렇게 3개씩 이루어진 염기 조합을 '트리플렛 코드triplet code'라고 하며, 이 대응 관계를 유전 암호라는 의미에서 '코돈codon'이라고 한다. 이런 과정을 통해 만들어진 단백질은 생체 내에서 수많은 역할을 수행하며 생명을 지속시킨다.

또한 유전자에는 이런 방식으로 단백질 정보를 저장하고 있는 것뿐만 아니라 다른 유전자의 발현을 제어하기 위한 조절 유전자도 존재한다. 이는 세균에서 발견된 오페론*이 대표적인 예이며, 분자 생물학 연구가 진행됨에 따라 각종 생물에서 수많은 유전자가 이러한 조절 과정에 관여하고 있음이 밝혀졌다.

■ **오페론**(operon): 원핵생물의 DNA에 존재하는 프로모터, 작동 유전자, 구조 유전자들이 모여 있는 유전자의 집합체. 조절 유전자(regulatery gene)에 의해 만들어진 물질이 작동 유전자(operator)에 부착되면 전사에 관여하는 효소가 DNA에 붙지 못해 구조 유전자(structural gene)들이 RNA로 전사되지 못하며, 조절 유전자에 의해 만들어진 물질이 작동 유전자에 부착되지 않으면 전사가 일어나게 됨.

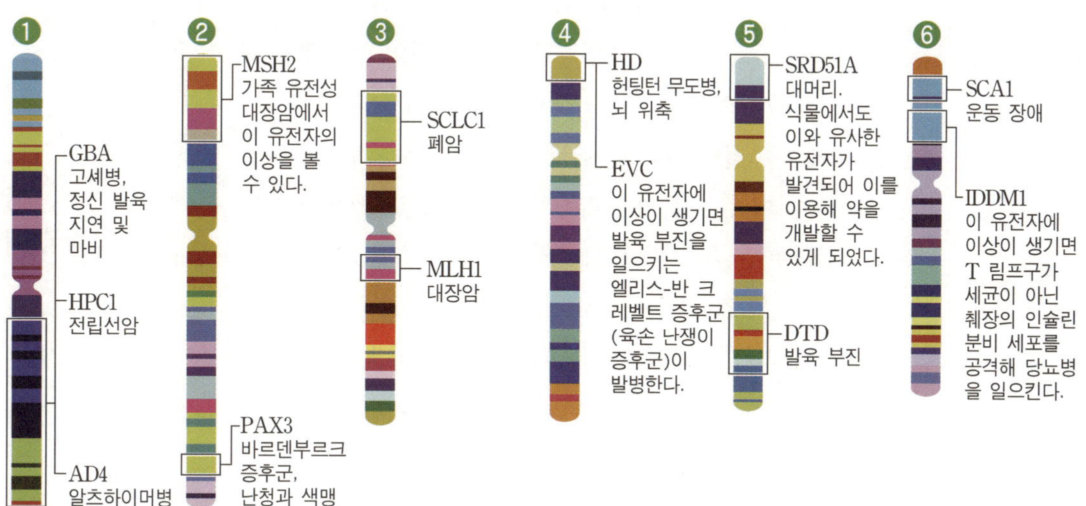

▲ 사람의 유전자 지도

주제 **4**

염색 분체

〔물들일 염 染, 빛 색 色, 나눌 분 分, 몸 체 體〕
chromatid

세포 분열을 할 때 볼 수 있는 동원체에 의해 연결된 염색체의 각 단일 가닥

마인드 맵

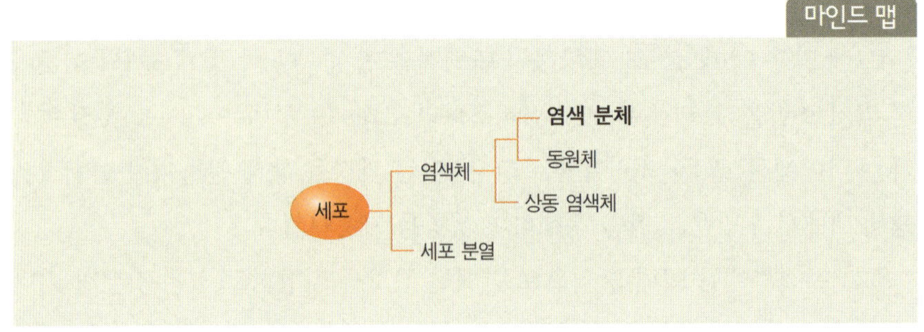

■**체세포 분열**: 체세포가 원래 가지고 있던 유전자를 그대로 복제하여 2개의 세포로 분열하는 방식. 전기·중기·후기·말기의 핵분열이 끝나면 세포질 분열이 일어난다.

체세포 분열■의 간기에 DNA 복제가 일어나기 때문에 체세포 분열 중기의 염색체는 항상 동원체를 중심으로 데칼코마니한쪽에 물감을 짜 넣어 반으로 접었다 편 그림으로 양쪽이 정확히 대칭 모양처럼 2개가 붙은 형태로 되어 있는데 이때 염색체의 2개의 가닥을 각각 '염색 분체'라고 한다. 이 2개의 동일한 염색 분체를 '자매 염색 분체'라고도 하는데, 자매 염색 분체는 기존의 염색사에 있는 DNA가 복제되어 만들어지므로 각 염색 분체를 이루는 DNA와 유전자는 각각 서로 동일하다.

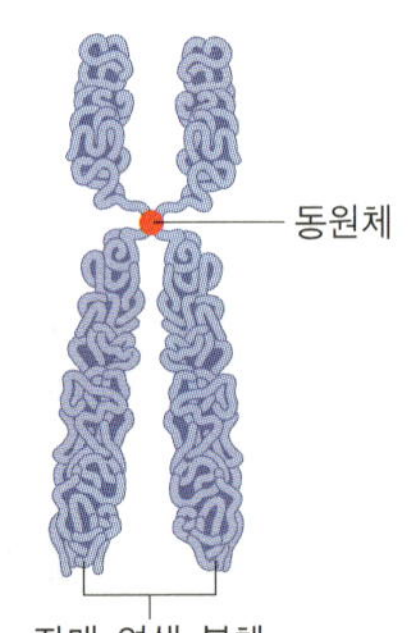

▲ **2개의 염색 분체와 동원체**

2개의 염색 분체로 이루어진 하나의 염색체는 체세포 분열의 중기에서 후기로 진행될 때 각각의 염색 분체로 분리되어 서로 다른 방향으로 이동하고, 이들 염색 분체는 다시 각 딸세포의 핵을 형성한다.

염색체 중간의 잘록한 부분의 동원체動原體는 세포 분열을 할 때 방추사가

부착되는 부위이며, 세포 분열이 중기에서 후기로 진행될 때 동원체에 붙은
방추사가 분해되어 전체적인 방추사의 길이가 짧아져서 염색체가 양극으로
이동하게 된다.

생식세포의 경우는 감수 1분열[■] 중기에 상동 염색체[■]가 동원체를 중심으로
서로 붙은(접합: 서로 엉겨 붙음) 2가 염색체를 형성하는데, 이는 총 4개의 염색 분체
로 구성되어 있다. 각 염색 분체는 감수 2분열 후기에 접어들면서 4개의 염색
분체로 완전히 분리되어 각각 딸세포의 핵을 형성한다.

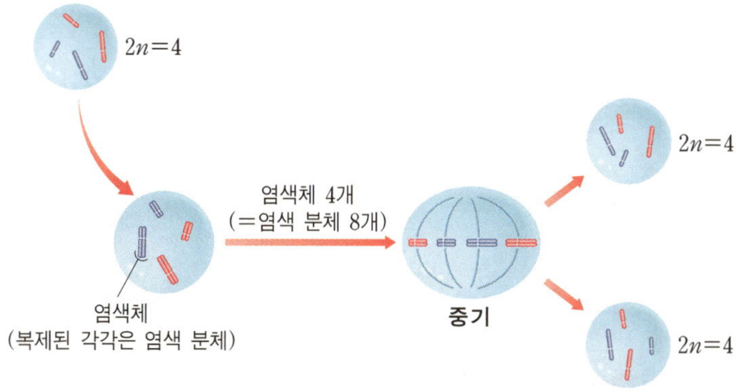

▲ 체세포 분열을 할 때의 염색체 배열과 염색 분체 분리(염색체 수가 4개인 경우)

■감수 분열(減數分裂): 정
자나 난자와 같은 생식세포
를 만들기 위해 생식 기관에
서 일어나는 분열로 염색체
수가 반으로 줄어드는 세포
분열.

■상동 염색체(相同染色
體): 체세포의 핵에 있는 모
양과 크기가 같은 한 쌍의 염
색체.

주제 **5**

대립 유전자

〔상대 대 對, 설 립 立, 남길 유 遺, 전할 전 傳, 아들 자 子〕 **allele**

상동 염색체의 같은 위치에 존재하며 하나의 형질을 결정하는 유전 정보를 갖는 유전자 쌍

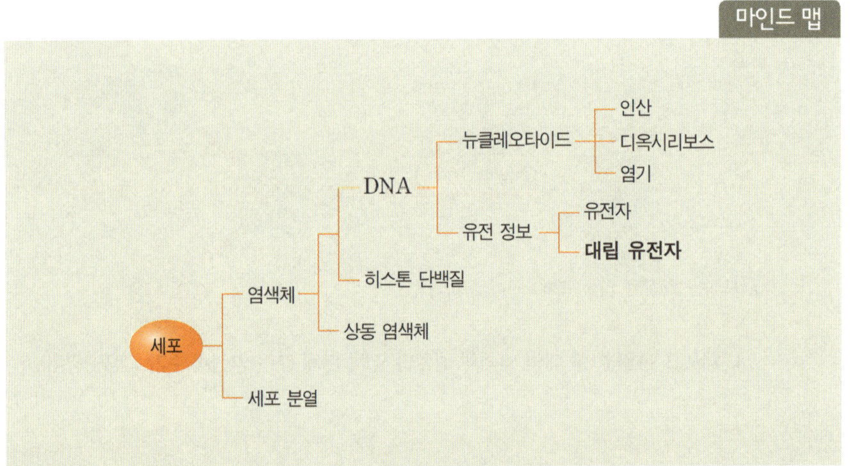

눈꺼풀의 형태를 보면 어떤 사람은 쌍꺼풀을, 어떤 사람은 외꺼풀을 갖고 있다. 또 머리카락의 형태도 누구는 곧은직모 반면 누구는 곱슬이다. 이와 같이 서로 대립적인 유전자가 지배하는 형질을 '대립 형질'이라고 하며, 이러한 대립 형질을 결정하는 유전자를 '대립 유전자'라고 한다.

■**상동 염색체**(相同染色體): 체세포의 핵에 있는 모양과 크기가 같은 한 쌍의 염색체.

각각의 대립 유전자는 상동 염색체■의 같은 위치에 존재하며, 유전자를 기호로 나타낼 때 눈꺼풀의 경우에는 쌍꺼풀은 우성이므로 R로, 외꺼풀은 열성의 대립 유전자이므로 r로 나타낸다. 머리카락의 경우에는 직모는 우성이므로 P로, 곱슬머리는 열성이므로 p로 나타낸다. 또한 우성 유전자를 +로 나타

낼 때도 있는데 혈액형의 특징에서 RH$^+$와 RH$^-$ 중에서 +가 우성, −가 열성 대립 유전자이다.

　대부분의 다세포 생물은 2배체=倍體의 염색체▪를 가지고 있는데, 이러한 염색체를 '상동 염색체'라고 한다. 2배체의 생물은 각각 하나의 염색체에 하나의 특징적인 유전자대립 유전자를 갖는다. 이들 대립 유전자가 서로 같을 경우에는 '동형 접합자homozygote'라고 하며, 대립 유전자가 서로 다를 경우에는 '이형 접합자heterozygote'라고 한다. 예를 들어 둥근 완두를 나타내는 유전자를 R, 주름진 완두를 나타내는 대립 유전자를 r이라고 할 때 이들은 동형 접합자인 RR, rr의 유전자형을 갖는 완두와 이형 접합자인 Rr의 유전자형을 갖는 완두가 나타날 수 있다.

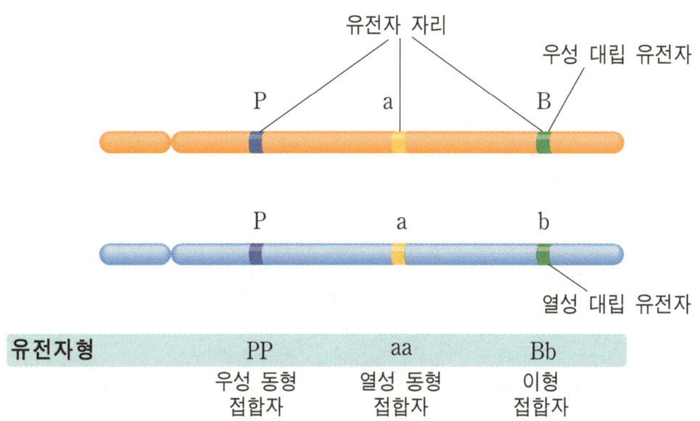

유전자형	PP	aa	Bb
	우성 동형 접합자	열성 동형 접합자	이형 접합자

▲ 대립 유전자

▲ 상동 염색체와 그 위에 위치하는 대립 유전자(2n=4인 세포)

주제 **6**

상동 염색체

〔서로 상 相, 같을 동 同, 물들일 염 染, 빛 색 色, 몸 체 體〕
homologous chromosome

체세포의 핵에 있는 모양과 크기가 같은 한 쌍의 염색체

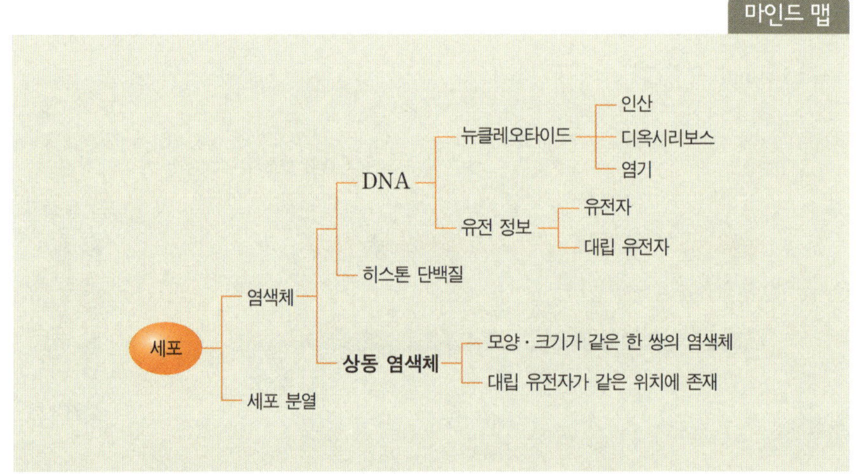

하나의 체세포 속에는 모양과 크기가 같은 염색체가 쌍으로 있는데 이것을 '상동 염색체'라고 한다. 상동 염색체는 수정 과정을 통해 하나는 모계로부터, 다른 하나는 부계로부터 온 것이다.

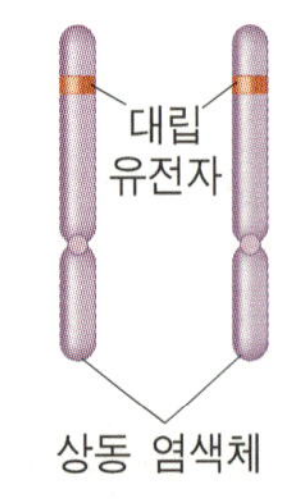

▲ 상동 염색체와 대립 유전자

세포의 핵 속에 들어 있는 염색체의 구성 상태염색체의 상대적인 수를 나타낸 것를 '핵상'이라고 하는데 체세포처럼 상동 염색체가 한 쌍이 모두 있으면 '복상 $2n$', 생식세포처럼 하나씩만 있으면 '단상 n'이라고 한다. 사람의 경우에 체세포의 핵상은 $2n=46$이고, 생식세포의 핵상은 $n=23$이다.

염색 분체와 상동 염색체

세포는 분열하기 전에 DNA를 복제하여 2개의 염색 분체를 만든다. 염색 분체 각각은 서로 부착되어 한 개의 염색체가 되므로, 각각의 염색 분체는 유전자 정보가 일치한다.

반면 상동 염색체는 모양과 크기가 같은 2개의 염색체를 말하는 것으로, 상동 염색체에 포함된 유전자의 종류별 서열은 비슷하지만 염색 분체와 같이 각각이 서로 완벽하게 일치하지는 않는다. 이는 한 쌍의 상동 염색체가 각각 부계와 모계로부터 하나씩 온 것이기 때문이다.

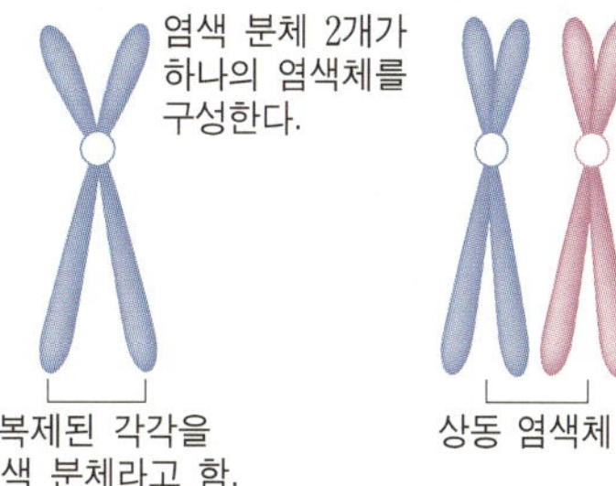

▲ 복제가 일어난 염색체(왼쪽)와 상동 염색체(오른쪽)

상동 염색체에는 같은 유전자 또는 그 대립 유전자가 같은 순서로 배열되어 있다. 생식세포의 감수 분열의 전기에서 상동 염색체는 결합하여 2가 염색체二價染色體를 형성한다.

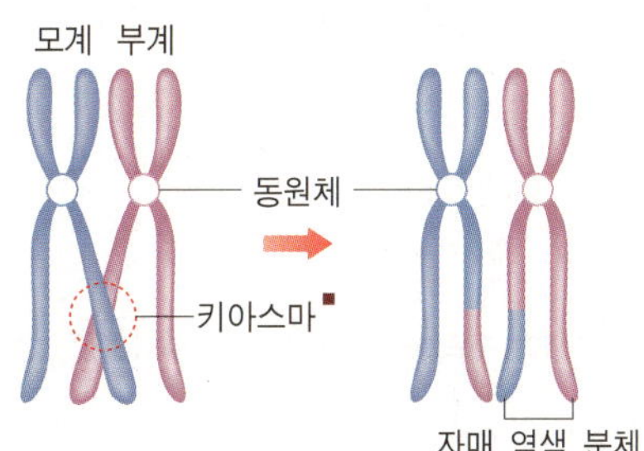

▲ 복제가 일어나 염색 분체를 형성한 상동 염색체가 서로 붙었다(접합)가 염색 분체를 나누어 가진(교차) 그림

■**키아스마**(chiasma): 감수 1분열 전기에 상동 염색체가 서로 접합하여 2가 염색체를 형성할 때 염색 분체가 서로 꼬이는 부분을 말하며 여기에서 교차가 일어난다.

주제 **7**

세포 분열 〔가늘 세 細, 세포 포 胞, 나눌 분 分, 찢을 열 裂〕
cell division

한 개의 세포가 둘 이상의 세포로 나누어져 개수가 늘어나는 현상

마인드 맵

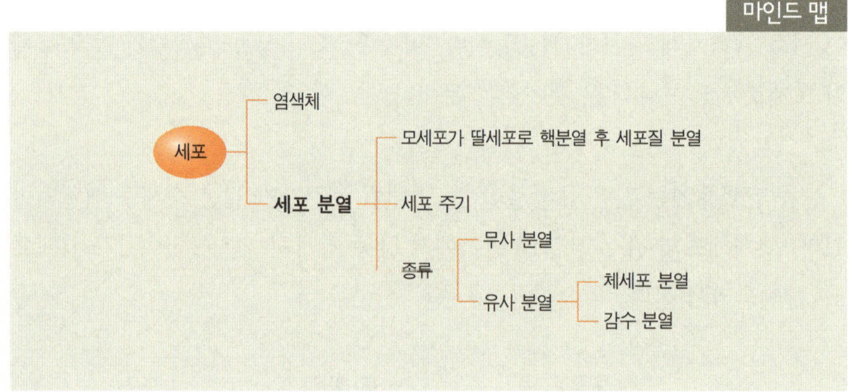

세포 분열은 한 개의 모세포가 2개의 딸세포로 나누어지는 현상으로, 먼저 핵이 나누어지는 핵분열을 한 후 세포질이 나누어지는 세포질 분열이 일어난다. 그렇다면 세포가 분열하는 이유는 무엇일까? 갓 태어난 아기는 몸무게가 약 3~3.5kg 정도이지만 성인이 되면 아기 몸무게의 15배에서 20배 이상으로 늘어나고 키도 커지게 된다. 이렇게 성장할 수 있는 이유는 세포의 크기가 커져서일까?

아기는 정자와 난자가 합쳐져 만들어진 수정란이라는 한 개의 세포에서 출발해 약 3조 개의 세포로 구성된 모습으로 태어난 후 약 60조 개의 세포로 이루어진 성인으로 자라난다. 즉 세포가 분열하여 그 수가 늘어나야 성장이 가능하다는 것이다. 또한 세포는 어느 한계 이상으로 커지면 세포 내부와 외부의 물질 교환이 원활하지 못하고 핵이 세포를 통제하기 어려워지므로, 일정

수준 이상으로 커지면 더 이상 커지지 않고 2개의 세포로 나누어지는 세포 분열 과정이 일어난다.

세포 분열은 세포가 분열할 때 나타나는 방추사 의 유무에 따라 무사 분열과 유사 분열로 나누어지며, 유사 분열은 다시 염색체 수의 변화에 따라 체세포 분열과 감수 분열로 나누어진다.

무사 분열 無絲分裂 amitosis

세포 분열 과정에서 방추사가 나타나지 않는 분열을 '무사 분열' 또는 '직접 분열'이라고 한다. 무사 분열은 염색체나 방추체가 형성되지 않고 핵이 아령 모양으로 길어지면서 그대로 끊어지는 형태로 분열이 일어난다.

하등한 동식물이나 고등 생물의 특수한 세포에 있는 핵에서 무사 분열이 일어나며 병적인 세포, 퇴행 중인 세포, 세포 증식이 빨리 일어나야 하는 조직의 세포에서도 나타난다. 또 아메바하나의 핵과 세포가 길게 늘어나 둘로 나눠지는 방식으로 분열(이분법)이 일어남, 효모균효모의 곁에 싹이 나는 것처럼 둘로 나눠지는 방식으로 분열(출아법)이 일어남 등의 분열, 짚신벌레의 대핵大核 분열, 쇠뜨기말의 절간 세포 , 양달개비 줄기

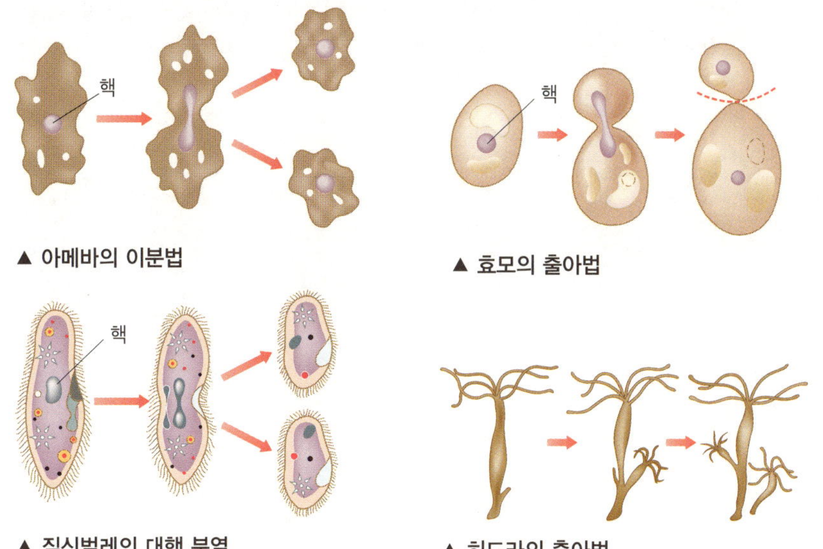

▲ 아메바의 이분법

▲ 효모의 출아법

▲ 짚신벌레의 대핵 분열

▲ 히드라의 출아법

의 세포 핵, 사람의 연골 세포, 쥐의 힘줄 세포, 병든 세포, 노쇠한 세포 등에서도 일어난다. 무사 분열이 일어나면 유사 분열과 마찬가지로 1개의 모세포에서 2개의 딸세포가 생긴다.

유사 분열 有絲分裂 mitosis

염색체가 둘 이상인 경우 세포 분열을 할 때 염색체가 적도면세포의 한 가운데에 배열되고 방추사에 의해 양쪽으로 나누어지는데, 이렇게 염색체가 나타나고 방추사가 생기는 세포 분열을 '유사 분열'이라고 한다. 유사 분열은 모세포와 딸세포의 염색체 수의 변화에 따라 다시 체세포 분열과 감수 분열로 나누어진다.

유사 분열의 과정은 먼저, 핵 내의 염색사가 나사선 모양으로 되어 점차 굵어지고 점점 염색체가 되는데간기, 이때 핵은 핵막과 인이 없어지고전기, 염색체는 세포의 적도면에 배열되며중기, 그 후 염색체는 극과 연결되는 방추사의 작용으로 1개씩 양쪽 극을 향하고후기, 이후 세포질이 나누어지며말기, 2개의 딸세포를 형성하는 과정을 거친다.

> **Tip** 짚신벌레는 이분법을 통해 무성 생식을 한다. 짚신벌레는 2종류의 핵인 대핵과 소핵을 가지는데, 이분법을 통해 무성 생식을 할 때 관여하는 것은 대핵이다. 즉 대핵이 길게 늘어나서 쪼개어져 각각의 세포로 들어간다. 소핵은 두 짚신벌레가 접합이란 과정을 통해 유전자를 교환할 때 사용되며 이 과정에서 새로운 세포는 생기지 않는다.

세포 주기 〔가늘 세 細, 세포 포 胞, 돌 주 週, 기약할 기 期〕
cell cycle

세포가 성장하여 분열하고 다시 성장하는 연속적인 과정을
되풀이하여 증식하는 과정

마인드 맵

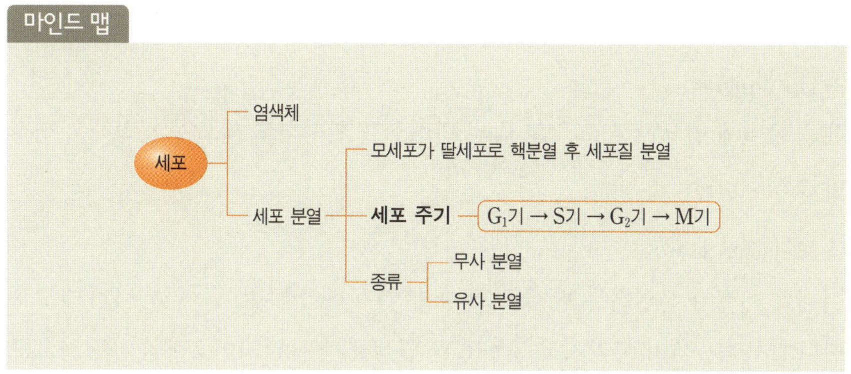

세포 주기는 크게 물질대사를 통해 세포 내 물질 및 소기관의 양을 늘리는
성장기, 세포 활동의 조절에 중요한 역할을 하는 유전 물질인 DNA를 2배로
늘리는 합성기, 그리고 핵과 세포질 분열이 일어나는 분열기로 나눌 수 있다.
이를 좀 더 자세히 구분하면 G_1기〔제1휴지기〕, S기, G_2기〔제2휴지기〕, M기의 4기로 나
눌 수 있는데, 이처럼 세포가 성장하여 분열하고 다시 성장하는 연속적인 과
정을 되풀이하는 것을 '세포 주기'라고 한다. G_1기, S기, G_2기를 합하여 간기〔세

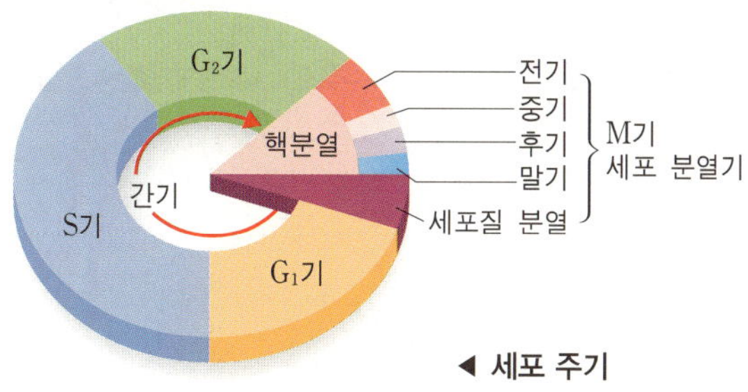

◀ 세포 주기

포 분열 준비기라고 하며, 세포 분열기인 M기는 전기, 중기, 후기, 말기로 나누어
진다.

① G₁기|Growth₁ phase, Gap₁ phase
물질대사 활동을 왕성하게 하여 딸세포에게 나눌 세포 소기관 등을 많이 만드
는 시기이다.

② S기|Synthetic phase
딸세포들이 완전히 똑같은 유전 복제 물질을 가지도록 핵 속의 DNA가 복제
되는 시기이다.

③ G₂기|G₂ phase
세포 분열에 필요한 효소와 그 밖의 단백질을 합성하고 세포가 계속해서 성장
하는 시기이다.

④ M기|mitotic phase
실제로 세포가 분열하는 단계로 '유사 분열기'라고 하며, 줄여서 'M기'라고도
한다. M기는 핵이 사라지고 2배가 된 염색체가 분리되어 2개의 유전적으로
동일한 딸핵으로 나누어 들어가는 단계인 '유사 핵분열'과 세포질이 분열되는
단계인 '세포질 분열'로 나누어진다.

유사 핵분열의 과정은 4개의 연속되는 과정인 전기, 중기, 후기, 말기로 일
어나며 각각의 과정은 뚜렷한 구분 없이 다음 단계로 넘어간다.

세포 주기별 모식도(동물 세포의 경우)

• 염색체는 염색사(염색질)가 응축된 형태이며 전자 현미경으로 관찰하면 염색사로 보인다.
• 핵을 관찰할 수 있다.

② 전기

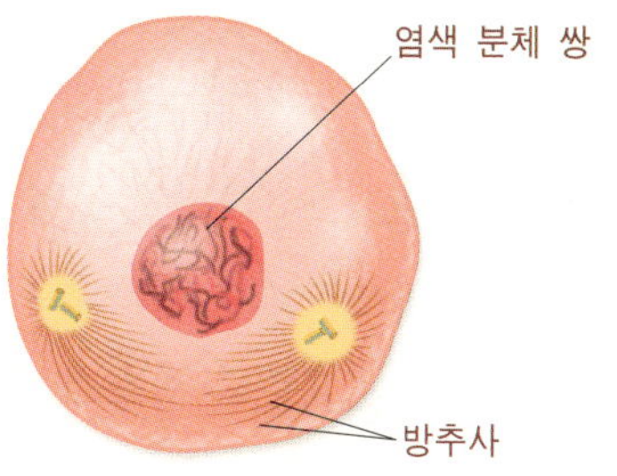

- 염색체는 동원체(염색체의 한가운데)에 의해 결합된 2개의 염색 분체로 구성된 것처럼 보인다(X자 모양).
- 중심체는 양극으로 분리되어 이동한다.
- 각 중심체에서 방추사가 생겨나 길어진다.
- 핵막이 사라지기 시작한다.
- 핵을 관찰할 수 없다.

③ 중기

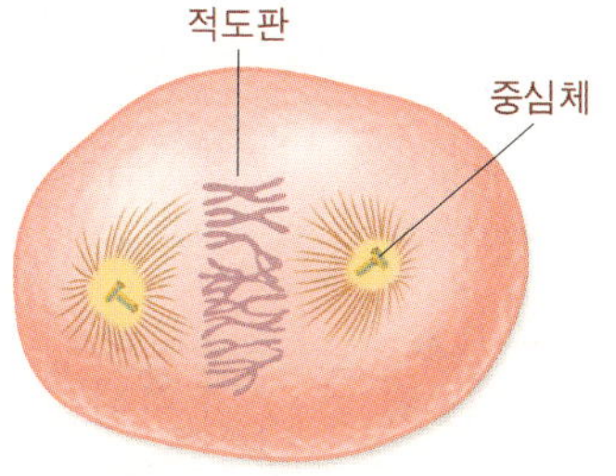

- 염색체가 적도면에 배열된다.
- 각각의 중심체에서 방추사가 형성되어 염색체의 동원체에 부착된다.
- 핵막이 완전히 사라진다.

④ 후기

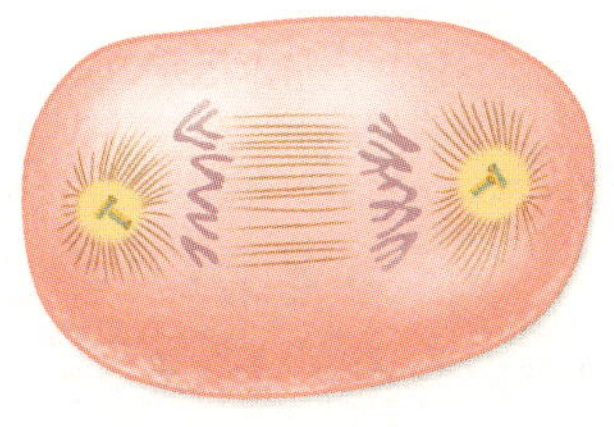

- 염색 분체가 나누어지고 방추사에 의해 양쪽 극으로 끌려간다.

⑤ 말기

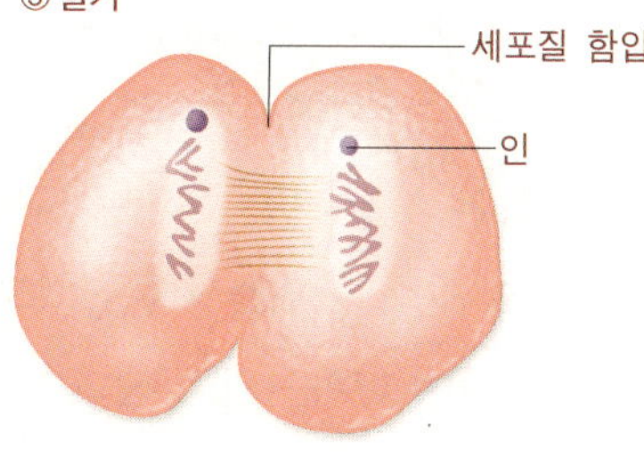

- 염색체는 길고 얇아지며 양쪽 극에 위치한 중심체와의 거리가 점점 가까워진다.
- 새로운 핵막이 형성된다.
- 핵이 다시 생성된다.
- 세포질이 나누어지고 딸세포의 형성이 거의 이루어져 세포 분열이 완성된다.

주제 **9**

암 〔암 암 癌〕
cancer

세포의 이상으로 인해 신체 조직에 비정상적으로 자라난 악성 종양

마인드 맵

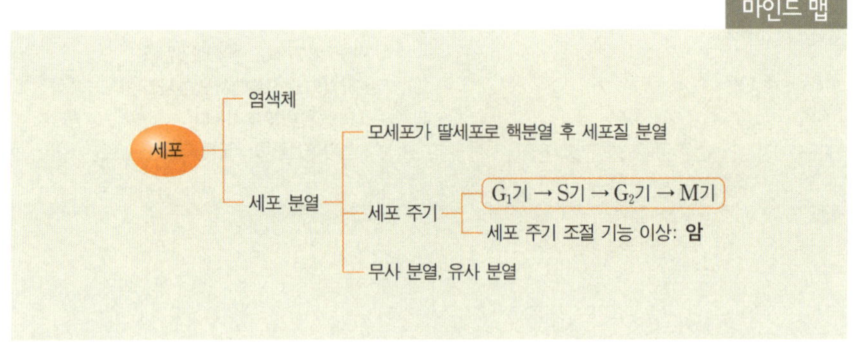

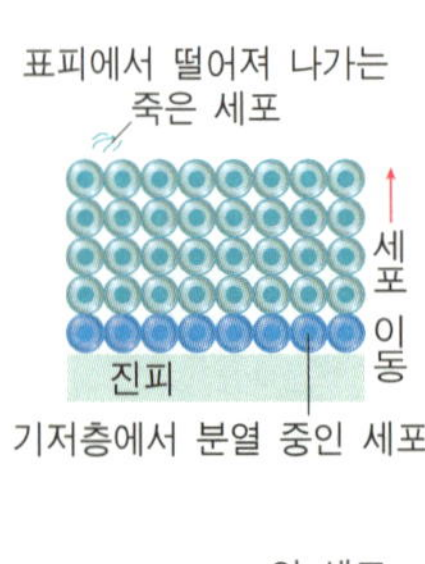

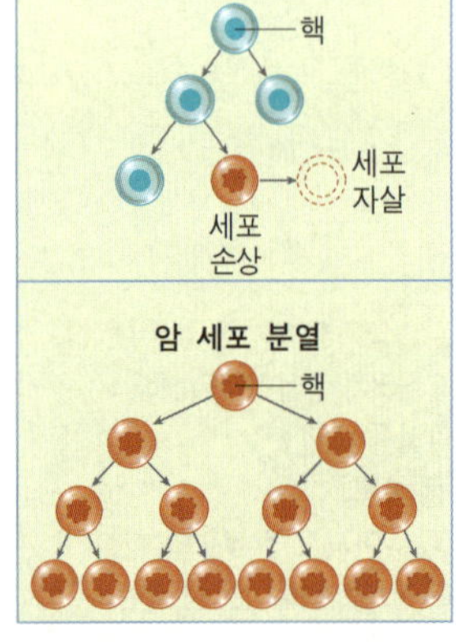

▲ 정상 세포와 암 세포의 분화

■**종양**(tumor): 몸속에서 새롭게 비정상적으로 자라난 덩어리.

영어로는 cancer: 그리스 어로 게(蟹)를 뜻함, 독일어로는 Krebs게라 하고, 우리나라에서는 바위라는 의미인 암을 '巖·岩·嵒·嵓' 등으로 표기하였는데, 그 이유는 암의 표면이 게딱지처럼 울퉁불퉁하고 딱딱하며 게가 옆으로 기어가듯 암 세포가 번져 나가기 때문이라는 설이 있다.

신체를 구성하는 가장 작은 단위인 세포cell는 정상적으로는 세포 자체의 조절 기능에 의해 분열하거나 커지고, 수명이 다하거나 손상되면 스스로 죽게 되어 전반적인 수의 균형을 유지한다. 그러나 여러 가지 원인에 의해 세포 자체의 조절 기능에 문제가 생기면 정상적으로는 없어져야 할 비정상 세포들이 빠르게 과다 증식하면서 주위 조직 및 장기에 침입하여 종양■을 형성하고 기존의 구조를 파괴하거나 변형시킨다.

양성 종양과 악성 종양

종양은 양성과 악성으로 나눌 수 있다. 양성 종양benign tumor은 비교적 커지는 속도가 느리고 전이轉移: 종양이 원래 발생한 곳에서 떨어진 곳으로 이동되지 않으며 수술로 제거하면 재발은 거의 없다. 악성 종양malignant tumor은 일반적으로 '암'이라고 부르는데, 주위 조직으로 퍼지며 빠르게 커지고 신체 각 부위에 확산되거나 전이되어 생명을 위협한다. 암은 저절로 없어지는 경우가 드물며 수술 후에도 재발이 가능하다.

　암은 동물의 몸체 내외의 모든 표면을 덮는 세포층인 상피세포에서 발생하는 암종癌腫 carcinoma과 상피세포가 아닌 세포에서 발생하는 육종肉腫 sarcoma이 있다.

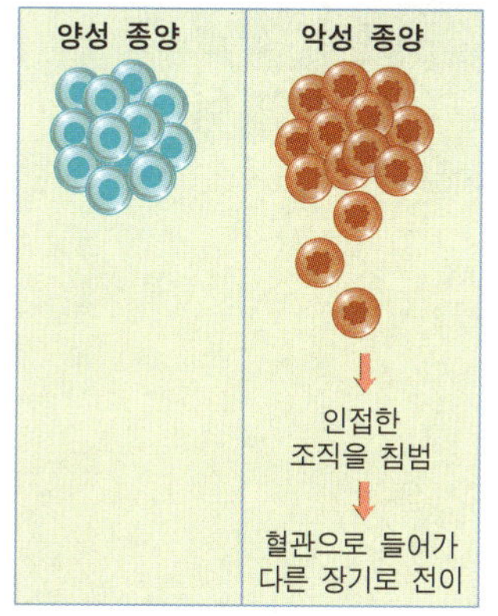

▲ 양성 종양과 악성 종양

암의 발생 부위

일반적으로 암은 인간의 신체 중에서 어느 부위에서든지 발생할 수 있고 인종, 국가, 성별, 나이, 생활 습관, 식이 습관 등에 따라서 다양한 부위의 암들이 발생할 수 있다. 2010년에 발표된 한국중앙암등록본부의 통계 자료에 의하면 2008년 한국인에게 가장 많이 발생한 암은 위암이며, 이어서 갑상샘암, 대장암, 폐암, 간암, 유방암, 전립샘암, 담낭 및 담도암, 췌장암, 자궁경부암의 순이었다.

　남자의 경우는 위암이 가장 많이 발생하였고, 다음으로 대장암, 폐암, 간암, 전립샘암, 갑상샘암, 방광암, 췌장암, 신장암, 담낭 및 기타 담도암의 순이었다. 여자의 경우는 갑상샘암, 유방암, 위암, 대장암, 폐암, 자궁경부암, 간암, 담낭 및 기타 담도암, 췌장암, 난소암의 순이었다.

　암은 사람 이외에 가축·조류·양서류·어류 등의 여러 동물에서도 발견된다. 이러한 암세포의 생물학적 특성은 강력한 핵산의 복제 능력으로 인한 빠른 증식 속도, 각종 분해 효소의 분비에 의한 주위 조직 파괴력, 자분비 물질에 의한 성장 및 증식의 촉진력이 정상 세포보다 매우 뛰어나다.

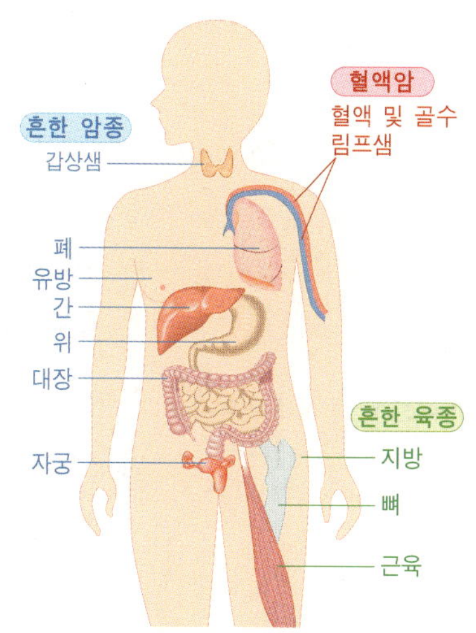

▲ 암의 발생 부위

주제 **10**

체세포 분열

〔몸 체 體, 가늘 세 細, 세포 포 胞, 나눌 분 分, 찢을 열 裂〕 **motosis**

체세포가 원래 가지고 있던 유전자를 그대로 복제하여 2개의
세포로 분열하는 세포 분열

마인드 맵

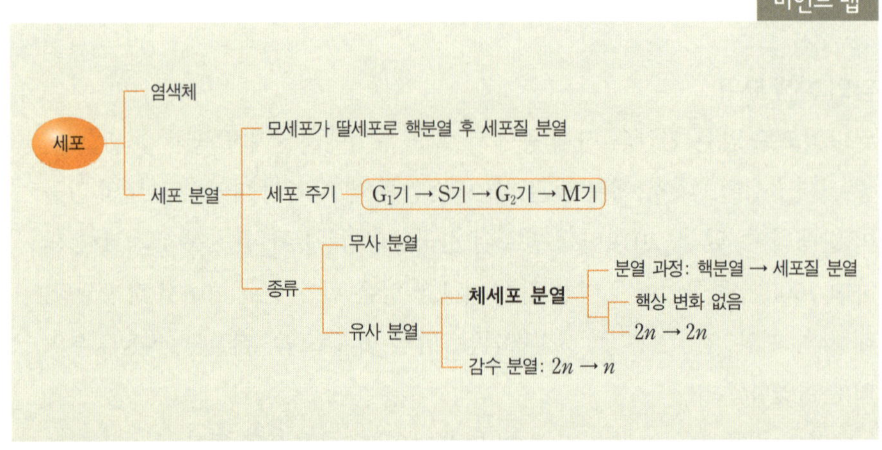

체세포가 분열하여 세포 수가 늘어나는 과정으로, 원래 세포모세포와 분열
후의 세포딸세포 사이에는 유전적인 차이가 없다. 체세포 분열은 일반적으로
한 개체를 유지하기 위해 이루어지는 세포 분열로, 상처를 입었을 때 회복되
는 과정이나 피부가 각질의 형태로 잃어버리는 세포를 보충하는 것, 머리카
락이 자라는 것, 키가 크고 몸무게가 늘어나는 것 등 성장 과정과 손상의 회복
과정에서 나타나는 세포 분열 등이 모두 포함된다. 상동 염색체가 그대로 있
게 되므로 핵상에 변화가 없이 염색체 수 $2n$은 그대로 $2n$으로 유지된다.

동물의 경우는 체세포의 어느 부분에서나 체세포 분열이 일어나지만, 식물

■**상동 염색체**(相同染色
體) : 체세포의 핵에 있는 모
양과 크기가 같은 한 쌍의 염
색체.

■**핵상**(核相): 생물의 세포
속에 존재하는 염색체의 구
성 내용.

의 경우는 줄기 끝·뿌리 끝의 생장점 그리고 형성층에서만 체세포 분열이 일어난다. 다시 말하면 식물에서는 모든 부위에서 세포가 분열하는 것이 아니라, 일정한 곳에서만 체세포 분열이 일어난다. 체세포 분열에서는 먼저 핵이 둘로 나누어지는 핵분열이 일어나고, 이어서 세포질이 나누어지는 세포질 분열이 일어난다.

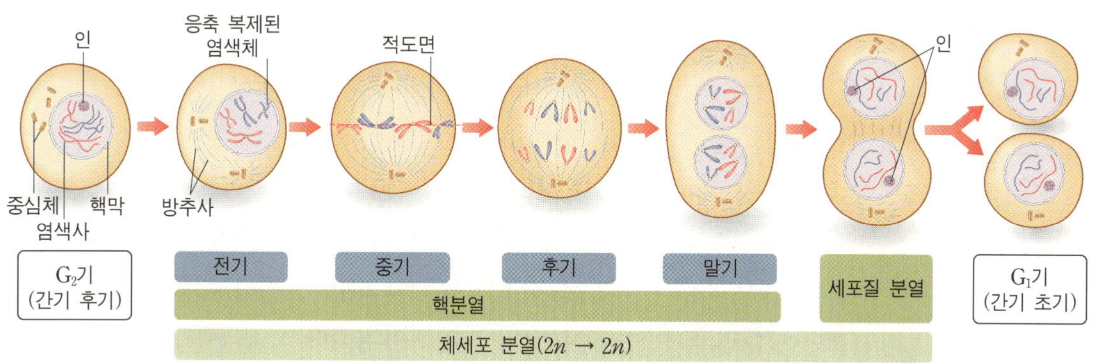

체세포 분열 과정

분열 과정은 동물이나 식물이 대체로 같지만, 방추사의 형성동물은 중심체에서, 식물은 극모에서 형성됨과 세포질 분열의 방법동물은 세포질 함입, 식물은 세포판 형성의 방법으로 세포질이 나뉨 등이 조금 다르다.

① 핵분열

- 전기: 핵막과 인이 사라진다. 염색체가 응축되고 방추사가 양극 사이에 형성되기 시작한다.
- 중기: 염색체가 적도면에 배열되고 방추사가 부착된다.
- 후기: 방추사가 점점 짧아지고 염색 분체가 양극으로 나누어져 이동한다.
- 말기: 염색체가 양극에 이르고 핵막과 인이 다시 나타난다.

② 세포질 분열

식물 세포는 세포판을 형성하고, 동물 세포는 세포질이 안으로 함입되어 둘로 나누어진다.

체세포 분열 과정에서의 DNA양의 변화

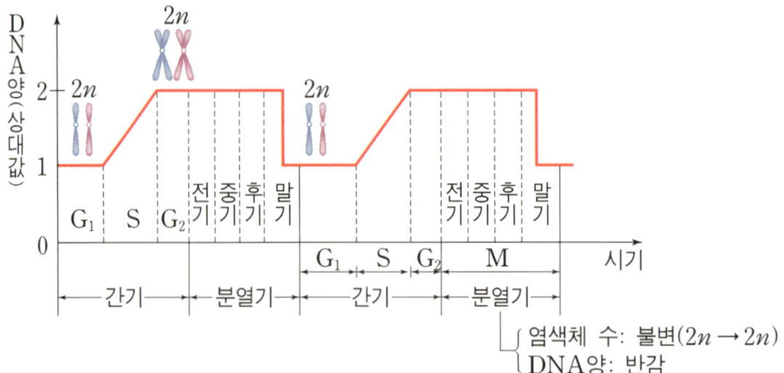

* M기를 실제보다 길게 그렸음.

G_1기세포 소기관을 합성에서는 DNA양에 변화가 없다가 S기DNA 합성기(DNA synthetic phase)에서 DNA 복제가 일어나 DNA양이 2배로 늘어난다. G_2기세포 분열과 관련된 단백질 양을 늘림에서는 DNA양이 그대로 유지되다가 염색체가 양극으로 이동하여 딸세포 각각에 핵막을 형성하면서 원래의 양으로 돌아온다.

감수 분열 〔덜 감 減, 셀 수 數, 나눌 분 分, 찢을 열 裂〕
meiosis

정자나 난자와 같은 생식세포를 만들기 위해 생식 기관에서 일어나는 분열

마인드 맵

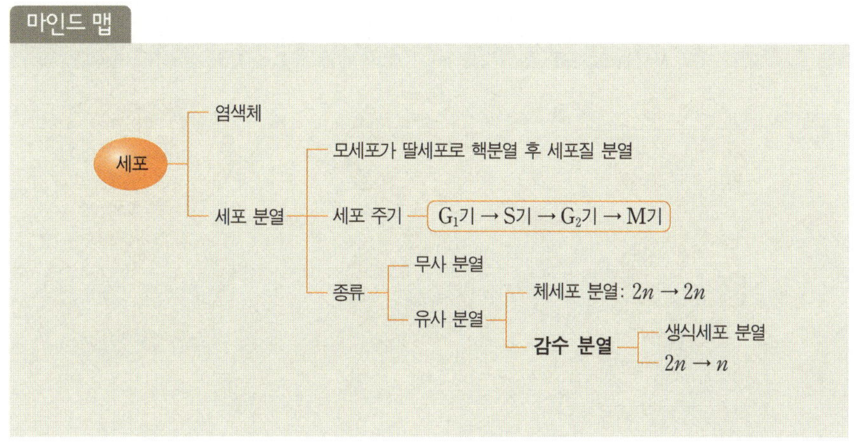

생식세포를 만들기 위한 세포 분열로 '생식세포 분열'이라고도 하며, 유성 생식▪을 하는 생물에서 볼 수 있는 특징적인 과정이다. 유성 생식을 하는 생물의 핵에는 상동 염색체가 한 쌍씩 들어 있는데, 상동 염색체는 양쪽 부모에게서 반수체半數體 염색체를 각각 한 개씩 받아 이루어진다. 만약 부모의 염색체가 그대로 자손에게 전해진다면 한 세대가 지날 때마다 염색체 수가 2배가 되므로, 생식세포가 만들어질 때는 체세포 분열과는 달리 핵이 2번 분열하여 모세포가 가지고 있는 염색체의 절반만 갖는 4개의 딸세포를 만들게 된다. 이러한 분열을 '감수 분열'이라고 한다.

▪**유성 생식**(有性生殖): 암수 개체가 생식세포 분열을 통해 생식세포를 만들고 이를 통해 생식하는 과정.

감수 분열 과정

감수 분열 전에 2배체인 모세포의 염색체들이 먼저 복제되고 복제된 이들 염

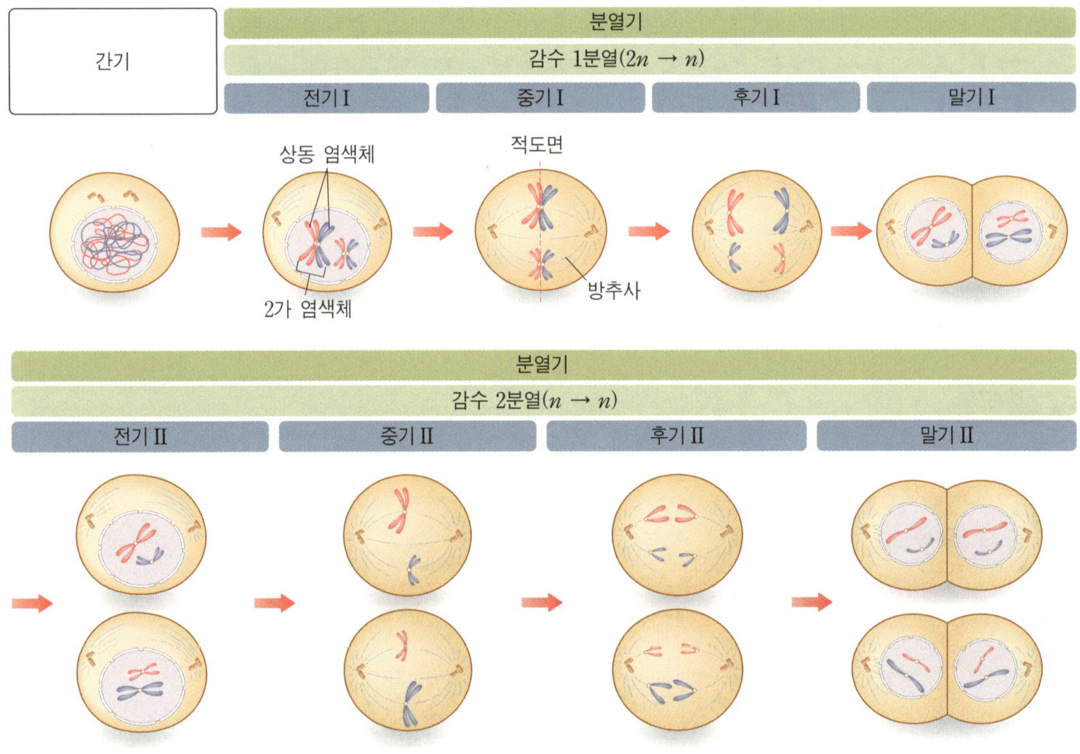

색 분체는 서로 2개씩 쌍을 이루게 된다. 감수 분열이 시작되면 핵 안의 염색체가 응축되고 양쪽 부모로부터 온 서로 비슷한 모양의 상동 염색체끼리는 쌍을 이루어 세포의 적도면에 배열된다2가 염색체 또는 4분 염색체. 이때 각 염색체는 2개의 염색 분체 가닥으로 이루어져 있다.

감수 1분열 전기에 교차가 일어나 서로 유전 물질을 교환하기도 하며, 중기 이후에는 상동 염색체가 분리되어 세포의 반대쪽 양 끝으로 이동한다. 이 과정이 끝나면 세포는 반으로 나누어져 2개의 딸세포가 만들어지며, 이와 같은 감수 1분열로 만들어진 2개의 딸세포는 상동 염색체가 나누어진 상태인 반수체의 염색체를 갖게 된다$2n \rightarrow n$.

감수 2분열 과정에서는 염색체 수가 줄어들지 않고 각 염색 분체가 서로 나누어져 세포 양끝으로 끌려가면서 감수 1분열에서 만들어진 2개의 딸세포가 다시 분열하여 모두 4개의 반수체 생식세포를 만든다$n \to n$.

수정 과정에서 2개의 반수체 배우자가 결합하면 염색체 수는 2배체로 회복$n \to 2n$되면서 2배체의 새로운 개체가 탄생된다.

감수 분열 과정에서의 DNA양의 변화

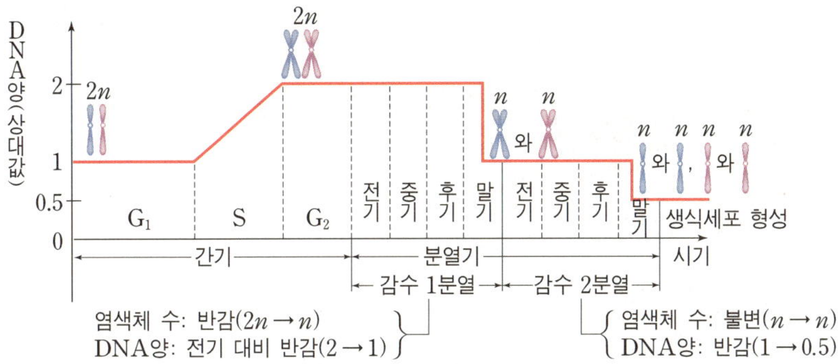

G_1기세포 소기관을 합성에서는 DNA양에 변화가 없다가 S기에서 DNA 복제가 일어나 DNA양이 2배로 늘어난다. G_2기세포 분열과 관련된 단백질 양을 늘림에서는 DNA양이 그대로 유지되다가 염색체가 양극으로 이동하여 딸세포 각각에 핵막을 형성하면서 원래의 양으로 돌아온다. 이후 연속적으로 한 번 더 핵분열이 일어나면서 DNA가 원래의 양보다 반으로 감소된다.

주제 12

유전 〔남길 유 遺, 전할 전 傳〕
heredity

부모가 지닌 특성이 자식에게 전해지는 현상

유전 ─ 부모의 특징 → 자식에게 남겨 전달

└ 멘델의 유전 법칙

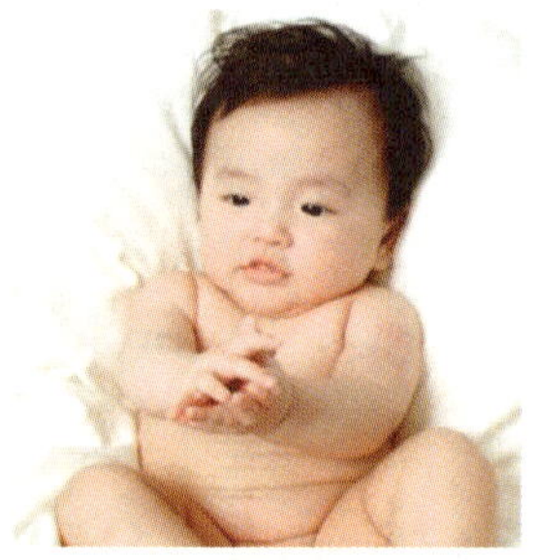

▲ **사람의 유전 예**(어머니(좌)와 아들(우)의 어렸을 때 모습)

▲ **개의 유전 예**

우리 속담에 '콩 심은 데 콩 나고 팥 심은 데 팥 난다' 라는 말이 있다. 순전히 생물학적으로만 해석해 본다면 이 속담은 유전이란 용어를 함축적으로 잘 나타내고 있다. 콩 심은 데는 팥이 나지 않고 콩이 나며, 팥 심은 데는 콩이 나지 않고 팥이 난다. 이처럼 유전이란 부모가 가진 특성이 자식에게 전해지는 현상을 말한다. 유전이란 말은 '유遺 남기다'와 '전傳 전하다' 자의 합성어로서 글자 그대로 풀이한다면 '남겨서 전달하는 것'이다. 따라서 누가 누구에게 무엇을 어떻게 그리고 왜 전달하는가를 생각해 본다면 유전이란 말의 뜻과 생물학적 의의를 더욱 잘 이해할 수 있을 것이다.

유전의 개념을 좀 더 구체적으로 풀이해 보면 다음과 같다.
- 누가? 부모가
- 누구에게? 자식에게
- 무엇을? 자신의 특징적 겉모습과 성격_{형질}을

- 어떻게? 생식을 통해 유전자에 담아서 자식에게 전달하는 방법으로
- 왜? 유전을 통해서 그 생물 종을 대대로 유지하기 위해서

멘델의 유전 법칙

유전이란 개념의 정립과 유전 원리에 관한 연구는 150년 정도의 짧은 역사를 가지고 있다. 유전의 개념 정립에 이바지한 사람은 오스트리아의 가톨릭 사제였던 멘델Gregor Mendel이다. 멘델은 1865년 「식물 잡종에 관한 연구」라는 논문에서 완두콩을 이용한 실험으로 밝혀낸 유전의 원리를 발표했다. 그는 유전의 원리를 수학적인 통계 기법을 이용하여 설명하였고, 처음으로 유전에 관한 과학적인 분석을 시도하였다.

▲ 멘델을 기념하는 우표

멘델은 하나의 형질[■]을 결정하는 것은 유전 인자이며, 유전 인자는 항상 쌍으로 존재하고 있고, 부모로부터 각각 하나씩 물려받는 것이라고 했다. 또한 쌍을 이룬 유전 인자가 서로 다른 유전 인자일 경우 둘 중의 하나만 겉으로 표현된다는 우성과 열성의 개념을 처음으로 설명했으며, 쌍을 이룬 유전 인자는 생식세포를 형성할 때 분리되어 각각 서로 다른 생식세포로 이동하여 자손에게 전달된다고 하였다. 이를 '멘델의 가설'이라고 하는데 후에 '멘델의 유전 법칙'으로 다시 개념이 정립되었다.

■ **형질**(形質): 생물이 갖는 겉모습과 속성.

멘델 이전의 시대에는 유전에 관한 정의 및 체계적 연구가 없었다. 멘델의 유전 연구 및 결과는 처음에는 주목을 받지 못했다가 20세기에 들어와서 다른 과학자들에 의해 재평가되고 인정을 받게 되었다. 오늘날 유전에 관한 연구는 과학 기술의 급격한 발달과 함께 DNA와 RNA 연구를 통한 분자 수준에서의 연구가 활발히 진행되고 있다.

> **Tip**
>
> **멘델이 유전 연구 재료로 완두를 이용한 이유**
> ① 한 세대가 짧아 여러 세대에 걸쳐 어떤 형질의 유전 현상이 나타나는지를 관찰하기 좋다.
> ② 대립 형질이 뚜렷하여 형질의 유전 과정을 추적하기 쉽다.
> ③ 교배가 자유롭고 쉬워서 연구를 진행하기 쉽다.
> ④ 자손이 많아 유전 현상을 분석하기 쉽다.

주제 **13**

형질 〔모양 형 形, 성질 질 質〕
character, trait

생물이 갖는 겉모습과 속성

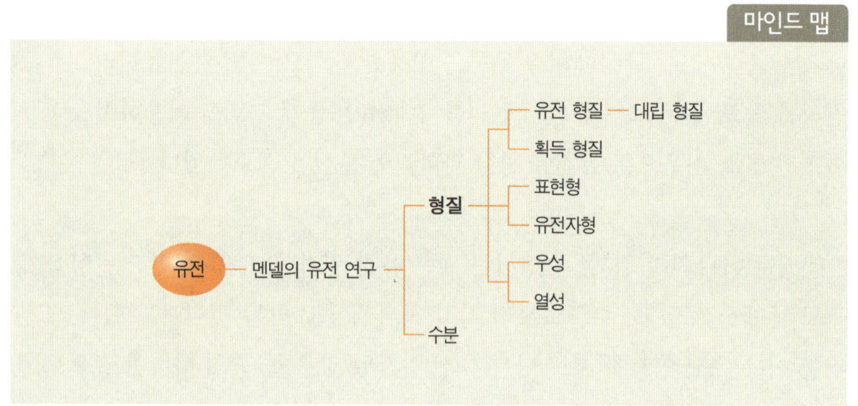

모든 생물은 동물이든 식물이든 그 나름대로의 겉모습을 가지고 있다. 외형적으로 비슷해 보이는 동물이나 식물의 경우에도 내적으로는 좋아하고 싫어하는 환경적 요소가 다르며, 진화의 정도에 따라 하등 생물과 고등 생물이 살아가는 삶의 양식 또한 다양하다. 이처럼 생물이 가진 겉모습이나 속성을 한데 일컬어 '형질'이라고 부른다.

모든 생물의 형질은 그 생물의 수만큼 다양하며, 다양한 생물의 형질은 다시 그 생물을 다른 생물과 비교하여 분류하는 기준이 되기도 한다. 우리 인간과 가장 비슷한 외모를 가진 원숭이는 겉으로는 닮았으나, 원숭이는 야생에서 생활하고 인간은 문명을 이룩하고 문화적인 사회생활을 한다는 점에서 서로 다른 형질을 가지고 있다고 할 수 있다.

대립 형질 allelomorphic character

같은 종류의 생물이 공유하는 형질이라고 할지라도 서로 구별되는 형질이 있다. 예를 들어 사람의 경우 어떤 사람은 키가 큰 반면에 어떤 사람은 작고, 뚱뚱한 사람이 있는 반면 날씬한 사람도 있다. 이렇게 같은 특징이라도 서로 구별이 될 때 이를 '대립 형질'이라고 부른다. 이때 대립이란 '대립적인 관계'를 의미하는 것이 아니라 '서로 구별되는' 또는 '차이가 나는'의 의미가 있는 것이다.

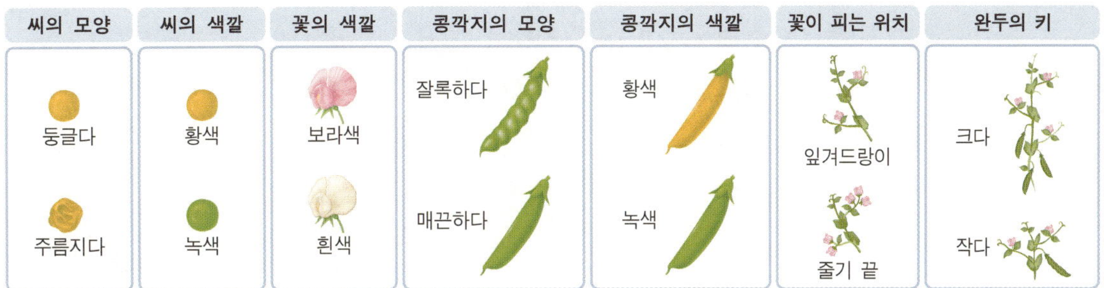

▲ 멘델이 실험에 사용한 완두에서의 여러 가지 대립 형질

유전 형질과 획득 형질

대립 형질은 부모에게서 물려받은 유전자가 자손에게서 나타난 것이므로 이를 유전 형질genetic character이라고도 하는데, 이와 구별되는 형질로서 획득 형질이 있다.

　획득 형질acquired character은 유전적으로 물려받은 형질이 환경의 영향을 받아 변한 것으로, 태양빛에 오래 노출되어 피부가 짙은 색으로 바뀌었다거나 근육 운동을 많이 하여 근육이 발달한 경우가 이에 해당한다. 획득 형질은 유전 형질과는 달리 자손에게 유전되지 않는다.

주제 **14**

표현형 / 유전자형

〔겉 표 表, 나타날 현 現, 모형 형 型〕 **phenotype** /
〔남길 유 遺, 전할 전 傳, 아들 자 子, 모형 형 型〕 **genotype**

겉으로 드러나는 생물의 특성 /
형질을 나타내는 유전자의 조합을 기호로 표시한 것

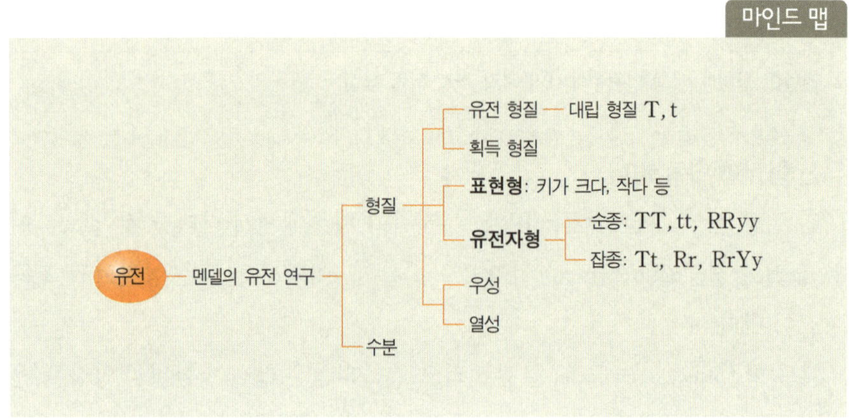

‘표현형’이란 겉으로 드러나는 생물의 형질을 가리키는 말로서 생물의 외부 형태, 키, 색깔 등 겉으로 쉽게 인지할 수 있는 특징들이 이에 속한다. ‘유전자형’이란 어떤 형질을 나타내는 유전자를 기호로 표시한 것으로, 예를 들어 콩의 색깔이 황색인 경우는 YY 또는 Yy로, 콩의 모양이 둥근 경우에는 RR 또는 Rr로 나타낸다.

유전자형을 나타낼 때 사용하는 문자 기호가 2개인 이유는 유전자는 항상 쌍으로 존재하기 때문이다. 쌍으로 존재하는 유전자의 기호 조합은 같은 대문자끼리 또는 같은 소문자끼리 조합될 수도 있고, 대문자와 소문자가 혼합될 수도 있다. 멘델이 유전 실험에 사용한 완두의 예를 들어서 표현형과 유전

형질	씨의 모양		씨의 색깔		완두의 키	
표현형	둥글다	주름지다	황색	녹색	크다	작다
유전자형	RR 또는 Rr	rr	YY 또는 Yy	yy	TT 또는 Tt	tt

자형을 나타내 보면 위의 표와 같다.

순종과 잡종

같은 대문자끼리 또는 같은 소문자끼리 조합되는 경우는 하나의 형질을 나타
내는 유전자의 구성이 동일한 경우로 이를 '순종'이라고 한다. 순종은 '동형 접
합자homozygote'라고도 부른다.

이와는 대조적으로 '잡종'이라는 개념은 하나의 형질을 나타내는 유전자의
조합이 서로 다른 개체를 말하는데, 유전자형이 알파벳의 대문자와 소문자가
섞여 있는 경우이다. 잡종은 '이형 접합자heterozygote'라고도 부른다.

구분	형질이 한 가지인 경우의 예	형질이 2가지인 경우의 예
순종	RR, rr, YY	RRYY, RRyy, rrYY
잡종	Rr, Yy, Tt	RrYy

또한 Rr, Yy, Tt와 같이 한 가지 형질에 대해서 잡종인 경우를 '단성 잡종'이
라 하고, RrYy와 같이 2가지 형질에 대해서 잡종인 경우를 '양성 잡종'이라고
한다.

Tip 보통 유전자형을 나타낼 때는 영어 알파벳을 이용하는데 R은 'Round'의 약자로 '둥글다'라는
의미가 있으며, 이와 대립되는 형질인 '주름지다'는 대문자 R과 구분하기 위해 소문자 r을
사용한다. 또한 잡종의 경우에는 대문자를 먼저 쓰고 뒤에 소문자를 써서 나타낸다.

주제 **15**

우성 / 열성

〔뛰어날 우 優, 성품 성 性〕 dominance /
〔못할 열 劣, 성품 성 性〕 recessive

순종의 대립 형질끼리 교배할 때 잡종 1대에 나타나는 형질 /
순종의 대립 형질끼리 교배할 때 잡종 1대에 나타나지 않는
형질

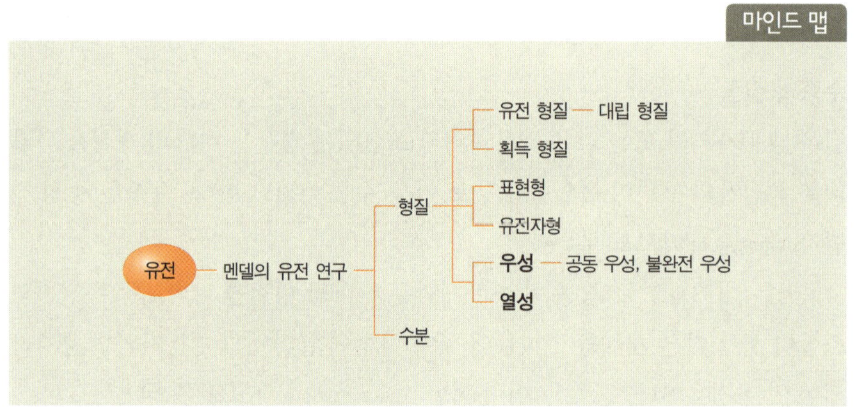

멘델은 서로 다른 형질을 가지고 있는 완두콩을 이용하여 실험을 진행하면
서 그에 따른 실험 결과를 해석하기 위하여 몇 가지 가설을 세웠다. 그중의 하
나가 우성과 열성의 개념으로, 같은 형질을 결정짓는 유전 인자가 서로 다를

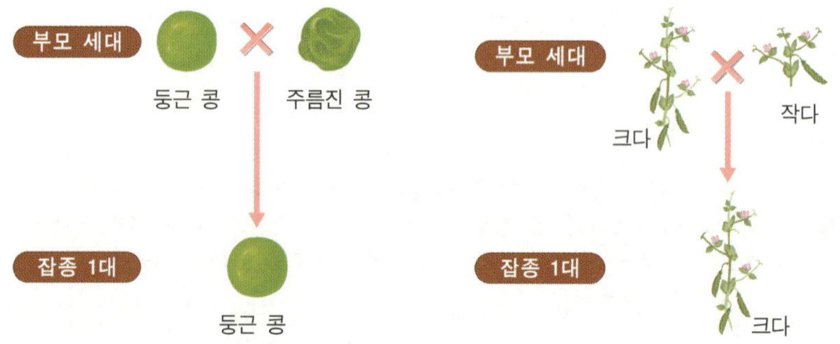

▲ 우성(둥근 콩)과 열성(주름진 콩)의 예   ▲ 우성(키 큰 것)과 열성(키 작은 것)의 예

경우에는 한 가지만 표현되고 다른 하나는 나타나지 않는다는 것이다. 예를 들어 씨의 모양이 둥근 콩과 주름진 콩을 교배할 때 이들이 모두 순종이라면 자식 1세대잡종 1대에서는 항상 둥근 콩만 나타나고 주름진 콩은 나타나지 않는다. 이처럼 순종의 대립 형질끼리 교배할 때 잡종 1대에 나타나는 형질을 '우성'이라 하고, 잡종 1대에 나타나지 않는 형질을 '열성'이라고 한다.

공동 우성codominance

사람의 경우에는 완두보다 유전자의 종류가 더 많아서 유전 양상이 훨씬 다양하게 나타날 수 있다. 대표적인 예가 ABO식 혈액형의 경우인데, A형 혈액형을 나타나게 하는 유전자 A와 B형 혈액형을 나타나게 하는 유전자 B가 함께 조합되면 자식 세대에서 둘 다 표현형으로 나타날 수 있다. 즉 B형 혈액형의 아버지와 A형 혈액형의 어머니 사이에서 AB형 혈액형을 갖는 자식이 태어날 수 있는데, 이런 경우는 유전자 간의 우열 관계가 성립하지 않는 경우로 둘 다 우성으로 표현될 수 있으며 이를 '공동 우성'이라고 한다. 공동 우성은 부모의 유전적 특징이 100% 나타난다.

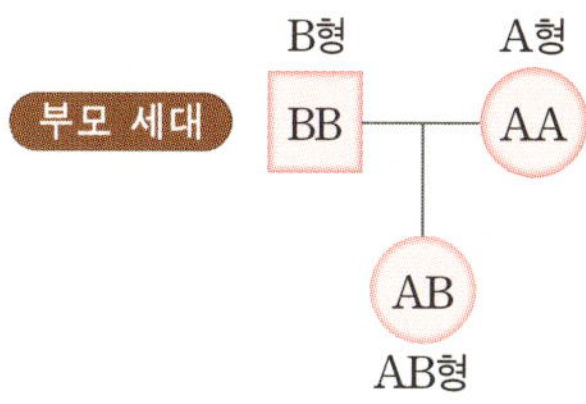

▲ 공동 우성의 예(ABO식 혈액형)

불완전 우성incomplete dominance

공동 우성과는 구분되는 것으로, 두 대립 유전자 사이의 우열 관계가 불완전不完全하여 부모 세대의 특징이 절반씩 나타나는 것을 '불완전 우성'이라고 한다. 붉은색 분꽃과 흰색 분꽃을 교배했을 때 분홍색 분꽃이 나오는 경우가 이에 해당된다.

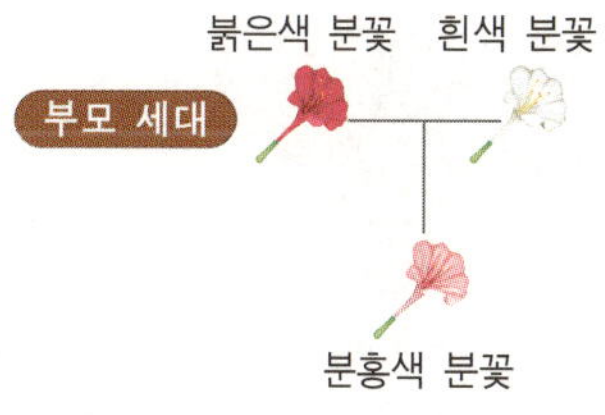

▲ 불완전 우성의 예

Tip 공동 우성은 부모로부터 받은 서로 다른 유전자가 모두 나타나는 것을 말하고, 불완전 우성은 부모로부터 받은 서로 다른 유전자가 절반씩만 나타나는 것이다.

주제 **16**

자가 수분 / 타가 수분

〔스스로 자 自, 집 가 家, 받을 수 受, 가루 분 粉〕 self-pollination /
〔다를 타 他, 집 가 家, 받을 수 受, 가루 분 粉〕 cross pollination

**수술 꽃가루가 같은 그루 안에 있는 암술머리에 붙는 것 /
수술 꽃가루가 같은 종의 다른 그루의 암술머리에 붙는 것**

마인드 맵

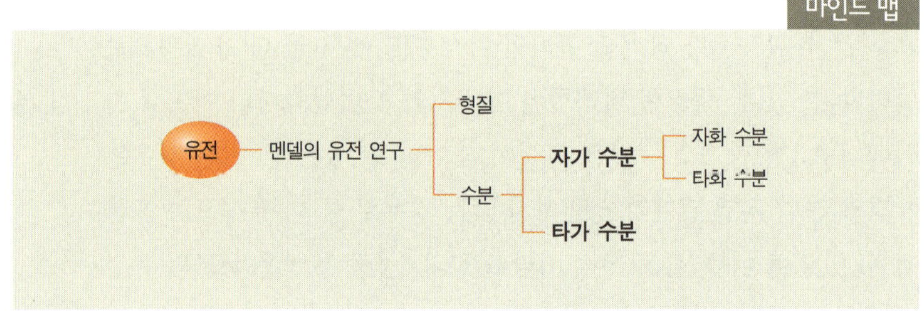

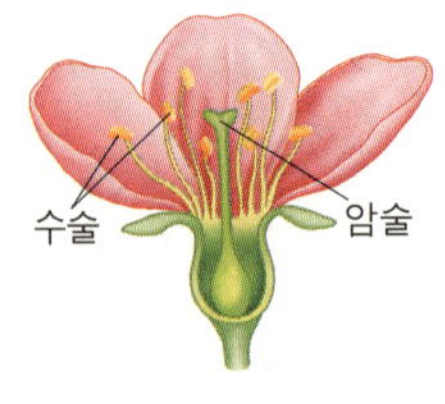

　수분受粉 pollination이란 식물의 꽃에 있는 수술에서 만들어진 꽃가루가 암술머리에 옮겨 붙는 것을 말한다. 수분에는 크게 자가 수분과 타가 수분 2가지 유형이 있다.

자가 수분

▲ 자가 수분

　수술 꽃가루가 같은 그루 안에 있는 꽃의 암술머리에 붙는 것을 '자가 수분'이라고 하는데, 자가 수분은 다시 자화 수분과 타화 수분으로 나눌 수 있다.

　자화 수분自花受粉은 한 꽃 안에 있는 수술의 꽃가루가 같은 꽃의 암술머리에 붙는 것이고, 타화 수분他花受粉은 수술의 꽃가루가 같은 그루에 있는 다른 꽃의 암술머리에 붙는 것이다.

　자가 수분은 자식 세대의 유전자의 다양성이 감소되는 결과를 낳는다. 일반적으로 유성 생식■을 하는 생물의 경우에는 서로 다른 다양한 유전자를 갖는 생식세포끼리 결합해야 자손의 유전적 다양성이 증가될 뿐만 아니라 환경에 대한 적응 능력 및 생존의 가능성이 커지므로, 대부분의 식물은 구조적으로 자가 수분보다는 타가 수분이 잘될 수 있도록 진화되었다.

타가 수분

같은 종의 다른 그루의 암술머리에 수술의 꽃가루가 옮겨 붙는 것을 '타가 수분'이라고 한다. 타가 수분을 통해서 서로 다른 유전자의 조합으로 자손이 태어나면 유전자의 다양성이 증가되므로 하나의 개체로서의 생존 능력이 증가된다.

▲ 타가 수분(두 식물은 같은 종임)

> **Tip** 타가 수분의 방법으로는 곤충이나 새를 통한 수분, 바람이나 물에 의한 수분 등이 있으며, 인간에 의한 인위적 타가 수분도 있다. 멘델은 타가 수분을 통한 유전 연구를 진행하기 위해서 한 완두꽃의 수술을 제거한 뒤 다른 완두꽃에 있는 수술의 꽃가루를 암술머리에 옮겨 실험을 진행하였다.

검정 교배

〔검사할 검 檢, 정할 정 定, 교제할 교 交, 짝지을 배 配〕
test cross

우성 개체의 유전자형을 알아보기 위하여 열성 순종과 교배해 보는 것

마인드 맵

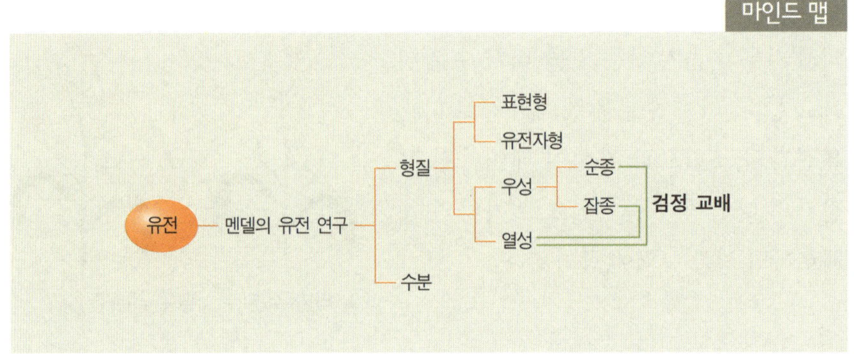

■**유전자형(遺傳子型)**: 형질을 나타내는 유전자의 조합을 기호로 표시한 것.

　표현형이 우성 형질일지라도 유전자형■은 순종과 잡종 2가지가 존재할 수 있다. 예를 들어 완두는 둥근 콩이 우성이고 주름진 콩이 열성인데, 주름진 콩은 유전자형이 rr로 확실하지만 둥근 콩은 표현형만 보아서는 순종인 RR인지 아니면 잡종인 Rr인지 알 수가 없다. 이런 경우에는 둥근 콩을 열성 순종인 주름진 콩과 교배시켜 자손의 표현형의 비를 살펴보면 둥근 콩이 순종인지 잡종인지를 구별할 수가 있다. 이러한 방법을 '검정 교배'라고 한다.

우성 순종과 열성 순종의 교배

둥근 콩이 순종인 경우 검정 교배를 했을 때를 살펴보면, 둥근 콩의 유전자형이 RR이므로 생식세포를 만들면 생식세포에는 R 한 가지만 존재한다. 열성 순종인 주름진 콩은 유전자형이 rr이므로 생식세포에는 r 한 가지만 존재한다. 따라서 자식 세대에는 유전자형이 Rr만을 갖는 개체가 나오므로 표현형이 모두 둥근 콩이 나오게 된다.

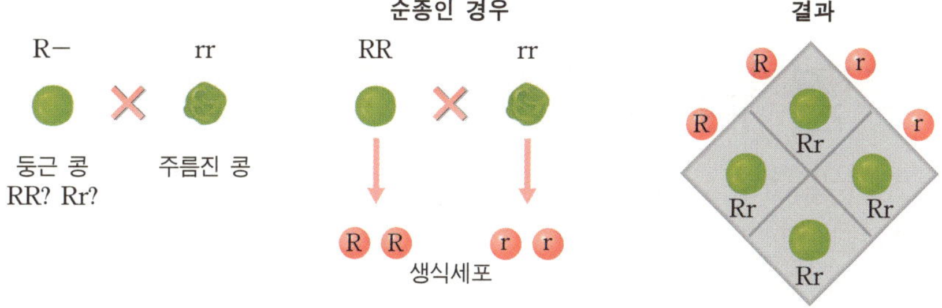

▲ 우성 순종의 검정 교배 실험

우성 잡종과 열성 순종의 교배

둥근 콩이 잡종인 경우 검정 교배를 했을 때를 살펴보면, 둥근 콩의 유전자형이 Rr이므로 생식세포를 만들면 R을 갖는 생식세포와 r을 갖는 생식세포가 각각 하나씩 만들어진다. 열성 순종인 주름진 콩은 유전자형이 rr이므로 생식세포에는 r 한 가지만 존재한다. 따라서 이러한 생식세포들이 만나면 자식 세대에는 Rr, Rr, rr, rr을 갖는 개체가 나온다. 다시 말하면 자식 세대에 둥근 콩과 주름진 콩의 표현형의 비가 1 : 1이 되므로 순종인 둥근 콩의 검정 교배 실험과는 다른 결과가 나오게 된다.

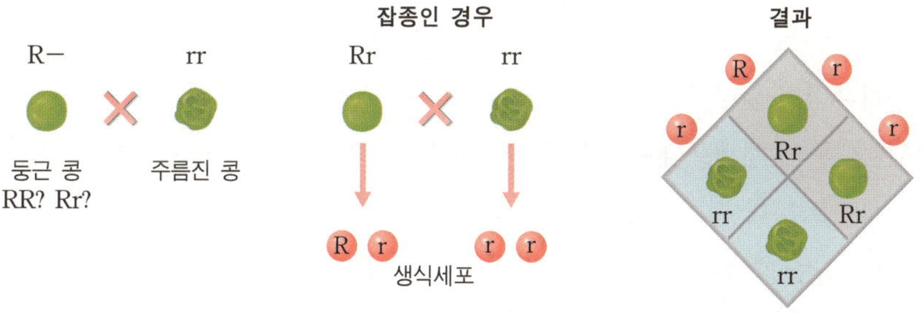

▲ 우성 잡종의 검정 교배 실험

검정 교배에서 순종(RR)의 경우에는 생식세포가 1종류(R)이며, 자손의 유전자형 역시 1종류(Rr)만 나오게 된다. 잡종(Rr)의 경우에는 생식세포의 종류가 2종류(R과 r)이며, 자손의 유전자형도 2종류(Rr과 rr)가 나오므로 검정 교배 결과는 부모 세대에서 우성으로 표현된 개체의 생식세포의 분리비와 같다는 것을 알 수 있다.

주제 **18**

우열 법칙

〔뛰어날 우 優, 못할 열 劣, 법 법 法, 법칙 칙 則〕
law of dominance

한 쌍의 대립 형질의 유전에서 잡종 1대에는 우성 형질만 나타나는 것

마인드 맵

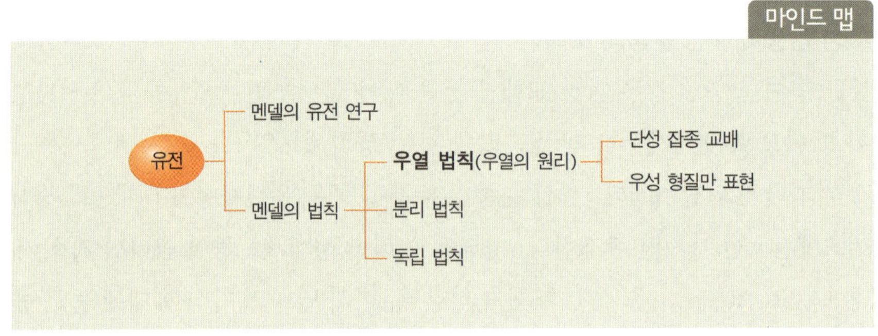

둥근 완두콩과 주름진 완두콩을 교배시키면 자식 세대에는 둥근 콩이 나올까, 아니면 주름진 콩이 나올까? 단순해 보이는 질문이지만 이 속에는 유전의 가장 기본적인 원리가 담겨 있다. 그것은 바로 '우열 법칙'이다.

모든 생물의 체세포에는 형질을 결정하는 유전자가 쌍으로 존재하며, 이는 각각 부모로부터 절반씩 물려받은 것이다. 이때 부모로부터 물려받은 한 쌍의 대립 유전자▪가 서로 다를 때 자식 세대에 나타나거나 나타나지 않는 형질이 있는데 자식 세대에 나타나는 형질을 '우성', 자식 세대에 나타나지 않는 형질을 '열성'이라고 한다.

우선 부모 세대 P로 대립 형질대립적인 유전자가 지배하는 형질이 뚜렷한 순종의 두 개체를 준비한다. 예를 들면 하나는 둥근 콩이 열리는 완두를, 다른 하나는 주름진 콩이 열리는 완두를 이용한다. 순종의 둥근 콩은 유전자형이 RR이며 수술에서 생식세포가 있는 꽃가루를 형성하면 감수 분열 결과 유전자는 R만 있게 된다. 순종의 주름진 콩은 유전자형이 rr이며 생식세포가 암술에서 형성되

▪ **대립 유전자**(對立遺傳子): 상동 염색체의 같은 위치에 존재하며 하나의 형질을 결정하는 유전 정보를 갖는 유전자 쌍.

▲ 우열 법칙의 실험　　　　　▲ 잡종 1대의 유전자형

면 난세포에는 r 유전자만 있게 된다. 둥근 콩 완두의 수술에 있는 꽃가루를 붓에 묻혀 주름진 완두 꽃의 암술머리에 옮겨 수분受粉이 이루어지면 둥근 완두에서 온 생식세포 유전자 R과 주름진 완두에서 온 생식세포 유전자 r은 수정을 통해 쌍Rr을 이루게 된다.

　순종의 부모로부터 태어나는 자식 세대는 잡종이며 이를 잡종 1대라고 하는데, 잡종 1대의 유전자형은 부모로부터 각각 유전자를 절반씩 받았으므로 Rr이 된다. R은 둥근 형질을 나타내는 유전자이고 r은 주름진 형질을 나타내는 유전자인데, R과 r이 함께 있으면 R 형질만 나타나 자식 세대에는 둥근 콩만 나타난다. 이러한 이유는 R 형질이 r 형질을 나타나지 않도록 한 것이므로 R은 우성이고 r은 열성임을 알 수 있다.

Tip 유전자 수가 많지 않은 생물에는 우열 법칙이 잘 성립하나 대부분의 고등 생물에서는 성립하지 않는 경우가 많다. 그 이유는 하나의 형질을 결정하는 유전자가 여러 개 존재하기 때문이다. 이러한 경우에는 멘델의 법칙이라고 불릴 수 없으므로 법칙이라는 표현을 사용하지 않고 '우열의 원리'라고 부르기도 한다.

주제 **19**

분리 법칙

〔나눌 분 分, 나눌 리 離, 법 법 法, 법칙 칙 則〕
law of segregation

한 쌍의 대립 유전자가 감수 분열할 때 서로 다른 생식 세포로 들어가는 것

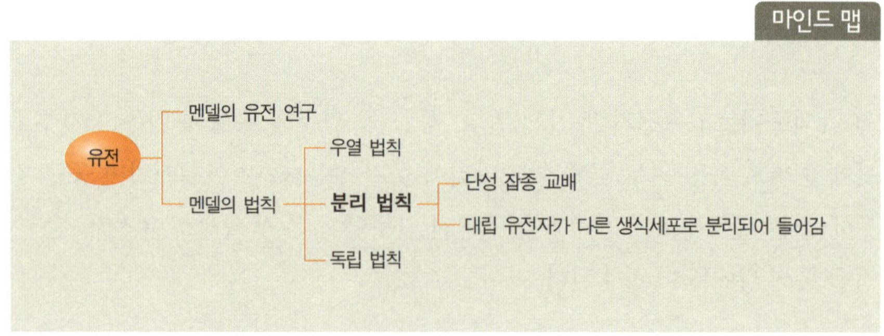

우열 법칙에 따라 순종의 둥근 완두콩과 주름진 완두콩의 교배 결과 잡종 1대에는 둥근 콩만 나타난다. 그렇다면 잡종 1대는 말 그대로 순종 어버이의 유전자를 절반씩 물려받은 잡종이다. 이러한 잡종을 자가 교배시키면 잡종 2대에는 어떤 자손이 태어날까?

잡종 1대의 둥근 완두콩이 생장하여 생식 능력을 갖추었을 때 수술의 꽃가루를 한 꽃 안의 암술머리에 수분자가 수분시켜 잡종 2대를 얻는 실험 결과에서

▲ 분리 법칙의 실험

둥근 콩이 315개, 주름진 콩이 108개 나왔다. 둥근 형질은 우성, 주름진 형질은 열성이므로 잡종 2대의 둥근 콩과 주름진 콩의 표현형의 비는 3 : 1이 된다. 잡종 1대에는 나오지 않은 주름진 형질이 잡종 2대에는 나타난 것이다.

잡종 2대에 주름진 형질이 나타난 이유는 무엇일까? 멘델은 예리한 관찰력과 논리적인 분석으로 이에 대한 해답을 제시하였다. 우선 잡종 2대의 부모인 잡종 1대의 유전자형을 살펴보면 오른쪽과 같다. 잡종 1대는 순종인 둥근 콩 RR과 주름진 콩 rr로부터 각각 유전자 R과 r을 물려받아 유전자형이 Rr이 되었다.

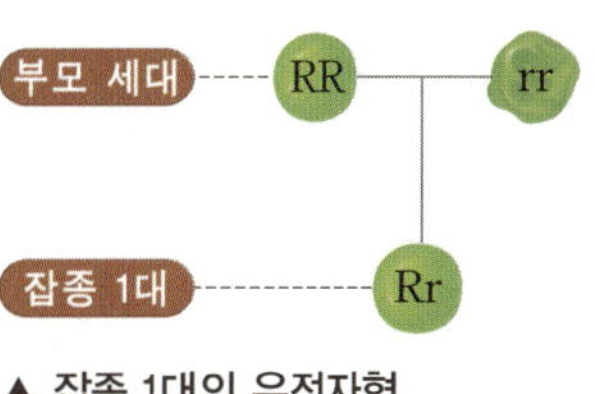

▲ 잡종 1대의 유전자형

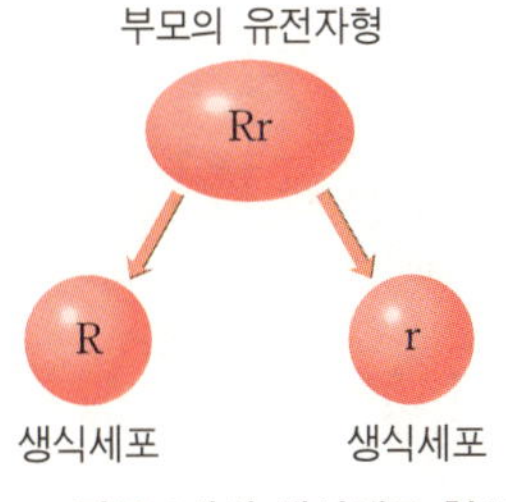

▲ 잡종 1대의 생식세포 형성

이런 잡종 1대가 생식세포를 만드는 과정에서 R과 r은 분리되어 서로 다른 생식세포로 들어간다. 따라서 수술의 꽃가루에는 유전자 R을 갖는 것과 유전자 r을 갖는 2종류의 생식세포가 생기고, 암술의 난세포 또한 유전자 R을 갖는 것과 유전자 r을 갖는 2종류의 생식세포가 생긴다.

이 생식세포들이 서로 수정된 잡종 2대는 RR, Rr, Rr, rr의 4종류가 나오는데, 이 중에서 RR, Rr, Rr은 표현형이 둥근 형질로 나타나고 rr만 주름진 형질로 나타난다. 따라서 둥근 콩과 주름진 콩의 표현형의 비는 3 : 1이 되는 것이다.

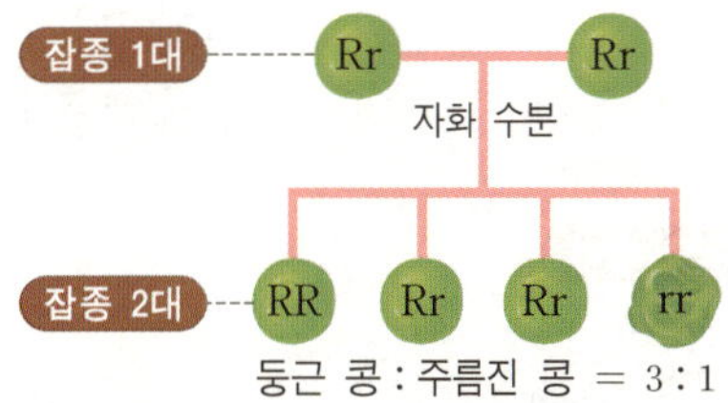

▲ 잡종 2대의 유전자형과 표현형

이와 같은 실험의 결과가 나오게 된 원인, 즉 한 쌍의 대립 유전자가 감수 분열을 할 때 서로 다른 생식세포로 분리되어 들어가는 것을 '분리 법칙'이라고 한다.

여기서 알아 둘 점은 '분리 법칙'의 '분리'는 잡종 2대에서 우성 형질과 열성 형질이 3 : 1로 '분리되는 것'을 뜻하는 것이 아니라 생식세포를 형성할 때 대립 유전자가 각 생식세포에 '분리되어 들어가는 것'을 의미한다.

주제 **20**

독립 법칙 〔홀로 독 獨, 설 립 立, 법 법 法, 법칙 칙 則〕
law of independence

2가지 이상의 형질 유전에서 각 유전자가 서로에게 영향을 주지 않고 독립적으로 유전되는 것

마인드 맵

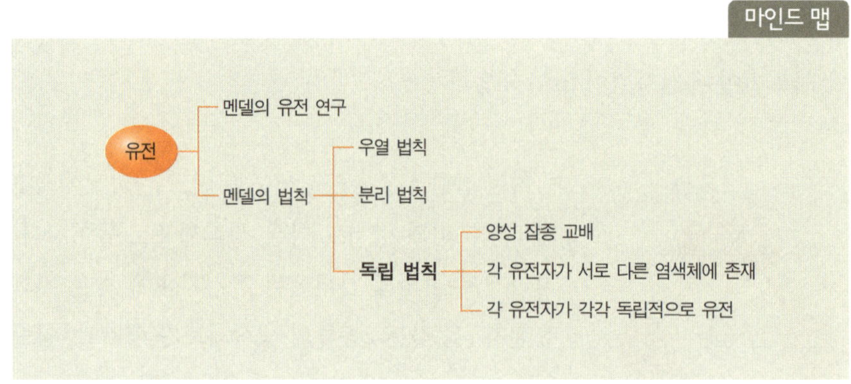

완두콩의 모양이 둥글고 주름진 경우처럼 한 가지의 형질에 대한 유전 원리 외에 2가지 형질에 대한 유전 원리는 어떠할까? 예를 들어 둥글고 황색인 완두와 주름지고 녹색인 완두를 교배시킬 때처럼 모양과 색깔이 다 같이 유전되

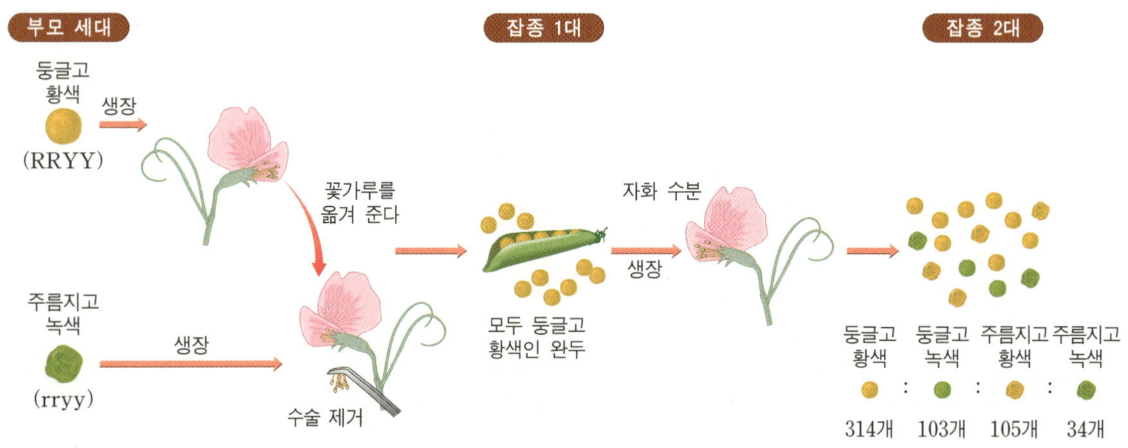

▲ 독립 법칙의 실험

는 경우에는 어떤 유전 원리가 숨어 있을까? 멘델은 이에 대한 답을 얻기 위해서 다음과 같은 실험을 실시하였다.

순종의 둥글고 황색인 완두 RRYY와 순종의 주름지고 녹색인 완두 rryy를 교배시켜 잡종 1대를 얻는다. 이때 잡종 1대는 유전자형이 RrYy이며 우열 법칙에 따라 둥글고 황색인 완두만 나타난다. 잡종 1대의 유전자형은 RrYy이므로 이에 따라 만들어지는 생식세포는 RY, Ry, rY, ry의 4종류가 된다. 따라서 잡종 1대를 자가 교배시키면 4종류의 생식세포끼리 수정하여 잡종 2대의 유전자 조합이 16가지가 나오게 된다.

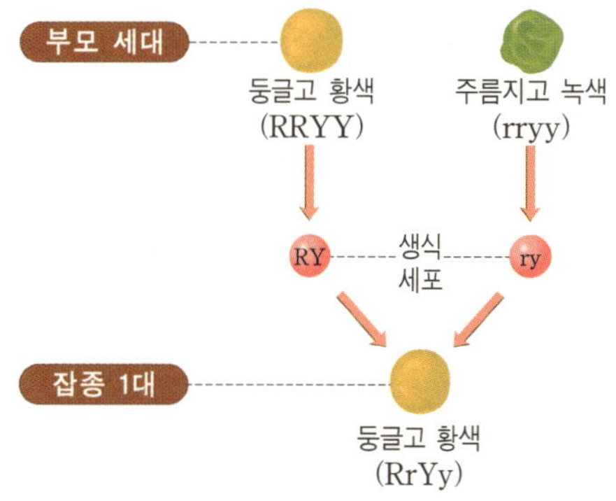

▲ 잡종 1대의 유전자형과 표현형

잡종 1대를 자가 교배시켜 잡종 2대를 얻은 후 표현형에 따라 분류하면 (둥글고 황색) : (둥글고 녹색) : (주름지고 황색) : (주름지고 녹색)인 완두콩의 개수가 314개 : 103개 : 105개 : 34개로 대략 9 : 3 : 3 : 1의 분리비를 보였다. 이 결과에서 모양에 대한 분리비만 보면 (둥근 콩) : (주름진 콩)의 비율은 12 : 4 = 3 : 1이 된다. 또한 색깔에 대한 분리비 역시 (황색) : (녹색)= 3 : 1임을 알 수 있다.

이런 현상이 나타나는 이유는 완두의 모양과 색깔을 나타내는 유전자가 생식세포를 형성할 때 서로 영향을 주지 않고 각각 독립적으로 분리되어 우열 법칙과 분리 법칙에 따라 유전되기 때문이다. 이런 원리를 '독립 법칙'이라고 하는데, 이는 모양을 나타내는 유전자와 색깔을 나타내는 유전자가 서로 다른 염색체상에 존재하기 때문이다.

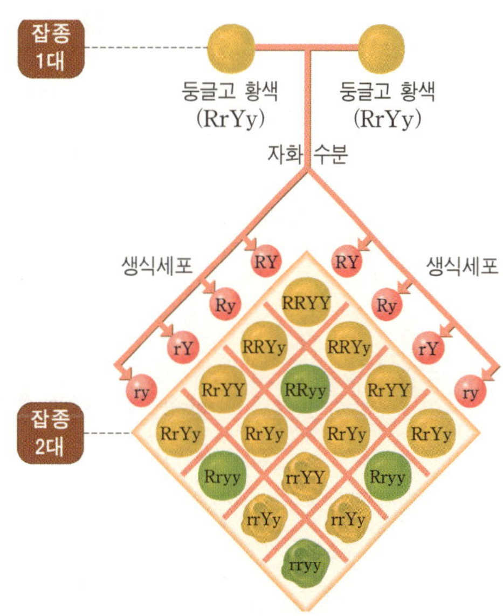

▲ 잡종 2대의 유전자형과 표현형

Tip 사람의 경우 서로 다른 형질을 나타내는 유전자라고 할지라도 같은 염색체상에 함께 있는 경우가 많다. 이러한 경우에는 독립 법칙이 적용되지 않는다.

주제 **21**

연관 〔연결할 연 聯, 빗장 관 關〕
linkage

하나의 염색체에 여러 유전자가 함께 있는 것

멘델이 실험에 사용한 완두의 경우에는 유전자의 수가 많지 않아서 독립 법칙이 잘 성립된다. 독립 법칙은 하나의 염색체에 하나의 유전자가 있는 경우에 들어맞는 원리이다. 하지만 대부분의 고등 생물의 경우에는 염색체 수보다 유전자의 수가 훨씬 많이 존재한다. 사람의 경우 46개의 염색체를 가지고 있으나 유전자는 3만 개 정도로 추정된다. 따라서 하나의 염색체에는 여러 유전자가 함께 존재하고 있는데 이를 '연관'이라고 한다.

하나의 염색체에 유전자가 하나만 있는 경우는 '독립 유전'으로 하나의 염색체에 여러 유전자가 함

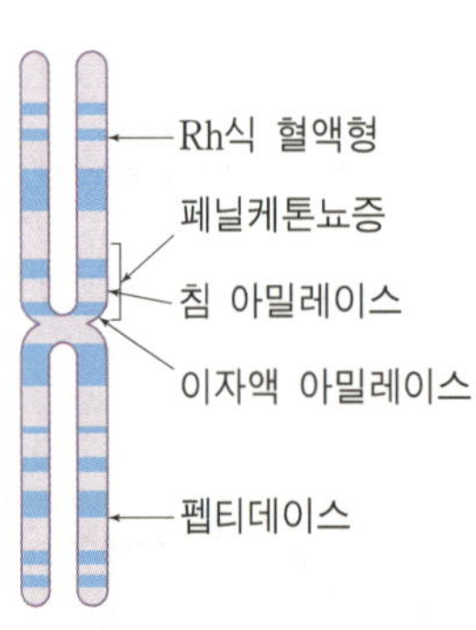

▲ **사람의 1번 염색체에서의 연관**

께 있는 경우인 연관과는 다
르다. 연관의 종류에는 상인
연관과 상반 연관이 있다.

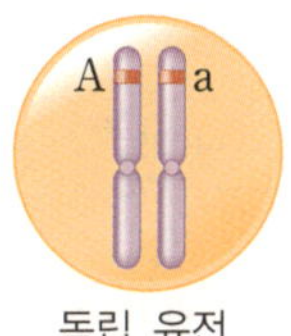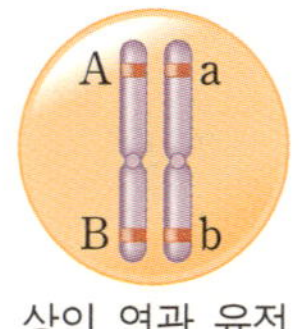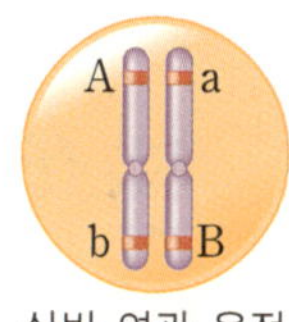

▲ 독립 유전과 연관 유전

 '상인 연관'이란 각각의 대
립 유전자 중에서 우성 유전자끼리 또는 열성 유전자끼리만 하나의 염색체에
연관된 경우를 말한다.
 '상반 연관'은 우성 유전자와 열성 유전자가 함께 하나의 염색체에 연관된
경우이다.

 독립 유전의 경우에는 대립 유전자가 감수 분열을 할 때 서로 다른 생식세
포로 들어가지만 연관의 경우는 다르다. 연관된 유전자의 경우에는 감수 분
열이 일어날 때 서로 분리되지 않으며 동일한 생식세포로 함께 들어가게 된
다. 따라서 연관 유전의 경우는 생식세포의 종류가 독립 유전의 경우보다 다
양하지 못하게 되며 독립적으로 분리가 되지도 않으므로 독립 법칙이 성립하
지 않는다. 즉 연관 유전의 경우는 멘델의 법칙이 적용되지 않는다.

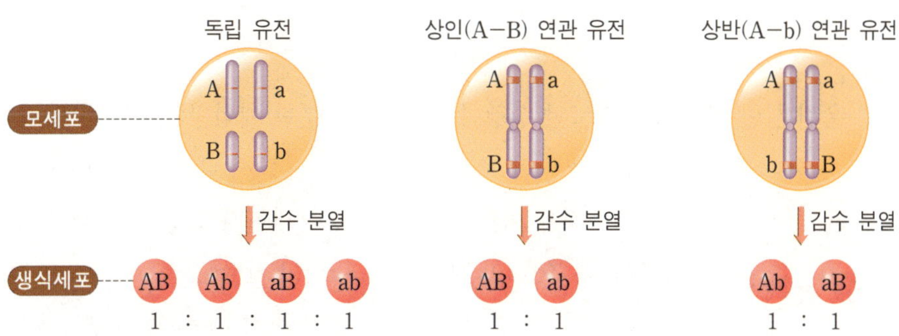

▲ 독립 유전과 연관 유전에서의 생식세포 형성

Tip 사람에게서 볼 수 있는 연관의 예를 들어 보면, 서양 여자 가운데 빨간 머리와 주근깨를 갖는
경우이다. 빨간 머리를 나타내는 유전자와 주근깨 유전자는 연관되어 있어서 함께 표현되는
경우가 많다.

주제 22

교차 〔주고받을 교 爻, 갈래 차 叉〕
crossing over

감수 1분열을 할 때 상동 염색체끼리 염색 분체의 일부를 주고받는 현상

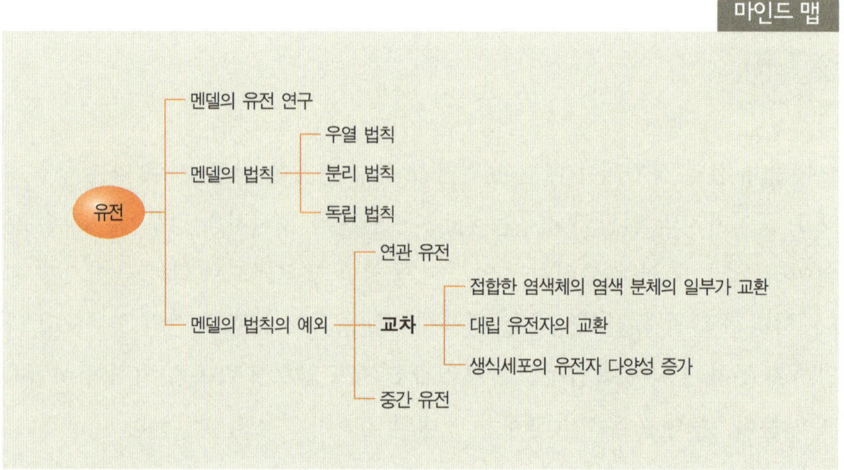

유전은 한 가지의 원리로만 설명하기에는 불충분한 예외적인 경우가 많다. 같은 염색체에 존재하는 연관된 유전자의 경우도 반드시 같은 생식세포로만 들어가는 것은 아니며 때때로 생식세포가 만들어질 때 서로 교환되는데, 이러한 경우를 '교차'라고 한다.

생식세포를 형성하는 감수 1분열 전기 때는 상동 염색체가 서로 달라붙는데 이를 '접합'이라고 한다. 접합한 상동 염색체는 감수 1분열 중기로 가면서 다시 분리가 되는데, 이때 접합한 염색체의 염색 분체의 일부가 서로 교환되는 일이 종종 발생한다.

교차가 일어날 때는 상동 염색체 사이에 염색 분체의 같은

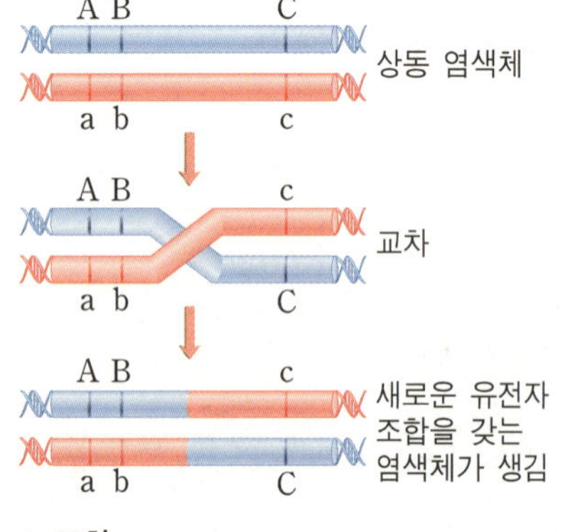

▲ 교차

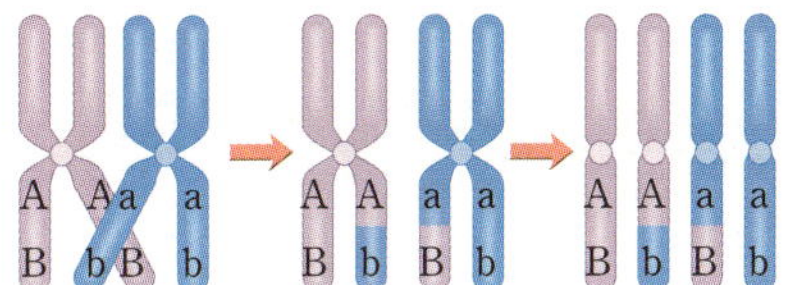

▲ 상인(A−B) 연관에서의 교차

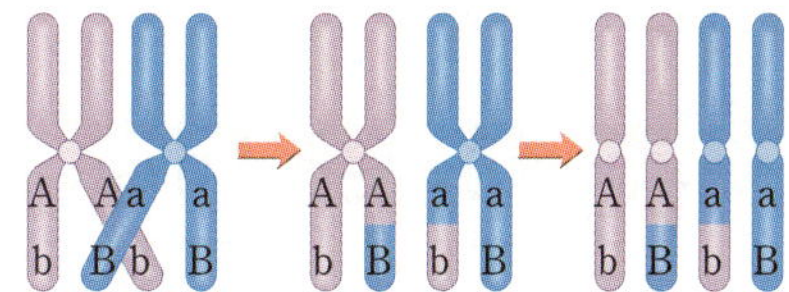

▲ 상반(A−b) 연관에서의 교차

부위가 잘라진 후 서로 교환되고 다시 붙는 과정을 거치므로 대립 유전자의 교환이 이루어진다. 즉 유전자가 재조합되는 것이다. 재조합된 유전자를 갖는 생식세포는 원래 한쪽 부모가 갖는 유전자의 구성과는 다른 유전자를 갖게 된다. 따라서 교차는 부모로부터 만들어지는 생식세포의 유전자 다양성을 증가시켜 더욱 다양한 유전자 구성을 갖는 자손을 만든다는 중요한 의미가 있다.

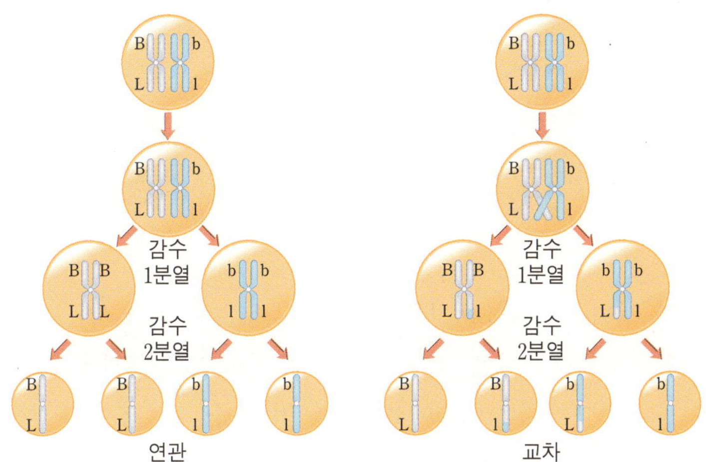

▲ 교차가 일어나지 않은 경우(왼쪽)와 교차가 일어난 경우(오른쪽)의 생식세포

Tip 연관된 유전자 사이에 교차가 일어난 빈도를 '교차율'이라고 하는데, 교차율을 이용하여 동일한 염색체상에 있는 유전자들의 상대적 거리를 구하여 염색체 지도를 작성할 수 있다.

예) A−B 유전자의 교차율이 5%, B−C의 교차율이 3%, A−C의 교차율이 2%일 때의 염색체 지도

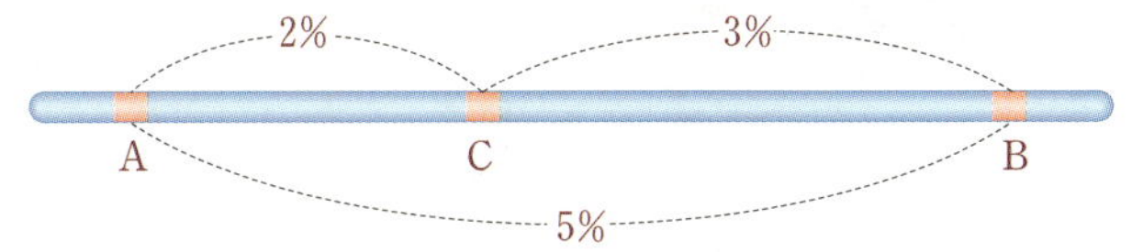

주제 **23**

중간 유전

〔가운데 중 中, 사이 간 間, 남길 유 遺, 전할 전 傳〕
intermediate inheritance

대립 유전자 사이의 우열 관계가 불완전하여 부모의 중간 형질이 나타나는 유전

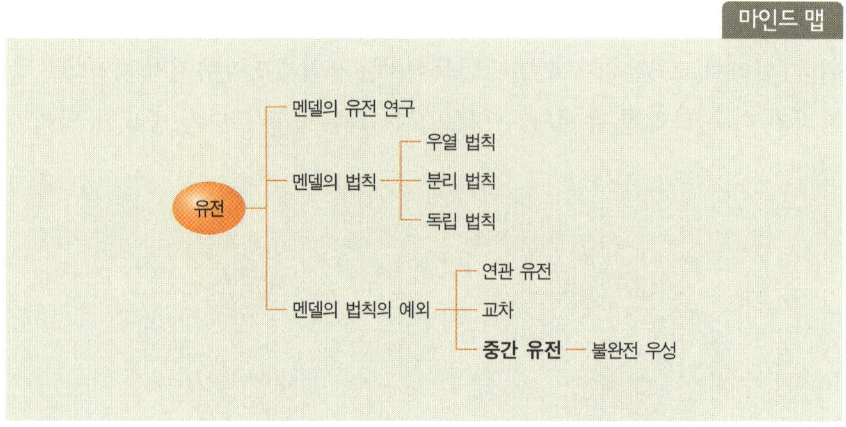

멘델의 유전 법칙에 의하면 같은 형질을 결정하는 대립 유전자가 서로 다를 경우 둘 중의 하나만 표현형으로 나타난다. 즉 우열 법칙에 의해 우성 R 유전자와 열성 r 유전자가 쌍을 이루어 Rr이 되면 R의 형질만 나타난다. 하지만 분꽃의 경우에는 부모 세대에서 붉은색 꽃과 흰색 꽃을 교배하면 잡종 1대에 분

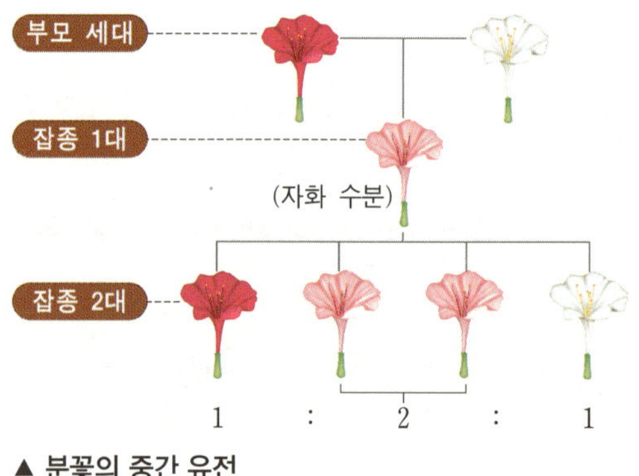

▲ 분꽃의 중간 유전

홍색 꽃이 나타난다. 이러한 현상은 독일의 식물학자 카를 에리히 코렌스Carl Eric Correns에 의하여 최초로 연구되었다.

순종의 붉은색 분꽃의 유전자를 RR이라 하고 순종의 흰색 분꽃의 유전자를 rr이라고 했을 때 잡종 1대의 유전자는 Rr이 된다. R이 r보다 우성이면 잡종 1대의 꽃 색깔은 붉은색이 되겠지만, R과 r의 우열 관계가 불완전하다면 부모 세대의 중간 형질인 분홍색 분꽃이 나타난다. 이와 같이 대립 유전자 사이의 우열 관계가 불완전하여 부모의 중간 형질이 나타나는 유전 현상을 '중간 유전'이라고 하며, 이들 대립 유전자 사이의 관계를 '불완전 우성부모로부터 받은 유전자가 절반씩 나타남'이라고 한다.

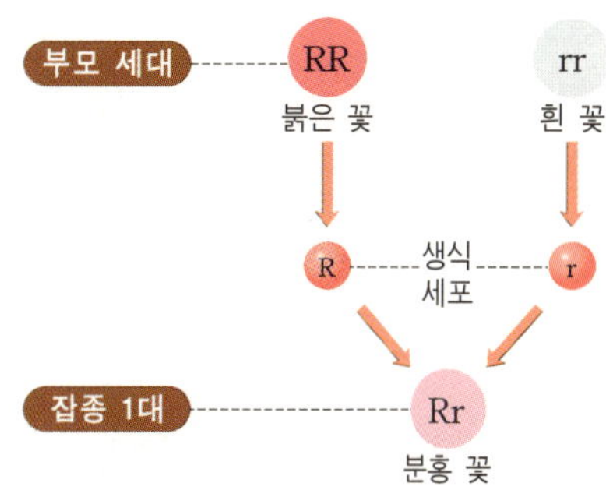

▲ 잡종 1대의 유전자형과 표현형

분꽃의 잡종 1대 Rr을 자가 교배시키면 잡종 2대에서는 (붉은 꽃 RR) : (분홍 꽃 Rr) : (흰 꽃 rr)의 분리비가 1 : 2 : 1로 나타나는데, 이는 쌍을 이루고 있는 유전자가 감수 분열을 할 때 서로 다른 생식세포로 들어갔기 때문이다. 즉 분꽃의 유전에서는 R과 r의 우열 관계가 불완전하여 꽃 색깔의 유전은 중간적인 형질이 나타나지만 멘델의 분리 법칙은 여전히 성립함을 알 수 있다.

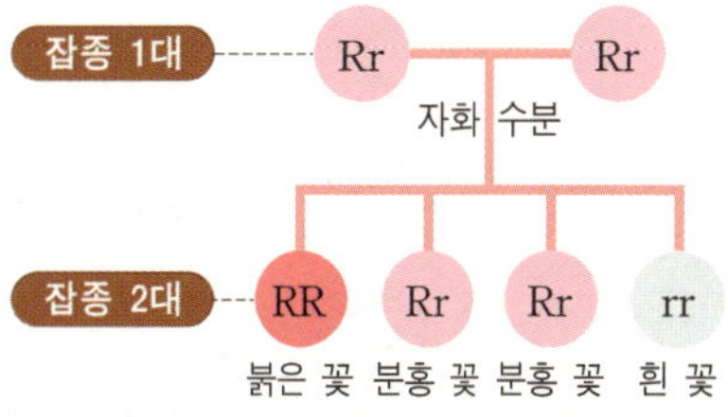

▲ 잡종 2대의 유전자형과 표현형

이외에 중간 유전의 예로는 흰색 털을 가진 말과 갈색 털을 가진 말 사이에서 태어난 황금색 털을 가진 팔로미노Palomino 말, 금어초의 꽃 색깔 유전 등이 있다.

Tip 중간 유전은 기본적으로 멘델의 우열 법칙에는 어긋나지만 진화적 측면에서 보면 형질의 변이를 가져와 종 다양성의 형성에 기여하였다.

가계도

〔집 가 家, 이을 계 系, 그림 도 圖〕
pedigree

한 집안의 계통을 나타내기 위하여 가족 사이의 관계를 그림으로 표현한 것

마인드 맵

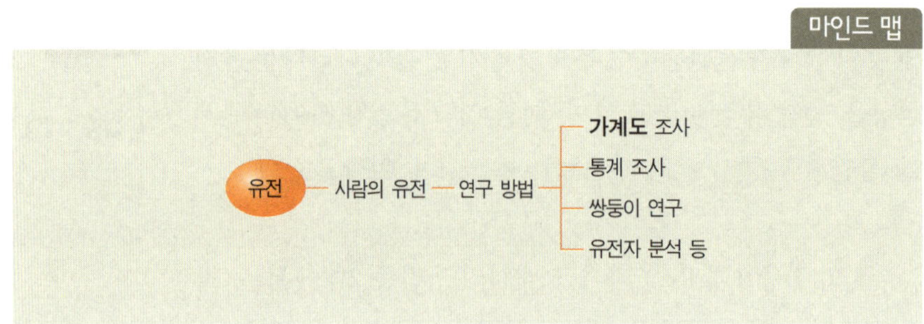

멘델은 유전 연구를 위하여 완두를 이용하였는데, 완두는 1년생 또는 2년생 초본 식물로 한 세대가 짧고, 자손이 많으며, 뚜렷한 대립 형질을 갖는다는 장점이 있다. 하지만 사람의 경우는 완두와 비교하였을 때 한 세대가 길고, 자손이 적으며, 완두보다 훨씬 많은 수의 유전자를 가지고 있어서 유전 현상이 매우 복잡하게 나타난다. 또한 완두처럼 자가 교배나 검정 교배 또는 임의 교배가 거의 불가능하여 연구에 제약이 많다. 따라서 사람의 유전 연구에는 간접적인 방법을 많이 이용하는데, 예를 들면 가계도 조사, 통계 조사, 쌍둥이 연구, 유전자 분석 등이 있다.

한 집안의 계통을 나타내기 위하여 가족 사이의 관계를 그림으로 표현한 가계도에는 성별, 부모와 자식 간의 관계, 특정 형질이나 유전병의 유무 등을 표시한다.

가계도에 사용되는 기호는 정상의 남자는 ☐, 정상의 여자는 ◯이며, ☐──◯는 결혼을 의미한다. 또한 정상의 남자와 색이 다른 ▨, 정상의 여자와 색이

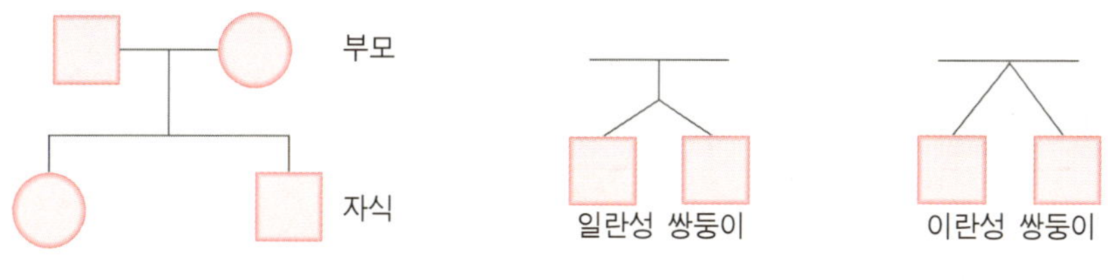

▲ 가계도 기호

다른 ●는 특정 형질을 나타낸다. 그 외의 기호는 위와 같은 의미가 있다.

　다음 가계도를 나타낸 그림을 보면 7, 8, 9의 부모는 3과 4이며, 1과 2는 4의 부모이다. 또한 10, 11, 12는 5와 6의 자식들이며, 5의 부모는 1과 2이다. 그러므로 4와 5는 같은 부모에게서 태어난 남매이다.

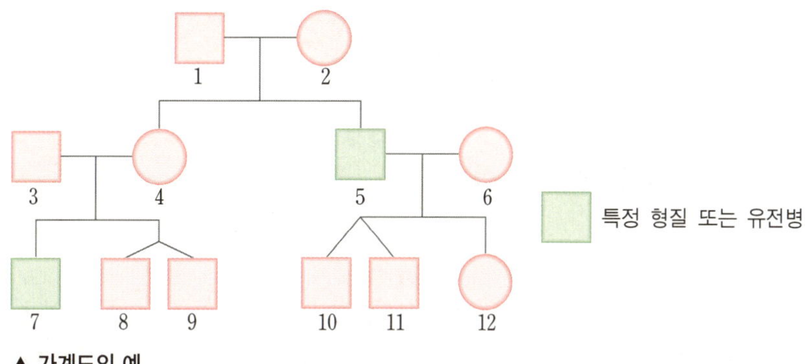

▲ 가계도의 예

　가계도 조사는 여러 세대에 걸쳐 있는 가족 구성원에 관한 관계와 특정 형질이나 유전병이 한 집안에서 어떻게 유전되는지에 대한 정보를 쉽게 알아볼 수 있는 방법으로 널리 이용되고 있다.

가계도 조사를 통해 알 수 있는 것
첫째, 어떤 형질이 우성인지 아니면 열성인지를 알 수 있다.
둘째, 어떤 형질을 나타내는 유전자가 상염색체에 있는지, 성염색체에 있는지를 알 수 있다.
셋째, 특정 형질을 가지고 있는 자손이 앞으로 태어날 확률을 계산할 수 있다.

주제 **25**

단일인자 유전

〔하나 단 單, 하나 일 一, 인할 인 因, 아들 자 子, 남길 유 遺, 전할 전 傳〕
monogenic inheritance

한 쌍의 대립 유전자에 의하여 하나의 형질이 결정되는 유전

마인드 맵

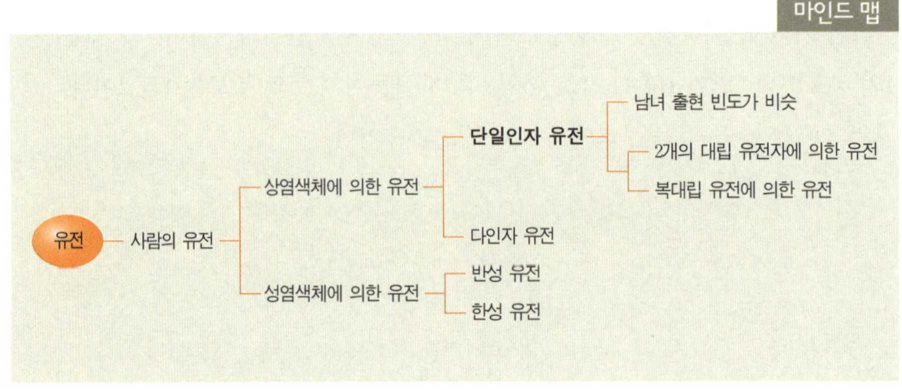

사람의 형질은 매우 다양하다. 쌍꺼풀이 있는 사람과 없는 사람, 귓불이 분리형인 사람과 부착형인 사람, 혀말기가 되는 사람과 되지 않는 사람, 보조개가 있는 사람과 없는 사람 등등 뚜렷하게 구별되는 여러 형질이 존재한다. 이렇게 뚜렷한 대립 형질이 존재하는 이유는 상동 염색체■에 존재하는 한 쌍의 대립 유전자■에 의해서 형질이 결정되기 때문인데, 이러한 방식의 유전을 '단일인자 유전'이라고 한다.

■ **상동 염색체**(相同染色體): 체세포의 핵에 있는 모양과 크기가 같은 한 쌍의 염색체.

■ **대립 유전자**(對立遺傳子): 상동 염색체의 같은 위치에 존재하며 하나의 형질을 결정하는 유전 정보를 갖는 유전자 쌍.

유전 형질	우성	열성
눈꺼풀	쌍꺼풀	외꺼풀
귓불	분리형	부착형
혀말기	가능함	불가능함
보조개	있음	없음
엄지손가락의 젖혀짐	젖혀짐	곧음

◀ 단일인자 유전의 예

2개의 대립 유전자에 의한 유전

멘델의 유전 법칙에 의해서 한 쌍의 대립 유전자 중의 하나는 우성이고 다른 하나는 열성이기 때문에 Ee와 같은 경우 형질이 나타나고 나타나지 않는 구분이 뚜렷하다. 앞에 언급한 유전 형질들은 남녀 구별 없이 나타나는 빈도가 비슷한데, 그 이유는 유전자가 남녀에게 공통으로 존재하는 상염색체에 존재하기 때문이다.

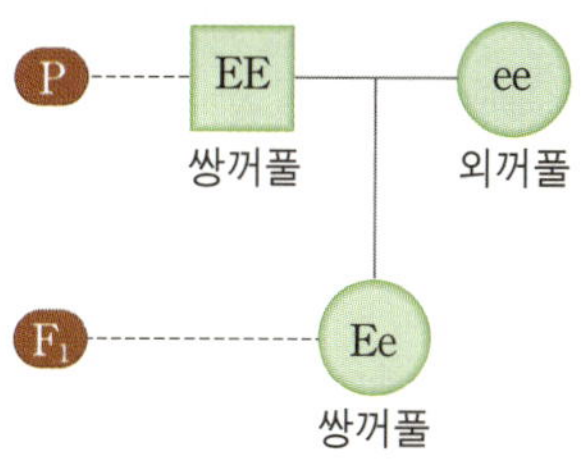

▲ 단일인자 유전의 예(눈꺼풀)

복대립 유전

사람의 ABO식 혈액형 유전의 경우는 상염색체 유전이면서 단일인자 유전에 해당하지만, 대립 유전자의 종류가 T와 t의 경우처럼 2종류가 아니라 3종류가 존재하므로 표현형이 2종류 이상이다. 즉 ABO식 혈액형에서 대립 유전자는 A, B, O의 3종류이며, 이들 중에서 2개가 짝을 이루어 혈액형을 결정한다. 이처럼 3개 이상의 대립 유전자^{복대립 유전자 multiple allele}가 하나의 형질을 결정하는 경우의 유전을 '복대립 유전'이라고 한다.

ABO식 혈액형 유전에서 대립 유전자 A와 B는 O에 대해서 우성^{A>O, B>O}이지만 A와 B는 공동 우성[■] 관계^{A=B}에 있으므로 AB형의 유전자형은 AB이다.

■**공동 우성**(codominance): 둘 다 우성인 경우로 유전적 특징이 둘 다 100% 나타난다. 이와 비교하여 불완전 우성은 우열 관계가 분명하지 않아서 각각 50% 정도만 유전적 특징이 나타난다.

유전자 쌍 (유전자형)	AA AO	BB BO	AB	OO
혈액형 (표현형)	A형	B형	AB형	O형

▲ 복대립 유전의 예(ABO식 혈액형)

단일인자 유전에서 특정 형질을 갖는 사람의 수를 그래프로 나타내면 불연속적 변이를 보이는 막대그래프로 표현된다.

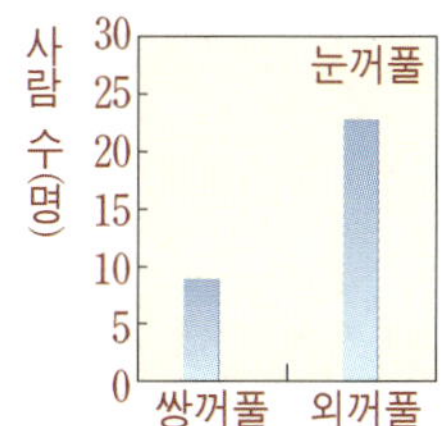

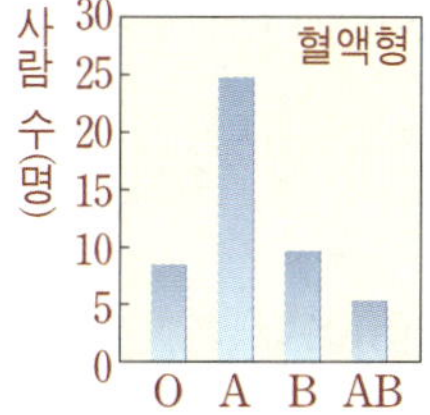

▲ 단일인자 유전의 그래프 예(왼쪽: 눈꺼풀, 오른쪽: 혈액형)

다인자 유전

〔많을 다 多, 인할 인 因, 아들 자 子, 남길 유 遺 , 전할 전 傳〕
polygenic inheritance

여러 쌍의 대립 유전자에 의하여 하나의 형질이 결정되는 유전

마인드 맵

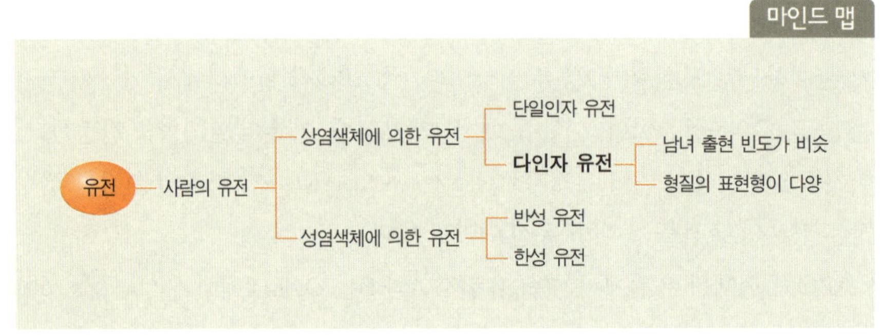

■**단일인자 유전**(單一因子 遺傳): 한 쌍의 대립 유전자에 의하여 하나의 형질이 결정되는 유전.

단일인자 유전■에서 표현되는 형질은 쌍꺼풀인가 외꺼풀인가 또는 혀말기가 가능한가 불가능한가와 같이 이분법적인 구분이 뚜렷하다. 하지만 사람의 키, 몸무게, 지능, 피부색, 지문선의 수와 같은 경우는 상황이 복잡하다. 이 세상에는 키가 큰 사람과 키가 작은 사람만 존재하는 것이 아니다. 몸무게의 경우를 살펴봐도 뚱뚱한 사람과 날씬한 사람만 존재하는 것은 아니다. 키가 크지도 작지도 않은 중간형이 있고, 몸무게 또한 중간형이 존재한다.

사람의 유전 형질 중에는 한 쌍의 대립 유전자만 관여하는 것이 아니라 여러 쌍의 대립 유전자가 하나의 형질을 결정하는 것도 있는데, 이러한 유전 방식을 '다인자 유전'이라고 한다.

형질의 표현형이 다양하다

다인자 유전에 의해 나타나는 형질의 표현형은 매우 다양하다는 특징이 있

다. 예를 들어 사람의 피부색을 결정하는 유전자가 A, B, C 3가지라면 이들에 대한 대립유전자는 a, b, c이다. 유전자 A, B, C 가 많이 존재하면 짙은 색 피부가 나타나고 유전자 a, b, c가 많이 나타나면 흰색에 가까운 피부가 나타난다고 했을 때, 이 유전자들이 각각 다른 염색체에 있다고 하면 멘델의 독립 법칙이 적용이 된다. 이때 피부색을 결정하는 유전자형이 AaBbCc인 사람이 만드는 생식세포에는 8종류의 피부색 유전자 조합이 나타난다. 만약 이 사람이 자신과 피부색 유전자형이 동일한 사람과 결혼하여 자식을 낳을 경우, 피부색만 보면 64가지 피부색 유전자 조합의 자손이 나타나게 된다.

황색 남자 생식세포의 종류			황색 여자 생식세포의 종류
ABC	황색 AaBbCc	황색 AaBbCc	ABC
ABc			ABc
AbC		?	AbC
Abc			Abc
aBC			aBC
aBc			aBc
abC			abC
abc			abc

▲ 다인자 유전의 예(피부색 유전)

그중에서 A, B, C의 많고 적음에 따라 피부색이 다양하게 나오게 되어 AABBCC는 가장 짙은 피부색을 갖고, AaBBCC는 약간 흰색으로, aaBBCC는 좀 더 흰색으로 표현되어 결국에는 aabbcc가 가장 흰색 피부를 나타낸다. 하지만 실제 피부색 유전자는 3가지 이상이므로 피부색의 표현형은 더욱 다양하다.

다인자 유전의 경우는 우성과 열성의 판단이 어려우며, 유전 형질이 유전자에 의해서만 표현되는 것도 아니어서 환경의 영향을 받아 더욱 다양해질 수 있다.

Tip 다인자 유전에서 특정 형질을 갖는 사람의 수를 그래프로 나타내면 연속적인 변이를 보이며 중간값이 큰 정상 분포 곡선을 나타낸다.

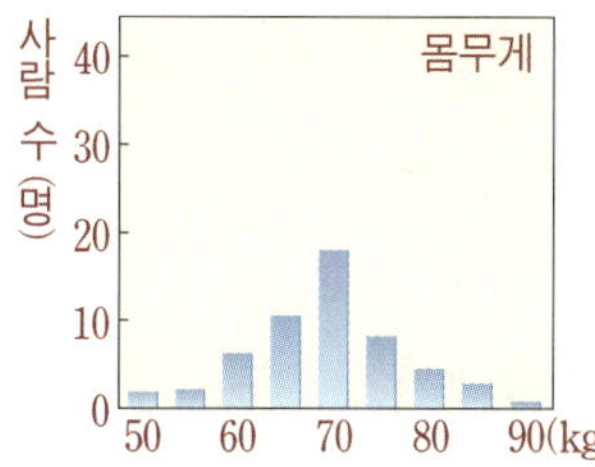
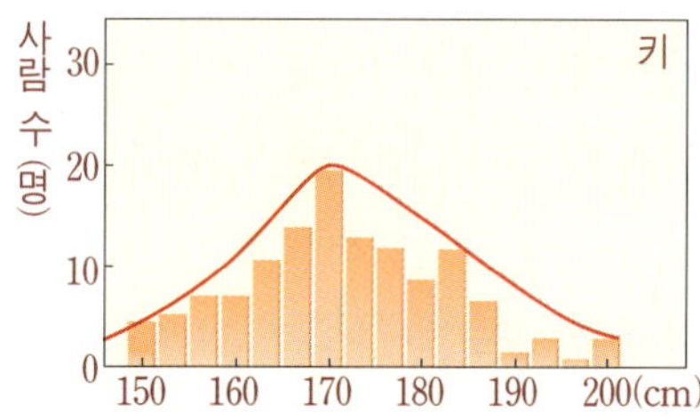
▲ 다인자 유전의 그래프 예(왼쪽: 몸무게, 오른쪽: 키)

반성 유전

〔동반할 반 伴, 성별 성 性, 남길 유 遺, 전할 전 傳〕

sex-linked inheritance

암수에 공통적으로 존재하는 성염색체상에 있는 유전자에 의한 유전

마인드 맵

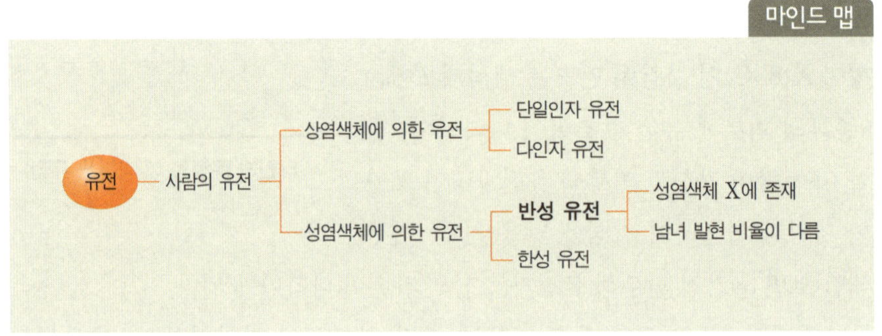

유전이란 부모에게서 유전자를 물려받는 것이다. 유전자는 DNA에 있으며 DNA는 염색체 안에 들어 있다. 결국 부모에게서 물려받는 염색체에 의해서 유전 현상이 나타나는 것이다. 사람의 체세포 안에 존재하는 46개의 염색체는 부모로부터 각각 절반씩 온 것이다. 부모에게서 물려받는 염색체 중에서 암수가 공통으로 가지고 있는 염색체를 상염색체라 하고, 성을 결정하는 염색체를 성염색체라고 한다. 사람의 경우 남자는 성염색체로 XY를 갖고, 여자는 XX를 갖는다.

Y 염색체의 유무가 남녀 성별을 결정하며, X 염색체는 남녀가 공통으로 가지고 있다. 남자는 X 염색체를 하나만 가지고 있지만 여자는 2개 가지고 있기 때문에, 만약 X 염색체에 유전자가 존재하여 자식에게 전달된다면 남녀 성에 따라 형질이 나타나는 비율이 달라지게 된다. 이처럼 유전자가 암수 공통으로 존재하는 성염색체에서 암수의 성별에 따라 형질의 발현 비율이 달라지는 유전 현상을 '반성 유전'이라고 한다. 대표적인 예가 사람의 경우에는 색맹과 혈우병이다.

색맹

색을 구별하는 망막의 원뿔세포^{척추동물에서 빛을 받아}
^{들이고 색을 구별하는 시각세포}의 이상으로 색의 구별이
잘 되지 않는 이상 증세이다. 색맹 유전자는 성염
색체 X에 존재하며 정상인 유전자에 대해 열성
이고, 여자보다 남자에게 더 높은 비율로 나타
난다.

(X : 정상 유전자, X′ : 색맹 유전자)

성별	유전자형(표현형)	비율
남자	XY(정상), X′Y(색맹)	1/2
여자	XX(정상), XX′(정상−보인자), X′X′(색맹)	1/3

▲ 사람의 색맹 유전에서의 유전자형과 표현형

위의 표와 같이 남자는 정상의 경우는 XY 염색체를 가지고 색맹의 경우는
X′Y 염색체를 가지므로 남자에게서 색맹이 나타날 확률은
1/2이 된다. 여자는 성염색체 X가 2개이고 정상 유전자 X가
색맹 유전자 X′보다 우성이므로 정상의 경우는 XX, XX′이고
색맹의 경우는 X′X′이다. 따라서 여자에게서 색맹이 나타날
확률은 1/3이다. XX′인 경우는 표현형은 정상이지만 색맹
유전자를 갖고 있어 잠재적으로 다음 세대에 색맹 유전자를
전달할 수 있으므로 보인자^{保因者} carrier이다.

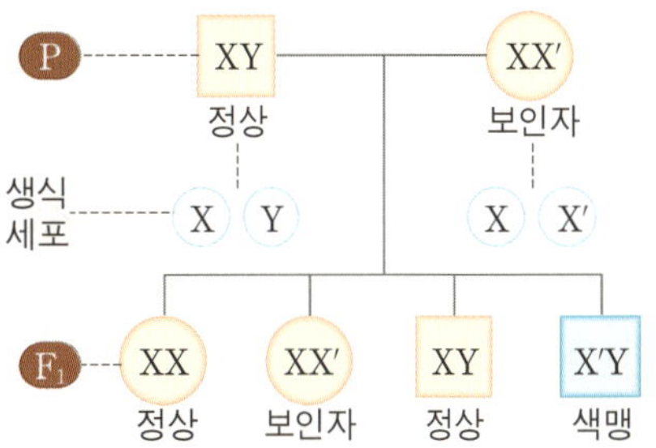

▲ 색맹의 가계도 분석

혈우병

혈액 응고 인자의 부족으로 출혈이 되면 피가
잘 멈추지 않는 병이다. 혈우병 유전자 역시 성
염색체 X에 존재하며 정상인 유전자에 대해 열
성이다. 여자의 경우 X′X′는 태아 때 대부분 유
산이^{를 치사(致死) 유전이라고 한다}되므로 여자보다 주로
남자에게서 나타난다.

(X : 정상 유전자, X′ : 혈우병 유전자)

성별	유전자형(표현형)	비율
남자	XY(정상), X′Y(혈우병)	1/2
여자	XX(정상), XX′(정상−보인자), X′X′(치사)	거의 없음

▲ 사람의 혈우병 유전에서의 유전자형과 표현형

Tip 반성 유전되는 색맹의 경우는 색맹 유전자 X′가 정상 유전자 X보다 열성이기 때문에 발생하지만,
구루병의 경우는 반성 유전이면서 우성이다.

한성 유전

〔한정할 한 限, 성별 성 性, 남길 유 遺, 전할 전 傳〕
sex-limited inheritance

Y 염색체에 있는 유전자에 의한 유전으로 한쪽 성에만 나타나는 유전

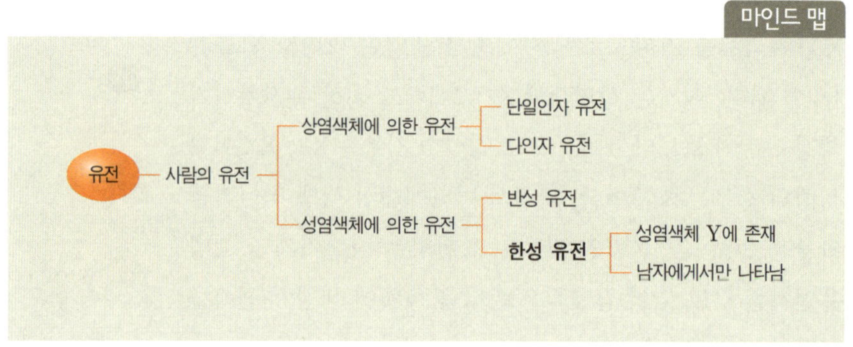

반성 유전은 암수가 공통으로 갖는 성염색체 의한 유전 현상이므로 발현 비율은 다르지만 암수에게서 모두 나타나는 유전 현상이다. 그렇다면 한쪽 성에만 존재하는 성염색체의 유전자 때문에 형질이 나타난다면 어떠한 유전 특징을 나타낼까? 답은 어렵지 않게 한쪽 성에만 유전 현상이 나타날 것이라고 예측할 수 있다. 유전이란 부모에게서 물려받는 염색체 안에 있는 유전자에 의한 것이기 때문이다.

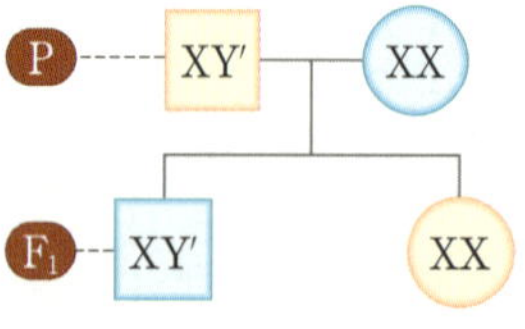

▲ 한성 유전의 가계도 분석

한성 유전은 한쪽 성에만 나타나는 유전이다. 사람의 경우 남자에게만 Y 염색체가 존재하는데 Y 염색체는 어머니에게서는 받을 수 없으므로 아버지로부터 아들에게만 전달된다. 또한 그 아들이 성장한 후 결혼하여 자식을 낳을 경우에도 다시 그 아들에게만 유전자를 물려준다.

　사람의 경우 한성 유전의 대표적인 예로 귓속털과다증을 들 수 있다. 귓속
털과다증은 귓속에서 굵고 긴 털이 자라나는 특징을 갖는다. 만약 아버지가
이러한 형질을 갖는다면 Y 염색체에 있는 유전자에 의해 나타나는 형질이므
로 아들 또한 물려받게 된다. 다행히도 딸의 경우에는 아버지로부터 X 염색
체만 물려받기 때문에 이런 형질은 나타나지 않는다.

남성에게서 나타나는 대머리(bald head)는 성염색체에 의한 한성 유전이 아닌 상염색체에 의한
우성 유전이다. 따라서 여성에게도 대머리가 나타나는데, 남성의 경우와는 다르게 머리털이
벗어지지는 않고 위쪽의 머리숱이 적어지는 정도의 증상만 나타난다.

주제 29

돌연변이 〔갑자기 돌 突, 그러할 연 然, 변할 변 變, 다를 이 異〕
mutation

유전자나 염색체에 이상이 생겨 부모에게 없던 형질이 자손에게서 나타나는 현상

마인드 맵

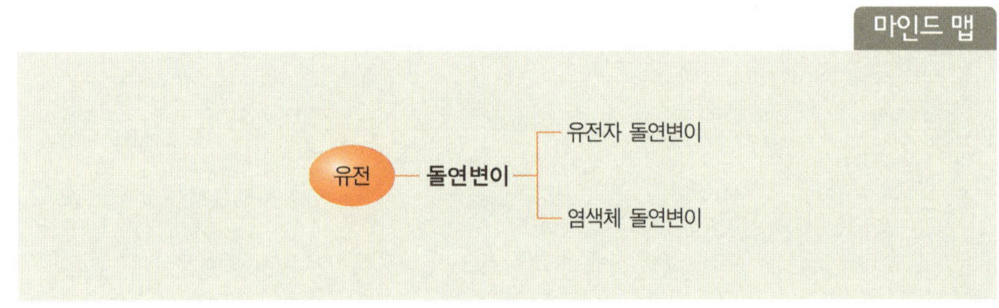

모든 생물 종은 서로 다른 특징적인 형질을 갖고 있으며 그 형질은 부모 세대로부터 물려받은 것이다. 또한 모든 생물은 그들이 가지고 있는 형질을 자식 세대에게 물려준다. 이러한 유전 현상은 생물이 가지고 있는 가장 기본적인 특징 중의 하나이며, 생식과 유전을 통해 특정 종의 생물은 멸종하지 않고 종족 유지를 성공적으로 수행한다. 이러한 유전 현상에는 중요한 원리가 작용하고 있으며 멘델에 의해서 체계적으로 정립되었다.

하지만 멘델의 유전 원리가 항상 성립되는 것은 아니다. 그러한 현상 중의 하나로 부모에게 없던 형질이 갑자기 자손에게서 나타나는 경우가 있는데, 이러한 현상을 '돌연변이'라고 한다.

돌연변이란 용어는 네덜란드의 식물학자 더프리스Hugo de Vries가 왕달맞이꽃을 연구한 데서 비롯되었다. 더프리스는 보통의 달맞이꽃보다 훨씬 큰 꽃을 갖는 개체인 왕달맞이꽃을 발견하였는데 이를 재배하였더니 다음 대에도 계속해서 큰 꽃을 가지는 달맞이꽃이 나오는 것을 연구한 후 이를 정상과는 다른 형질을 갖는다는 의미에서 '돌연변이'라

▲ 돌연변이를 발견한 더프리스

는 말을 처음으로 사용하였다. 이처럼 돌연변이라는 용어는 '다름'을 의미한다. 어떤 원인에 의해서 생식세포에 돌연변이가 발생한다면 돌연변이 형질은 다음 세대로 유전될 수 있다.

돌연변이의 원인

돌연변이를 일으키는 원인에는 여러 가지가 있다. X선, 방사선, 자외선 같은 에너지가 강한 광선에 의해 발생할 수도 있고 화학 물질, 탄 음식, 환경 오염 물질 등 돌연변이를 유발할 수 있는 여러 물질에 의해서도 발생한다. 또한 이러한 외적인 요인 외에도 DNA가 정상적으로 복제될 때 생기는 자연적인 오류에 의해서도 돌연변이가 발생하기도 한다.

돌연변이의 종류

돌연변이는 크게 유전자 돌연변이와 염색체 돌연변이로 나누어 볼 수 있다.

- 유전자 돌연변이
  - DNA를 구성하는 염기 서열의 이상에 의한 돌연변이
- 염색체 돌연변이
  - 염색체 구조의 이상에 의한 돌연변이: 결실, 역위, 중복, 전좌
  - 염색체 수의 이상에 의한 돌연변이: 이수성 돌연변이, 배수성 돌연변이

유전자나 염색체에 이상이 생기면 가벼운 형질의 변화만 일어나는 경우도 있지만 심각한 질병으로 나타나는 경우도 생기는데, 이러한 경우를 '유전병'이라고 한다.

주제 **30**

유전자 돌연변이

〔남길 유 遺, 전할 전 傳, 아들 자 子, 갑자기 돌 突, 그러할 연 然, 변할 변 變, 다를 이 異〕
gene mutation

DNA의 염기 서열에 변화가 생겨 부모에게 없던 형질이 자손
에게서 나타나는 현상

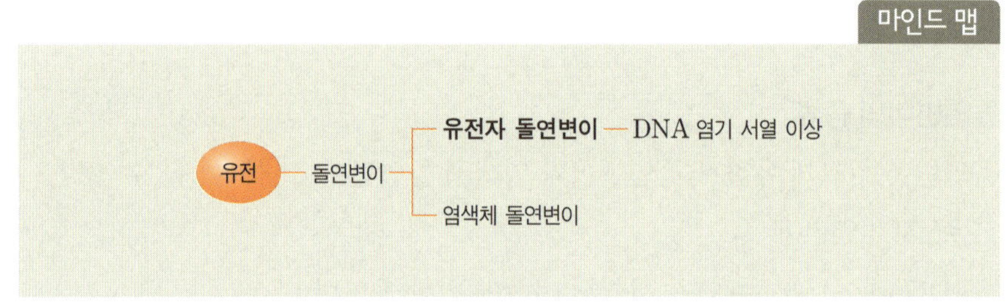

세포가 분열할 때 나타나는 염색체 안에는 DNA가 들어 있으며 DNA의 특
정 부위를 유전자gene라고 한다. 정확하게는 DNA를 구성하는 염기 서열이
유전자이다. DNA를 이루는 기본 분자는 뉴클레오타이드nucleotide이며, 하나
의 뉴클레오타이드에는 인산, 당, 염기가 1 : 1 : 1로 결합되어 있다.

DNA에는 4가지 염기 A아데닌, G구아닌, C사이토신, T타이민가 존재하며 이 4가

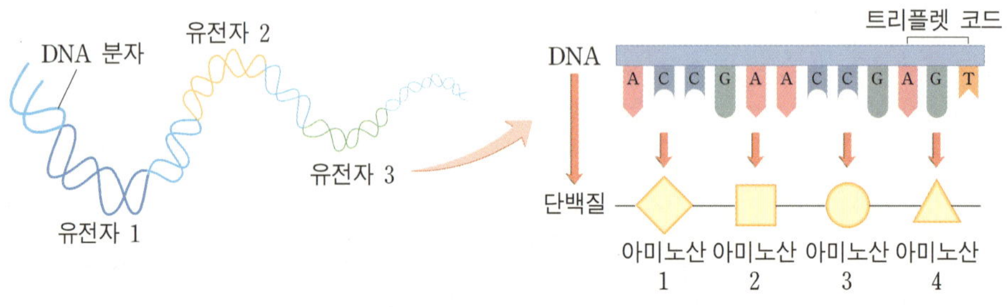

▲ DNA에서 단백질로의 유전 정보 발현 과정

지 염기 중에서 3개의 염기가 하나의 조합을 이루어 한 개의 아미노산을 만들 수 있는 유전 정보로서의 기능을 한다. 이러한 3개의 염기 조합을 '트리플렛 코드triplet code'라고 한다. 트리플렛 코드의 정보에 따라 특정한 아미노산이 세포질의 리보솜에서 펩타이드 결합*을 형성하면 특정한 단백질이 만들어지고, 이러한 단백질에 의해서 생물은 특정한 형질을 나타낸다.

유전자는 어떤 생물의 형질을 결정하는 유전 정보를 가지고 있다. 모든 생물은 부모로부터 이 유전자를 물려받아 부모와 닮은 형질을 보이게 된다. 그렇다면 만약 유전자에 이상이 생겨 변화한다면 어떤 일이 일어날까? 유전자는 그 생물의 겉모습이나 특성을 담고 있는 건축 설계도와 같은 역할을 하므로 유전자에 변화가 생긴다면 설계도가 달라져 예상치 못한 다른 겉모습이나 특성이 나타날 것이다. 예를 들어 어떤 사람의 영어 이름이 이니셜로 JSH라고 표현할 때 S가 K로 바뀌어 JKH라고 쓴다거나 아니면 JSSH 또는 JH라고 쓴다면 전혀 다른 의미가 되어 버리는 것과 같다.

DNA의 트리플렛 코드가 한 개의 아미노산을 만들 수 있는 유전 정보로서의 기능을 하므로 특정 아미노산에 대한 염기의 조합이 GCA라고 할 때 어떤 원인에 의해서 GCA가 GTA나 GGCA 또는 GA로 바뀌면 전혀 다른 아미노산에 대한 정보를 나타내게 된다. 이처럼 유전자를 구성하는 DNA의 염기 서열에 이상이 생겨서 갑자기 다른 형질이 나타나는 현상을 '유전자 돌연변이'라고 한다.

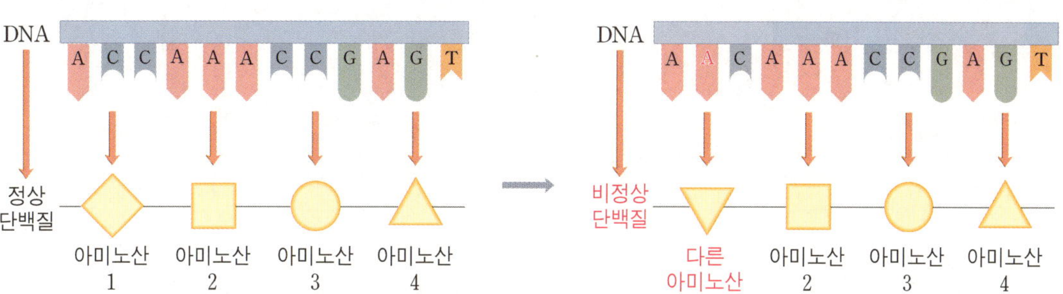

▲ DNA에서 ACC가 AAC로 유전자 돌연변이가 된 경우

> *펩타이드(peptide) 결합: 한 아미노산의 아미노기(−NH₂)와 다른 아미노산의 카복시기(−COOH) 사이에서 물(H₂O) 한 분자가 빠져나오면서 일어나는 결합.

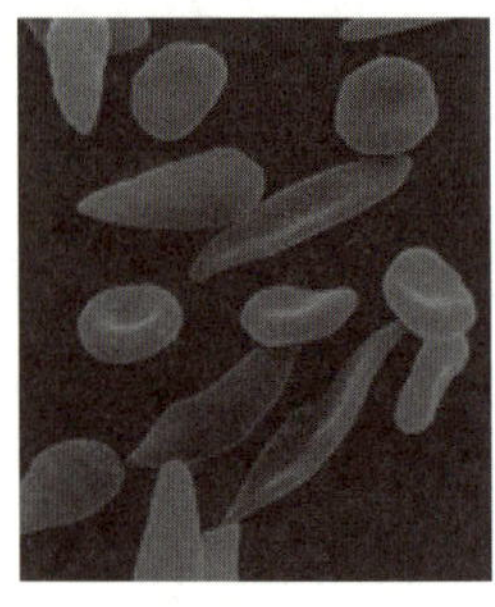

▲ 낫 모양 적혈구

유전자 돌연변이에 의한 유전병

유전자 돌연변이가 나타나면 유전병이 생길 수 있다. 유전자 돌연변이에 의한 대표적인 유전병으로는 특정 단백질의 대사 장애를 일으키는 페닐케톤뇨증, 색소 결핍 증상을 일으키는 알비노증, 적혈구의 구조에 이상이 생겨서 산소 운반을 저해하는 낫 모양 적혈구 빈혈증 등이 있다. 낫 모양 적혈구 빈혈증의 경우 헤모글로빈의 β 폴리펩타이드 사슬의 6번째 아미노산이 다른 아미노산으로 변화되어서 생긴 비정상 단백질 때문에 발생한다.

유전자 돌연변이에 의한 유전병은 다음 세대로 유전될 수 있다. 이때 멘델의 법칙이 적용되며, 유전병에도 우성과 열성이 존재하는데 대부분은 열성 유전자에 의한 것이 많다.

결실 / 중복 / 역위 / 전좌

〔부족할 결 缺, 잃을 실 失〕/〔거듭할 중 重, 겹칠 복 複〕/
〔바꿀 역 逆, 위치 위 位〕/〔옮길 전 轉, 자리 좌 座〕

염색체의 일부가 소실되는 것 /
한 염색체에 같은 부분이 삽입되어 반복되는 것 /
한 염색체 내에서 유전자의 위치가 뒤바뀌는 것 /
염색체의 일부가 비상동 염색체에 연결되는 것

마인드 맵

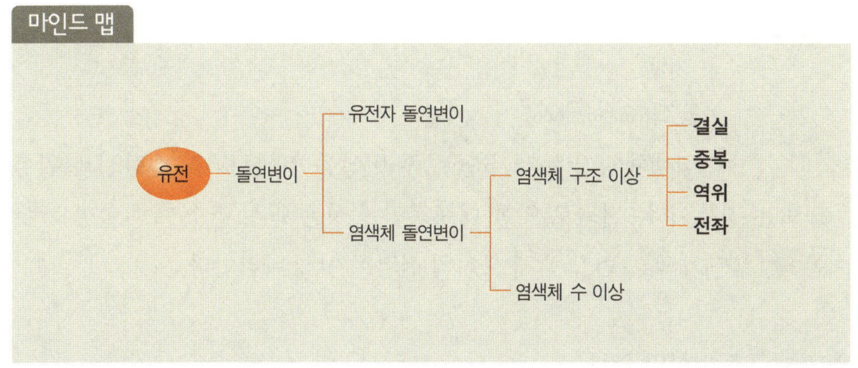

돌연변이에는 유전자 이상으로 발생하는 것유전자 돌연변이 외에도 염색체 이상에 의해 생기는 경우가 있는데, 이를 '염색체 돌연변이'라고 한다. 염색체 돌연변이에는 염색체의 비정상적인 구조에 기인하는 '염색체 구조 이상'과 정상의 경우보다 염색체 수가 많거나 적은 것에 기인하는 '염색체 수 이상'이 있다. 염색체 구조 이상에 의한 돌연변이에는 다음 4가지의 유형이 있다.

결실deletion

염색체의 일부가 절단되어 소실되는 경우로 유전자의 많

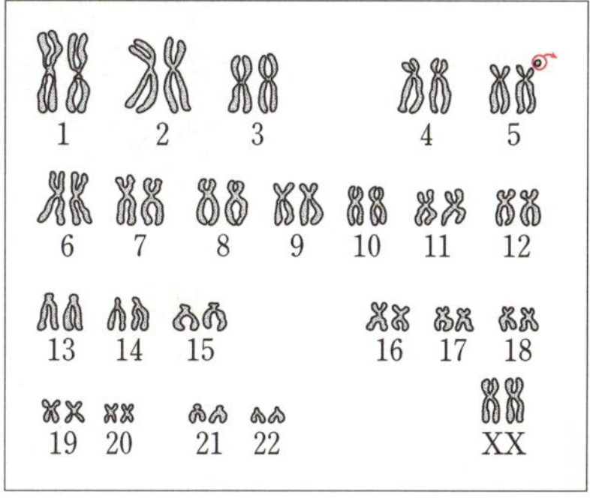

▲ 결실의 예(고양이 울음 증후군 환자의 염색체)

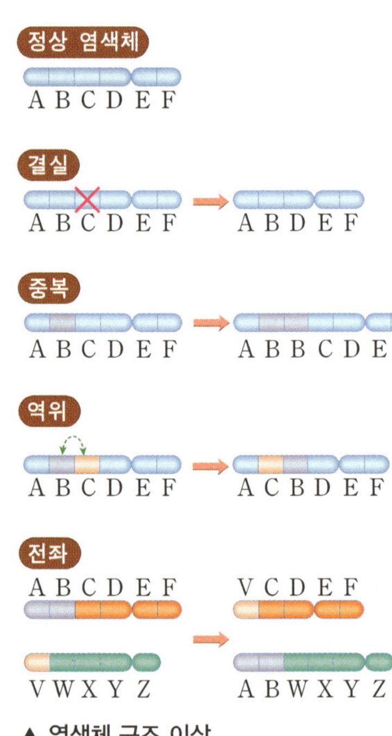

▲ 염색체 구조 이상

은 부분이 사라졌기 때문에 대부분 심각한 질환을 초래한다. 대표적인 예로는 5번 상염색체가 결실된 '고양이 울음 증후군cat-cry syndrome'으로 어릴 때의 아기 울음소리가 고양이 울음소리를 닮았다고 하여 붙여진 이름인데 대개 지적 장애를 보이며 어렸을 때 사망한다.

중복duplication

한 염색체 안의 동일한 부분이 삽입되어 같은 부분이 반복하여 존재하는 경우이다.

역위inversion

염색체의 일부가 절단된 후 뒤집어져서 붙는 경우이다.

전좌translocation

염색체의 일부가 절단된 후 비상동 염색체끼리 절단된 부위를 주고받는 경우이다. 전좌로 인한 대표적인 증상은 만성 골수성 백혈병으로, 이는 9번 염색체와 22번 염색체 사이의 전좌로 인해 나타난다.

염색체 구조 이상의 증상

염색체 구조 이상으로 발생한 돌연변이인 경우 정상인과 비교했을 때 염색체 수는 동일하지만 유전자의 발현 과정에 심각한 문제를 초래한다. 결실의 경우 유전자의 소실로 인해 유전자 양이 감소하여 대개 정상적인 생존이 불가능하다. 역위나 전좌의 경우에도 비정상적인 유전자 발현으로 심한 경우에는 사망에 이르게 된다.

사람에게 나타나는 돌연변이의 대부분은 염색체 구조 이상에 의한 돌연변이보다는 유전자 이상에 의한 것이 많다. 이는 유전자 이상에 의한 돌연변이보다는 염색체 구조 이상에 의한 돌연변이가 생존에 더 치명적인 작용을 하는 경우가 많기 때문으로, 염색체 구조 이상에 의한 돌연변이의 경우 대부분 자손을 남기기 전에 사망한다.

염색체 비분리

〔물들일 염 染, 빛 색 色, 몸 체 體, 아닐 비 非, 나눌 분 分, 갈라질 리 離〕
chromosome nondisjunction

세포 분열을 할 때 상동 염색체나 염색 분체가 분리되지 않는 것

마인드 맵

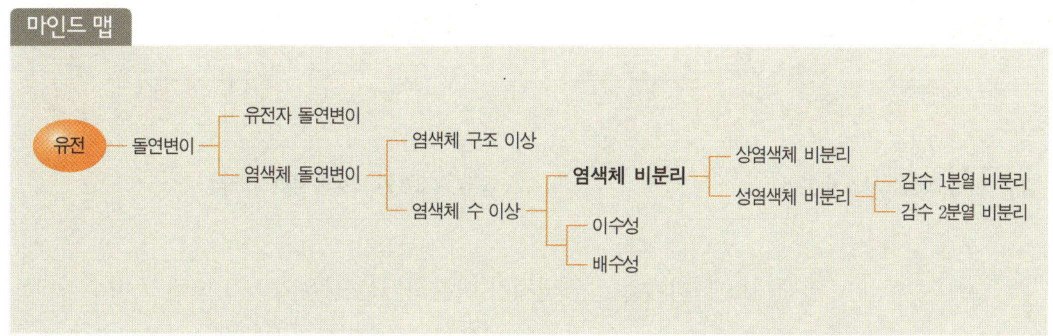

모든 생물은 고유한 형태와 수의 염색체를 가지고 있으며, 같은 종의 생물은 같은 수의 염색체를 갖는다. 사람의 경우에 몸을 구성하는 체세포에는 46개의 염색체$2n=46$가 존재하며, 생식세포를 만들기 위한 감수 분열 과정에서 46개의 염색체는 절반으로 감소하여 정자나 난자가 갖는 염색체는 체세포의 절반인 23개$n=23$이다.

만약 정자나 난자가 23개가 아닌 24개나 22개의 염색체를 갖는다면 어떤 일이 벌어질까? 물론 정답은 정상이 아닌 돌연변이의 발생이다. 그렇다면 정상이 아닌 생식세포가 만들어지는 이유는 무엇일까?

감수 분열은 체세포 분열과는 달리 2번의 분열 과정을 거친다. 감수 1분열이라고 하는 첫 번째 분열

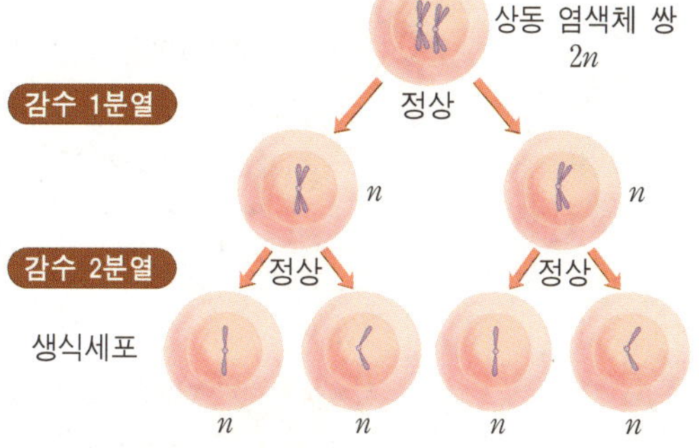

▲ **정상적인 경우의 감수 분열 과정**

과정에서는 상동 염색체가 분리되어 46개의 염색체가 23개로 감소하고, 감수 2분열에서는 하나의 염색체에 붙어 있던 2개의 염색 분체가 각각 분리된다. 이때 감수 1분열 과정에서 상동 염색체가 비분리되거나 감수 2분열 과정에서 염색 분체가 비분리되면 정상이 아닌 생식세포가 생기게 되는 것이다.

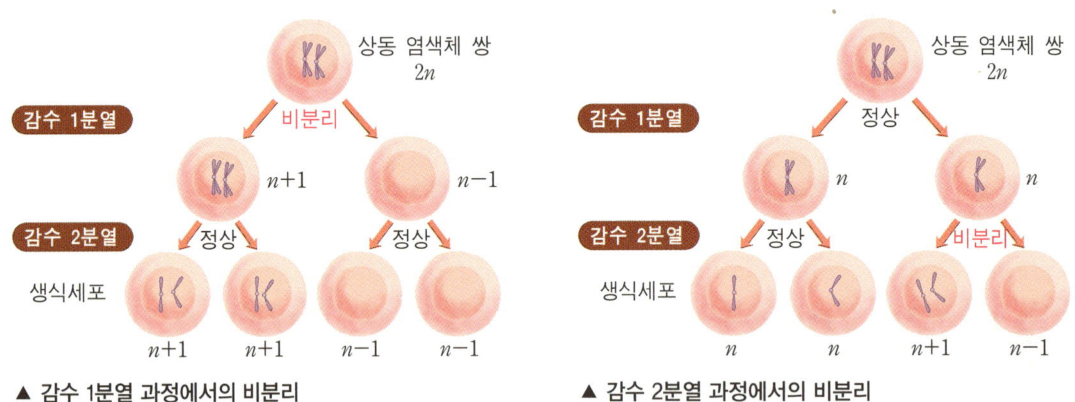

▲ 감수 1분열 과정에서의 비분리　　　　▲ 감수 2분열 과정에서의 비분리

　　염색체 비분리에는 상염색체가 비분리되는 경우와 성염색체가 비분리되는 경우가 모두 존재하며, 염색체 비분리에 의해 생길 수 있는 생식세포의 종류는 감수 1분열과 감수 2분열 비분리에 따라 다르게 나타난다. 여성의 성염색체는 XX이지만 남성의 성염색체는 XY이기 때문에 난자의 형성 과정보다는 정자의 형성 과정에서 좀 더 상이한 결과가 나타난다. 정자의 형성 과정에서 성염색체가 비분리되는 경우를 다음과 같이 비분리 시기별로 정리할 수 있다.

비분리 시기	정자의 핵상(성염색체 유형)
감수 1분열 과정에서의 비분리	$n+1$(XY), $n-1$(성염색체 없음)
감수 2분열 과정에서의 비분리	n(X), n(Y), $n+1$(XX 또는 YY), $n-1$(성염색체 없음)

▲ 정자의 형성 과정에서의 성염색체 비분리의 결과

감수 분열 과정에서의 염색체 비분리는 세포 분열을 할 때 염색체를 분리시켜 주는 역할을 하는 방추사가 형성되지 않을 때 발생한다.

이수성 / 배수성

〔다를 이 異, 셈 수 數, 성질 성 性〕 **aneuploidy, heteroploidy /**
〔곱 배 倍, 셈 수 數, 성질 성 性〕 **polyploidy**

염색체 수가 정상의 염색체 수보다 1~2개 많거나 적은 것 /
정상의 염색체 수보다 정수 배로 많은 것

마인드 맵

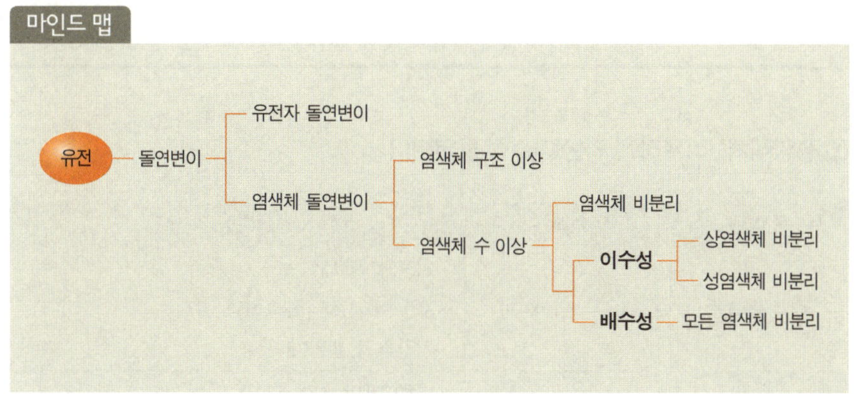

염색체 이상에 의한 돌연변이에는 염색체 구조 이상인 돌연변이 외에도 정상의 경우보다 염색체 수가 많거나 적어서 생기는 염색체 수 이상인 돌연변이가 있다.

염색체 수 이상인 돌연변이는 다시 2가지의 유형, 즉 '이수성 돌연변이'와 '배수성 돌연변이'로 구분할 수 있다.

이수성

정상보다 염색체 수가 1~2개 많거나 적은 경우를 말한다. 사람의 경우 정상인의 체세포 염색체 수는 $2n=46$으로 표시하므로 이수성 돌연변이의 경우는 $2n+1$ 또는 $2n-1$로 표시할 수 있다. 이수성 돌연변이가 생기는 이유는 감수 분열을 할 때 1~2개의 염색체가 비분리되는 현상 때문이다.

이수성 돌연변이의 예와 특징을 정리하면 다음과 같다.

① 상염색체[*] 비분리에 의한 이수성 돌연변이

증후군	염색체 수	특징
다운 증후군	$2n+1=45+XX$(여) $2n+1=45+XY$(남)	• 감수 분열 시 21번 염색체가 비분리되어 발생한다. • 남녀 모두에게 나타난다. • 지적 장애[*], 선천적으로 심장 기형, 혀가 두껍고 미간이 넓은 외형적 특징이 있다.
에드워드 증후군	$2n+1=45+XX$(여) $2n+1=45+XY$(남)	• 감수 분열 시 18번 염색체가 비분리되어 발생한다. • 남녀 모두에게 나타난다. • 지적 장애, 선천적으로 심장 기형, 코와 입이 작은 외형적 특징이 있다.

② 성염색체[*] 비분리에 의한 이수성 돌연변이

증후군	염색체 수	특징
터너 증후군	$2n-1=44+X$(여)	• 여성에게만 나타난다. • X염색체가 하나 부족하다. • 키가 작고, 불임이다.
클라인펠터 증후군	$2n+1=44+XXY$(남)	• 남성에게만 나타난다. • X염색체가 하나 더 있다. • 여성처럼 가슴이 발달하고, 생식 능력이 없다.
야콥 증후군	$2n+1=44+XYY$(남)	• 남성에게만 나타난다. • 큰 키와 낮은 지능을 가진다.

배수성

이수성 돌연변이는 감수 분열을 할 때 일부 염색체의 비분리 현상 때문에 발생하지만 모든 염색체가 비분리되면 배수성 돌연변이가 나타난다. '배수성'이란 생물체의 염색체 수가 정상의 염색체 수보다 정수 배로 많은 것으로 염색체 수가 $3n$, $4n$과 같은 패턴으로 나타난다.

배수성 돌연변이는 동물에서는 거의 드문 현상이며 식물에서는 종종 나타난다. 배수성 식물은 야생종보다 크고 잘 자라며 수확량이 많기 때문에 특정 종의 경우는 인간에 의해 선택되어 재배되고 있다. 배수성 식물의 예로는 다음과 같은 것들이 있다.

배수성 식물	염색체 수	특징
씨 없는 수박	$3n$	정상적인 수박($2n$)과 4배체($4n$) 수박의 교잡에 의해 만들어진다.
에머밀	$4n$	면 요리에 주로 사용되는 밀로 야생종 밀($2n$)에 약품을 처리하여 인위적으로 만들 수 있다.
빵밀	$6n$	가장 많이 재배되는 밀로 에머밀과 야생종 밀을 교잡한 후 약품을 처리하여 만들 수 있다.

Tip 동물의 경우 배수성 돌연변이가 나타나면 대부분 발생 과정에서 사망하므로 동물에서는 나타나지 않는다. 식물의 경우 배수성 돌연변이는 자연 상태에서 종종 발생하며 새로운 형질을 갖도록 하여 진화의 계기가 되기도 한다.

핵형 분석 〔씨 핵 核, 모형 형 型, 나눌 분 分, 쪼갤 석 析〕

karyotype analysis, karyotyping

생물체가 가지고 있는 염색체 수·모양·크기 등의 특징을 분석하는 것

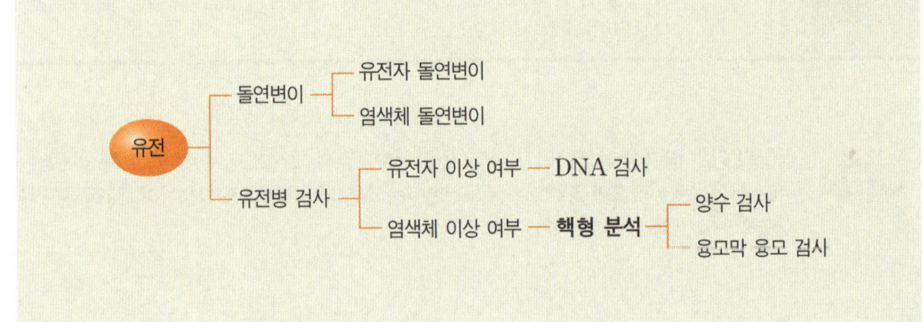

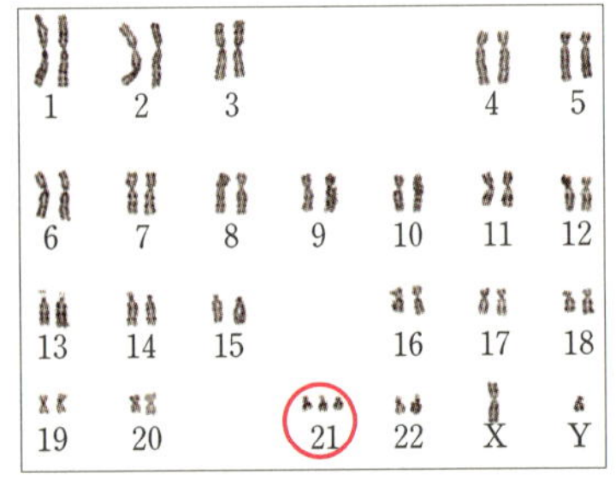

▲ 핵형 분석의 예(다운 증후군)

사람에게서 나타나는 돌연변이는 유전자 돌연변이든지 염색체 돌연변이든지 간에 생존에 불리한 형질이 나타난다. 그러므로 출산 전에 돌연변이인지를 검사하여 알아낼 필요가 있는데 이때 주로 많이 이용되는 방법이 핵형 분석이다. '핵형 분석'이란 생물체가 갖는 염색체의 수·모양·크기 등의 특징을 종합적으로 분석하는 것을 말한다. 염색체는 세포가 분열하지 않을 때는 염색사로 풀어져 있어서 관찰되지 않고 세포가 분열할 때만 관찰할 수 있다. 따라서 핵형 분석은 염색체가 관찰 대상이므로 염색사가 염색체로 최대한 응축된 시기인 세포 분열 중기 때의 염색체를 관찰해야만 분석이 용이하다.

양수 검사

여성들의 출산 나이가 늦어지는 최근에는 양수 검사와 같은 방법이 태아의 유전병을 진단하는 데 많이 이용되고 있다. 양수羊水 amniotic fluid란 자궁 속 태아

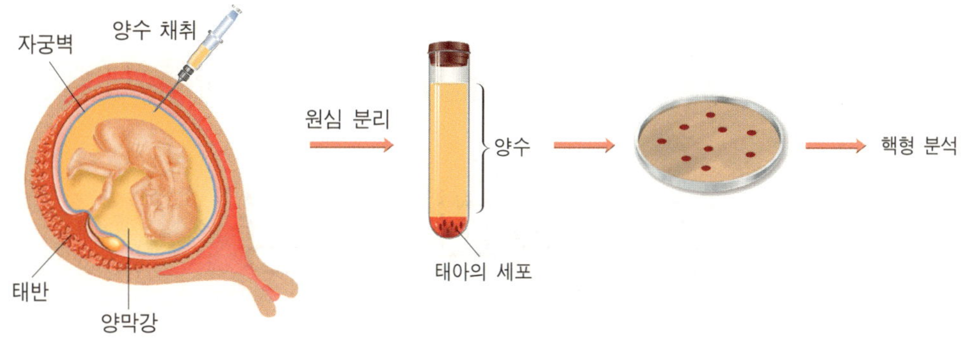

를 둘러싼 양막 안의 액체를 말한다. 양수 속에는 태아의 몸에서 분리된 세포가 들어 있다. 양수 검사는 임신 15~20주 정도에 긴 주삿바늘을 이용하여 자궁 안의 양수를 채취한 후 양수 속에 있는 태아의 세포를 조직 배양한 다음 생화학적 검사나 핵형 분석을 통해 염색체의 이상 유무를 확인하는 것이다.

융모막 융모 검사

양수 검사와 함께 융모막 검사를 통해서도 유전병을 진단할 수 있다. 융모막이란 태반에서 태아를 둘러싸고 있는 가장 바깥쪽의 혈관막을 말한다. 융모막 융모 검사는 임신 9~11주 정도에 태반의 융모막에서 태반에 있는 융모막 융모를 일부 채취하여 생화학적 검사와 핵형 분석을 하는 것이다.

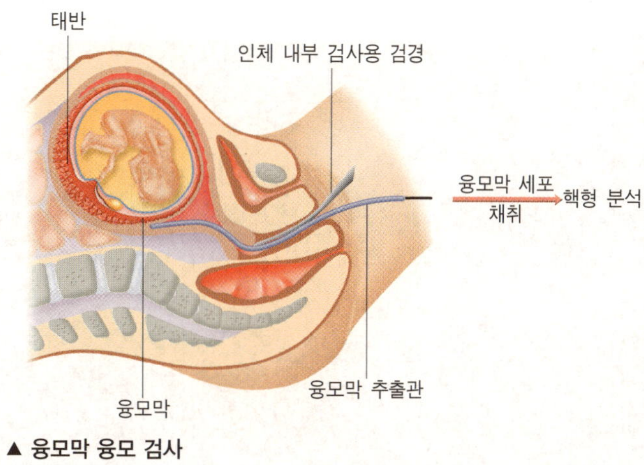

▲ 융모막 융모 검사

양수 검사와 융모막 융모 검사의 공통점은 출산 전 태아 세포의 염색체를 관찰하여 핵형을 분석한다는 것이다. 따라서 염색체 수나 구조에 이상이 있는 염색체 돌연변이는 진단이 가능하지만 유전자 돌연변이는 진단이 불가능하다. 유전자 이상 돌연변이는 염색체의 수나 구조가 정상이더라도 나타날 수 있으므로 유전자의 이상 여부는 DNA 검사를 통해 알아내야 한다.

제3장

항상성과 건강

ATP
세포 호흡
산소 호흡
무산소 호흡
물리적 소화
화학적 소화
심장
심장 질환
혈장 / 혈구
혈압 측정
네프론
오줌 생성 과정
당뇨병
신경계
뇌
척수

무조건 반사 / 조건 반사
체성 신경계
자율 신경계
뉴런
말이집 신경/ 민말이집 신경
감각 뉴런 / 운동 뉴런 / 연합 뉴런
흥분 전도
흥분 전달
골격근
근육 수축
외분비샘 / 내분비샘
호르몬
피드백
길항 작용
혈당량 조절
삼투압

체온 조절
세균
프라이온
면역
림프구
염증
항원 / 항체
세포성 면역
체액성 면역
백신
후천 면역 결핍증
알레르기(앨러지)
혈액형

생명 활동과 에너지

- 세포의 생명 활동 ─ **세포 호흡**
  - ATP 발생
  - **산소 호흡, 무산소 호흡**
- 소화계 ─ **물리적 소화, 화학적 소화**
- 순환계
  - **심장** ─ **심장 질환**
  - 혈관 ─ **혈압 측정**
  - 혈액 ─ **혈장, 혈구**
- 배설계 ─ 콩팥
  - **네프론**
  - **오줌 생성 과정** ─ **당뇨병**

항상성과 몸의 조절 작용

- 신경계
  - 중추 신경계
    - **뇌, 척수**
    - **무조건 반사 / 조건 반사**
  - 말초 신경계
    - **체성 신경계** ─ 뇌신경, 척수 신경
    - **자율 신경계** ─ 교감 신경, 부교감 신경
  - 뉴런
    - 구조
      - 신경세포체 ─ 핵
      - 가지 돌기
      - 축삭 돌기 ─ **말이집 신경 / 민말이집 신경**
    - 종류 ─ **감각 뉴런 / 운동 뉴런 / 연합 뉴런**
- **흥분 전도, 흥분 전달**
- 근육
  - 종류 ─ **골격근, 심장근, 내장근**
  - **근육 수축, 근육 이완**
- **외분비샘 / 내분비샘**
- 호르몬
  - 호르몬 분비량 조절 작용
    - **피드백 작용**
    - **길항 작용**
  - 역할
    - **혈당량 조절**
    - **삼투압 조절**
    - **체온 조절**

방어 작용

- 병원체
  - **세균**
  - 바이러스
  - **프라이온**
- 면역
  - 선천성 면역 ─ **염증 반응**
  - 후천성 면역
    - **항원 / 항체**
    - 자연 면역 ─ **세포성 면역, 체액성 면역**
    - 인공 면역 ─ **백신**
    - **후천 면역 결핍증**
  - 면역 반응
    - **알레르기(앨러지)**
    - **혈액형**
- **림프구** ─ 자연 살생 세포, T 림프구, B 림프구

주제 **1**

ATP adenosine triphosphate
생물체 내의 에너지 대사에 관여하는 물질

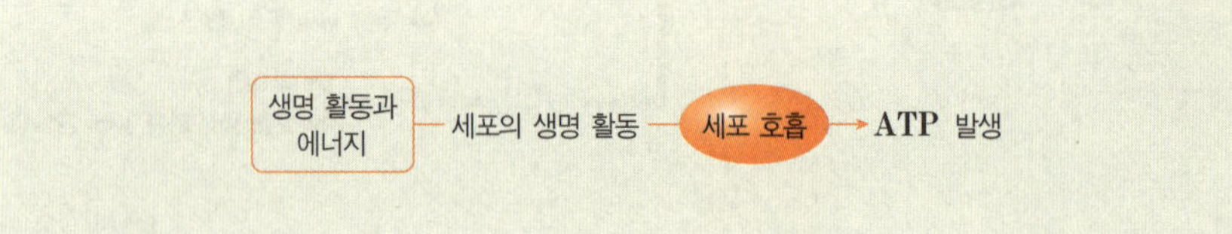

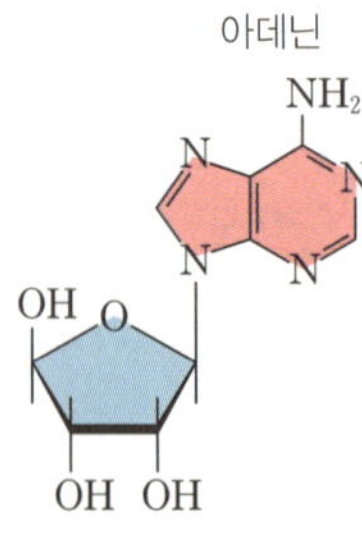

▲ 아데노신의 구조

ATP는 아데노신adenosine · 3tri: three · 인산phosphate의 각 낱말 첫 글자만 따서 부르는 약어로, 아데노신이라는 물질에 인산 3개가 결합된 것이다.

아데노신은 왼쪽 그림과 같이 아데닌이라는 질소 함유 유기 화합물염기에 5탄당탄소 원자가 5개인 탄수화물의 일종이 붙어 있는 화합물이다. 아데노신에 인산기가 1개 달리면 아데노신1인산adenosine monophosphate: AMP이라 하고, 2개 달리면 아데노신2인산adenosine diphosphate: ADP이라고 한다.

▲ AMP의 구조   ▲ ADP의 구조

ATP, 즉 아데노신에 인산기가 3개 달린 아데노신3인산은 모든 생물의 세포 내에 풍부하게 존재하며, 생물의 에너지 대사에서 매우 중요한 역할을 한다.

ATP에 붙어 있는 인산기들은 인산 결합에 의해 서로 연결되어 있다. ATP에서 가장 끝에 붙어 있는 인산기는 인산 결합을 끊고 떨어져 나갈 수 있는데 이때 에너지가 방출되며, 생물체는 이 에너지를 이용하여 활동하기 때문에 ATP를 에너지원이라고 한다.

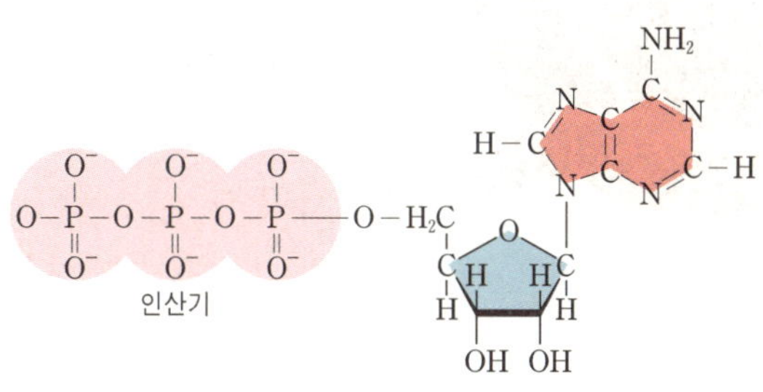

▲ ATP의 구조

저장 수단으로서의 ATP

ATP는 생물체 내의 에너지 화폐貨幣라고 할 수 있다. 생물은 호흡 작용을 통해 유기물을 분해하여, 그때 나오는 에너지를 이용하여 ADP를 ATP로 만들고 이를 저장한다. 그러다 에너지가 필요하면 다시 ATP를 가수 분해■하여 ADP로 만들면서 에너지를 만들어 낸다. 일을 해서 돈을 벌어 두었다가 필요할 때 쓰는 것과 비슷한 이치로, ATP는 가치의 저장 수단인 화폐처럼 에너지 저장 수단인 것이다.

저장 수단은 대량의 에너지를 쉽게 저장할 수 있고 필요할 때 쉽게 방출할 수 있어야 유용하게 쓰이는 것인데, ATP는 이러한 조건을 모두 갖춘 적절한 물질이다. ATP는 작은 분자이면서 고에너지를 저장하고 있는 물질이다. 즉 ADP를 인산화시켜 쉽게 저장할 수 있으며, 다시 가수 분해를 통해 쉽게 에너지를 방출할 수 있다.

■ **가수 분해**(加水分解): 하나의 덩어리로 되어 있던 물질이 물이 첨가되어 분해되는 과정으로, 소화 작용에서 음식물을 분해하는 과정이 가수 분해 과정의 한 예이다.

ATP로부터 에너지를 만들어 내는 과정

ATP 한 분자에 물H_2O이 한 분자 들어가서 ATP의 마지막 인산기를 가수 분해시키고 다량의 에너지를 방출한다. 생체 내에서 1몰mol의 ATP 분자가 방출하는 에너지는 7.3kcal나 되는데, ATP에서 인산기가 하나 떨어져 나가 생긴 ADP도 가수 분해되어 AMP가 될 때 같은 양의 에너지가 방출된다.

$$ATP + H_2O \rightarrow ADP + H_3PO_4 + 7.3kcal/mol$$
$$ADP + H_2O \rightarrow AMP + H_3PO_4 + 7.3kcal/mol$$

주제 **2**

세포 호흡

〔가늘 세 細, 세포 포 胞, 숨 내쉴 호 呼, 숨 들이쉴 흡 吸〕
cell respiration

세포가 산소를 이용하여 양분을 이산화탄소와 물로 분해하여
에너지를 발생시키는 과정

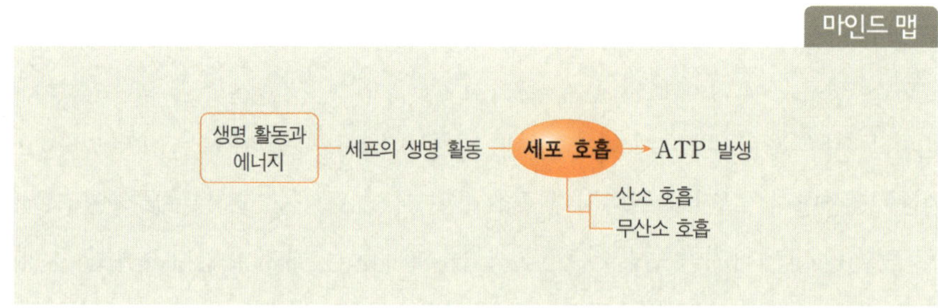

폐에서 산소를 들이쉬고 이산화탄소를 내쉬는 외호흡이나 모세 혈관과 조직 사이에서 일어나는 이산화탄소와 산소의 교환 과정인 내호흡과는 달리, 세포 호흡은 세포 내에서 일어나는 물질대사 과정 중의 하나로, 생명체가 유기 화합물을 분해하여 에너지를 얻는 과정을 말한다. 즉 세포가 에너지를 얻기 위해서 유기물을 산화·분해하는 과정 전체를 '세포 호흡'이라고 한다. 생명체는 세포 호흡을 통해서 얻은 에너지를 ATP로 전환하여 저장해 두었다가 다른 생명 활동에 사용한다.

세포 호흡은 산소가 사용되는 산소 호흡 과정과 산소가 사용되지 않는 무산소 호흡 과정으로 나누어지는데, 발효 과정에는 산소가 사용되지 않으므로 발효는 무산소 호흡의 일종으로 분류된다.

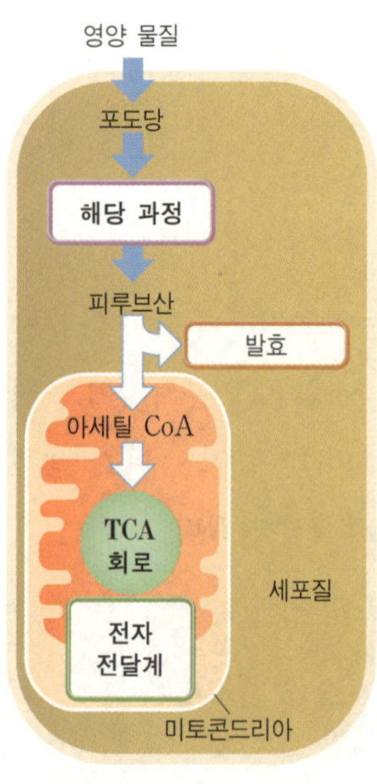

▲ 세포 호흡 모식도

산소 호흡

〔산소 산 酸, 바탕 소 素, 숨 내쉴 호 呼, 숨 들이쉴 흡 吸〕
aerobic respiration

산소가 사용되는 세포 호흡

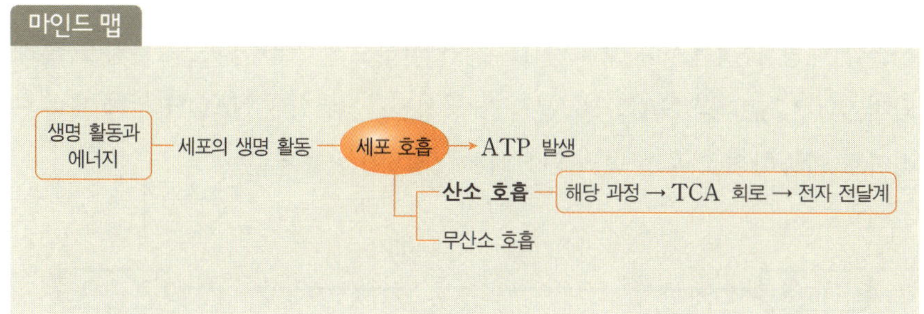

세포 호흡에는 산소의 사용 유무에 따라 산소 호흡과 무산소 호흡 과정이 있다. 산소 호흡은 우리 몸이 이용할 수 있는 에너지 형태인 ATP를 무산소 호흡에 비해 15배 이상 생산하기 때문에 훨씬 효율적이다. 그러므로 일반적으로 고등 생물은 주로 산소 호흡을 하며, 산소가 거의 없는 곳에 사는 생물들메탄 세균, 황산염 환원 세균, 파상풍균 등은 무산소 호흡을 한다.

산소 호흡 과정

산소 호흡은 세포 내에 산소가 충분히 공급될 경우에 일어나는 호흡으로, 유기물을 이산화탄소와 물로 완전히 분해하고 이때 발생하는 에너지를 ATP로 전환하는 과정이다.

산소 호흡은 포도당을 피루브산 2개로 나누는 과정인 해당 과정, 피루브산의 산화, 이산화탄소와 ATP, $NADH_2$, $FADH_2$를 생성하는 TCA 회로를 거쳐, 수소를 운반해 온 $NADH_2$와 $FADH_2$의 산화·환원 에너지로 ATP를 생산하는 전자 전달계까지의 과정으로 이루어진다.

① 해당 과정解糖過程

탄소가 6개인 포도당을 탄소가 3개인 피루브산 2개로 분해하는 과정으로 세포질에서 이루어진다. 해당 과정은 크게 에너지 투자기와 에너지 회수기로 나눌 수 있다. 에너지 투자기에서는 포도당 1분자당 ATP 2분자가 소비되고, 에너지 회수기에서는 포도당 1분자당 ATP 4분자와 $NADH_2$ 2분자가 생성된다.

결국 해당 과정에서는 포도당 1분자가 피루브산 2분자와 물 2분자로 분해되며, ATP 2분자와 $NADH_2$ 2분자가 생성된다. 생성된 $NADH_2$는 미토콘드리아로 이동하여 이후 산화적 인산화전자 전달계에 사용된다.

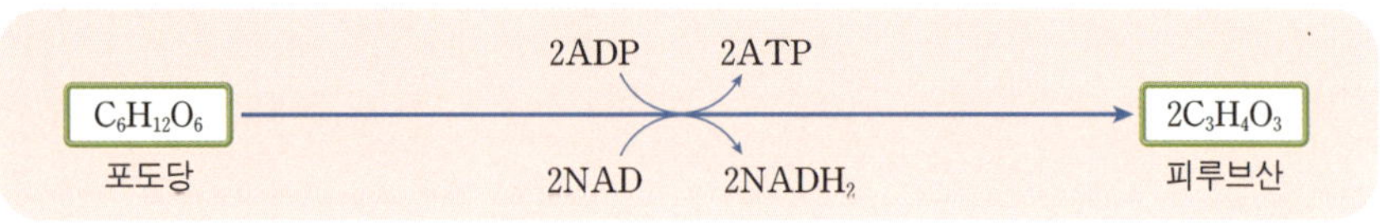

■**TCA 회로**: 트리카복실산 (tricarboxylic acid) 회로의 약칭. 이 반응 초기에 카복시기(–COOH)를 3개(tri) 가진 유기산(acid)이 생긴다는 뜻에서 이러한 이름이 붙었으며, 발견자인 영국의 생물학자 크레브스(Hans Adolf Krebs)의 이름을 따서 '크레브스 회로'라고도 불린다.

② 피루브산 산화와 TCA 회로■

해당 과정에서는 포도당이 가진 에너지의 일부만을 ATP로 전환할 수 있기 때문에 나머지 에너지는 여전히 피루브산에 남아 있게 된다. 그러므로 피루브산에 남아 있는 에너지를 사용하기 위해서는 TCA 회로를 거쳐야 한다.

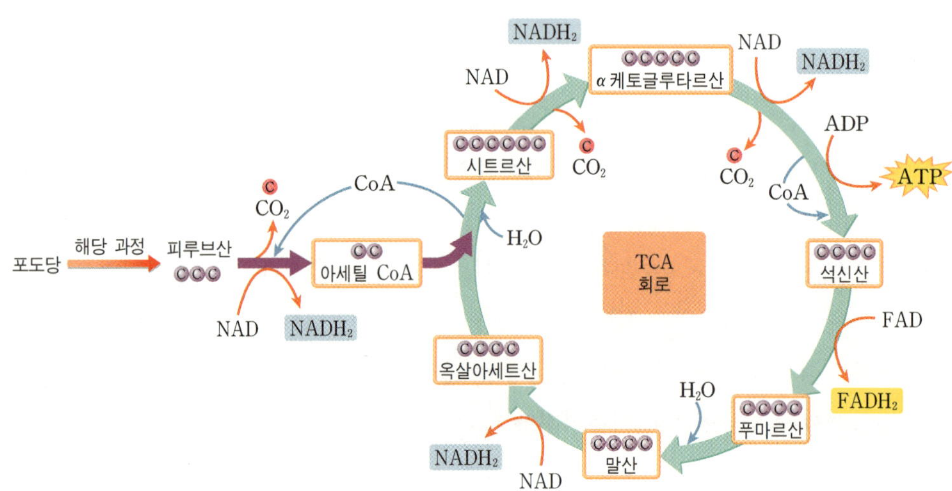

해당 과정에서 생성된 피루브산은 세포 내 소기관인 미토콘드리아 내막 안쪽의 액상의 물질인 바탕질기질로 이동하면서 산화된다. 충분히 산화되어 에너지가 적은 피루브산의 카복시기는 이산화탄소의 형태로 떨어져 나오고, 이산화탄소가 떨어져 나가면서 남은 전자는 NAD를 $NADH_2$로 만들어 준다. 이때 조효소 A에 의해서 아세틸 CoA가 되고, 이 아세틸 CoA는 TCA 회로에 들어간다.

TCA 회로에 들어간 아세틸 CoA는 옥살아세트산과 결합하여 시트르산이 되고, 시트르산은 여러 과정을 거친 후에 다시 옥살아세트산이 된다. 이와 같이 TCA 회로에서는 피루브산 1분자에서 $NADH_2$ 3분자, $FADH_2$ 1분자, ATP 1분자가 생성되고 노폐물로 이산화탄소 2분자가 생성된다.

결국 하나의 피루브산이 산화될 때 $NADH_2$가 1분자 생성되고 TCA 회로를 거치면서 $NADH_2$가 3분자, $FADH_2$가 1분자, ATP가 1분자 생성되므로 피루브산 2분자에서는 이산화탄소 6분자, $NADH_2$ 8분자, $FADH_2$ 2분자, ATP 2분자가 생성된다.

ADP   ATP

$C_3H_4O_3$ + $3H_2O$ ⟶ $3CO_2$

피루브산   4NAD $4NADH_2$ FAD $FADH_2$

③ 전자 전달계와 산화적 인산화 과정

해당 과정과 TCA 회로에서 생성된 $NADH_2$와 $FADH_2$는 포도당이 가지고 있던 에너지를 고에너지 전자 형태로 가지고 있다. 이러한 고에너지 전자를 이용하여 생명체가 사용할 수 있는 형태인 ATP를 생성하는 과정이 '산화적 인산화 과정'이다.

$NADH_2$와 $FADH_2$가 가지고 있던 고에너지 전자는 미토콘드리아의 내막에 위치한 단백질 복합체로 옮겨지고, 사이토크롬▪을 비롯한 단백질 복합체에 에너지를 공급한다. 이와 같이 에너지를 모두 공급한 고에너지 전자가 산소

▪**사이토크롬**(cytochrome): 세포 호흡에서 중요한 촉매 구실을 하는 색소 단백질.

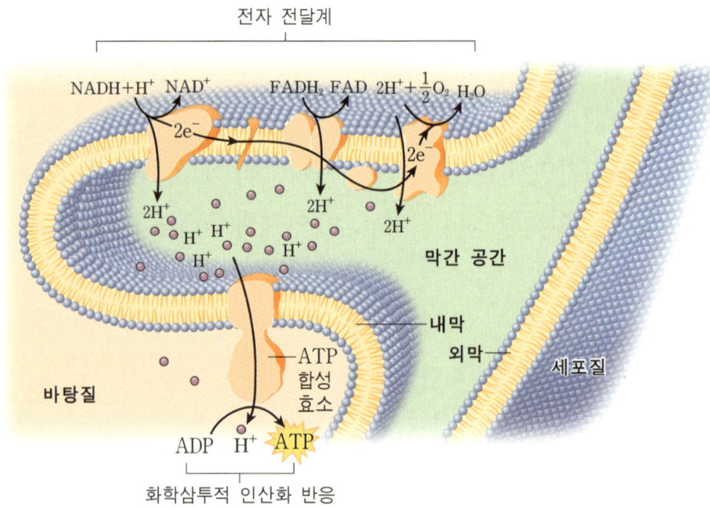

▲ 전자 전달계 모식도

와 수소 이온과 결합하여 물을 생성하는 전자 이동 시스템을 '전자 전달계'라고 한다.

단백질 복합체는 고에너지 전자로부터 얻은 에너지를 사용하여 미토콘드리아의 바탕질에 있던 수소 이온을 미토콘드리아의 막간 공간으로 이동시킨다. 이로 인해 막간 공간에는 바탕질에 비해 수소 이온의 농도가 높아져 미토콘드리아의 내막을 경계로 수소 이온 농도에 차이가 생긴다. 바탕질에 비해 농도가 높은 막간 공간의 수소 이온은 ATP 합성 효소를 통하여 바탕질로 이동하게 된다. 미토콘드리아의 내막에는 ATP 합성 효소가 존재하는데, 수소 이온은 ATP 합성 효소를 통하여 바탕질로 넘어올 수 있기 때문이다. 이때 ATP 합성 효소는 이동하는 수소 이온의 흐름을 이용하여 ATP를 합성한다.

결국 이 과정에서 1분자의 $NADH_2$는 약 3분자의 ATP를 생성할 수 있고 1분자의 $FADH_2$는 약 2분자의 ATP를 생성할 수 있으므로, 1분자의 포도당은 해당 과정과 TCA 회로를 거치며 $NADH_2$ 10분자, $FADH_2$ 2분자를 생성하므로 산화적 인산화 과정에서 생성할 수 있는 ATP는 34분자이다.

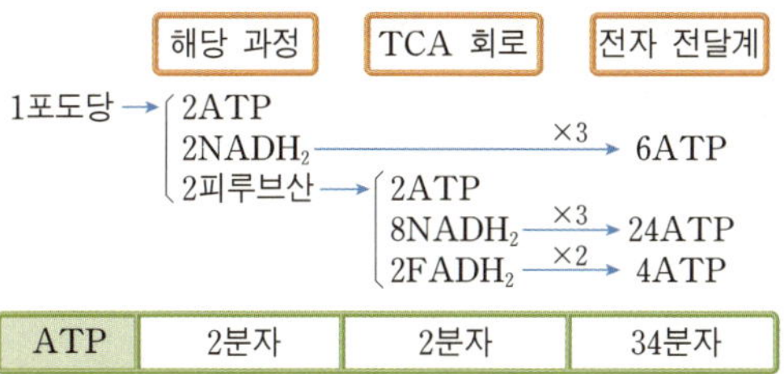

따라서 산소 호흡 과정으로 포도당 1분자에서 만들어지는 ATP는 해당 과정에서 2분자, TCA 회로를 통해 2분자, 전자 전달계를 통해 34분자가 만들어져 총 38분자가 생긴다.

엄밀히 말하면 해당 과정을 거치며 만들어진 2분자의 NADH$_2$가 전자 전달계를 거치기 위해 미토콘드리아 내부로 들어갈 때 2분자의 ATP가 소모되므로 포도당 1분자에서 만들어지는 ATP는 36분자라고 할 수 있다.

무산소 호흡

〔없을 무 無, 산소 산 酸, 바탕 소 素, 숨 내쉴 호 呼, 숨 들이쉴 흡 吸〕
anaerobic respiration

산소가 사용되지 않는 세포 호흡

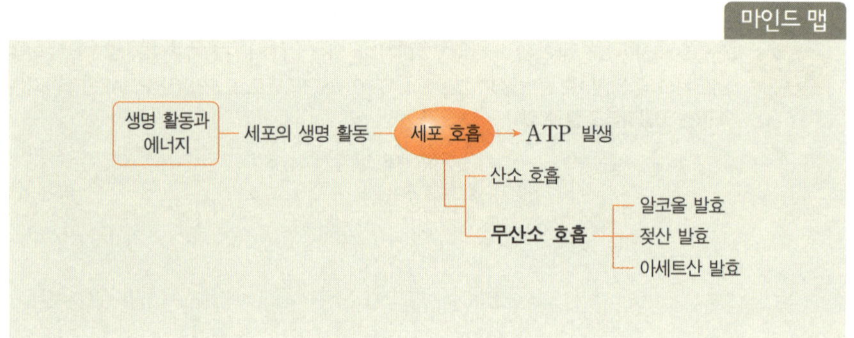

무산소 호흡은 산소 호흡과 달리 최종 전자 수용체로 산소를 사용하지 않고 산소 이외의 다른 물질산화제을 이용하여 호흡하는 원시적인 형태의 호흡이다.

무산소 호흡은 산소 호흡에 비해 에너지 생산 효율이 매우 낮다. 산소 호흡의 경우에는 포도당을 분해할 때 1분자의 포도당이 이산화탄소와 물로 완전히 산화되면 38분자의 ATP가 생성되지만, 무산소 호흡의 경우에는 산소 없이 일어나므로 유기물의 불완전 산화분해로 인해 중간 산물알코올(에탄올), 젖산 등이 생기며 이 과정에서 2분자의 ATP만 생성된다.

무산소 호흡의 예

무산소 호흡은 주로 미생물에 의해서 일어난다. 사람의 경우에는 급격한 근육 운동을 할 때 산소 공급이 원활하지 않으면 무산소 호흡이 일어나 에너지가 생성된다.

　발효와 부패는 모두 미생물이 산소 없이 유기물을 분해하는 과정이지만, 무
산소 호흡의 결과 남겨진 중간 산물이 우리에게 이로우면 '발효'라 하고 해로
우면 '부패'라고 한다.

① 알코올 발효

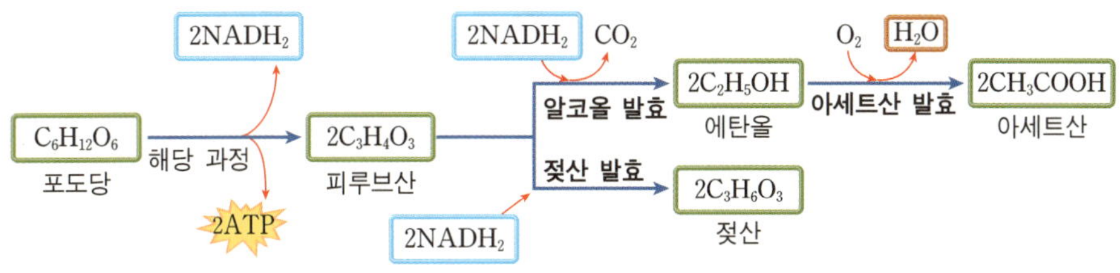

산소가 없는 상태에서 효모에 의하여 당류가 에탄올과 이산화탄소로 분해되
어 알코올을 생성하는 과정이다.

② 젖산 발효

젖산균이 산소가 없는 상태에서 해당 과정解糖過程만을 통해 포도당을 분해하
여 젖산 2분자와 ATP 2분자를 만드는 과정으로 알코올 발효와는 달리 이산화
탄소CO$_2$가 발생하지 않는다. 김치·젓갈·장류를 담그거나 치즈·요구르트와
같은 유제품을 만드는 데 이용되며 심한 근육 운동을 할 때에도 일어난다.

③ 아세트산 발효

산화 발효라고도 하며, 초산균이 산소를 이용하여 알코올 발효에서 생성되었
던 에탄올을 아세트산으로 산화시키는 과정이다. 식초를 만들 때에 쓰이고,
젖산이나 알코올 발효보다 많은 수의 ATP8분자가 생성되지만, 산소 호흡처럼
유기물을 완전 분해하지는 못하기 때문에 산소 호흡보다는 에너지 발생량이
훨씬 적다.

물리적 소화

〔만물 물 物, 다스릴 리 理, 과녁 적 的, 녹일 소 消, 화할 화 和〕　**physical digestion**

음식물을 혼합하고 기계적으로 잘게 부수는 행위

마인드 맵

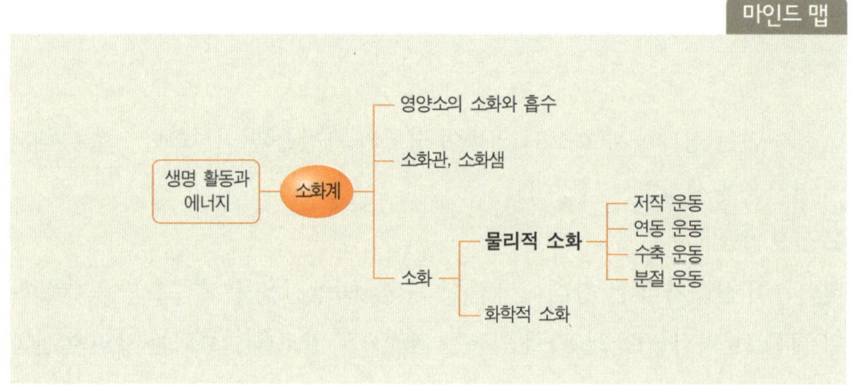

소화는 음식물 속의 영양소를 소장에서 흡수할 수 있는 작은 알갱이로 분해하는 과정으로, 물리적 소화와 화학적 소화의 두 과정이 있다. 화학적 소화가 주로 소화 효소에 의한 분해를 의미하는 데 비해 물리적 소화는 화학적 소화에 대응하는 말로 물리적인 힘을 통해 화학적 소화가 효율적으로 이루어지도록 돕는 과정이다. 즉 음식물을 물리적으로 작게 만들고 주로 화학적 소화보다 먼저 일어난다.

물리적 소화의 종류

물리적 소화는 기계적 소화라고도 하며, 입에서 치아에 의해 일어나는 저작 운동咀嚼運動: 씹는 운동, 식도 및 장의 연동 운동連動運動: 음식물을 보내기 위해 율동적이고 연속적으로 일어나는 운동, 위의 수축 운동收縮運動: 음식물과 위액을 잘 섞기 위해 근육이 오그라드는 운동, 위나 소장에서 일어나는 분절 운동分節運動: 음식물을 잘게 나누고 부수어 소화액과 잘 섞

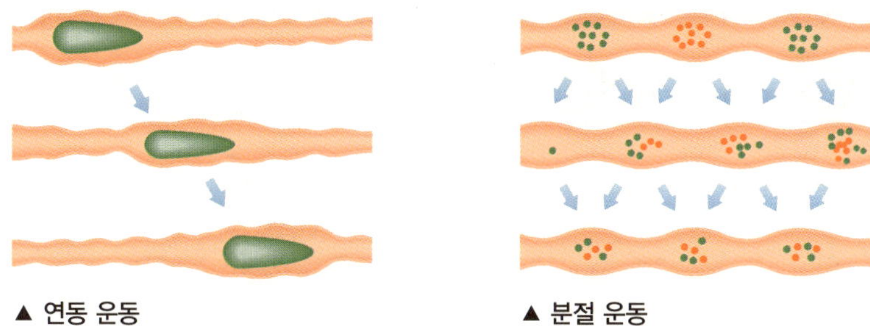

▲ 연동 운동　　　　▲ 분절 운동

는 운동을 통틀어 말한다. 이는 자율 신경의 지배하에 자율적으로 일어나는 현상이다.

물리적 소화의 필요성

물리적 소화는 효소의 작용으로 진행되는 화학적 소화를 돕기 위해서 소화 효소와 음식이 닿는 표면적을 최대한 넓게 하여 음식물이 빨리 소화되도록 하는 데에 필요하다. 사탕을 덩어리째 빨아 먹으면 매우 오랫동안 먹을 수 있으나 깨물어 조각을 내면 침에 의해 쉽게 소화되는 원리와 같다. 또 물에 각설탕을 넣는 것보다 잘게 부서진 가루 설탕을 넣으면 빠르게 녹는 현상과도 같다. 아래 그림의 (가)를 (나)와 같이 쪼개면 표면적이 훨씬 넓어져 물에 쉽게 녹는다. 따라서 물리적 소화를 통해 음식물을 잘게 쪼개면 소화 효소와 접촉하는 넓이가 넓어져 소화 속도가 훨씬 빨라지게 된다.

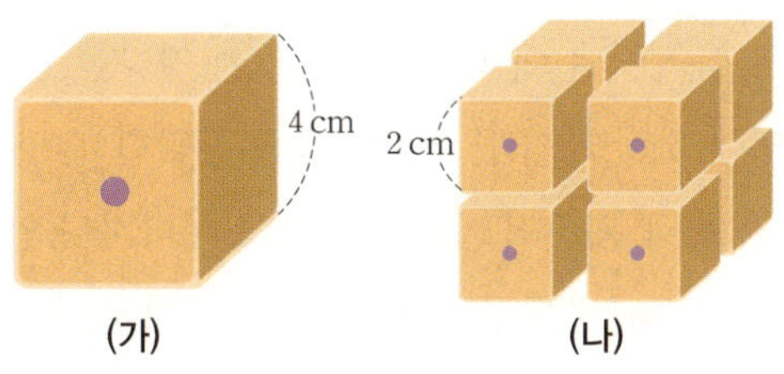

주제 **6**

화학적 소화

〔될 화 化, 배울 학 學, 과녁 적 的, 녹일 소 消, 화할 화 和〕　**chemical digestion**

소화 효소에 의해 소화 기관 안에서 영양소가 분해되는 현상

마인드 맵

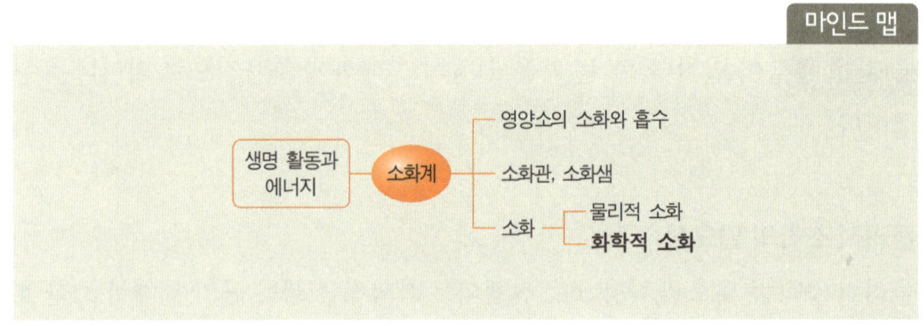

■**상피세포**(上皮細胞): 생물체의 몸 표면이나 내장 기관의 내부 표면을 덮고 있는 세포.

음식물 속의 단백질·녹말·지질 등의 영양소는 분자가 크고, 물에 잘 녹지 않는 성분도 있기 때문에 물리적인 소화가 진행된 이후라도 잘게 쪼개진 음식물이 소장의 융털 상피세포■에 들어가기가 쉽지 않으므로 소화 효소消化酵素에 의한 화학적 소화 과정이 반드시 필요하다.

화학적 소화는 침, 위액, 이자액, 창자액 등의 소화액에 들어 있는 소화 효소와 위의 염산, 쓸개에 저장되어 있는 쓸개즙 등의 보조 물질이 함께 작용하여 진행된다. 화학적 소화의 결과로 음식물은 아미노산, 포도당, 지방산, 글리세롤 등 아주 작은 분자로 분해되어 소장의 융털 상피세포를 통과한 후 혈액과 림프액을 통해 운반되어 심장을 통해 최종적으로는 각 세포 하나하나 안으로 흡수된다. 이처럼 세포 안으로 흡수된 영양소는 세포 호흡을 거쳐 에너지로 전환되며, 세포의 활동과 생명을 유지하는 데 사용된다.

영양소의 화학적 소화

① 탄수화물

다당류나 이당류는 효소 작용에 의해 포도당으로 최종 분해된다. 녹말은 아밀레이스▪에 의해 엿당으로, 엿당은 말테이스▪에 의해 포도당으로 분해된다.

② 단백질

펩신에 의해 폴리펩타이드로, 폴리펩타이드는 트립신에 의해 다이펩타이드 · 트리펩타이드로, 다시 펩티데이스에 의해 아미노산으로 최종 분해된다.

③ 지방

라이페이스lipase: 이자액 속 소화 효소에 의해 지방산과 글리세롤로 분해 · 흡수된다.

여러 가지 소화샘

소화샘은 소화액을 만들어 소화관으로 분비하는 샘으로 침샘, 위샘, 이자, 간, 창자샘 등이 있다.

① 침샘

입안으로 소화액인 침을 분비하는 샘이다. 침에는 아밀레이스라는 소화 효소가 들어 있다.

② 위샘

위벽 속에서 위액을 분비하는 소화샘이다. 위액은 하루에 평균 2L 정도를 분비한다. 위액에는 펩신과 염산이 들어 있다.

③ 이자

소장小腸으로 이자액을 분비한다. 이자액에는 아밀레이스, 말테이스, 트립신, 라이페이스 등의 여러 가지 효소가 들어 있다.

④ 간

쓸개즙을 만들어 쓸개에 저장하였다가 소장으로 분비한다. 쓸개즙에는 소화 효소가 들어 있지 않으나 지방 덩어리를 잘게 쪼개 소화 효소와의 접촉 면적을 넓혀 준다유화 작용.

⑤ 창자샘

소장에 있으며 창자액을 분비한다. 창자액에는 말테이스, 펩티데이스, 수크레이스sucrase, 락테이스lactase 등의 여러 가지 효소가 들어 있다.

소화 효소는 생물체 내의 화학 반응을 촉진시키는 촉매로 주성분이 단백질로 되어 있으며, 체온 정도의 온도에서 가장 활발히 작용하고(최적 온도), 열과 pH에 민감하다. 높은 온도에서는 단백질 형태가 변하는 변성이 일어나며, 각 효소마다 가장 활발히 작용할 수 있는 최적 pH가 다르다.

주제 **7**

심장 〔마음 심 心, 오장 장 臟〕
heart

근육의 수축과 이완을 통해 주기적으로 혈액을 온몸으로 순환시키는 기관

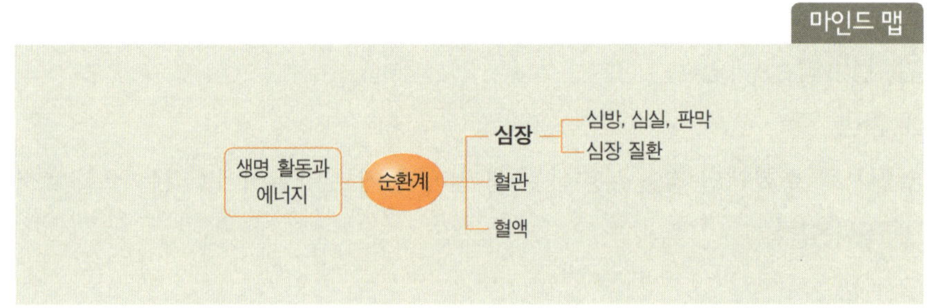

우리 몸의 피가 온몸을 돌 수 있도록 펌프 역할을 하는 순환계의 중심 기관으로, 왼쪽 가슴 아래에 있다. 심장은 좌우로 2개씩 총 4부분으로 나누어져 있는데 위쪽 2개의 방은 혈액을 받아들이는 장소로 '심방', 아래쪽 2개의 방은 혈액을 내보내는 장소로 '심실'이라고 한다. 심방과 심실 사이, 심실과 동맥 사이에는 '판막'이라는 얇은 막이 있어서 피가 거꾸로 흐르는 것역류(逆流)을 막는다. 심장은 주기적인 수축과 이완 작용을 반복하여 심장 안으로 들어온 혈액을 다시 내보냄으로써 혈액이 온몸을 순환할 수 있도록 해 준다.

심장은 고대로부터 생명과 동일한 의미로 인식되어 왔다. 심장이 뛰지 않으면 곧 사망을 의미했고, 이는 현대에도 변하지 않는 상식이다. 심장은 보통 어른 주먹만한 크기이고, 심장 근육▪으로 이루어져 있으며, 무게는 250∼350g 정도이다. 주된 역할은 산소와 영양분을 싣고 있는 혈액을 온몸에 흐르게 하는 것이다. 심장의 우심방 위쪽에 위치한 동방 결절이라는 부분에서 심장 근육의 주기적인 수축과 이완을 일으키는 전기 자극이 생성된다. 이러한 전기

▪**심장 근육**: 심장의 벽을 이루는 두꺼운 근육. 가로무늬 근이지만 의지와 관계없이 자율적으로 움직이는 불수의근으로 자율적·주기적으로 수축 운동을 한다.

적 자극을 통해 1분에 60~80회 정도 심장 근육이 수축한다. 심장의 왼쪽 부분은 산소와 영양분을 실은 신선한 혈액을 내보내는 역할체순환(體循環)을 하고, 오른쪽 부분은 각 장기를 순환하고 심장으로 들어오는 노폐물과 이산화탄소를 실은 혈액을 폐로 순환시켜 다시 산소를 받아들이게 하는 역할폐순환(肺循環)을 한다.

심장의 구조와 자극 전도계

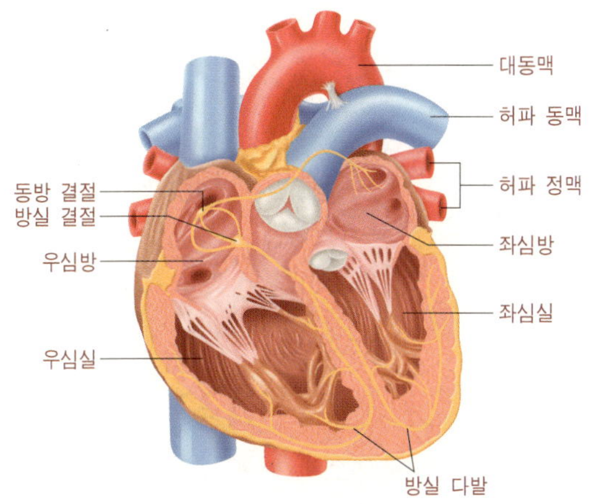

▲ 심장의 구조

피를 온몸이나 폐로 보내기 위해서는 심장 근육의 수축이 일어나야 하므로 심장에는 일정한 흥분을 심장 전체에 전달하는 특수한 기능이 필요하다. 특수한 기능은 심장 근육에서 이루어지는 것이 아니라 심장의 일부 정해진 부위에 특수 심근이 일정하게 배열되어 있어 이러한 흥분 전도 기능을 수행하고 있다. 이와 같은 흥분 전도 기능의 전체를 '자극 전도계'라고 한다.

*동방 결절

자극 전도의 발생이 시작되는 부위로 우심방의 벽에 존재하는 특수한 심장 섬유의 작은 집단이다. 이렇게 발생한 흥분은 우심방, 좌심방, 방실 결절로 전달된다.

*방실 결절, 방실 다발

방실 결절은 우심방의 바로 위에 위치한다. 방실 결절에서 시작된 굵은 섬유 다발을 방실 다발이라고 하는데, 방실 다발은 아래로 연장되면서 2개의 가지로 갈라진다.

*푸르키녜 섬유Purkinje's fiber

2개로 갈라진 방실 다발은 심실 사이막의 양쪽 벽을 따라 심장 끝까지 내려간 후 다시 가는 섬유 다발이 되어 심실 근육층의 내면에 그물처럼 분포한다. 이와 같이 심실에 분포되어 있는 망상(網狀)의 심근 섬유를 푸르키녜 섬유라고 한다.

이와 같이 동방 결절에서 시작된 흥분이 자극 전도계를 통하여 모든 심장의 근육을 수축시키며, 이러한 자극 전도계는 심장에서 작은 전류를 발생시켜 신체의 표면에까지 이르게 된다.

주제 **8**

심장 질환

〔마음 심 心, 오장 장 臟, 병 질 疾, 질병 환 患〕
a cardiac disorder

심장에 발생하는 병

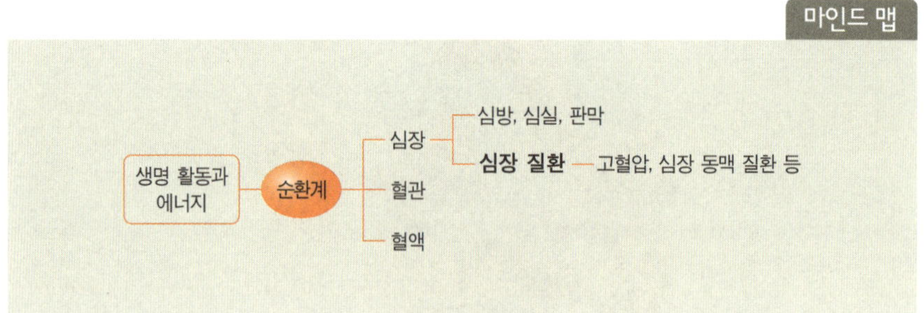

심장은 수축과 이완의 끊임없는 작용으로 혈액 순환을 통하여 온몸의 각 세포에 지속적으로 산소와 영양분을 공급해 준다.

'2010년 사망 원인 통계'에 따르면 1위인 암 다음으로 순환 계통 질환심장과 혈관에 관련된 질환이 우리나라 사람의 중요한 사망 원인으로 밝혀졌다. 식생활의 서구화와 경제 성장에 따라 심혈관 질환의 발병률이 지속적으로 증가되고 있는 추세로 남성은 55세 이상, 여성은 65세 이상에서 심장 질환으로 인한 사망률이 크게 증가하고 있다.

심장 질환의 위험 인자로는 연령, 성별, 고혈압, 고지혈증, 당뇨병, 흡연, 운동 부족, 비만 등이 있다. 심장 질환에는 고혈압, 심장에 피를 공급하는 심장 동맥이 좁아지거나 막혀서 생기는 협심증·심근 경색, 심장 내 전기 자극이 잘 만들어지지 못하여 심장 박동이 불규칙해지는 부정맥, 혈관에 기름이 끼고 혈관 벽이 딱딱해지는 동맥 경화증 등이 있다.

혈장 / 혈구

〔피 혈 血, 즙 장 漿〕　**blood plasma** /
〔피 혈 血, 공 구 球〕　**blood corpuscle**

혈액 속의 투명한 액체 /
혈액의 고형 성분으로 혈장 속에 떠다니는 세포

마인드 맵

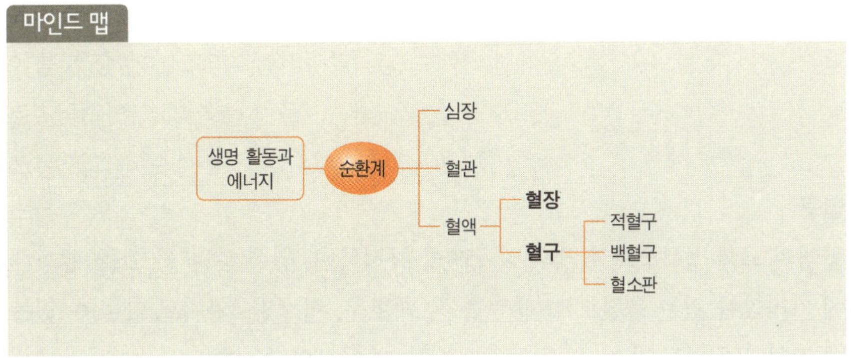

혈액을 원심 분리하거나 응고 방지제를 넣어 저온약 0℃에 방치해 두면 위쪽은 혈장으로, 아래쪽은 혈구 등의 고체 성분으로 나누어진다.

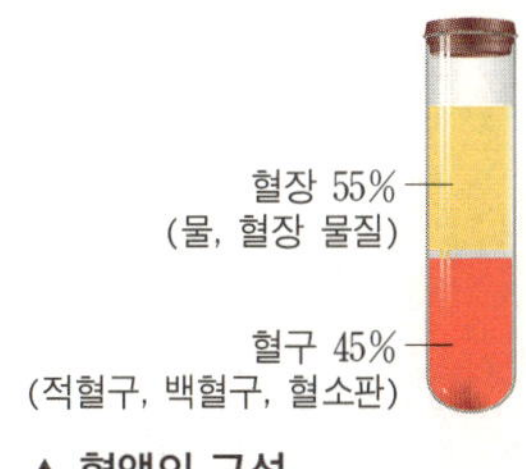

▲ 혈액의 구성

혈장

혈액의 담황색 투명한 중성 액체 성분으로 혈액의 약 55%를 차지한다. 혈장 성분은 대부분이 물로 물 91%, 혈장 단백질 7%, 지방 1%, 당질 0.1%, 기타 무기질 이온 0.9%로 이루어져 있다. 혈장은 혈액 응고에 관여하거나 산소 및 영양분, 노폐물 등을 운반하고 우리 몸의 삼투압을 조절하는 기능을 한다.

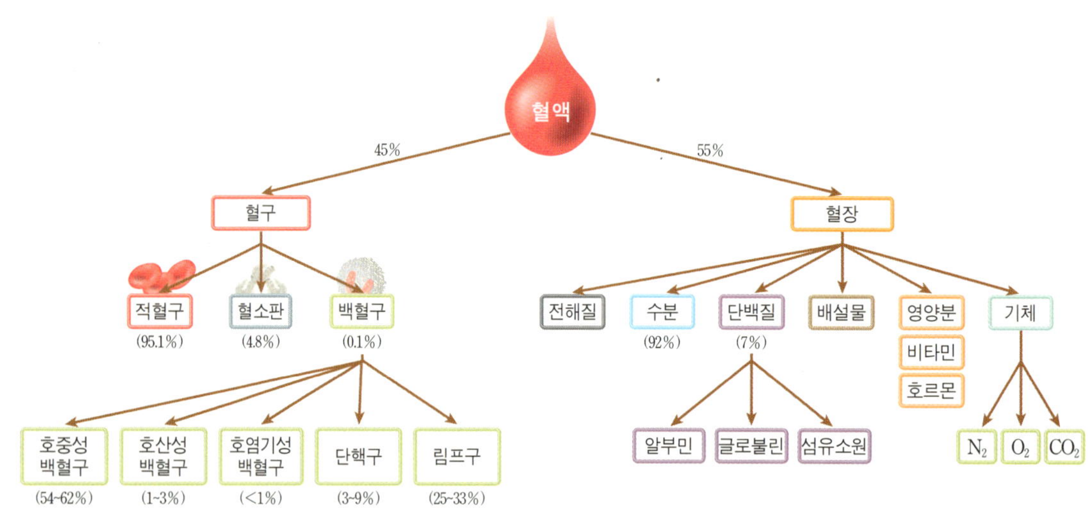

▲ 혈액의 구성 성분

혈구

혈액의 고체 성분으로 혈액의 약 45%를 차지하며, 원심 분리■를 했을 때 아래에 가라앉아 있는 물질로 크게 적혈구, 백혈구, 혈소판 3가지로 나눌 수 있는데 적혈구가 가장 많고, 다음으로 혈소판, 백혈구의 순이다.

① 적혈구

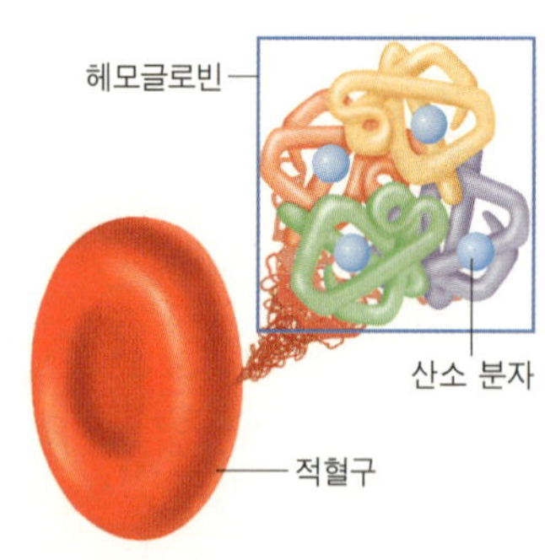

▲ 적혈구와 그 구성 성분인 헤모글로빈

가운데가 오목한 원반 모양의 핵이 없는 혈액 세포이다. 적혈구 속에는 헤모글로빈이라는 성분이 들어 있는데, 헤모글로빈의 가운데 구성 성분이 붉은색을 띠는 철이라서 적혈구의 색깔이 붉게 보인다.

적혈구 속에 있는 헤모글로빈은 산소가 많은 폐에서는 산소와 결합하고, 산소가 적은 근육 등의 조직 세포에서는 산소와 쉽게 분리됨으로써 산소를 폐에서 조직으로 운반하며, 반대로 조직 세포에서는 이산화탄소와 결합하여 이산화탄소를 조직에서 폐로 운반한다.

② 백혈구

무색투명하고 적혈구보다 크며 핵이 있는 세포이다. 모양이 불규칙하고 계속 변하는 이른바 아메바 운동을 통하여 움직이며, 몸 안에 들어온 세균을 잡아먹는 식균 작용을 한다. 따라서 몸에 세균이 침입하면 식균 작용을 하기 위해 백혈구 수가 증가하므로 혈액 검사 등을 통해 세균의 침입 여부를 확인할 수 있다. 또한 상처 난 부위나 종기 부위가 빨갛게 부어오르는 것은 백혈구가 많이 모여 세균을 잡아먹기 때문이다.

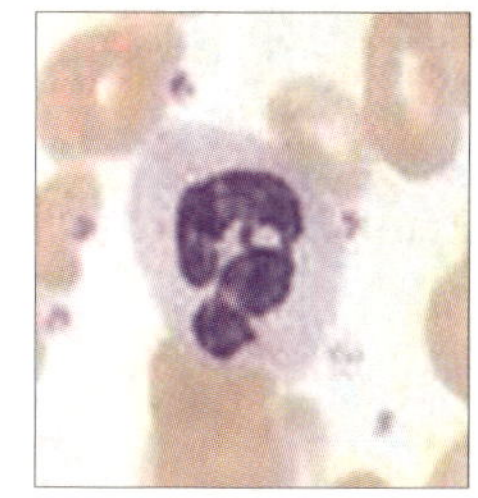

▲ 백혈구

③ 혈소판

핵이 없는 모양이 불규칙한 세포 조각이다. 혈소판의 기능은 출혈이 생기면 파괴되면서 혈액 응고 효소트롬보카이네이스가 나와 피브린 fibrin이라는 그물 모양의 물질을 만들어 상처 난 부위를 틀어막아 출혈을 막는 응고 작용을 한다.

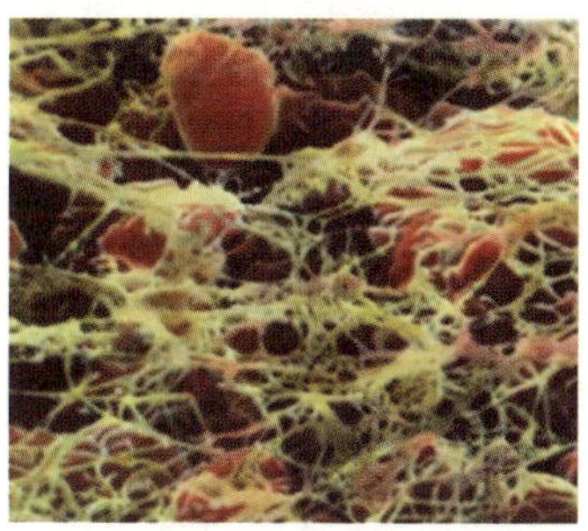

▲ 혈소판에 의해 생겨난 피브린 그물

Tip 적혈구 · 백혈구 · 혈소판의 비교

분류	적혈구	백혈구	혈소판
형태	중앙이 오목한 원반형	일정하지 않음	일정하지 않음
핵의 유무	없음	1~여러 개	없음
지름	7~8μm	12~25μm	2~3μm
개수 (㎣당)	남자 500만 개 여자 450만 개	6,000~8,000개	20만~30만 개
생성 장소	골수	골수, 림프절(림프구)	골수
파괴 장소	간, 지라	지라, 골수	지라
수명	약 120일	수일~20일	4~5일
주된 작용	산소 운반(헤모글로빈) 작용	식균 작용	혈액 응고 작용
참고	고산 지대 생활 → 수치 증가 빈혈증 → 수치 감소	세균 감염자 → 수치 증가	수치 감소 시 → 지혈이 잘 되지 않음

혈압 측정 〔피 혈 血, 누를 압 壓, 잴 측 測, 정할 정 定〕
blood pressure measurement

심장에서 혈액을 밀어낼 때 혈관 내에 생기는 압력을 재는 것

마인드 맵

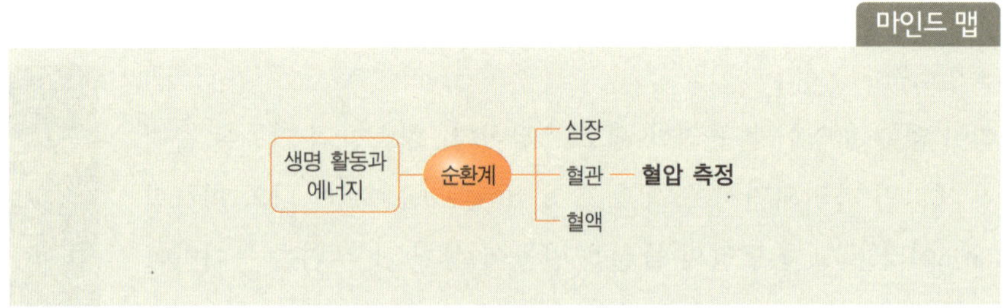

심장의 펌프 작용으로 심장에서 뿜어져 나온 혈액이 혈관 벽에 미치는 압력일반적으로는 동맥 혈압을 '혈압'이라고 하며 직접적·간접적으로 측정한다.

직접 측정법은 혈관 속에 주삿바늘이나 카테터catheter: 고무나 금속제의 가는 관를 삽입하여 헤파린heparin: 혈액 응고를 막는 물질 생리 식염수를 넣은 연결관을 통하여 압력계에 접속하여 혈압을 측정한다. 최근에는 카테터의 선단 부분에 소형 압력 센서를 장착한 카테터 선단 압력계가 있어서 그것을 사용할 수 있다.

간접 측정법은 일반적으로 수은 혈압계를 사용한다. 측정 방법은 팔 윗부분에 공기 자루커프(cuff)를 감고, 커프 끝 쪽의 동맥상에 소리 검출기를 놓고, 커프압壓을 최고 혈압 이상으로 올렸다 서서히 내리면 최고 혈압에 가까이 갔을 때 소리가 들린다. 또 커프압을 내리면 이 음은 감소되기 시작하여 최저 혈압 부근이 되면 없어진다. 최초로 박동음이 들리는 압력을 '수축기 혈압', 박동음이 사라지는 압력을 '확장기이완기 혈압'으로 한다. 최근에는 수은 혈압계의 원리를 이용한 디지털 자동 혈압 측정기를 많이 사용한다.

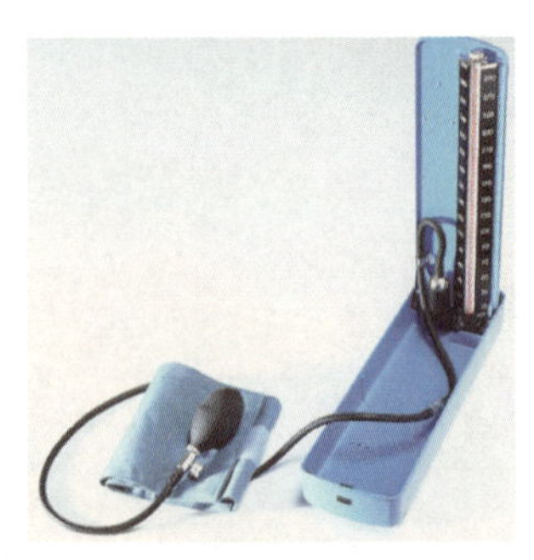

▲ 간접적 혈압 측정(수은 혈압계)

네프론 nephron
콩팥의 기본 단위

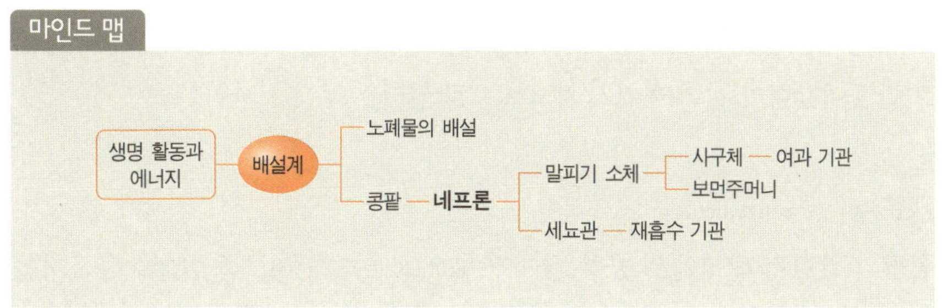

오줌을 만들어 내는 콩팥신장(腎臟)의 구조적·기능적 단위로, 사람의 경우에는 한쪽 신장에 약 100만 개의 네프론이 있다. 네프론은 혈액을 여과시켜 유용한 물질은 재흡수하여 혈액으로 돌리고 나머지는 오줌으로 몸 밖으로 내보낸다. 네프론은 한쪽은 막히고 다른 쪽은 열려 있는데 막힌 것은 겉

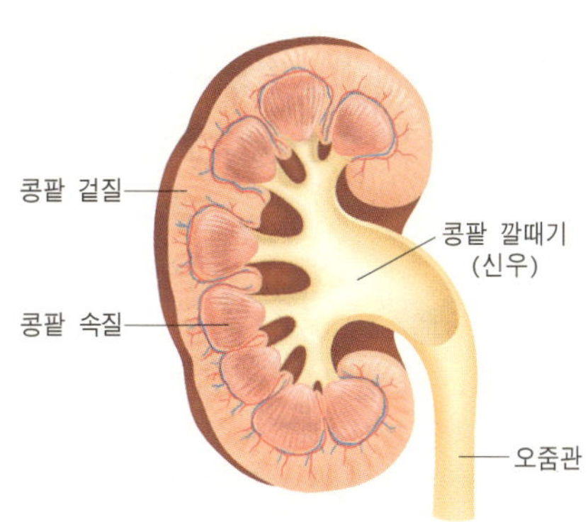

▲ 콩팥의 단면

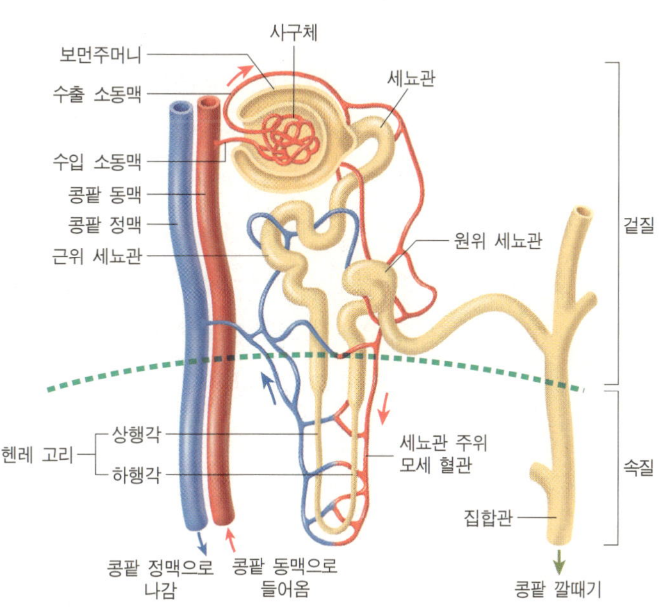

▲ 네프론의 구조

질 쪽이다. 네프론에는 주머니 모양의 보먼주머니Bowman's capsule가 있고 이 주머니 안은 모세 혈관이 모여 사구체를 구성한다. 네프론은 사구체, 보먼주머니로 이루어진 말피기 소체Malpighian corpuscle(小體)와 세뇨관으로 구성된다.

사구체絲球體 glomerulus

말피기 소체에 들어간 한 가닥의 수입 소동맥에서 실絲처럼 몇 가닥으로 갈라진 모세 혈관이 공球 모양의 구불구불한 덩어리로 된 것이다. 오줌은 사구체를 형성하는 동맥 부분에서 혈액이 여과되어 사구체를 둘러싼 보먼주머니 안으로 들어갔다가 걸러져 다시 세뇨관으로 간다.

세뇨관細尿管 renal tubule

콩팥의 말피기 소체에서 콩팥 깔대기오줌이 모이는 장소(신우)로 오줌尿을 유도하는 4~7cm 길이의 가느다란細 관管이다. 콩팥에서 일어나는 재흡수는 거의 세뇨관에서 이루어지는데 사구체에서 여과된 오줌이 방광으로 내려가는 도중에 우리 몸에 유용한 물질이 대부분 재흡수된다. 또한 세뇨관에서는 혈액 내에 있는 불필요한 물질을 오줌으로 이동시키는 분비 과정도 일어난다.

　세뇨관은 근위 세뇨관, 헨레 고리, 원위 세뇨관, 집합관의 4개 부위로 구분된다. 근위近位 세뇨관은 보먼주머니에 연결되는 부위로, 콩팥 겉질에서 속질 내부로 하행하여 헨레 고리와 연결된다. 헨레 고리Henle's loop는 머리핀 모양이며, 근위 세뇨관과 연결된 부위가 깊숙이 내려갔다가 고리를 형성한 후 콩팥 겉질 부위에서 원위 세뇨관에 이어진다. 원위遠位 세뇨관은 네프론의 사구체 부위까지 올라갔다가 함께 모여 집합관에 이어진다. 집합관集合管은 콩팥 겉질에서 속질 내로 이어져 내려가 콩팥 깔대기에 연결된 후 오줌관을 지나 방광에 연결된다.

오줌 생성 과정

배설 기관이 물질대사 결과 생긴 노폐물을 오줌으로 만드는 과정

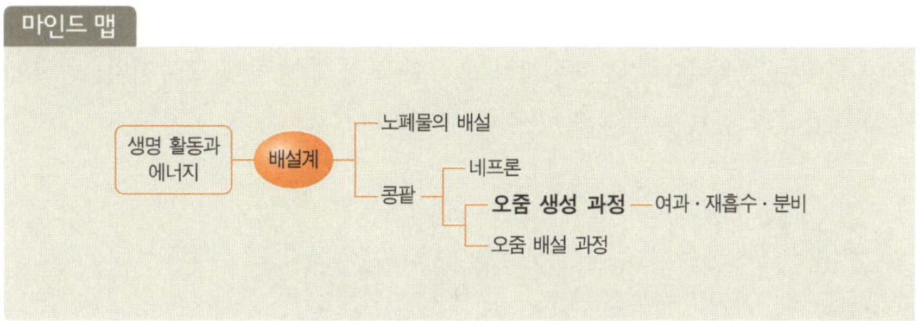

탄수화물과 지방이 소화되어 세포 호흡이 완료되면 이산화탄소와 물이 생겨나고, 단백질의 경우는 이산화탄소와 물 이외에도 암모니아NH_3가 생겨난다. 이러한 물질대사소화, 세포 호흡 등 결과로 생겨나는 물질들을 노폐물이라고 한다. 그중에서 이산화탄소는 폐에서 기체 교환을 통해 공기 중으로 배출된

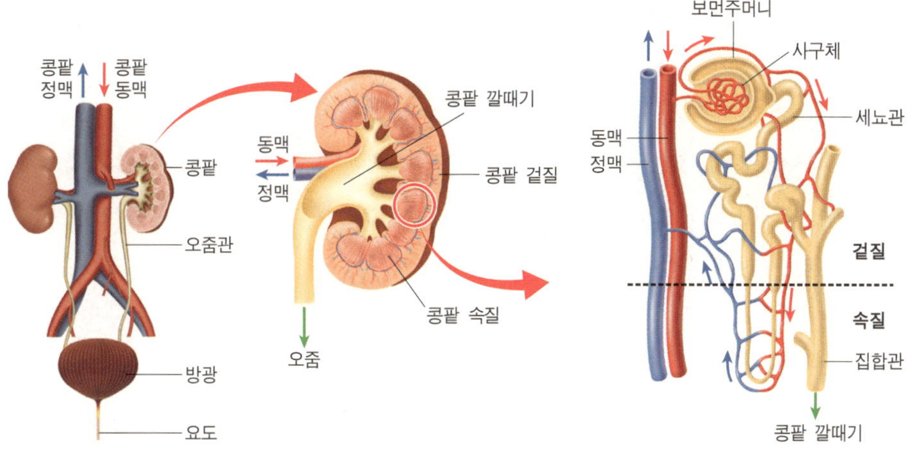

▲ **콩팥의 구조**

다. 또 물은 주로 콩팥에서 오줌으로, 땀샘에서 땀으로 배출되고 일부는 폐를
통해 수증기로 내보내진다. 암모니아의 일부는 땀으로 배출되고, 일부는 간
에서 독성이 약한 요소로 전환된 다음 콩팥을 통해 오줌으로 배출된다.

오줌의 생성과 배설 과정

우리 몸속의 혈액은 콩팥의 동맥을 통해 사구체에서 보먼주머니로 여과된다.
여과액 속의 유용한 물질은 세뇨관을 지나면서 모세 혈관으로 재흡수되고,
혈액에 남아 있던 노폐물은 세뇨관으로 분비된다. 이때 만들어진 오줌은 오
줌이 모이는 콩팥 깔때기신우를 지나 오줌관을 통해 방광에 모아진다. 방광에
모아진 오줌은 요도를 통해 몸 밖으로 배출된다.

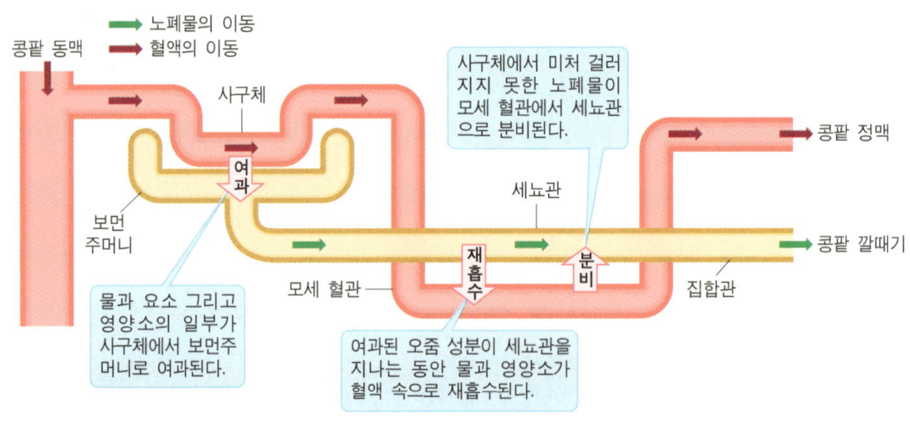

▲ 오줌의 생성 과정 모식도

① 여과 과정

사구체絲球體로 들어가는 혈관이 나가는 혈관보다 더 굵기 때문에 사구체 내부
의 혈압이 높아지고, 이러한 혈압 차이의 발생으로 사구체 속의 혈액이 바깥
으로 밀리게 된다. 이러한 힘을 받아 노폐물과 물, 포도당, 무기 염류 등 분자
량이 작은 것들이 모세 혈관을 빠져나와 보먼주머니로 여과된 물질을 원뇨原
尿라고 하는데, 원뇨에 포함되어 있는 물질은 포도당, 아미노산, 무기 염류,
요소, 물 등이다. 단백질이나 혈구, 지방과 같은 고분자 물질은 정상일 경우
에는 여과되지 않는다.

② 재흡수 과정

보먼주머니에서 걸러진 물질 중에서 우리 몸에 꼭 필요한 물, 포도당, 아미노산, 무기 염류 등은 세뇨관을 거치는 동안 모세 혈관으로 다시 흡수된다. 이때 에너지가 사용된다.

③ 분비 과정

아직 모세 혈관에 남아 있던 요소 등의 노폐물이 세뇨관으로 분비된다. 이때 에너지가 사용된다.

④ 배설 과정

콩팥 깔때기에 모인 오줌은 오줌관을 지나 방광에 모아지고 요도를 통해 몸 밖으로 배출된다.

당뇨병 〔엿 당 糖, 오줌 뇨 尿, 병 병 病〕
diabetes

인슐린 분비의 이상으로 혈액 속의 포도당 농도가 높아져
오줌으로 포도당이 빠져나가는 질환

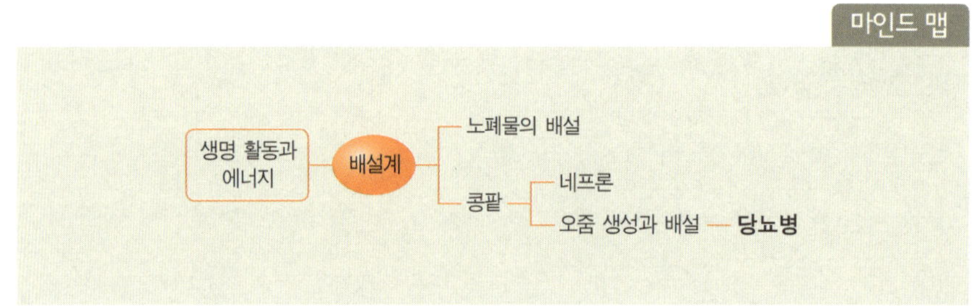

포도당은 음식물 중에서 탄수화물의 기본 구성 성분이다. 탄수화물은 입에서 엿당으로, 소장에서 포도당으로 소화 효소에 의해 소화된 후 혈액으로 흡수된다. 흡수된 포도당이 우리 몸의 세포들에서 이용되기 위해서는 인슐린 insulin이라는 호르몬이 반드시 필요하다. 인슐린은 췌장이자의 랑게르한스섬 Langerhans islets(이자섬)이라는 조직에서 분비되어 식사 후 올라간 혈당을 낮추는 기능을 한다. 즉 인슐린은 혈액 속의 당이 세포 안으로 이동되는 것을 촉진하고, 그러고도 남은 포도당은 간에서 글리코겐으로 전환하여 저장되도록 한다. 이때 인슐린이 모자라거나 인슐린 기능이 떨어지면 포도당이 혈액에 쌓여 오줌으로 나오게 되는데, 이러한 병적인 상태를 '당뇨병'이라고 한다.

당뇨병이 생기는 이유

당뇨병이 생기는 원인에는 여러 가지가 있으나 유전적 요인에 의한 경우가 많다. 부모가 모두 당뇨병일 경우 자녀에게 당뇨병이 생길 가능성은 30%이고, 한쪽 부모만 당뇨병일 경우는 15% 정도이다. 하지만 유전적 요인에 환경적

요인이 더해져 당뇨병이 나타나는 경우도 있다.

환경적 요인으로는 비만을 들 수 있다. 비만으로 인해 늘어난 세포 수는 몸 안의 인슐린 요구량을 증가시켜 췌장의 인슐린 분비 기능을 떨어뜨려 당뇨병을 생기게 한다. 이 밖에도 췌장 질환, 내분비 질환, 특정한 약물, 화학 물질, 인슐린 혹은 인슐린 수용체 이상 등으로 당뇨병이 생기는 경우가 있다.

당뇨병으로 나타나는 증상

당뇨병의 대표적인 3대 증상으로 '많이 한다'는 뜻에서 '다음多飮: 많이 마심, 다식多食: 많이 먹음, 다뇨多尿: 소변을 많이 봄'가 있다. 인슐린 이상으로 포도당이 빠져나가면서 다량의 물을 끌고 나가기 때문에 당뇨병이 생기면 소변을 많이 보게 되고, 이로 인해 수분 부족으로 갈증이 심해져 물을 많이 마시게 된다. 또한 에너지원인 탄수화물이 몸 밖으로 빠져나감에 따라 에너지원의 소실로 인한 배고픔 현상이 심해져 점점 더 음식물을 먹고 싶어지게 된다.

당뇨병의 종류
① 인슐린 의존형 당뇨병(제1형 당뇨병)
이자의 인슐린 분비 세포에 이상이 생겨 인슐린의 절대적인 결핍으로 발병하므로 고혈당 조절 및 케톤산증에 의한 사망을 방지하기 위해 반드시 인슐린 치료가 필요하다. 우리나라 당뇨병의 2% 미만으로 주로 소아에게서 발생하나 성인에게도 생길 수 있다.
② 인슐린 비의존형 당뇨병(제2형 당뇨병)
이자에서 인슐린은 정상적으로 분비되는데 간세포의 인슐린 수용체에 이상이 생겨 인슐린을 흡수하지 못함으로써 생기는 병이다. 우리나라 당뇨병의 대부분을 차지하는데 주로 40세 이후 발생하고 반수 이상이 과체중이나 비만증을 갖고 있다. 인슐린 의존형에 비해 발병했을 때 증세가 뚜렷하지 않고 가족력의 경향이 있다.
③ 임신성 당뇨병
임신 중 또는 임신 시작과 동시에 생긴 당 조절 이상으로 발병하는데, 대부분은 출산 후에 정상화된다. 하지만 임신 중에 혈당 조절의 범위가 정상치를 벗어나면 태아 사망률 및 선천성 기형이 될 비율이 높아지므로 주의가 필요하다.

주제 **14**

신경계 〔정신 신 神, 지날 경 經, 맬 계 系〕
nervous system

몸의 안과 밖에서 발생하는 모든 자극과 정보를 받아들이고
처리하여 개체의 행동을 통합하고 조절해 주는 기관계

마인드 맵

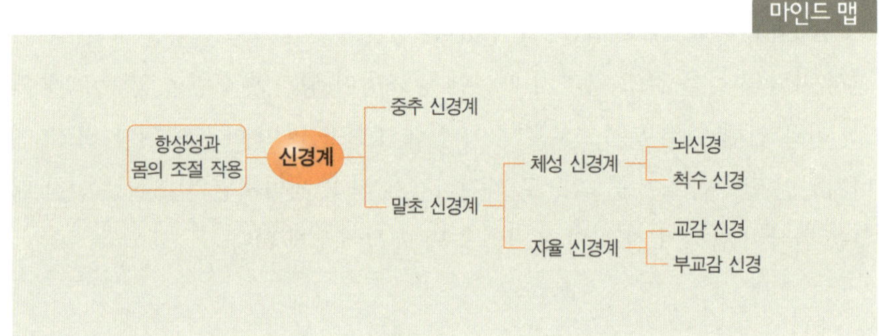

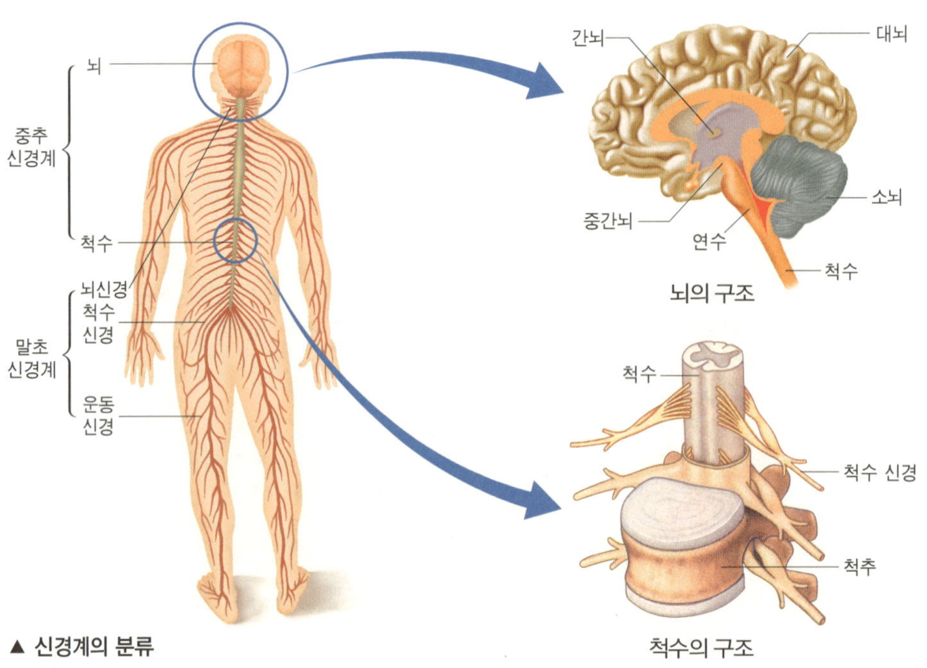

▲ 신경계의 분류

신경계는 내부 혹은 외부의 자극을 받아들여 다른 부위로 전달하고 반응을
일으키는 것과 관련된 기관계로, 신체 내외에서 발생한 각종 자극과 정보를
효과적으로 처리하기 위해 수십만 개의 뉴런들이 정교하게 연결되어 있다.

신경계의 구성

사람의 신경계는 뇌와 척수로 구성된 중추 신경계와 뇌 및 척수에서 나와 전
신에 분포하는 말초 신경계로 이루어져 있다.

중추 신경계는 자극 전달의 중심이 되는 곳으로, 수용한 자극을 통합하여
신체 각 기능을 통솔하는 역할을 한다. 말초 신경계는 외부 자극을 중추 신경
계로 전달하고, 중추 신경계의 명령을 근육이나 각 기관에 전달하는 역할을
한다. 말초 신경계는 뇌신경과 척수 신경으로 구성된 체성 신경계와 교감 신
경과 부교감 신경으로 구성된 자율 신경계로 이루어져 있다.

신경계의 기능

신경계는 상호 연결된 3가지의 기능을 갖는데, 체내외 환경을 감지하
는 '감각 입력sensory input 기능'과 감지된 정보를 처리하고 적절한 반응
을 하도록 결정하는 '통합integrative 기능', 그리고 결정된 반응이 나타
나도록 하는 '운동 출력motor output 기능'이 있다.

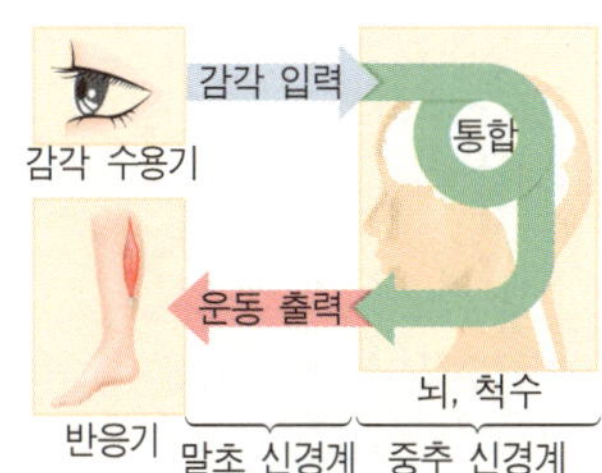

▲ 신경계의 기능 모식도

자극과 반응의 경로

신경계는 사고, 기억, 판단, 감각, 운동, 인
지, 대화, 행동, 인격을 관장하는 중추로서
환경의 변화를 수용하고 해석하고 반응하
여 신체와 정신을 통합하고 조절한다. 즉
신체 내외부에서 일어나는 여러 가지 자극
을 받아들이고, 정신 작용으로 자극에 적절
하게 반응하여 신체 여러 체계의 기능에 직
접적인 영향을 미친다자극 → 감각 수용기 → 감각
뉴런 → 연합 뉴런 → 운동 뉴런 → 반응기 → 반응.

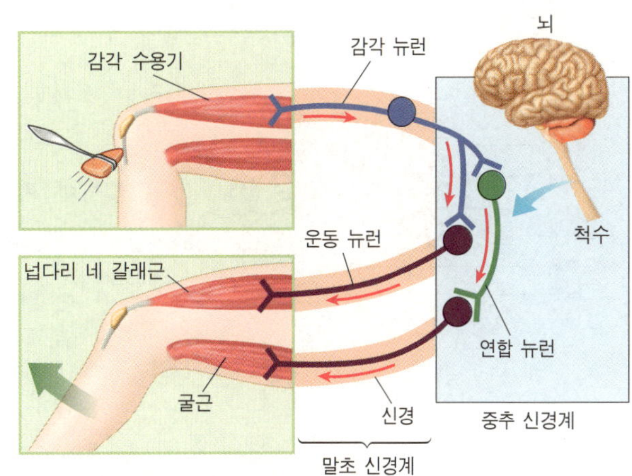

▲ 자극을 수용하고 반응하는 경로

주제 **15**

뇌 〔뇌 뇌 腦〕
brain

머리뼈(두개골) 안에 있고 신경세포가 모여 있으며 온몸의 신경을 지배하고 있는 기관

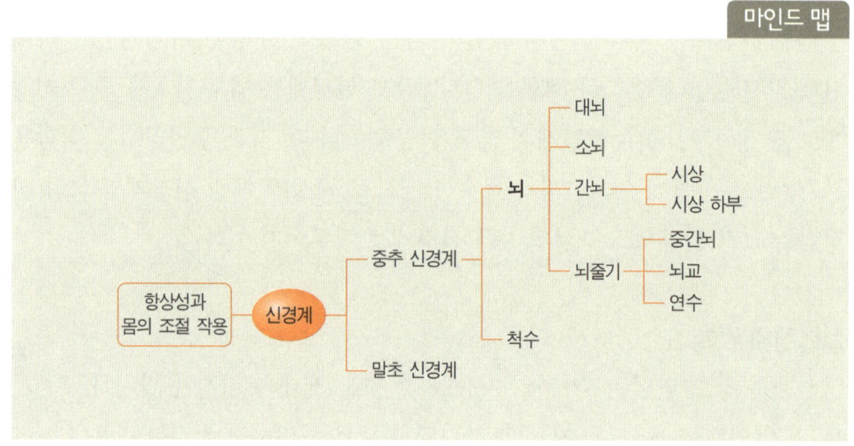

마인드 맵

■**뇌척수액**: 뇌에서 생성되어 뇌와 척수를 순환하는 무색투명한 액체로, 외부 충격에 대한 완충 작용을 하며 뇌와 척수를 순환하면서 호르몬과 노폐물 등을 운반한다.

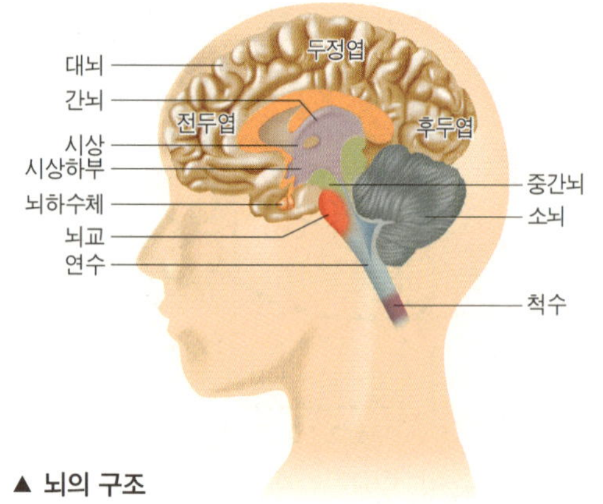

▲ 뇌의 구조

사람의 신경계는 중추 신경계와 말초 신경계로 이루어져 있는데, 중추 신경계는 외부 및 내부로부터 받은 자극을 종합·분석하여 판단하고 그에 대한 반응을 명령한다. 중추 신경계는 두개골에 싸여 있는 '뇌'와 척추뼈로 둘러싸여 있는 '척수'로 이루어져 있다.

뇌는 두개골과 뇌수막머리뼈 안에 뇌를 싸고 있는 얇은 껍질에 싸여 뇌척수액■ 속에 들어 있으며, 주로 신경세포뉴런와 신경 섬유로 구성되어 있다. 뇌의 평균 무게는 남성이 1,350~1,450g, 여성이 1,200~1,250g이다. 뇌는 물질대사가 매우 활발하여 산소 부족에 민감하고, 신경세포가 1,000억~수백억 개나 모여 있는 복잡한 구조로 되어 있으며, 대뇌, 소뇌, 간뇌, 뇌줄기로 이루어져 있다.

대뇌大腦 cerebrum

바깥에서 뇌를 볼 때 표면의 대부분을 차지하고 있는 것이 바로 대뇌이다. 무게는 뇌 전체의 약 80%를 이루고, 좌우 2개의 반구로 나누어져 있다. 뇌 표면에 꾸불꾸불한 주름 모양이 대뇌 겉질이며, 여기에는 뉴런이 가득 차 있다. 정보의 기억·추리·판단과 언어, 감정, 의지 등 정신 활동을 담당하는 중추로 대뇌 겉질의 각 부위는 감각령, 연합령, 운동령으로 구분된다.

소뇌小腦 cerebellum

대뇌의 뒤쪽 아래에 있다. 간접적으로 근육 운동이 능숙하고 원활하게 이루어지도록 조정하며, 몸의 자세와 균형을 유지·조절하는 중추적 역할을 한다.

간뇌間腦 사이뇌 diencephalon

대뇌 반구와 중간뇌 사이에 있으며, 시상과 시상 하부로 이루어져 있다. 시상視床은 몸 전체에서 후각 이외의 모든 감각을 전달하는 중계점이다. 즉 외부로부터 들어오는 모든 신호 체계를 받아 모아서 대뇌 겉질로 전달하는데, 순간적으로 느끼는 불쾌 감정은 대뇌 겉질에까지 닿지 않고 바로 시상에서 발생된다. 시상 하부視床下部는 자율 신경계나 내분비호르몬계의 조절 중추 역할을 하며, 체온 조절이나 물질대사에 관여한다.

뇌줄기 brain stem

중간뇌, 뇌교, 연수를 통틀어 뇌줄기라고 하며, 생명의 자리라고 할 만큼 호흡·심장 활동, 소화 기능 조절 등 생명 유지를 위한 모든 신경이 모여 있다.

- 중간뇌 mid brain, mesencephalon: 간뇌와 뇌교 사이에 있으며, 몸의 균형을 유지하고, 안구의 움직임과 동공의 크기 조절을 담당한다.
- 뇌교腦橋 pons: 소뇌와 대뇌 사이의 정보 전달을 중계한다.
- 연수延髓 medulla oblongata(숨골): 척수 바로 위쪽에 있으며, 심장 박동, 호흡 운동, 소화 운동과 소화액 분비 등의 기능을 조절하고 재채기나 기침과 같은 반사 운동의 중추이다.

뇌사와 식물인간의 차이는 무엇일까? '뇌사'는 대뇌뿐 아니라 뇌줄기까지 기능을 상실한 상태로, 살아가는 데에 최소한으로 필요한 뇌인 뇌줄기가 죽으면 곧 대뇌도 죽는다. '식물인간'은 대뇌의 기능이 멈추고 뇌줄기만 살아 있는 상태이다.

척수 〔등마루 척 脊, 골수 수 髓〕

spinal cord

뇌로부터 자극을 전달받거나 뇌로 자극을 전달하는 긴 관 모양의 신경 섬유 다발

마인드 맵

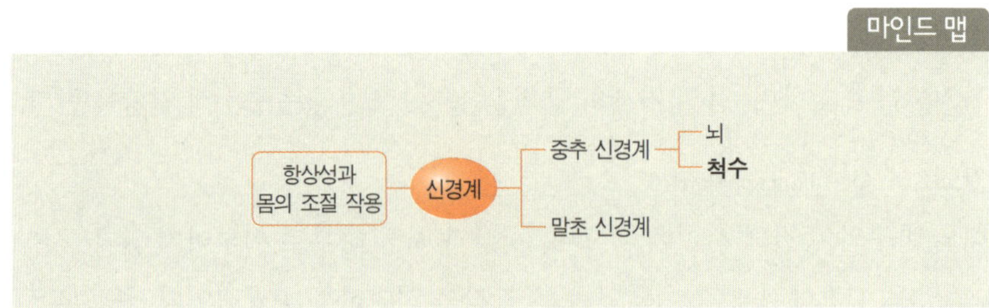

사람의 신경계는 중추 신경계와 말초 신경계로 이루어져 있으며, 중추 신경계는 외부 및 내부로부터 받은 자극을 종합·분석하여 판단하고 그에 대한 반응을 명령한다. 중추 신경계는 두개골에 싸여 있는 '뇌'와 척추뼈로 둘러싸여 있는 '척수'로 이루어져 있다.

척수는 발음이 유사하여 척추脊椎와 혼동될 수 있는데, 척추는 뼈를 말하고 척수는 그 뼈 안에 들어 있는 신경세포이다. 척수는 척추에 의해 보호받으며, 척추 내에는 감각 뉴런과 운동 뉴런이 모여 있다.

척수 단면의 구조

척수의 횡단면은 H자 모양의 회백질로 되어 있으며, 중앙 부위를 중심으로 회색질, 그 바깥쪽은 백질로 나뉜다. 회색질은 뇌와 마찬가지로 신경세포의 세포체가, 백질은 축삭axon 가지들이 모여 있다. H자 모양에서 몸의 뒷부분에 해당하는 곳으로는 감각 뉴런이 연결되어 있어 감각 수용기로부터 받은 외부 자극을 척수로 전달해 주며, 몸의 앞부분에 해당하는 곳으로는 운동 뉴런이 연결되어 있어 뇌나 척수의 명령을 반응기로 전달해 준다.

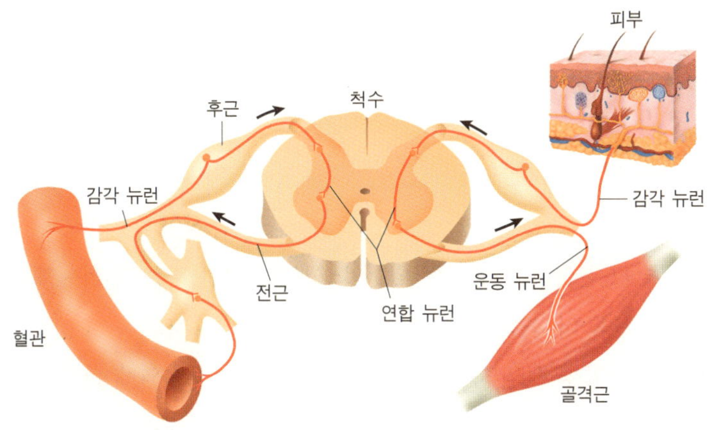

▲ 척수 단면도

척수는 뇌와 마찬가지로 3층의 수막에 둘러싸여 있고 그 사이 공간으로 뇌 척수액▪이 흐른다.

척수의 종류

척수에서는 일정한 간격으로 신경 다발이 뻗어 나온 척수 신경이 온몸으로 퍼진다. 이 신경 다발의 위치에 따라서 척수를 크게 다섯 부위로 나누는데 목 부분의 척수를 경수頸髓: 목 척수, 가슴 부분을 흉수胸髓: 가슴 척수, 허리 부분을 요수腰髓: 허리 척수, 그 아래를 천수薦髓: 엉치 척수 또는 선수仙髓, 가장 끝 부분을 꼬리라는 의미로 미수尾髓: 꼬리 척수라고 한다. 목 척수에서는 8쌍, 가슴 척수에서는 12쌍, 허리 척수에서는 5쌍, 엉치 척수에서는 5쌍, 꼬리 척수에서는 1쌍의 신경이 나오기 때문에 모두 31쌍의 신경척수 신경이 척수에서 나온다(체성 신경계 참조).

척수의 기능

척수의 가장 중요한 기능은 뇌와 온몸의 신경계를 잇는 역할이다. 말초 신경계에서 받아들이는 자극은 척수를 통해 뇌로 올라가고, 마찬가지로 뇌에서 보내는 운동 신호는 척수로 내려와서 말초 신경계로 보내진다자극 → 척수 → 뇌 → 척수 → 반응. 이렇게 척수가 있으면 척수가 없는 동물에 비해 훨씬 빠른 속도로 뇌의 신호를 전달할 수 있기 때문에 척추동물이 무척추동물에 비해서 중추 신경계가 크게 발달해 있다.

▪**뇌척수액**: 뇌에서 생성되어 뇌와 척수를 순환하는 무색투명한 액체로, 외부 충격에 대한 완충 작용을 하며 뇌와 척수를 순환하면서 호르몬과 노폐물 등을 운반한다.

척수는 이처럼 뇌와 말초 신경계를 이어 주는 역할 이외에도, 반사 작용을 제어하는 역할도 맡고 있다. 여러 가지 반사 작용은 대부분 동물의 생존과 직접적인 관계가 있기 때문에 빠른 반응 속도가 필요하므로 뇌를 거치지 않고 척수가 직접 제어한다. 예를 들어 뾰족한 것을 밟으면 그 자극이 척수에 전달되어 척수에서 다리를 드는 근육 반사를 만들어 근육을 움직이게 한다자극→척수→반사. 아래 그림과 같이 오른쪽 발바닥에 느껴진 자극은 빠르게 척수에 전달되고, 척수는 오른쪽 다리를 들고 왼쪽 다리로 몸을 지탱하도록 명령을 내린다. 뾰족한 것을 밟았을 때의 통증은 뇌로 전달되지만 뇌에 의해 판단된 후 발을 들면 시간이 오래 걸리므로 척수가 반사적으로 명령을 내린다.

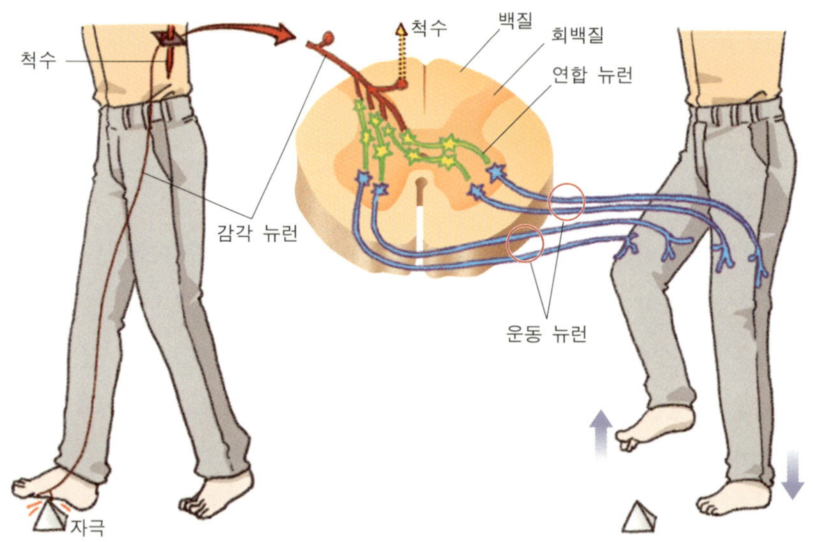

▲ 척수 반사의 경로

척수는 자율 신경계의 반사 작용에도 관여하고 교감 신경계와 부교감 신경계에 모두 작용하여 내장 기능, 항문 조임, 배변·배뇨 반사 등을 조절한다.

무조건 반사 / 조건 반사

〔없을 무 無, 가지 조 條, 조건 건 件, 되돌릴 반 反, 쏠 사 射〕 **unconditioned reflex /**
〔가지 조 條, 조건 건 件, 되돌릴 반 反, 쏠 사 射〕 **conditioned reflex**

특정 자극에 대해 선천적·무의식적으로 반응하는 반사 /
무의식적으로 반응하지만 후천적으로 학습에 의해 형성되는
반사

마인드 맵

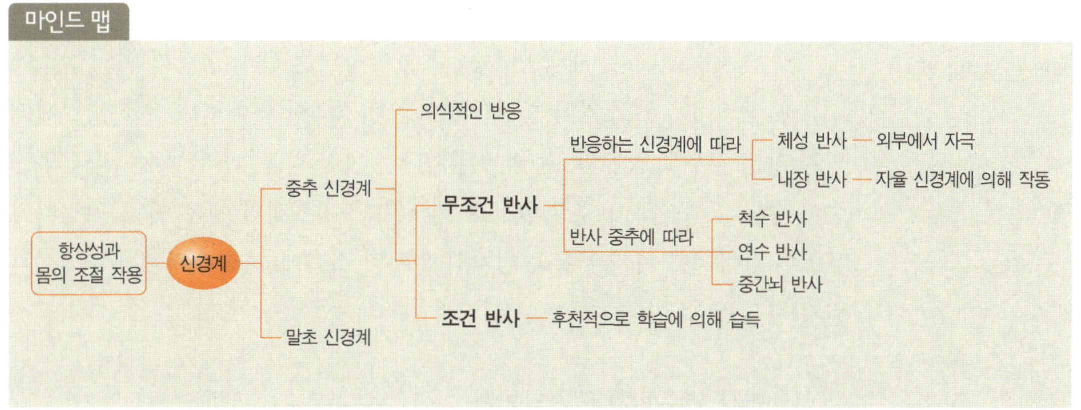

무조건 반사

동물이 갖고 태어나는 무의식적인 반응으로, 대뇌가 관여하지 않기 때문에
의식적으로 제어할 수 없지만 그만큼 빠른 속도로 작용할 수 있어 생물의 생
존에 직결되어 있는 반응과 관련이 깊다. 무조건 반사는 '자극 → 감각 기관
→ 감각 신경 → 반사 중추척수, 연수, 중간뇌 → 운동 신경 → 운동 기관 → 반응'의
순으로 즉각적으로 일어나며, 외부 자극에 대하여 신속하게 반응하므로 위험
으로부터 몸을 보호하는 역할을 한다.

① 체성 반사와 내장 반사

무조건 반사는 외부에서 자극이 주어졌을 때 체성 신경계뇌신경과 척수 신경가 반

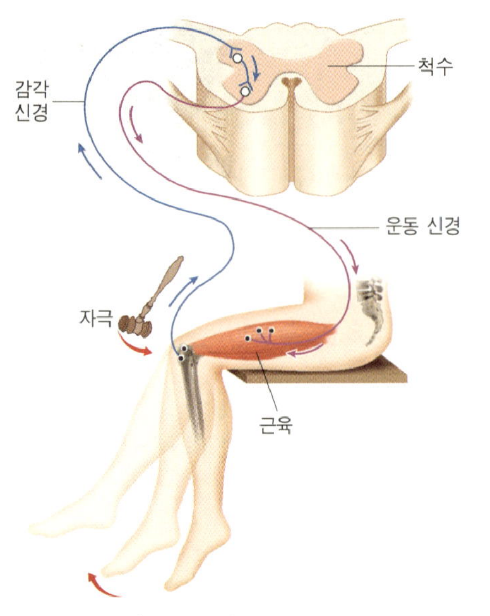

▲ 무릎 반사(척수 반사)

응하는 체성 반사와 자율 신경계에 의해 작동하는 내장 반사로 나눌 수 있다.

체성 반사는 어떠한 충격이나 자극으로 감각 뉴런과 운동 뉴런이 작용해서 근육이 작동하는 반사로 척수 반사와 연수 반사가 이에 속한다. 충격에 의해 골격근 운동무릎 반사 등이 나타나는 것은 척수가 관여하는 '척수 반사'이고, 연수가 관여하여 근육이 움직이거나 피부나 점막의 자극의 의해 일어나는 반응은 '연수 반사'이다.

내장 반사는 자율 신경계인 교감 신경계와 부교감 신경계에 의해 내장 기관이 반사적으로 조절되는 것을 말한다. 내장 반사는 체성 반사와는 달리 정확히 어느 장소에서 자극을 받아들이는지 정의하기 어려워 무조건 반사에 넣지 않는 경우도 많지만, 눈에서 일어나는 반사 작용중간뇌가 관여은 자극과 반응이 상당히 확실하며 내장 반사로 분류된다. 대표적인 예는 빛의 양에 따라 동공이 작아지고 커지는 동공 반사와 물체의 초점에 따라 수정체가 조절되는 반사 등을 들 수 있다.

② 척수 반사, 연수 반사, 중간뇌 반사

반사 작용을 중추 신경계의 어디에서 제어하느냐에 따라 척수 반사, 연수 반사, 중간뇌 반사로 나눌 수도 있다.

반사	반사 중추	무조건 반사의 예
척수 반사	척수	무릎 반사, 뜨거운 물체에 손이 닿았을 때 움츠러드는 것, 배변, 배뇨 등
연수 반사	연수	하품, 재채기, 딸꾹질, 침 분비, 구토, 눈물 분비 등
중간뇌 반사	중간뇌	홍채 조절(동공 반사)

조건 반사

동물이 선천적으로 갖고 있지 않으나 살아가는 동안 습득되는 반사, 즉 학습을 통해 형성되는 반사를 말한다. 특정한 자극에 대해 무의식적으로 반응하는 반사 중에서 선천적으로 자극과 반응이 서로 관계가 없음에도 불구하고 학습을 통해 자극이 주어졌을 때 반사적으로 반응이 일어나는 경우를 '조건 반사'라고 한다. 대표적인 예는 오렌지나 레몬과 같은 과일을 보았을 때 입안에 침이 고이는 것이다. 오렌지나 레몬을 전혀 먹어 본 적이 없는 경우에는 침이 고이지 않지만 먹어 본 경험이 있는 사람들은 이 과일들을 보기만 해도 침이 고이게 된다단. 오렌지나 레몬을 입에 넣었을 때 침이 나오는 것은 무조건 반사이다. 여기서 시각적으로 신 것을 보는 것과 침이 고이는 것은 선천적으로 아무 연관이 없으므로, 이러한 반사 작용을 조건 반사라고 한다.

조건 반사가 일어나기 위해서는 학습 능력이 반드시 필요하므로 무조건 반사의 경로와 지각의 경로가 결합하여 일어나며, 그 중간에 대뇌 겉질의 기능이 관여한다.

파블로프의 개 실험과 같이 종소리에 침을 흘리지 않는 개에게 식사 전에 종소리를 들려주고 먹이를 주는 것을 학습시키면 나중에는 종소리만 들려주어도 침을 흘리는 반응을 하게 된다. 또 어렸을 때 물에 빠진 적이 있는 사람은 나중에도 물을 무서워할 가능성이 있는데, 이것은 어렸을 때의 경험으로 공포를 느끼게 되는 것이다.

체성 신경계

〔몸 체 體, 성질 성 性, 정신 신 神, 지날 경 經, 맬 계 系〕　somatic nervous system

감각 기관과 중추 신경, 중추 신경과 운동 기관을 잇는 말초 신경 다발

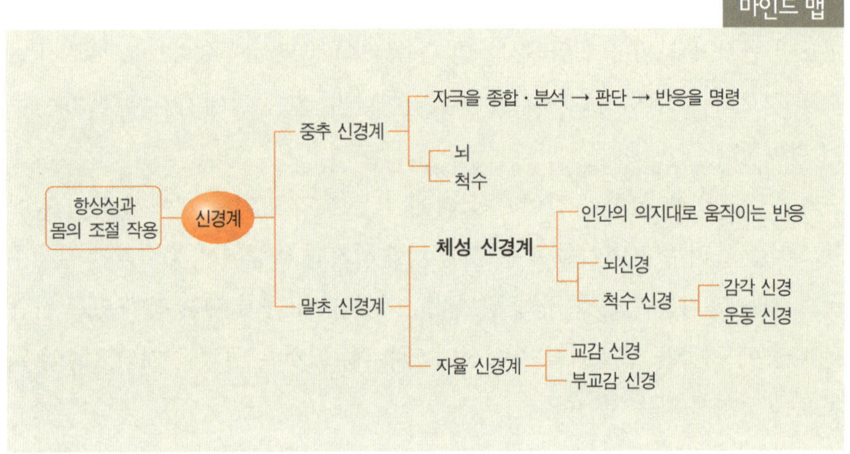

　사람의 신경계는 중추 신경계와 말초 신경계로 이루어져 있다. 그중에서 말초 신경계는 감각 기관에서 받아들인 자극을 중추 신경계에 전달하고 그에 따른 명령을 작용기에 전달한다. 말초 신경계는 기능에 따라 체성 신경계와 자율 신경계로 나눌 수 있다.

　체성 신경계는 전신에 분포되어 있으며 신체의 표면과 골격근, 각종 내부 장기로부터 주어지는 감각을 중추 신경계로 전달하고, 중추 신경의 운동 자극을 다시 이들에게 전달하는 통로 기관이다. 즉 체성 신경계는 인체의 움직임을 조정하고 외부 자극을 받아들이며, 의지대로 이들을 조율한다.

　체성 신경계는 12쌍의 뇌신경과 31쌍의 척수 신경으로 구성되어 있다.

뇌신경

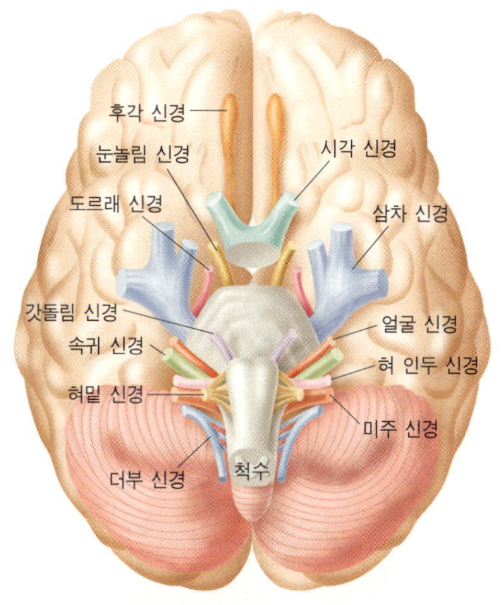

▲ 아래에서 올려다본 뇌의 모습

척추동물에서 뇌와 가슴 부분 근육 및 감각 기관을 직접 연결해 주는 12쌍의 말초 신경이다. 뇌신경은 뇌에서 직접 갈라져 나와 각 기관에 분포하며 감각 신경 또는 운동 신경으로만 구성되어 있거나 2가지가 섞여 있다.

척수 신경

척수와 신체의 각 부분을 연결하는 굵은 신경 섬유 다발로 감각 신경과 운동 신경, 자율 신경 일부가 하나의 다발을 이루는 혼합 신경 체계이다. 이 중에서 운동 신경은 원심성遠心性으로 흥분을 중추에서 말단골격근으로 전달하여 근육 운동을 일으키고, 감각 신경은 구심성求心性으로 흥분을 말단감각기에서 중추로 전달하여 감각을 일으킨다.

　척수 신경은 해부학적으로는 척수의 다섯 부위에서 목 신경, 가슴 신경, 허리 신경, 엉치 신경, 꼬리 신경이 나오는데 모두 31쌍이다.

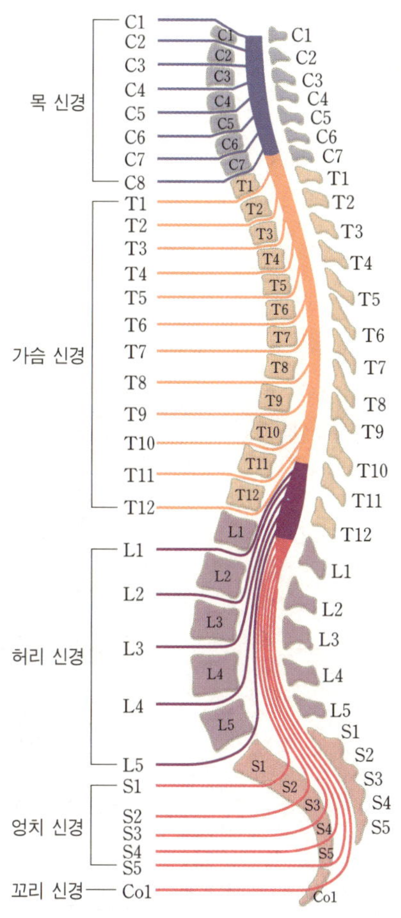

▲ 척수에서 뻗어 나온 척수 신경

주제 **19**

자율 신경계

〔스스로 자 自, 법 율 律, 정신 신 神, 지날 경 經, 맬 계 系〕
autonomic nervous system

대뇌의 조절 없이도 신체의 여러 장기와 조직의 기능을 독자
적으로 조절하는 말초 신경 다발

마인드 맵

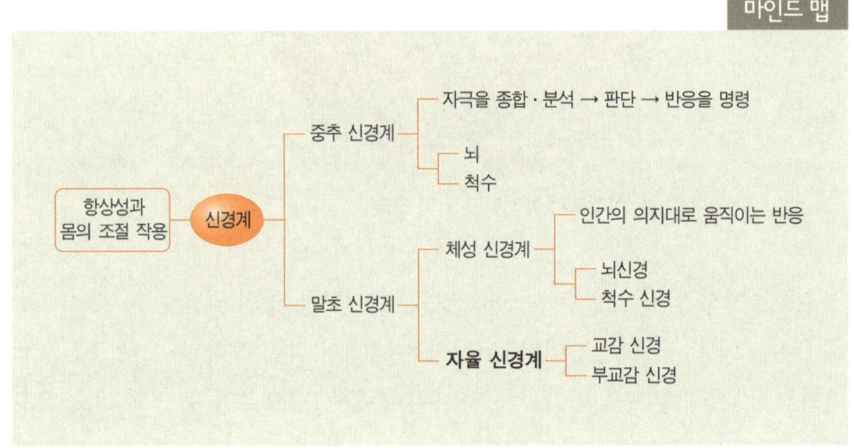

사람의 신경계는 중추 신경계와 말초 신경계로 이루어져 있다. 그중에서 말초 신경계는 감각 기관에서 받아들인 자극을 중추 신경계에 전달하고 그에 따른 명령을 작용기에 전달한다. 말초 신경계는 기능에 따라 체성 신경계와 자율 신경계로 나눌 수 있다.

자율 신경계는 대뇌의 조절 없이도 독자적으로 작용이 가능하며, 운동 신경으로 되어 있고 신체 전체에 광범위하게 퍼져 있다. 자율 신경계의 중추는 간뇌, 연수, 척수이고 그 말단이 각종 내장과 혈관에 분포되어 있다. 자율 신경계는 길항 작용■으로 서로 평형을 유지하는 교감 신경과 부교감 신경으로 이루어져 있다.

■ **길항**(拮抗) **작용**: 상반되는 2가지 요인이 동시에 작용하여 그 효과를 서로 상쇄시키는 작용.

교감 신경은 척수 중간 부분에서 나와 각 내장 기관에 넓게 분포하고, 부교감 신경은 중간뇌와 연수·척수 꼬리 부분에서 나와 각 내장 기관에 분포한다.

교감 신경은 위험에 대처하는 반응과 관련이 있어 동공 확장, 심장 박동 촉진, 혈압 상승 등의 작용으로 외부 자극에 민감해지게 한다. 부교감 신경은 이와 반대로 휴식을 취하고 긴장을 푸는 반응과 관련이 있어 동공 축소, 심장 박동 완화, 혈관 이완, 소화 기관 자극 등의 조절 작용을 한다.

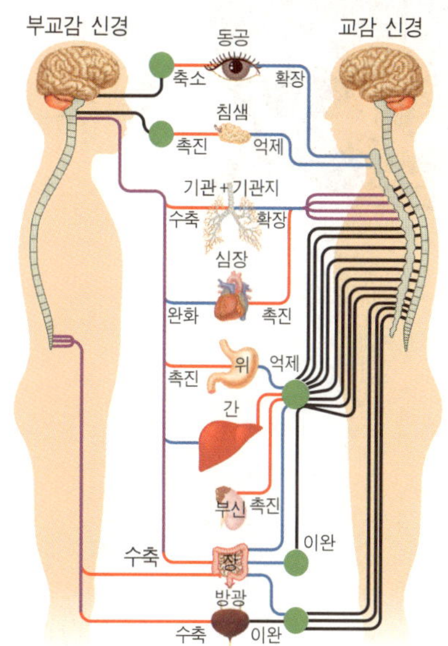

▲자율 신경 모식도

뉴런의 길이와 뉴런 말단의 분비물

자율 신경계는 중추에서 나온 신경 섬유가 신경절■에서 다른 뉴런과 시냅스■를 형성하기 때문에 신경절 이전 뉴런중추에서 신경절까지의 뉴런과 신경절 이후 뉴런신경절에서 반응기까지의 뉴런으로 나뉘어 있으며, 신경절 이후 뉴런에 의해 반응 기관까지 이어진다. 교감 신경은 신경절 이전 뉴런이 짧고, 부교감 신경은 신경절 이전 뉴런이 길다.

자율 신경의 조절은 신경절 이후 뉴런의 말단에서 분비되는 화학 물질에 의해 이루어지는데, 교감 신경의 말단에서는 노르아드레날린노르에피네프린이 분비되고, 부교감 신경의 말단에서는 아세틸콜린이 분비된다. 그러나 교감 신경과 부교감 신경의 신경절 이전 뉴런의 말단에서 분비되는 화학 물질은 아세틸콜린으로 서로 같다.

■ **신경절**(神經節): 말초 신경계를 구성하는 요소로, 뉴런의 집합체.

■ **시냅스**(synapse): 한 뉴런의 축삭 돌기 말단과 다른 뉴런의 가지 돌기나 신경세포가 20nm 정도의 틈을 두고 접속해 있는 부분.

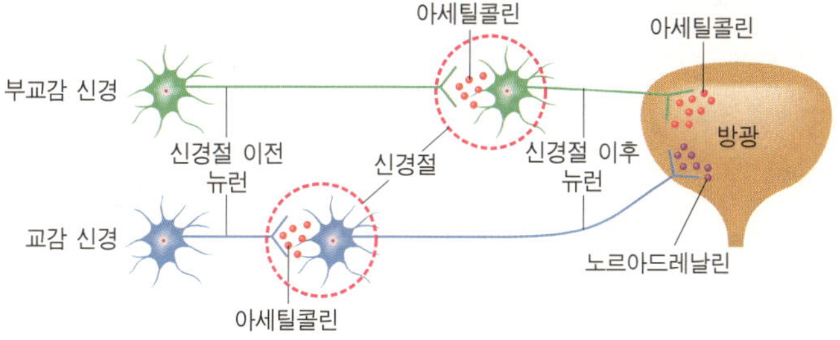

▲ 자율 신경의 조절

뉴런 neuron

신경계를 이루는 구조적·기능적 기본 단위인 신경세포

마인드 맵

항상성과 몸의 조절 작용 — 신경계 — **뉴런**
- 신경계의 단위
- 구조
  - 신경세포체 — 핵
  - 가지 돌기
  - 축삭 돌기
    - 말이집 신경 — 축삭, 말이집, 슈반세포, 랑비에 결절
    - 민말이집 신경 — 축삭
- 기능적 분류

신경계를 이루는 구조적·기능적 기본 단위가 되는 세포를 '뉴런'이라고 한다. 서로 연결된 신경세포들은 자극을 전도·전달하고 이러한 연결의 집합적인 활동을 통해 감각, 운동, 사고 등의 복잡한 생명 활동이 이루어진다.

뉴런의 구조

신경세포의 세포체와 그 돌기인 가지 돌기·축삭 돌기를 통틀어 뉴런이라고

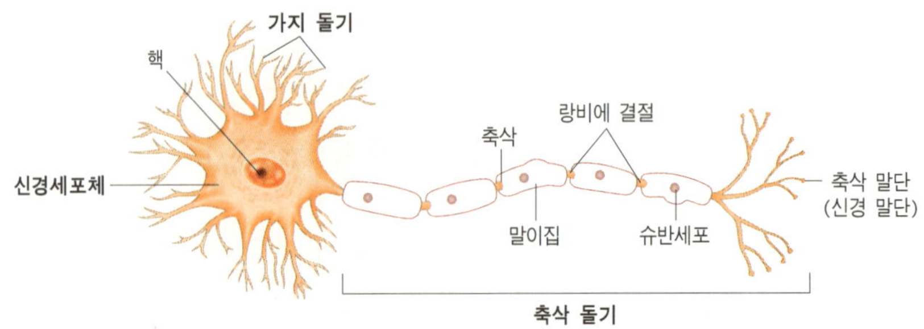

▲ 뉴런의 구조

한다.

　신경세포체nerve cell body는 핵과 대부분의 세포질이 모여 있는 부분이다.

　가지 돌기dendrite는 신경세포체 주위에 세포질 여러 개가 나뭇가지처럼 뻗은 돌출부로, 다른 세포로부터 자극 또는 신호를 받아들이는 작용을 한다.

　축삭 돌기軸索突起 axon는 신경세포체에서 길게 뻗어 나온 돌기로, 다른 세포에 신호를 전달하는 역할을 한다. 축삭 돌기의 중심에는 축삭이 있고, 축삭을 말이집myelin sheath이 싸고 그 위를 슈반세포Schwann's cell가 여러 겹으로 감싸고 있다. 이처럼 축삭이 말이집으로 싸여 있는 신경을 '말이집 신경'이라고 한다. 말이집 신경의 축삭 돌기 중간중간에 말이집 없이 축삭이 노출된 잘록한 부분이 있는데, 이를 '랑비에 결절node of Ranvier'이라고 한다.

　뉴런에는 감각세포에서 중추로 정보를 전하는 '감각 뉴런', 중추 신경에서 몸의 말단으로 정보를 전달해 근육을 수축시키는 '운동 뉴런', 감각 뉴런과 운동 뉴런을 중개하는 '연합 뉴런'이 있다.

　뉴런은 감각세포들이 자극을 받았을 경우 받아들인 자극을 전기 신호로 전환하고 다른 세포에게 그 정보를 전달한다. 이 신호 전달은 뉴런 내에서는 전기 신호를 전도하는 것으로 이루어지며, 뉴런과 뉴런 사이에서는 시냅스를 통해 화학 물질을 분비하는 것으로 이루어진다.

말이집 신경 / 민말이집 신경

medullated nerve / non-myelinated nerve

말이집에 싸여 있는 신경 / 말이집에 싸여 있지 않은 신경

말이집 신경

신경계를 이루는 기본 단위세포인 뉴런은 신경세포체와 가지 돌기, 축삭 돌기로 구성되어 있다. 신경세포체에서 나온 축삭 돌기의 중심에 있는 축삭이 말이집에 싸여 있는 신경을 '말이집 신경유수 신경'이라고 한다. 말이집 신경의

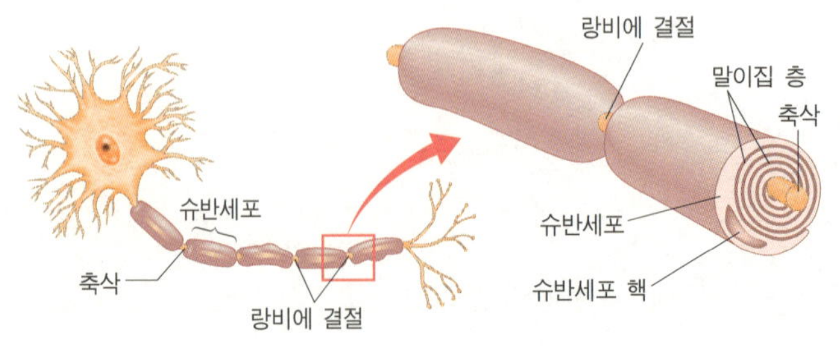

▲ 말이집 신경

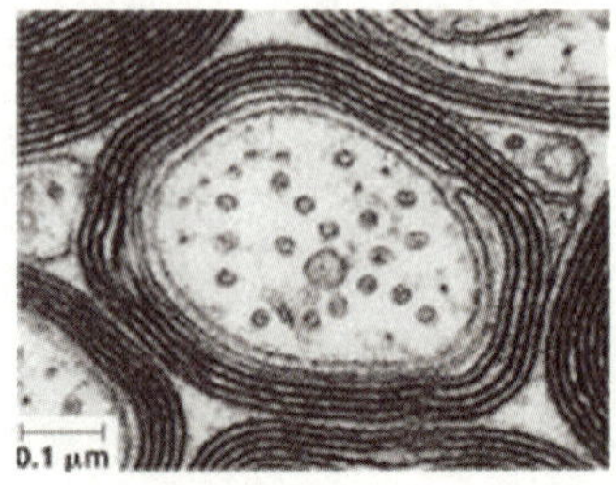

길이는 긴 것은 1m 이상이며, 두께는 축삭의 굵기에 정비례한다.

　말이집 신경의 축삭 돌기 중간중간에는 말이집 없이 축삭이 노출된 잘록한 부분이 있는데, 이를 '랑비에 결절node of Ranvier'이라고 한다. 말이집은 미엘린 myelin이라는 물질로 이루어져 있으며 축삭을 보호한다. 또한 전기를 통하지 않게 하여 흥분 전도가 말이집과 말이집 사이의 랑비에 결절을 통하여 점프하듯 일어나게 한다. 이 때문에 말이집 신경의 흥분 전도 속도는 민말이집 신경에 비해 5~6배가량 빠르다. 흥분 전도의 속도는 축삭의 지름에 정비례하여 굵은 것은 초속 100m, 가는 것은 2~3cm이다.

민말이집 신경

뉴런의 축삭 돌기가 말이집에 싸여 있지 않은 신경을 '민말이집 신경무수 신경'이라고 한다. 민말이집 신경은 말이집으로 싸여 있지 않은 가느다란 축삭으로 이루어져 있다.

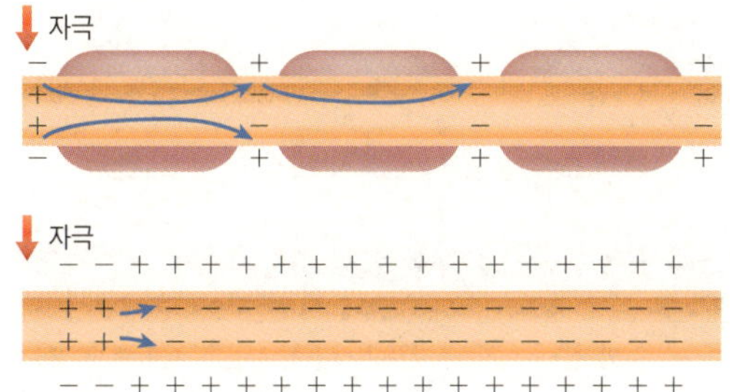

▲ 말이집 신경(위)과 민말이집 신경(아래)의 흥분 전도 비교

감각 뉴런/운동 뉴런/연합 뉴런

〔느낄 감 感, 깨달을 각 覺, —〕　sensory neuron /
〔움직일 운 運, 움직일 동 動, —〕　motor neuron /
〔잇닿을 연 聯, 합할 합 合, —〕　interneuron

감각 기관에서 받아들인 정보를 중추 신경계에 전달하는 뉴런 /
중추 신경으로부터 전달된 흥분을 반응기로 전달하는 뉴런 /
감각 뉴런과 운동 뉴런을 연결하는 뉴런

마인드 맵

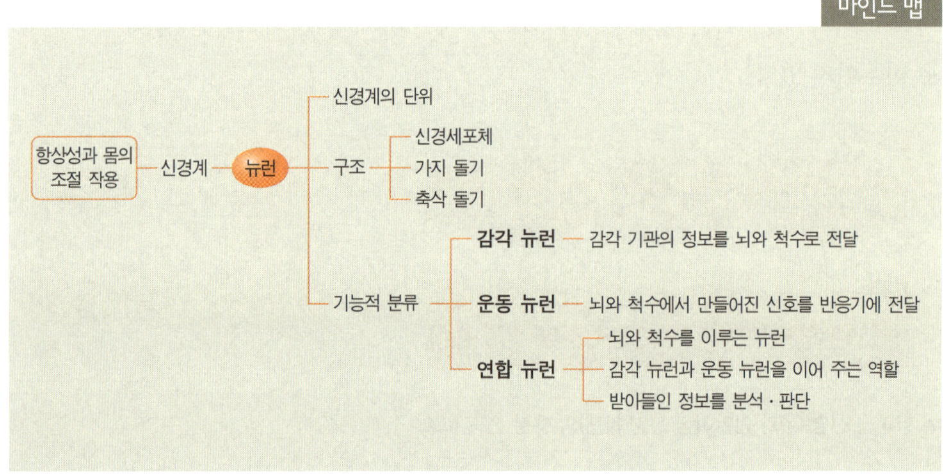

감각 뉴런

감각 기관에서 받아들인 정보를 중추 신경계인 뇌와 척수로 전달하는 뉴런이
다. 영상, 소리, 냄새, 감촉, 맛 등과 같은 감각 자극이 감각 기관손, 피부, 눈, 귀, 혀,
코 등에 주어지면 감각 기관은 전기 신호수용기 전위(受容器電位 receptor potential)를 발
생시켜 감각 뉴런을 통해 중추 신경계로 그 신호를 전달하는데, 중추 신경은
이 정보를 받아들여 어떻게 반응할지를 결정한다.

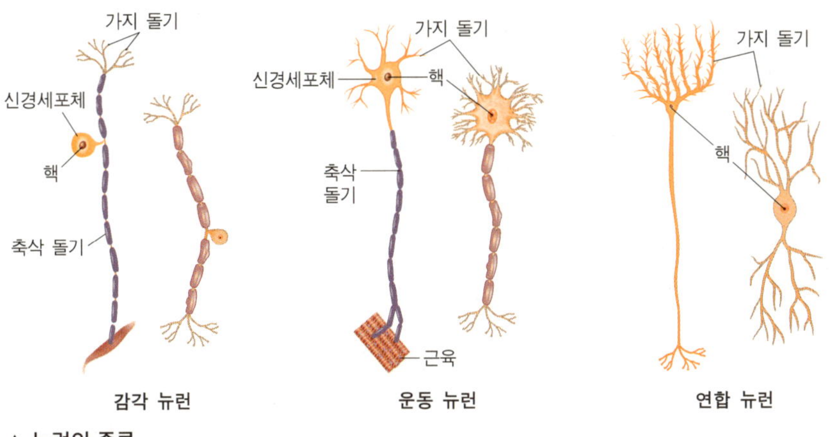

▲ 뉴런의 종류

감각 뉴런은 일반적인 뉴런 모양과는 달리 둥글고 작은 신경세포체가 말이집에 싸여 있는 축삭 돌기의 중간 정도에 있으며, 가지 돌기가 축삭 말단에 길게 나와 있다.

운동 뉴런

중추 신경계에서 만들어진 신호를 반응기反應器 effector에 전달해 자극에 대한 반응을 일으키는 기능을 하는 뉴런이다. 즉 연합 뉴런이 감각 뉴런을 통해 전달한 자극을 받아들이고 판단하여 내놓은 종합적인 반응 결과를 다시 전기 신호의 형태로 실제 작동하는 반응기에 직접 전기 신호를 전달하는 역할을 한다.

운동 뉴런은 근육뿐 아니라 몸의 곳곳에 있는 내분비샘과 외분비샘 같은 분비샘에도 작용하여 소화 효소의 분비 등을 일으킨다.

운동 뉴런은 신경세포체가 다른 뉴런에 비해 크며 가지 돌기가 신경세포체에서 직접 여러 가닥으로 뻗어 있고, 이 가지 돌기들은 연합 뉴런에 닿아 있다. 축삭 돌기는 한 개의 운동 뉴런에 하나뿐이며 길이가 길고 말이집에 싸여 있다.

연합 뉴런

중추 신경계인 뇌와 척수를 구성하고 있는 뉴런으로, 감각 뉴런과 운동 뉴런을 이어 주는 역할을 할 뿐만 아니라 감각 뉴런이 전해 온 정보를 받아들여 분석하고 판단하는 등 통합적으로 정보를 분석하고 해석한다. 인간의 뇌와 척수는 이러한 연합 뉴런으로 이루어져 있으며, 특히 뇌는 1,000억 개에 달하는 연합 뉴런으로 구성되어 있다.

연합 뉴런은 신경세포체의 크기가 운동 뉴런보다 작고 말이집에 싸여 있지 않은 축삭 돌기민말이집 신경로 이루어져 있다. 가지 돌기 역시 짧은 편이지만 여러 갈래로 뻗쳐 있다.

자극의 전달 경로

감각 기관에서 일어난 신호는 감각 뉴런을 통해 연합 뉴런으로 전달된 후, 운동 뉴런을 통해 근육 등에 전해져서 반응이 나타난다.

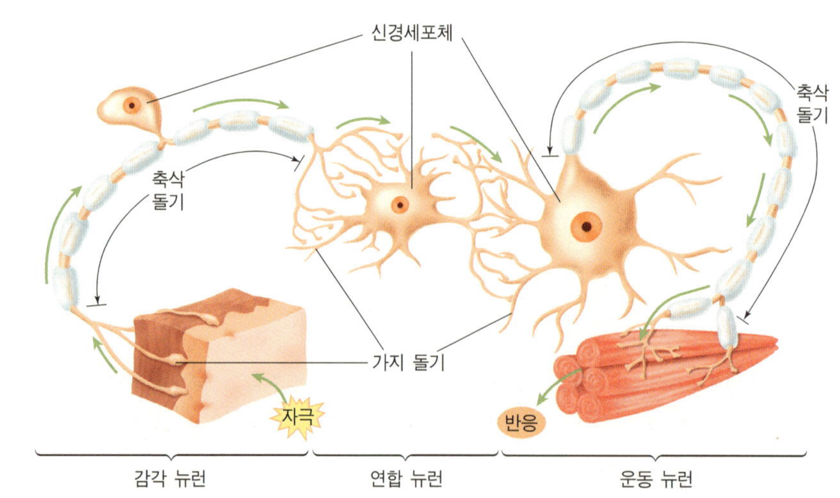

▲ 자극의 전달 경로

흥분 전도

〔일어날 흥 興, 떨칠 분 奮, 전할 전 傳, 이끌 도 導〕
conduction of excitation

한 뉴런 안에서 흥분이 이동하는 것

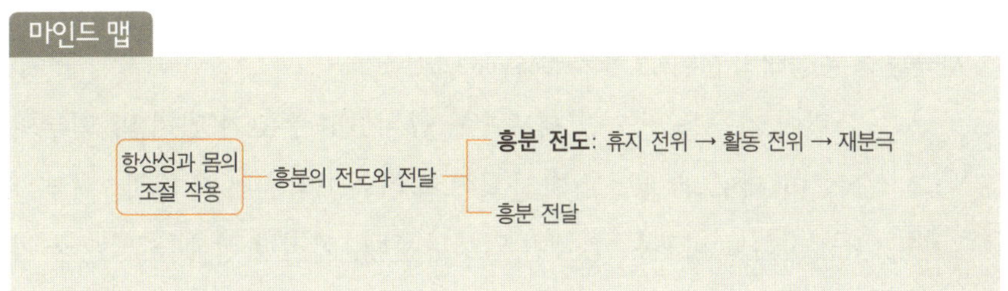

흥분이란 기관이나 조직이 어떤 자극을 받고 반응하여 정지 상태에서 활동 상태로 되는 것을 말한다. 흥분의 지속 시간은 보통 매우 짧고 범위는 매초 몇 mm에 지나지 않으며 흥분되었던 세포막은 다시 정지 상태로 되돌아가므로, 신경세포에서는 흥분 부위가 이동하고 있는 것처럼 보인다. 즉 자극이 주어지면 그 부분의 정지 상태의 전위電位에 순간적인 변화가 생겨 세포막의 안과 밖의 전위가 역전이 되는데 이러한 전위의 변화를 '흥분이 일어났다'라고 하며, 세포막의 한 지점에 흥분이 일어나면 그 흥분은 주위로 퍼져 나가는 데 이를 '흥분 전도'라고 한다.

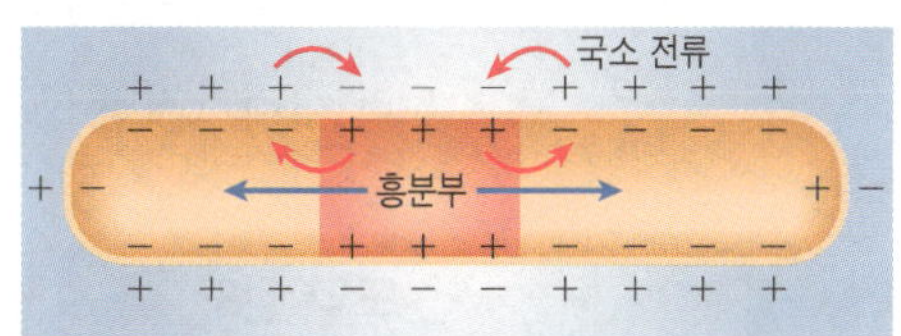

▲ 자극이 주어졌을 때의 흥분 전도

흥분 전도의 과정

① 정지 상태의 전위휴지 전위

자극을 받지 않은 상태, 즉 신호를 전달하지 않고 있는 신경세포의 막전위를 '휴지 전위resting potential'라고 한다. 이러한 휴지 상태의 신경세포의 막은 외부는 (+) 전하, 내부는 (−) 전하를 띠고 있는데, 이렇게 전위차가 생기는 상태를 '분극分極'이라고 한다. 세포막에는 $Na^+ - K^+$ 펌프가 있어 ATP를 사용하여

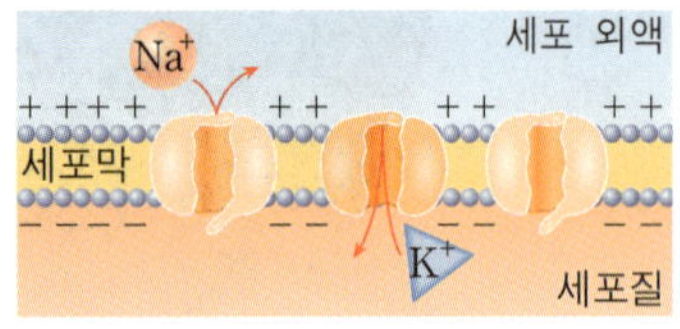

Na$^+$을 세포막 밖으로 퍼내고 K$^+$을 안으로 받아들인다. Na$^+$이나 K$^+$은 모두 (+) 이온이나 세포막 밖으로 Na$^+$을 3개 내보내고 K$^+$을 2개 받아들인다면 상대적으로 (+) 이온의 유출이 커져서 세포막 안은 (−) 전하를 띠게 된다. 이런 이유로 휴지 전위에서 분극이 생기게 된다. 일반적으로 사람의 휴지 전위는 −60∼−70mV이며, 이는 세포막 안쪽이 바깥쪽에 비해 (+) 이온이 더 적거나 (−) 이온이 더 많아 상대적으로 전압이 낮음을 의미한다.

② 자극을 받은 상태의 전위활동 전위 action potential

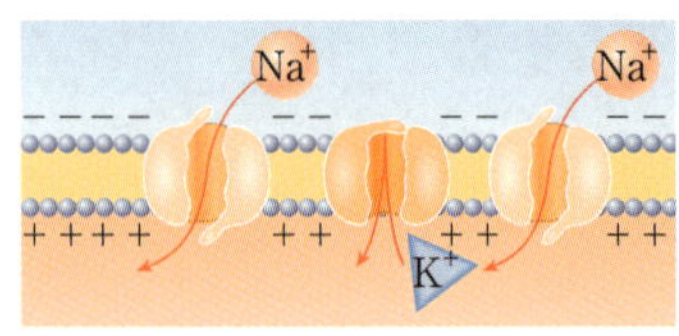

뉴런이 자극을 받으면 세포막에 있는 Na$^+$ 통로가 열려 막 외부의 Na$^+$이 세포막 안으로 확산되어 들어와 내부는 (+) 전하, 외부는 (−) 전하로 바뀌는 현상이 일어나는데, 이러한 상태를 '탈분극'이라고 한다. 탈분극으로 흥분이 일어났을 때의 세포막 안팎의 전위 차를 '활동 전위'라고 한다.

③ 원래의 상태로 돌아감재분극

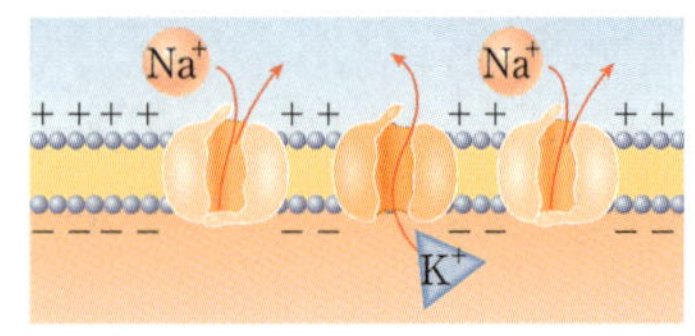

탈분극이 일어났던 부위에서 Na$^+$ 통로에 이어 K$^+$ 통로가 열려 세포막 내부의 K$^+$이 밖으로 확산되면서 막전위가 내려가 다시 세포막의 내부가 (−) 전하, 외부가 (+) 전하로 돌아가는데, 이를 '재분극'이라고 한다. 재분극이 일어나면 막전위가 휴지 전위보다 조금 더 내려가지만 Na$^+$− K$^+$ 펌프 작용에 의해 원래의 휴지 전위로 돌아온다.

도약 전도

흥분 전도의 방식은 말이집myelin sheath이 있는지 없는지에 따라 다르다. 탈분극으로 흥분이 일어났을 때 이온이 말이집을 통해서는 이동할 수 없지만 Na$^+$ 통로와 K$^+$ 통로가 집중적으로 분포되어 있는 랑비에 결절에서는 세포막을 통해 쉽게 이동할 수 있다. 이와 같이 말이집 부분을 뛰어넘어 랑비에 결절에서 다음 랑비에 결절로 도약하듯이 흥분이 전도되는 것을 '도약 전도'라고 한다.

　말이집 신경에서는 도약 전도가 일어나게 되면 활동 전위가 신경 섬유 전체 길이에 걸쳐 이동하는 민말이집 신경보다 신경 전달 속도가 더 빠르다.

흥분 전달

〔일어날 흥 興, 떨칠 분 奮, 전할 전 傳, 이를 달 達〕
transmission of excitation

한 뉴런의 흥분이 다음 뉴런에 전해지는 것

주제 **24**

마인드 맵

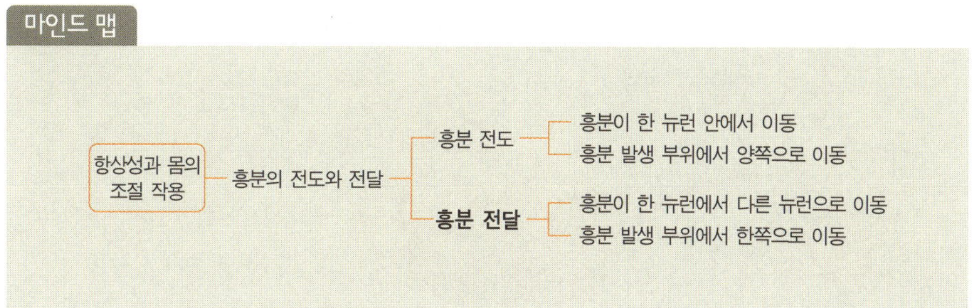

흥분이 하나의 뉴런 안에서 이동하는 것을 '흥분 전도'라 하고, 흥분이 뉴런의 시냅스를 통해 다음 뉴런이나 근육 세포로 이동하는 것을 '흥분 전달'이라고 한다. 시냅스synapse란 한 뉴런의 축삭 돌기 말단과 다른 뉴런의 가지 돌기나 신경세포체가 20nm 정도의 틈시냅스틈을 두고 접속해 있는 부분을 말한다.

시냅스를 이루고 있는 두 뉴런 중에서 흥분을 전달하는 뉴런을 '시냅스 전 뉴런', 전달받는 뉴런을 '시냅스 후 뉴런'이라고 부른다. 전도는 흥분이 발생한 부위에서 양쪽 방향으로 이동하지만, 전달은 일방적으로 한쪽 방향으로만 일어난다.

흥분 전달 과정

흥분이 뉴런의 축삭 돌기 말단에 도달하면 시냅스 소포小胞에서 신경 전달 물질이 분비되어 확산되고, 분비된 신경 전달 물질이 그 뉴런과 연결되어 있는 다음 뉴런의 가지 돌기를 자극하여 흥분을 발생시킨다.

　시냅스나 부교감 신경 말단 및 운동 신경 말단에서는 아세틸콜린이라는 신경 전달 물질이 분비되고, 교감 신경의 말단에서는 아드레날린 또는 노르아드레날린이라는 신경 전달 물질이 분비된다.

　시냅스 소포는 축삭 돌기 말단에만 존재하므로, 흥분 전달은 반드시 시냅스 전 뉴런의 축삭 돌기에서 시냅스 후 뉴런의 가지 돌기 쪽으로만 일방적으로 전달된다.

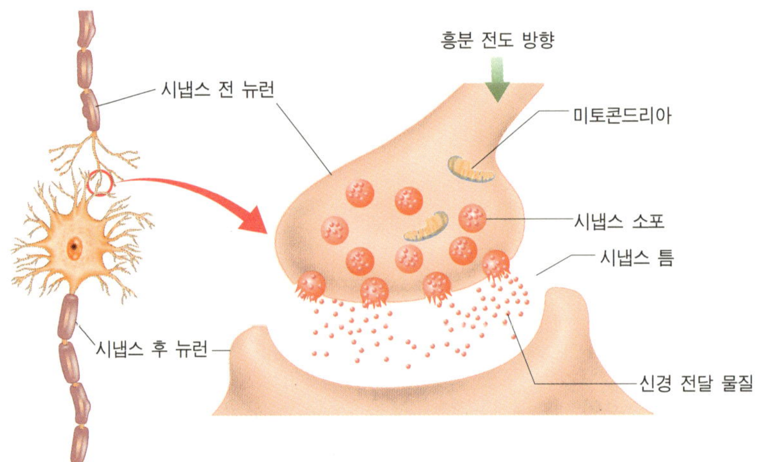

▲ 시냅스에서의 흥분 전달

골격근

〔뼈 골 骨, 격식 격 格, 힘줄 근 筋〕
skeletal muscle

뼈나 힘줄에 붙어 수축을 통해 움직임을 만드는 조직

마인드 맵

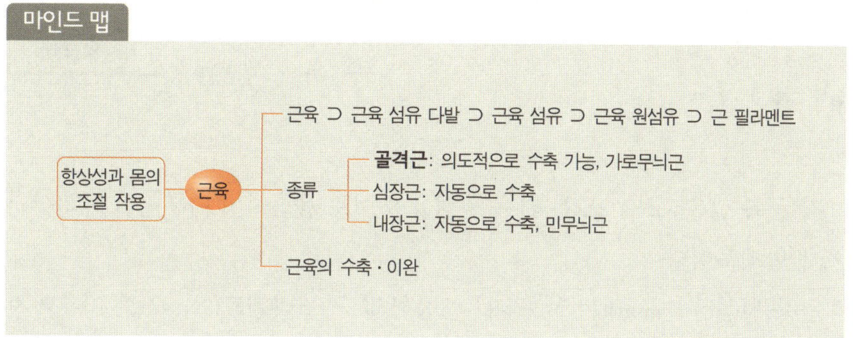

골격근은 힘줄을 통해 뼈에 붙거나 뼈에 직접 붙어서 뼈의 움직임을 담당하는 근육이다. 심장벽을 이루고 있는 '심장근'이나 내장 또는 혈관벽을 이루는 '내장근'과는 달리, 골격근은 대뇌의 신경 지배에 따라 자신의 의지대로 움직일 수 있는 수의근隨意筋 voluntary muscle이므로 조절이 가능하다.

골격근의 구조

대부분의 골격근은 근육의 길이 방향으로 평행하게 형성된 긴 근육 섬유 다발로 이루어져 있어 '가로무늬근striated muscle'이라고도 부른다.

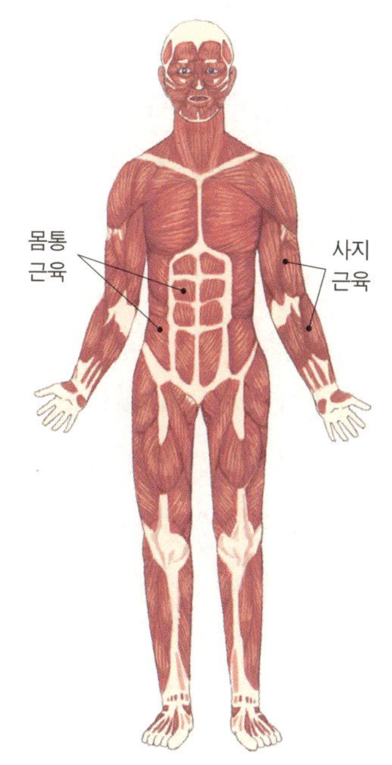

▲ 골격근

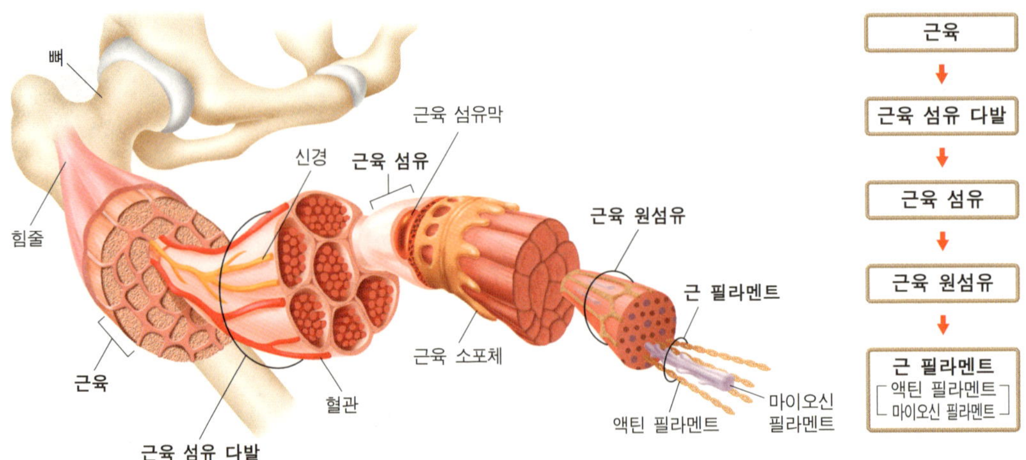

▲골격근의 구조

각 근육 섬유muscle fiber는 근육 원섬유가 서로 융합하여 이루어진 다핵성의
거대 단세포이다.

근육 원섬유myofibril는 굵고 가는 2종류의 근 필라멘트filament로 이루어져
있다. 즉 가는 근 필라멘트인 액틴 필라멘트actin filament와 굵은 근 필라멘트인
마이오신 필라멘트myosin filament로 구성되어 있다.

근육 원섬유의 구조

근육 원섬유를 현미경으로 관찰하면 밝고 어두운 가로무늬가 나타나는데, 가
는 액틴 필라멘트만 있어서 밝게 보이는 부분을 I대I-band, 명대라 하고, 액틴 필
라멘트와 굵은 마이오신이 겹쳐 있어 어둡게 나타나는 부위를 A대A-band, 암대
라고 한다.

I대의 중앙에 나타나는 어두운 선을 Z선Z line이라고 하며, Z선과 Z선 사이
를 골격근의 기능상 기본 단위인 '근육 원섬유 마디sarcomere'라고 한다.

근육 원섬유 마디의 한가운데에는 어두운 띠A대가 위치하고, 어두운 띠의
중앙에 마이오신만 있어서 좀 더 밝게 보이는 부분을 H대H-zone라고 하며,
H대 중앙에 마이오신이 부풀어서 생긴 선을 M선M line이라고 한다.

근육 원섬유 마디
근육 원섬유
Z선
M선
Z선
가는 필라멘트(액틴 필라멘트)
굵은 필라멘트(마이오신 필라멘트)
Z선
M선
Z선
근육 원섬유 마디
필라멘트가 겹치는 부분
H대
필라멘트가 겹치는 부분
I대
A대
I대

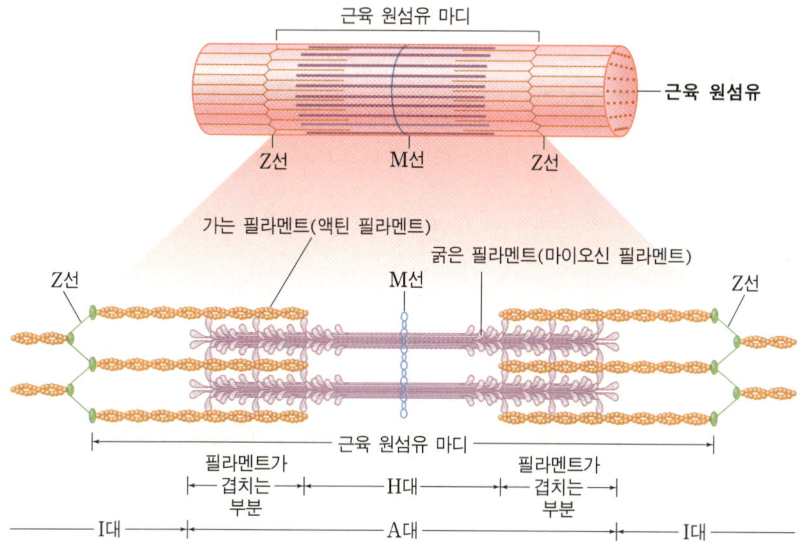

▲ 근육 원섬유의 구조

근육 수축

〔힘줄 근 筋, 고기 육 肉, 거둘 수 收, 줄일 축 縮〕
muscle contraction

근육이 자극에 의해 반응하여 수축하는 현상

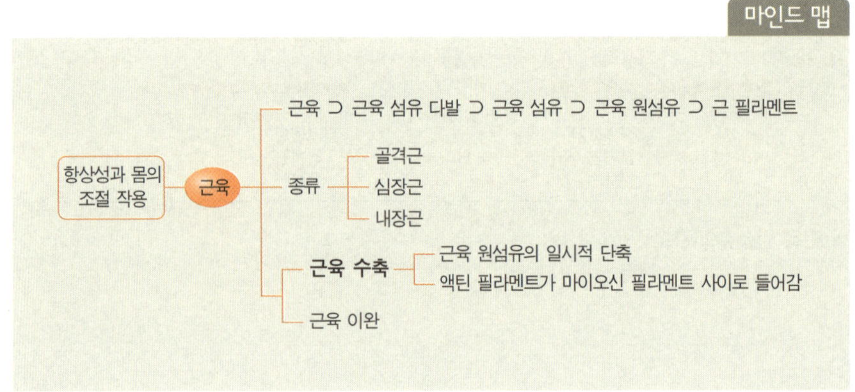

근육은 신경을 통해 자극을 받으면 화학 변화를 일으키고 이때 에너지를 사용하여 근육의 길이를 짧게 수축시키려고 하는데, 이와 같은 근육의 움직임을 '근육 수축'이라고 한다. 골격근은 일반적으로 관절에 연결된 2개의 뼈에 근육의 양 끝이 각각 부착되어 있다. 즉 근육은 그 양쪽 끝 부분이 근육 이외의 다른 물체뼈나 조직와 접촉하고 있으며, 근육과 물체 간의 상호 작용을 통해 힘이 생겨날 수 있다.

근육 수축의 원리

수축 상태에 있는 근육은 항상 그 길이를 수축하려 하기 때문에 근육에서 외부의 물체에 작용하는 힘근육의 수축력은 외부의 물체를 근육 쪽으로 잡아당기는 작용을 한다. 따라서 근육의 수축력을 장력張力이라고도 부른다.

근육 세포막은 적당한 전기 자극을 받으면 활동 전위를 발생시키고 이것이 근육 소포체[*] 막의 전위 변화를 일으켜 거기에서 칼슘 이온Ca^{2+}을 방출한다. 이 Ca^{2+}이 근육 원섬유 중의 트로포닌과 결합하여 마이오신 필라멘트와 액틴 필라멘트의 활주를 일으키고 근육 원섬유를 일시적으로 단축시킨다.

근육 수축은 마이오신 필라멘트 사이로 액틴 필라멘트가 미끄러져 들어가 전체 근육의 길이가 짧아지는 현상활주설을 말한다.

오른쪽 그림은 하나의 근육 원섬유 마디를 세분화하여 그려 놓은 것인데, 이러한 근육 원섬유 마디들이 여러 개 옆으로 연결되어 있는 것이 미끄러져 들어갔다 나왔다 하며 전체적인 하나의 근육 원섬유를 수축시켰다 이완시켰다 하는 것이다. 즉 근육이 수축할 때에는 각 근육 원섬유 마디 양쪽의 Z선 사이의 거리가 단축되어 근육 원섬유 마디가 짧아지게 되고, 마이오신 필라멘트와 액틴 필라멘트의 겹치는 부분만큼 힘이 발생하게 된다.

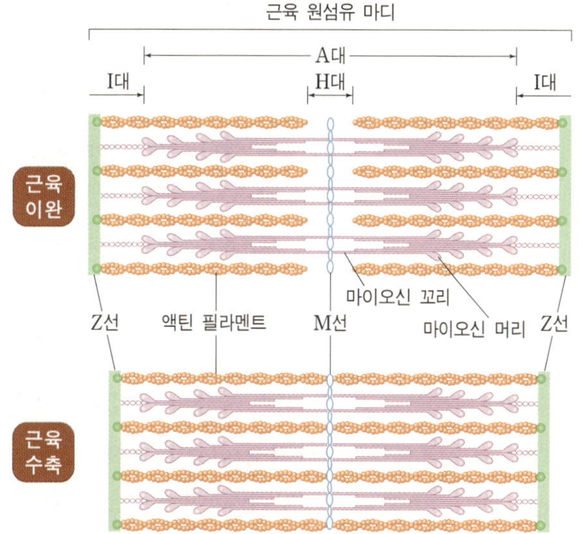

▲ 근육이 이완·수축할 때의 근육 원섬유의 구조

근육 수축의 과정

① 평상시에는 마이오신의 머리에 ATP가 부착되어 있는 낮은 에너지 구조를 하고 있다가 자극이 주어지면 ATP가 가수분해되어 마이오신 머리에 ADP와 인산이 부착된 높은 에너지 구조로 변화하게 된다.

② 근육 소포체에서 나온 Ca^{2+}이 액틴 필라멘트의 트로포닌 분자와 결합한 다음, 트로포마이오신을 끌어당겨 마이오신 머리가 액틴과 연결교cross-bridge를 형성한다.

③ 마이오신 머리로부터 ADP와 인산이 방출되면서 액틴 사슬을 중앙부로 힘껏 당겨 액틴 사슬이 미끄러진다. 이때 ATP의 분해는 마이오신 자체가 효소로서 역할을 하며, 이 효소의 활성도는 근육 수축 속도를 결정하는 중요한 요소가 된다.

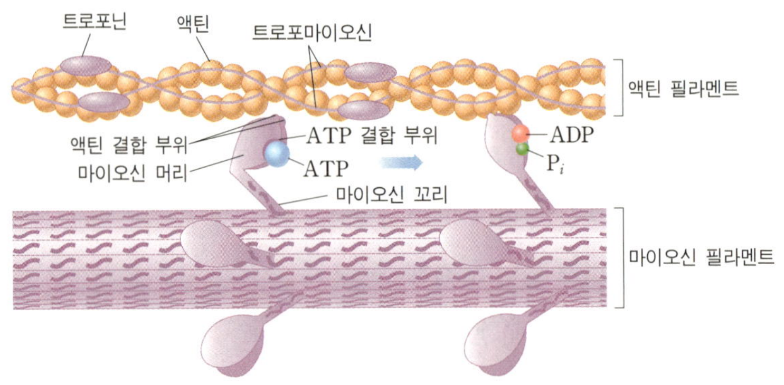

▲ 액틴 결합 부위를 보여 주는 마이오신

④ 마이오신 머리가 자신의 할 일을 끝내고 새로운 ATP가 부착되면서 연결교
는 분리된다.

   액틴 사슬과 마이오신 머리가 한 팀이 되어 근육 수축이 일어나지만, 신경
의 흥분 전달이 중지되면 트로포닌과 결합하고 있던 Ca^{2+}은 근육 소포체로 재
저장된다. 이처럼 트로포닌이 Ca^{2+}으로부터 분리되면, 트로포닌은 원래의 모
양을 되찾고 트로포마이오신은 액틴의 결합 부위를 다시금 차단하게 되어 안
정되었을 때의 모습과 같아진다.

> **Tip**
>
> 액틴 필라멘트는 수축성 단백질인 액틴, 트로포마이오신, 트로포닌으로 이루어져 있다.
> *액틴(actine): 마이오신 머리와 결합할 수 있는 활성 부위(active site)를 갖고 있다.
> *트로포마이오신(tropomyosin): 액틴 사슬에 의해 형성된 홈에 길게 붙어서 액틴의 결합 부위를
> 막고 있는 형태로 마이오신과 액틴의 결합을 저해하는 역할을 한다.
> *트로포닌(troponin): 트로포마이오신의 끝에 있는 칼슘 친화성의 구형 단백질로 평소에는 액틴
> 과 견고하게 결합하고 있어 마이오신과의 교차 결합을 방해하고 있다가 근육 수축 과정에서
> 근형질 속의 Ca^{2+}과 결합하여 트로포마이오신과 트로포닌의 위치를 변화시켜 액틴과 마이오
> 신이 결합할 수 있도록 한다.

주제 **27**

외분비샘 / 내분비샘

exocrine gland / endocrine gland

물질을 분비할 때 분비관이 있는 샘 /
물질을 분비할 때 분비관이 없는 샘

마인드 맵

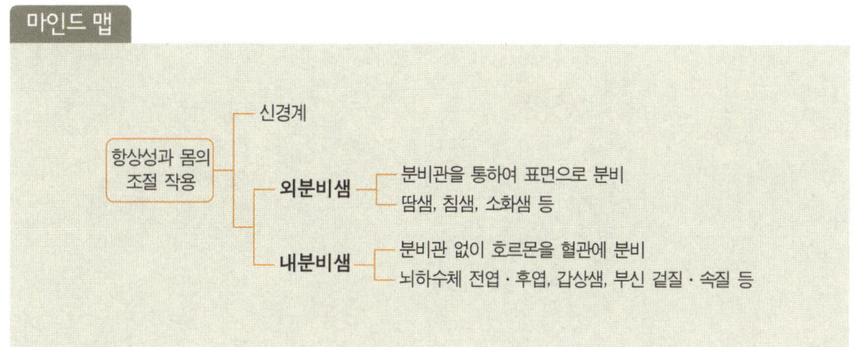

관을 통하여 체강(體腔: 동물의 체벽과 내장 사이에 있는 빈 곳이나 표면으로 분비된 물질을 전달하는 분비샘을 '외분비샘外分泌–'이라고 하며, 분비관 없이 주변이나 혈관에 직접 물질을 분비하는 것을 '내분비샘內分泌–'이라고 한다. 이러한 차이는 이름에도 나타나는데 그리스 어로 exo는 밖을, endo는 안을 나타내며, crine은 분비 세포로부터 퍼져 나가는 움직임을 반영한다.

외분비샘에는 땀샘, 침샘, 소화샘, 이자샘, 창자샘, 쓸개낭(담낭), 젖샘, 눈물샘 등이 있다. 내분비샘에서는 호르몬을 분비하는데, 뇌하수체 전엽·후엽, 가슴샘, 시상 하부, 갑상샘, 부갑상샘, 부신 겉질·속질, 이자의 랑게르한스섬, 난소, 정소 등이 있다.

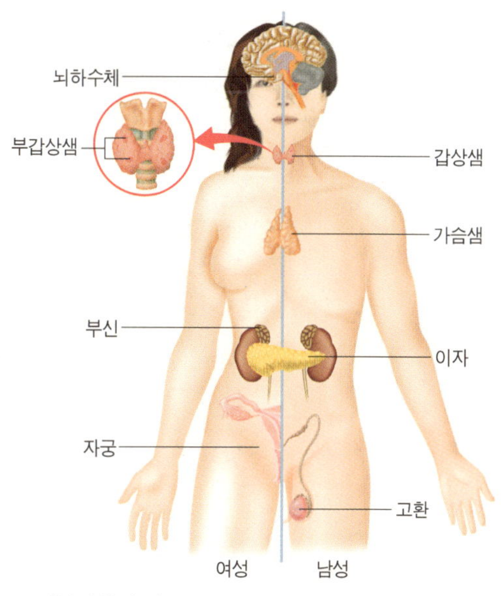

▲ 내분비샘의 예

주제 **28**

호르몬 hormone

동물의 체내에서 만들어지는, 생리 과정에 특정한 영향을 미치는 화학 물질

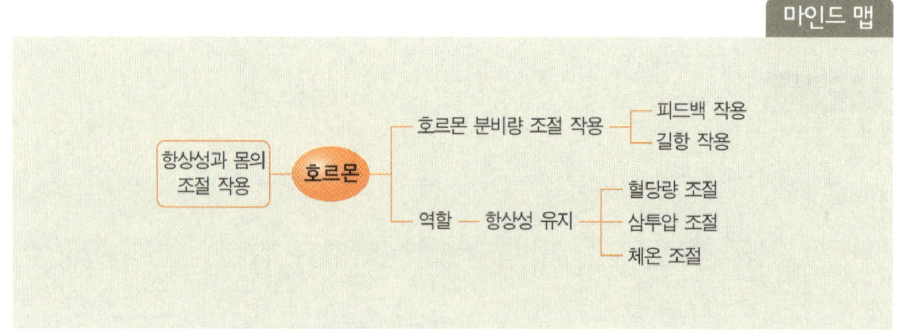

■ **표적 기관**(標的器官): 호르몬이 작용하게 되는 최종 목표 기관.

■ **내분비샘**: 물질을 분비할 때 분비관이 없는 샘으로, 뇌하수체 전엽·후엽, 갑상샘 등.

　호르몬은 동물체 내의 특정한 샘gland에서 만들어진 화학 물질로 혈액을 통하여 몸의 표적 기관■에 운반되어, 그 기관의 활동이나 생리적 과정에 특정한 영향을 준다. 일반적으로 호르몬은 내분비샘■에서 분비되는데, 이러한 내분비샘에서 분비되는 호르몬과 구별하여 신경 조직에서 분비되면서 호르몬 작용을 하는 물질은 '신경 분비 물질'이라고 한다. 내분비샘에서 분비된 호르몬은 혈관이나 림프관을 통하여 표적 기관의 세포로 운반되어 세포막의 수용체와 결합하거나 핵 안으로 들어가 작용한다.

　같은 종류의 호르몬은 종이 다른 생물에게 같은 작용을 하고 항원으로 작용하지 않아 거부 반응이 없으므로 호르몬 결핍증이 있는 환자에게 다른 생물의 호르몬을 투여할 수도 있다.

　호르몬은 아주 적은 양으로도 큰 효과를 발휘하며 지속적으로 넓은 범위에 작용하므로 신체의 성장과 발달, 대사 및 항상성을 유지하는 데 중요한 역할

을 한다. 그러므로 특정 호르몬의 과부족은 특정 질병을 일으킬 수 있다.

호르몬 분비가 많은 경우를 '호르몬 기능 항진증', 호르몬 분비가 적은 경우를 '호르몬 기능 저하증'이라고 한다. 호르몬 기능 항진증은 종양이 원인인 경우가 많고, 호르몬 기능 저하증은 염증, 종양 혹은 수술 등으로 인하여 내분비샘이 파괴되었을 때 발생한다.

호르몬의 종류와 기능

① 뇌하수체에서 분비되는 호르몬

다른 내분비계 기관들의 수용체에 작용하여 호르몬 분비를 자극한다.

- **프로락틴**: 젖분비 자극 호르몬LTH으로 젖의 분비를 촉진하고 성적 욕구를 감소시킨다.
- **성장 호르몬(GH)**: 몸의 성장을 촉진한다.
- **갑상샘 자극 호르몬(TSH)**: 갑상샘에 작용하여 갑상샘 호르몬의 분비를 촉진한다.
- **부신 겉질 자극 호르몬(ACTH)**: 부신에서 글루코코르티코이드를 만들도록 자극한다.
- **여포 성숙 호르몬(FSH)과 황체 형성 호르몬(LH)**: 남성의 경우에는 정자 형성을 자극하고 남성 호르몬을 만드는 데 관여한다. 여성의 경우에는 난자 형성을 자극하고 여성 호르몬을 만드는 데 관여하며 정상적으로 생리를 하도록 한다.
- **항이뇨 호르몬(ADH)**: 몸 안에 수분이 부족할 때 콩팥에 작용하여 물의 재흡수를 촉진한다. 혈관을 수축시켜 혈압을 상승시킨다.
- **옥시토신**: 자궁 수축 호르몬으로 여성의 자궁 수축을 유도한다.

② 갑상샘에서 분비되는 호르몬

- **갑상샘 호르몬**: 티록신thyroxin을 분비하여 체온 유지 및 신체 대사의 균형을 유지하는 데 중요한 역할을 한다.
- **칼시토닌**: 혈액 속 칼슘 이온을 뼈에 침착시키고, 콩팥에서 칼슘 이온의 재흡수를 억제하여 혈액 속 칼슘 이온의 농도를 낮추는 역할을 한다.

③ 부갑상샘에서 분비되는 호르몬: **부갑상샘 호르몬**

뼈로부터 혈액 속으로 칼슘 이온을 방출시키고, 콩팥에서의 칼슘 이온 재흡수와 소장에서의 칼슘 이온 흡수를 촉진하여 혈액 속의 칼슘 이온 농도를 증가시킨다.

④ 부신 겉질에서 분비되는 호르몬

- **당질 코르티코이드**: 간에서 당질 대사 조절 및 스트레스, 염증 억제 작용, 면역 반응을 조절한다.
- **무기질 코르티코이드**알도스테론: 혈압, 혈액량, 전해질 조절에 관여한다.

⑤ 부신 속질에서 분비되는 호르몬

- **에피네프린, 노르에피네프린**: 혈압 조절에 중요한 역할을 한다.

⑥ 이자에서 분비되는 호르몬

- **글루카곤**: 혈당량을 높이는 기능을 한다.
- **인슐린**: 혈당량을 낮추는 역할을 한다.

⑦ 정소에서 분비되는 호르몬: **남성 호르몬**

남성 생식기의 발달 및 2차 성징의 발현에 관여한다.

⑧ 난소에서 분비되는 호르몬: **여성 호르몬**

여성 생식기의 발달 및 가슴 발달과 같은 2차 성징의 발현에 관여한다.

피드백 **feedback**

어떤 원인에 의해 나타난 결과가 다시 원인으로 작용하여 그 결과를 줄이거나 늘리는 자동 조절 원리

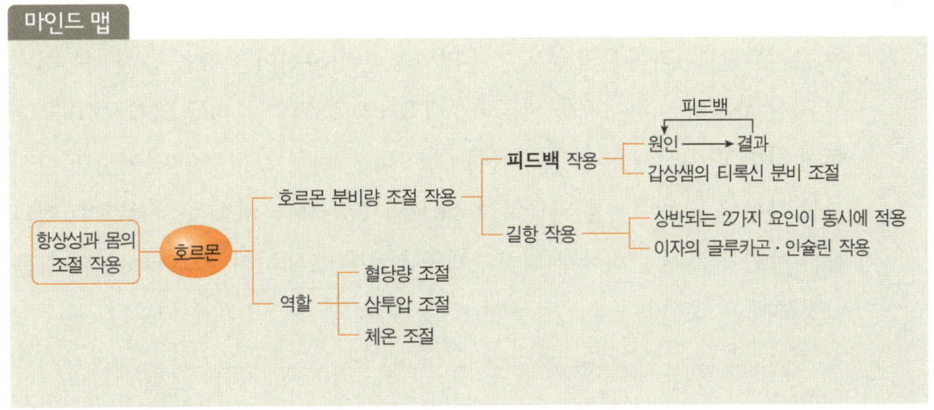

어떤 원인에 의해서 결과가 나타날 때 그 결과가 다시 원인에 영향을 주어서 전체 과정을 조절하는 것을 '피드백' 또는 '되먹임'이라고 한다. 피드백은 호르몬의 양을 조절하는 원리로 이러한 과정을 통하여 인체의 항상성이 유지된다.

피드백의 종류

① 양성 피드백positive feedback

양성 피드백이란 어떤 반응이 계속해서 스스로를 촉진하는 경우로 인체에서는 그 예가 많지는 않다. 출산할 때 자궁 수축 호르몬인 옥시토신oxytocin은 한 번 나오면 계속해서 스스로 분비를 촉진함으로써 생체 내 반응진통. 자궁 수축이 원래의 자극인 옥시토신의 분비를 한층 더 증가시키는 방향으로 작용하여 출산이 원활해지도록 한다.

② 음성 피드백negative feedback

호르몬의 양을 조절하는 일반적인 피드백 과정으로 원인이 결과를 발생시키면 그 결과는 원인을 억제하게 된다. 체온이 너무 올라가면 그 결과가 체온을 내리라고 중추에 영향을 주는 경우를 예로 들 수 있다.

또한 티록신 분비량도 음성 피드백으로 조절된다. 간뇌의 시상 하부에서 갑상샘 자극 호르몬 방출 인자TRH를 분비하여 뇌하수체를 자극하면 뇌하수체에서 갑상샘 자극 호르몬TSH이 분비된다. 이 TSH가 갑상샘에 작용하면 티록신이 분비되는데, 티록신의 분비량이 많아지면 티록신이 혈액을 통해 이동하면서 시상 하부와 뇌하수체를 자극하여 TRH와 TSH의 분비를 억제시킨다. 그렇게 하면 티록신의 분비량이 점차 감소되고, 너무 분비량이 적어지면 다시 시상 하부나 뇌하수체를 자극하여 TRH와 TSH의 분비를 증가시킨다. 이와 같은 방법으로 시상 하부나 뇌하수체의 작용을 조절하여 결국 티록신의 양을 일정하게 유지한다.

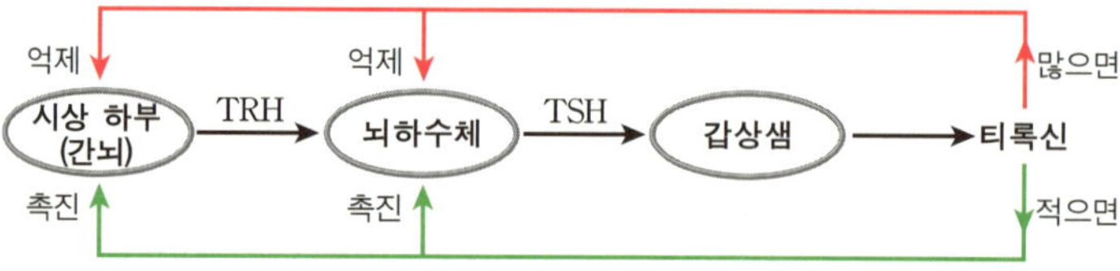

▲ 음성 피드백의 예(티록신 분비 조절)

길항 작용 〔일할 길 拮, 막을 항 抗, 지을 작 作, 쓸 용 用〕
antagonism

상반되는 2가지 요인이 동시에 작용하여 그 효과를 서로
상쇄시키는 작용

마인드 맵

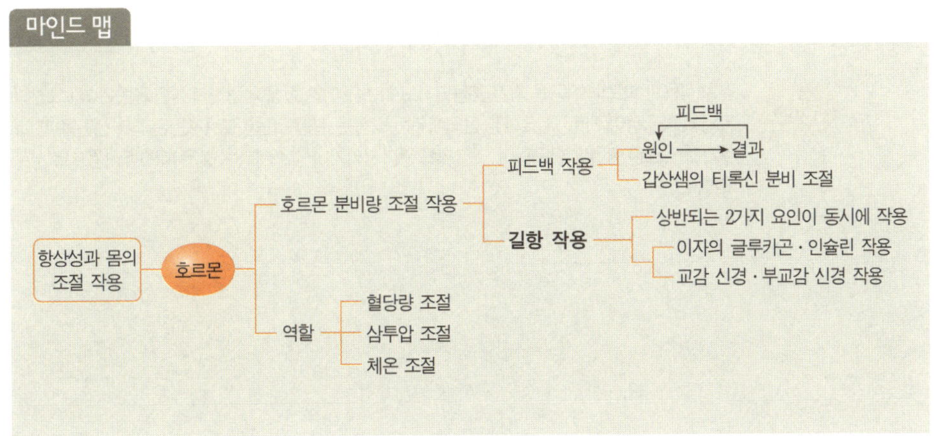

길항 작용이란 생물체 내의 2가지 물질이 어떤 현상에 대해 서로의 역할과
반대로 작용하여 몸의 항상성을 유지하는 것을 말한다.

인슐린과 글루카곤의 길항 작용

인슐린과 글루카곤은 둘 다 이자에서 분비되는 호
르몬으로 이자의 랑게르한스섬(이자섬) 조직의 α세포
에서는 글루카곤이 분비되고 β세포에서는 인슐린
이 분비된다.

글루카곤은 간에 저장되어 있는 글리코겐을 포도
당으로 분해하여 혈액 속의 혈당량을 높이고, 반대
로 인슐린은 포도당을 글리코겐으로 전환하여 간에

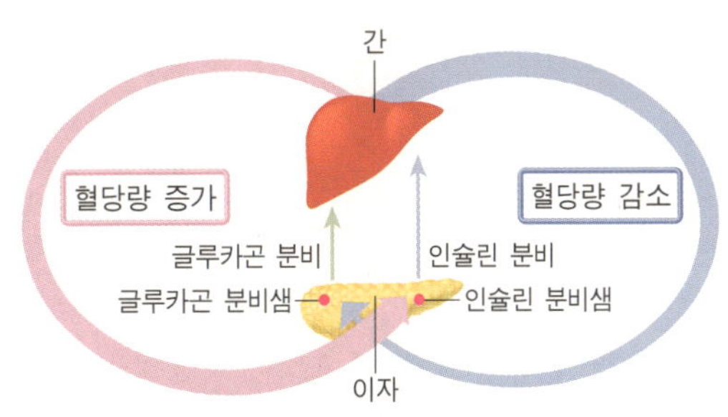

▲ 인슐린과 글루카곤의 길항 작용

저장하거나 근육과 세포로 들여보내 물질대사_{포도당} 소비를 촉진시켜 혈당량을 낮추는 기능을 한다. 이로써 혈당량이 일정하게 유지된다.

교감 신경과 부교감 신경의 길항 작용

부교감 신경은 심장 박동을 억제하고 이에 길항 작용으로 심장 박동을 촉진하는 신경은 교감 신경이다. 교감 신경은 노르에피네프린_{노르아드레날린}, 부교감 신경은 아세틸콜린이라는 서로 반대되는 기능을 수행하는 호르몬을 분비하여 신체를 조절한다.

길항 작용과 피드백 작용은 가끔 혼동되기도 하는데 어떤 현상에 관하여 상반되는 2가지 요인이 동시에 작용하여 서로 그 효과를 상쇄시키는 작용은 길항 작용이고, 어떤 결과가 생겼을 때 그 결과를 일으킨 원인에 작용하여 그 결과를 증가시키거나 감소시키는 것은 피드백 작용으로 서로 다르다.

혈당량 조절

〔피 혈 血, 엿 당 糖, 헤아릴 양 量, 조절할 조 調, 마디 절 節〕
blood sugar level regulation

혈액 속의 포도당 수치를 일정하게 조절하는 작용

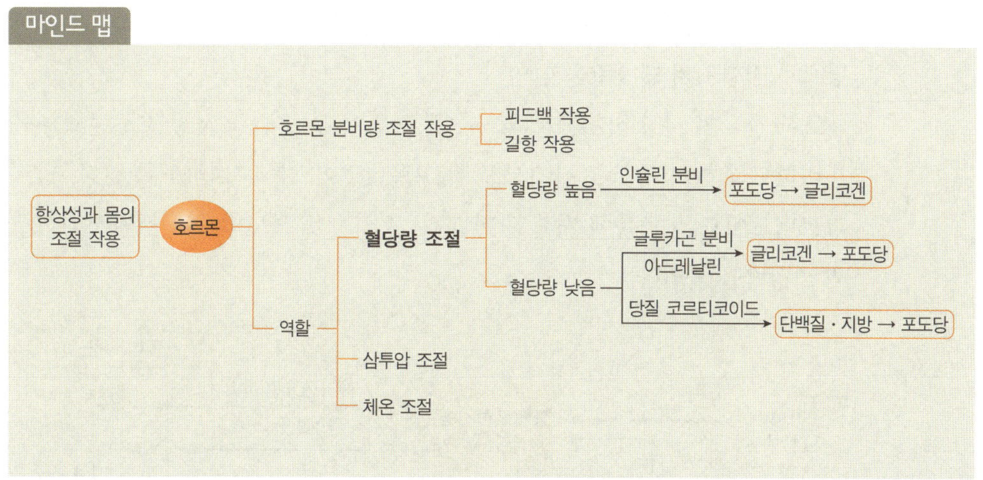

혈액 100ml에 들어 있는 포도당의 농도를 '혈당량'이라고 한다. 혈당은 세포 내 미토콘드리아 및 뇌의 에너지원으로 사용된다. 생명체는 자신의 생명을 유지하기 위해 체내 환경을 일정하게 유지항상성하는데, 혈당량도 간의 작용을 중심으로 하여 각종 호르몬의 상호 작용을 통하여 혈당의 소비와 공급의 균형을 맞춘다.

혈당량 조절 과정

혈당량을 조절하는 중추는 간뇌의 시상 하부이다. 혈당량의 조절은 음성 피드백▪을 통하여 이루어지는데 이때 간의 작용을 중심으로 하여 인슐린, 글루카곤, 아드레날린에피네프린, 당질 코르티코이드, 부신 겉질 자극 호르몬ACTH,

▪**음성 피드백**: 어떤 원인이 결과를 발생시키면 그 결과는 원인을 억제하는 자동 조절 원리.

갑상샘 호르몬 등 각종 호르몬의 상호 작용에 의해 일어난다.

① 체내의 혈당량이 높을 때

간뇌의 시상 하부가 부교감 신경을 자극하여 이자의 랑게르한스섬 β세포에서 인슐린을 분비하도록 한다. 인슐린에 의해 포도당이 이산화탄소와 물로 산화되면서 글리코겐으로 전환된 다음 간과 근육에 저장되면 혈당량이 낮아진다.

② 체내의 혈당량이 낮을 때

간뇌의 시상 하부가 교감 신경을 자극하여 이자의 랑게르한스섬 α세포에서 글루카곤을 분비하거나 부신의 속질을 자극하여 아드레날린을 분비하도록 한다. 글루카곤과 아드레날린은 간과 근육에 저장되어 있던 글리코겐을 포도당으로 전환시켜 혈당량을 높인다.

또한 간뇌의 시상 하부에서 뇌하수체 전엽에 부신 겉질 자극 호르몬ACTH을 분비하도록 하여 부신 겉질에서 당질 코르티코이드를 분비하도록 한다. 당질 코르티코이드는 근육에 저장된 단백질 및 지방을 포도당으로 전환시킴으로써 혈당량을 높인다.

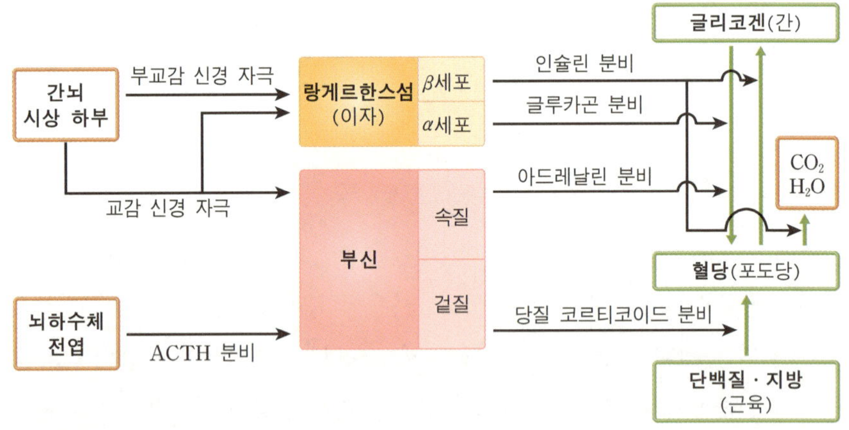

▲ 혈당량 조절 과정

혈당이 50mg 이하로 떨어지면 중추 신경계에 이상 증세가 나타나고, 30mg 이하가 되면 경련을 일으키며 의식을 잃게 된다. 70~110mg의 정상적인 상태에서 혈당은 식사 후에도 180mg을 넘는 일이 없고, 식전이라도 60mg 이하로 떨어지는 일은 거의 없다. 일반적으로 식사 후에는 혈당이 급격히 올라가지만 시간이 지나면 정상 수치로 돌아오는데, 새벽 공복 때의 혈당이 140mg 이상이면 '고혈당증', 50mg 이하이면 '저혈당증'이라고 한다. 2시간 이상 200mg 이상의 고혈당이 지속되면 당뇨병으로 판정한다.

삼투압 〔스며들 삼 滲, 통할 투 透, 누를 압 壓〕
osmotic pressure

생물체 내의 체액 농도를 일정하게 유지하는 작용

마인드 맵

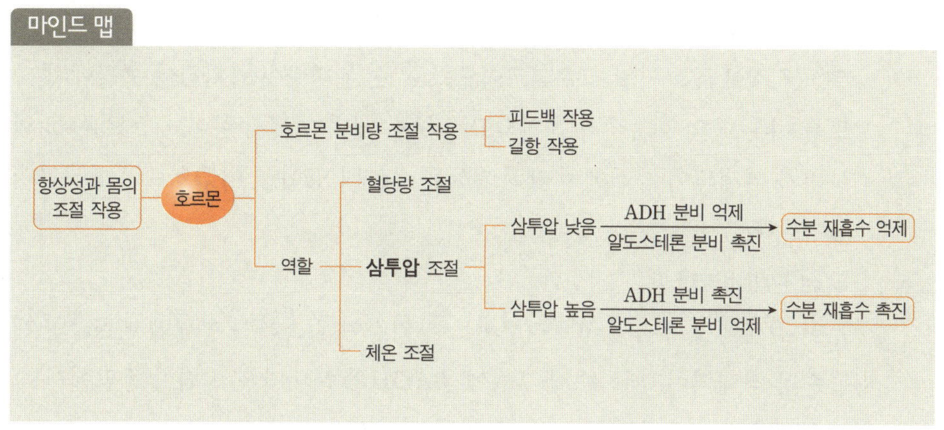

삼투滲透 osmosis는 물 또는 다른 용매가 반투과성 막용매는 통과하고 용질은 통과할 수 없는 막을 통해 자발적으로 확산되는 현상이다. 농도가 서로 다른 용액을 한 수조에 반투과성 막으로 나누어 놓아두면 농도가 낮은 쪽의 용매가 높은 쪽의 용액으로 반투과성 막을 투과하여 들어오면서 용액이 점점 묽어지고 막 안의 용액의 압력은 증가된다. 이러한 압력의 증가는 어느 순간 멈추는데 이때의 압력을 '삼투압'이라고 한다.

많은 종류의 해양 생물들은 바닷물과 같은 삼투압을 지니고 있으므로 특별한 조절 없이도 삼투가 이루어지나, 이 밖의 생물들은 생체 내부의 물과 무기 염류의 함량을 유지하기 위해서 능동적으로 물이나 염분을 섭취·보존하거나 배출해야 한다. 대부분의 동물은 체액의 농도가 환경의 농도에 직접 좌우되는 일 없이 거의 일정하게 유지되는데 이것을 '항삼투성'이라고 하며, 이와 같은 조절 작용은 호르몬이 관여한다.

삼투압 조절 과정

체액과 세포 내에 포함된 무기 염류의 농도는 평형 상태가 유지되어야 세포 내외의 삼투압이 같아져 세포가 정상적인 활동을 할 수 있다. 이때 호르몬은 콩팥을 통해 수분과 무기 염류의 배출량을 조절하여 체액의 삼투압이 일정하게 유지되도록 작용한다.

① 삼투압이 낮을 때

부신 겉질에서 무기질 코르티코이드알도스테론 분비량이 증가하여 콩팥에서 나트륨 이온Na^+의 재흡수가 촉진되고, 뇌하수체 후엽에서 항이뇨 호르몬ADH의 분비가 억제되어 콩팥에서 재흡수하는 수분의 양이 줄어듦으로써 삼투압이 높아진다.

② 삼투압이 높을 때

부신 겉질에서 무기질 코르티코이드 분비량이 감소하여 콩팥에서 Na^+의 재흡수가 억제되며, 뇌하수체 후엽에서 ADH의 분비가 촉진되어 콩팥에서 수분의 재흡수가 증가됨으로써 삼투압이 낮아진다.

구분	삼투압이 낮을 때 체액의 농도가 낮을 때 (예: 물을 많이 마셨을 경우)	삼투압이 높을 때 체액의 농도가 높을 때 (예: 땀을 많이 흘렸을 경우)
수분으로 조절	체외로 수분을 배출해야 하므로 ADH 분비가 억제되어 세뇨관에서 수분의 재흡수를 억제하므로 오줌량이 증가함.	갈증으로 목이 마르므로 ADH 분비가 촉진되어 세뇨관에서 수분의 재흡수를 촉진하므로 오줌량이 감소함.
무기 염류로 조절	농도가 낮아서 Na^+을 체내로 흡수해야 하므로 알도스테론 분비가 촉진되어 세뇨관에서 Na^+ 재흡수가 촉진되고 그 결과 오줌이 묽어짐.	농도가 높아서 Na^+을 체외로 배출해야 하므로 알도스테론 분비가 억제되어 세뇨관에서 Na^+ 재흡수가 억제되고 그 결과 오줌이 진해짐.

체온 조절

〔몸 체 體, 따뜻할 온 溫, 조절할 조 調, 마디 절 節〕
thermoregulation

유기체가 주위 온도와 상관없이 항상 자신의 체온을 일정하게 보존하기 위한 작용

마인드 맵

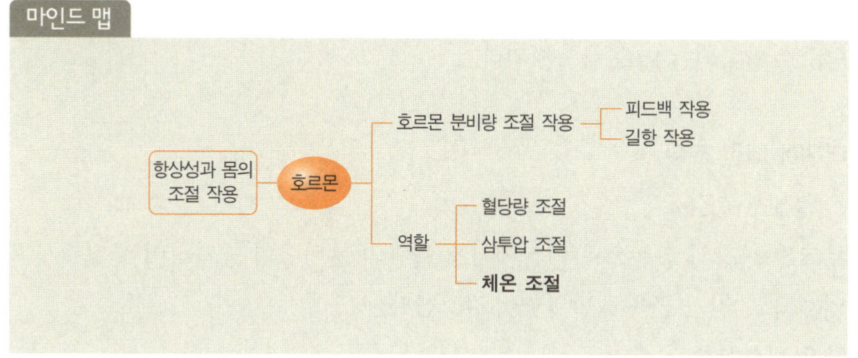

체온 조절은 동물 스스로가 활동에 맞도록 체온을 알맞게 유지하는 조절 작용이다. 정온동물에 발달해 있으며, 몸 안에서 열 발생을 조절하는 방법과 몸 밖으로 열 방출을 조절하는 방법이 있다. 예를 들면 도마뱀은 체온에 따라 태양 빛에 대한 위치를 바꾸거나, 다랑어 등과 같이 크고 빠르게 헤엄치는 물고기 종류나 나비·나방 등 높이 날아다니는 곤충은 근육 운동에 의해 체온을 높이는 것으로 알려져 있다.

체온이 평상시보다 낮아지면 입모근* 및 피부 혈관의 수축이 일어나고 골격근의 긴장이 증가하여 전신에 떨림이 일어나며, 이때 열이 발생되어 체온을 정상치로 올린다. 체온이 평상시보다 높아지면 땀을 흘려 열을 방출시키며, 땀샘이 발달하지 않은 동물조류, 개 등은 헐떡이는 호흡으로 증발을 촉진하며 열을 방출시킨다. 또한 쥐, 코끼리처럼 타액이나 물로 몸을 적셔 체온을 낮추는 경우도 있다. 체온 조절의 중추는 간뇌의 시상 하부이다.

■**입모근**(立毛筋): 털이 나 있는 구멍(모낭)과 표피에 붙어 있는 근육으로 털세움근이라고도 하며, 날씨가 춥거나 놀랐을 때 소름이 돋는 현상을 일으킨다.

추위에 대한 조절

① 열 발생량 증가

- 갑상샘에서 티록신 분비: 물질대사를 촉진한다.
- 당질 코르티코이드 분비: 물질대사를 촉진하고, 골격근을 수축시켜 몸을 떨리게 한다.
- 부신 속질에서 에피네프린아드레날린 분비: 포도당의 산화를 촉진한다.

② 열 방출량 감소

교감 신경의 작용으로 피부의 모세 혈관을 수축시키고 땀 분비를 억제하여 몸 밖으로 방출되는 열을 감소시킨다.

더위에 대한 조절

① 열 발생량 감소

부교감 신경의 흥분으로 이자에서 인슐린의 분비량이 증가하여 물질대사가 억제되고, 간과 근육의 발열량이 감소한다.

② 열 방출량 증가

부교감 신경의 작용으로 피부의 모세 혈관이 확장되고 땀 분비를 촉진하여 몸 밖으로 많은 열을 방출한다.

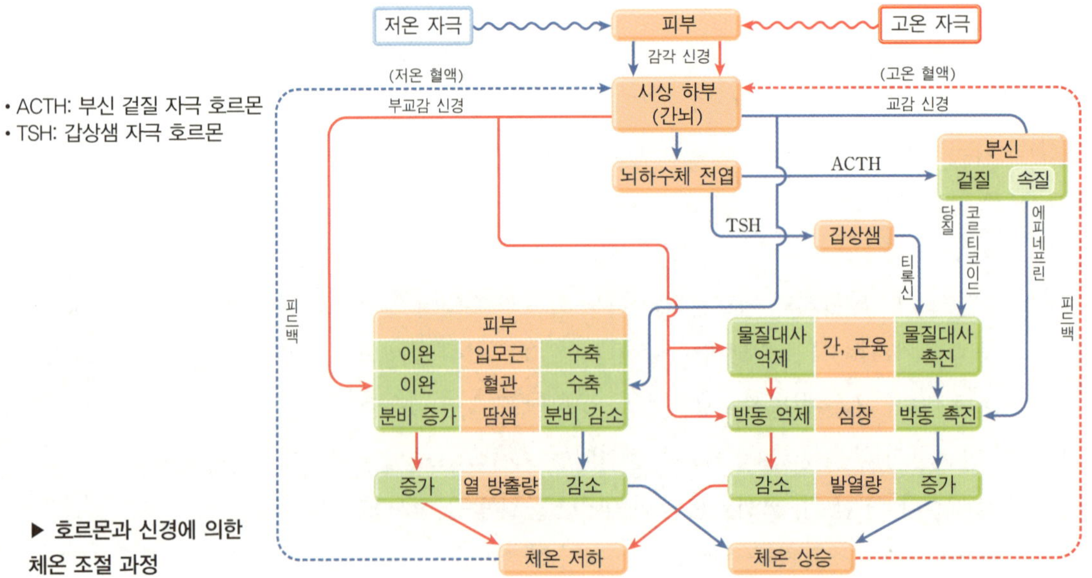

▶ 호르몬과 신경에 의한 체온 조절 과정

세균 〔가늘 세 細, 균 균 菌〕
bacteria

하나의 세포로 이루어져 있고 분열을 통해 증식하는 미생물

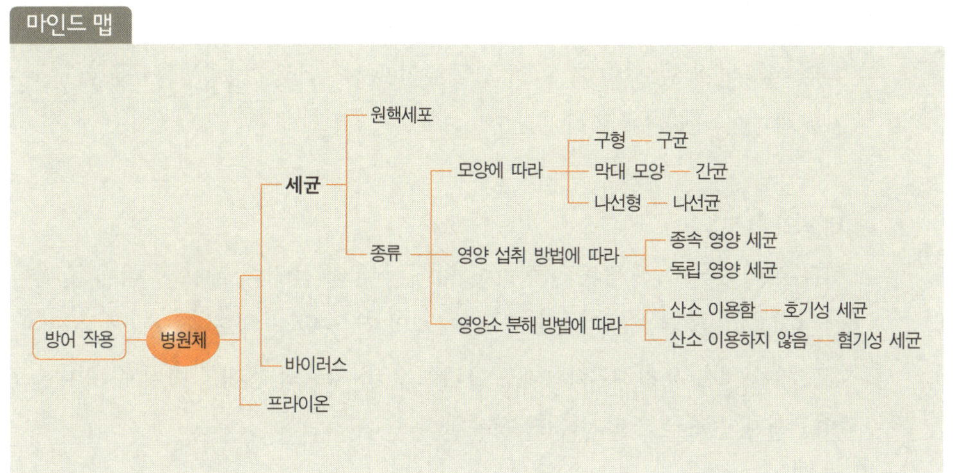

병에 걸려서 치료를 받을 때 종종 항생제라는 것을 복용하게 된다. 대부분의 질병은 세균이나 바이러스 같은 외부 침입자병원체에 의해 발생하는데, 항생제는 세균의 증식을 억제하는 약이다. 그렇다면 인간의 몸에 침입하여 질병을 일으키기도 하는 생물체인 세균이란 무엇일까?

인간을 포함한 모든 생물체는 세포로 구성되어 있다. 세포는 생물을 구성하는 구조적이고 기능적인 최소 단위이다. 생물체에는 하나의 세포로 이루어진 단세포 생물과 수많은 세포로 이루어진 다세포 생물이 있다. 일반적으로 세균이란 단세포로 이루어져 있고 분열의 방법을 통해 생식하는 작은 생물체를 의미한다.

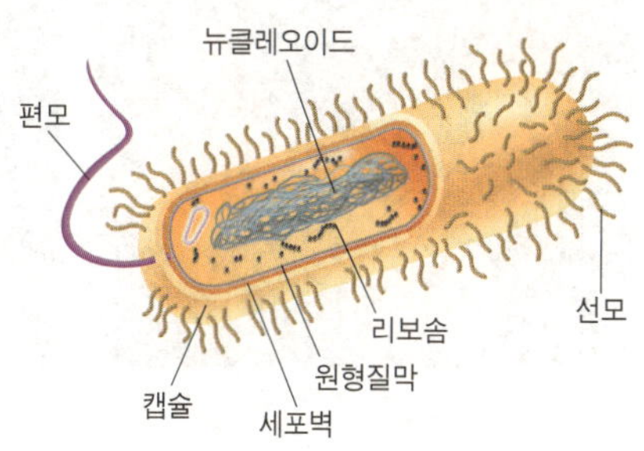

▲ 원핵세포로 이루어진 세균의 구조(간균)

지구상에 존재하는 생명체는 2가지 서로 구별되는 세포인 원핵세포와 진핵세포로 나누어진다. 진화적으로 긴 시간과 분류학상으로 큰 부분을 차지하는 단세포 생물인 세균은 핵을 비롯한 어떠한 세포 소기관도 가지고 있지 않다. 핵의 존재 유무는 기본적으로 생물을 분류하는 방법으로 이용되는데, 핵이 있는 세포로 이루어진 생물을 '진핵생물'이라 하고, 핵이 없는 세포로 이루어진 생물을 '원핵생물'이라고 한다. 원핵생물은 원핵세포로, 진핵생물은 진핵세포로 되어 있다.

일반적인 세균을 비롯해서 고세균archaebacteria이라고 하는 세균은 원핵세포로 이루어져 있으며, 그 외의 생물체인 동물·식물·원생생물·균류fungi는 진핵세포로 이루어져 있다.

세균의 특징

세균을 이루는 원핵세포는 핵막이 없어서 유전 물질이 세포질 내에 존재한다. 또한 미토콘드리아, 소포체, 골지체와 같은 막성 세포 소기관이 없으며, 세포의 외형을 유지해 주는 세포 골격이 없어 세포의 형태를 바꿀 수 없다. 그러나 생장이 빠르고 환경에 잘 적응한다.

세균의 종류

① 모양에 따라 구균, 간균, 나선균

세균은 모양에 따라 구형球形의 구균, 막대 모양의 간균, 나선형의 나선균으로 구분한다. 폐렴균이나 식중독균은 구형의 구균이고, 이질균은 막대 모양의

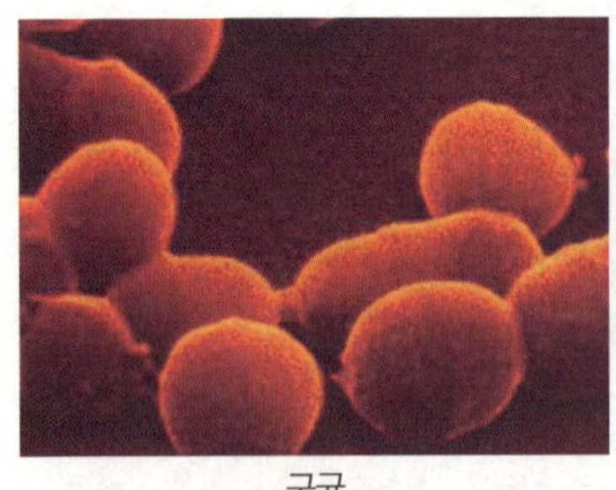

구균

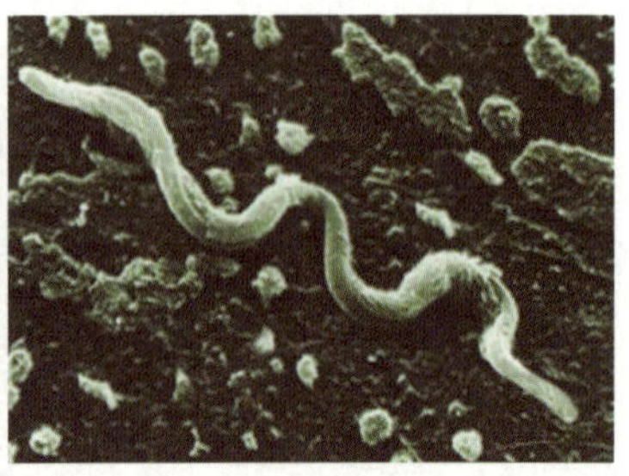

간균

나선균

▲ 모양에 따른 세균의 분류

간균이며, 헬리코박터 파일로리균은 나선형의 나선균에 속한다.

② 영양 섭취 방법에 따라 종속 영양 세균, 독립 영양 세균

세균은 영양 섭취 방법에 따라 종속 영양 세균과 독립 영양 세균으로 구분한다. 종속 영양 세균은 살아가기 위해서 외부로부터 영양 물질을 섭취하는 세균으로, 대부분의 세균이 이에 해당된다. 종속 영양 세균은 생태계에서 죽은 생물이나 노폐물 내의 유기물을 분해하는 분해자 역할을 하는 세균부터 사람의 장내에 존재하는 대장균, 요구르트나 김치의 발효에 쓰이는 발효균젖산균 등 매우 다양하다. 또한 일부는 질병을 일으키는 병원균으로 인간이나 동물의 몸에 기생하여 병을 유발시키는 작용을 하는데, 식중독을 일으키는 살모넬라균, 결핵균, 폐렴균 등이 이에 속한다.

독립 영양 세균은 식물처럼 광합성을 하여 스스로 살아갈 양분을 합성하는 세균이다. 바다에서 빛을 이용하여 살아가는 남세균cyanobacteria이 이에 해당된다.

③ 영양소 분해 방법에 따라 호기성 세균, 혐기성 세균

세균은 영양소를 분해할 때 산소를 이용하는지의 여부에 따라 구분하는데, 산소를 이용하는 세균을 호기성 세균이라 하고, 산소를 이용하지 않는 세균을 혐기성 세균이라고 한다.

> **Tip** 단세포 생물인 세균이 진화하여 다세포 생물로 진화했다는 학설을 '세포 내 공생설'이라고 하는데, 이 설에 따르면 식물의 엽록체는 광합성 세균에서 유래하였고, 동물과 식물이 공통으로 갖고 있는 미토콘드리아는 호기성 세균에서 유래하였다.

프라이온 *prion*
단백질로 이루어진 감염 입자(병원체)

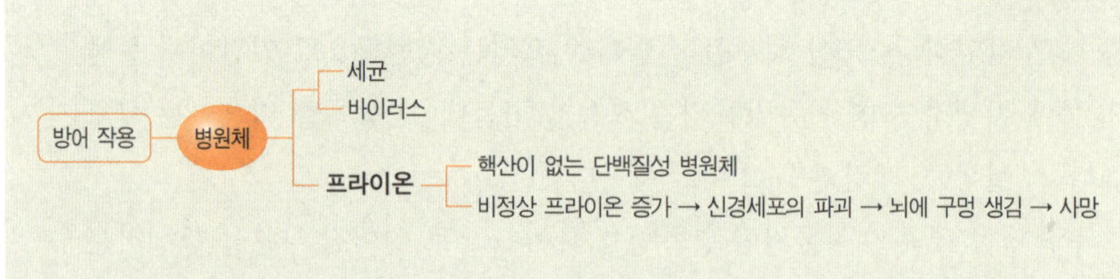

일반적으로 질병은 병원체에 의한 감염이 주된 원인이다. 질병을 일으키는 대표적인 병원체에는 세균과 바이러스가 있다. 하지만 의학이 발달하면서 세균은 항생제에 의해, 바이러스는 항바이러스제에 의해 치료가 가능해졌다. 세균이나 바이러스는 증식하는 동안 DNA나 RNA 같은 유전 물질을 이용하는데, 에너지가 강한 자외선을 이용하면 이 유전 물질을 파괴할 수 있으므로 이들 병원체로 인한 질병을 치료할 수 있게 되었다.

이와 달리 DNA나 RNA 같은 핵산을 가지고 있지 않으면서도 생물체 내에서 그 수가 증가하며 자외선이나 보통의 멸균 방법으로는 죽지 않는 새로운 단백질성 병원체가 발견되었는데, 이를 '프라이온'이라고 한다. 1997년 노벨 생리의학상을 수상한 미국의 프루시너S. Prusiner가 명명한 프라이온은 단백질의 'protein'과 감염성을 뜻하는 'infectious', 입자를 의미하는 접미사 'on'을 합성한 용어이다.

프라이온의 특징과 질병
프라이온을 만드는 유전자는 모든 척추동물에 존재하며, 정상적인 형태의 프라이온 단백질은 세포막에서 흔히 발견되고 뇌에서 어떤 기능을 수행하는 것으로 추측된다. 그러나 유전자 이상 등의 원인으로 비정상적으로 변형된 프라이온이 생성되면 비정상 프라이온과 접촉하는 정상 프라이온은 구조가 비정상적인 프라이온으로 변형되고 연쇄적으로 그 수가 증가하게 된다.

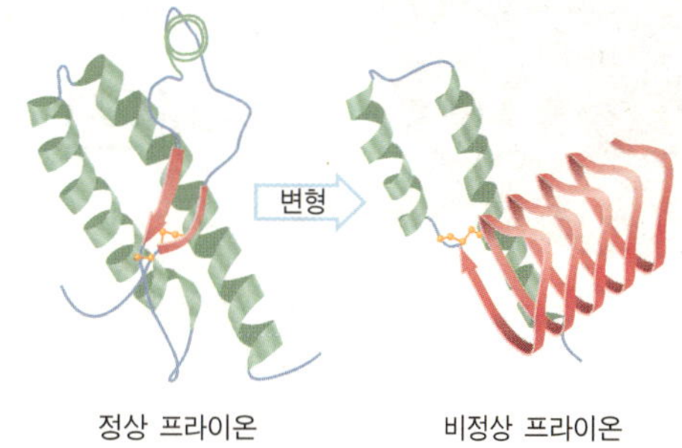

▲ 프라이온의 구조

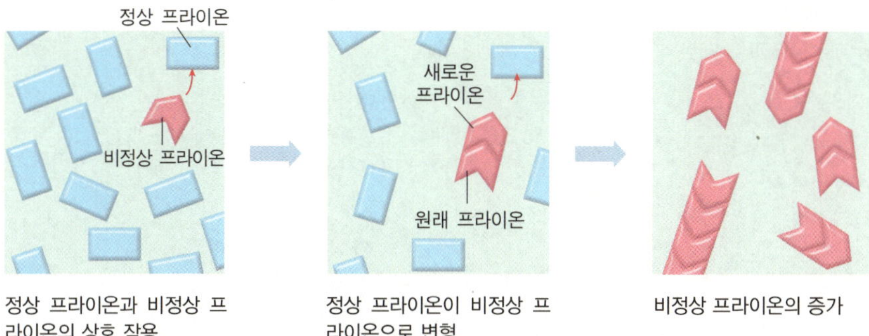

정상 프라이온과 비정상 프라이온의 상호 작용　　정상 프라이온이 비정상 프라이온으로 변형　　비정상 프라이온의 증가

▲ 비정상 프라이온 단백질의 증가 과정

비정상 프라이온의 증가는 뇌 속에서 신경 조직을 없애고 스펀지처럼 구멍을 만드는 등 치명적인 뇌 손상을 가져온다. 프라이온은 세포로 이루어진 병원체가 아니며, 세균이나 바이러스가 갖는 핵산도 갖고 있지 않으므로 일반적인 세균이나 바이러스 제거법으로는 제거되지 않는다.

프라이온으로 나타나는 질병으로는 소에게서는 광우병mad cow disease, 양에게서는 스크래피scrapie병, 그리고 사람에게서는 크로이츠펠트·야코프병CJD이 있다. 이 질병들의 공통점은 심각한 신경세포의 파괴를 가져와 뇌에 스펀지처럼 구멍이 뚫리는 증상으로 결국은 사망에 이르게 된다는 점이다.

▲ 크로이츠펠트·야코프병에 걸린 환자의 뇌 조직

주제 36

면역 〔면할 면 免, 전염병 역 疫〕
immunity

체내에 병원체가 들어오지 못하도록 방어하거나 침입한 병원체를 제거하는 능력

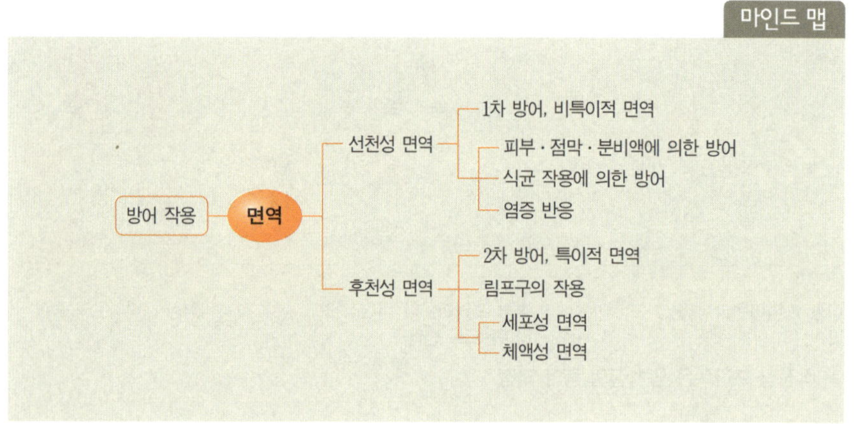

외부로부터 체내에 세균이나 바이러스 같은 병원체가 침입하지 못하도록 방어하거나, 병원체가 침입하더라도 이를 인식하고 저항할 수 있는 능력을 '면역'이라고 한다. 면역에는 태어날 때부터 누구나 타고나는 능력인 선천성 면역과 후천적으로 획득되는 후천성 면역이 있다. 우리가 사용하는 일반적인 의미에서의 면역은 후천성 면역을 말한다.

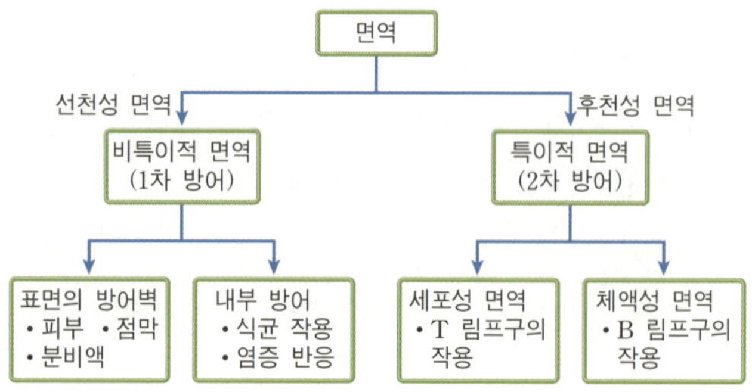

▶ 사람의 면역 체계

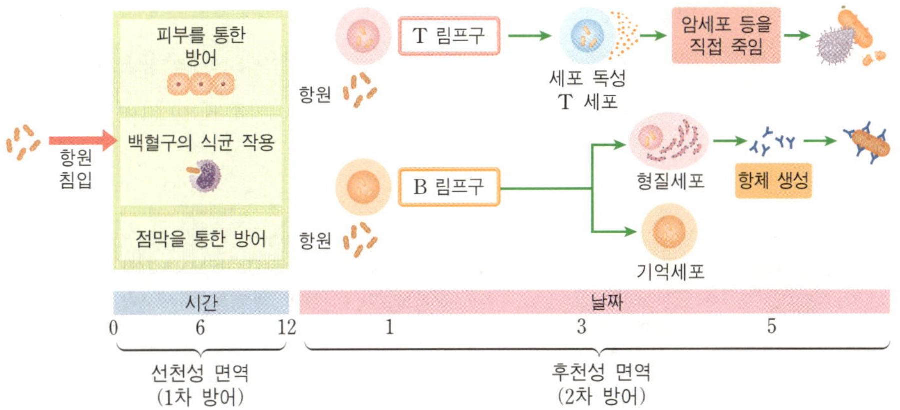

▲ 시간에 따른 선천성 면역과 후천성 면역 과정

선천성 면역

'비특이적 면역'이라고도 하는데, 체내로 침입하는 병원체의 종류와 상관없이 즉각적으로 작용하는 방어 작용이다. 병원체가 체내에 들어오는 것을 막는다는 의미에서 '1차 방어'라고도 불리며 표면의 방어벽과 몸 내부의 화학 물질이 관여한다. 예를 들어 사람의 피부는 케라틴▪이라는 단백질을 포함하고 있어서 단단한 물리적 장벽 역할을 하므로 세균이나 바이러스는 피부에 상처가 나지 않는 한 피부를 뚫고 체내로 들어올 수 없다.

소화관이나 호흡 기관의 내벽은 점막이라는 세포층으로 되어 있는데 여기서 분비되는 라이소자임▪ 효소나 위에서 분비되는 염산과 같은 강산성 물질은 세균을 효과적으로 억제하는 작용을 한다.

또한 여러 종류의 백혈구가 세균을 잡아먹는 '식균 작용'을 하여 병원체를 제거하기도 하며, 병원체에 의해 손상된 세포에서 분비되는 히스타민에 의해 유발되는 염증 반응에 의해 병원체를 제거하기도 한다.

후천성 면역

'특이적 면역'이라고도 하는데, 침입한 병원체의 종류를 인식하고 이에 맞게 대응하는 방어 작용으로 림프구▪와 항체가 중요한 역할을 한다. 또한 한 번 침입한 병원체의 종류를 기억하는 기능이 있어서 동일한 병원체가 2차로 침

▪**케라틴**(keratin): 동물체의 표피, 털, 손톱, 발톱 등을 이루는 단백질.

▪**라이소자임**(lysozyme): 세균의 세포벽을 구성하는 성분인 펩티도글리칸의 특정 부위를 가수 분해하는 항균 효소.

▪**림프구**(lymphocyte): 백혈구의 일종으로 항체를 생산하거나 병원체를 제거하여 면역 기능을 수행하는 세포.

입할 때에는 이에 효과적으로 대처할 수 있다.

후천성 면역은 병원체가 몸에 완전히 침입한 후 일어나는 작용으로 선천성 면역 작용 이후에 진행되므로 '2차 방어'라고도 한다. 후천성 면역에는 세포성 면역과 체액성 면역이 있다.

소화 기관이나 배설 기관. 생식 기관은 구조적으로 기다란 관(tube)의 형태로 되어 있어서 병원체의 침투 방지 및 포획에 효과적이다. 또한 침이나 눈물에도 라이소자임 효소가 포함되어 있어서 병원체의 증식을 억제하는 기능이 있다.

림프구 *lymphocyte*

백혈구의 일종으로 항체를 생산하거나 병원체를 제거하여
면역 기능을 수행하는 세포

마인드 맵

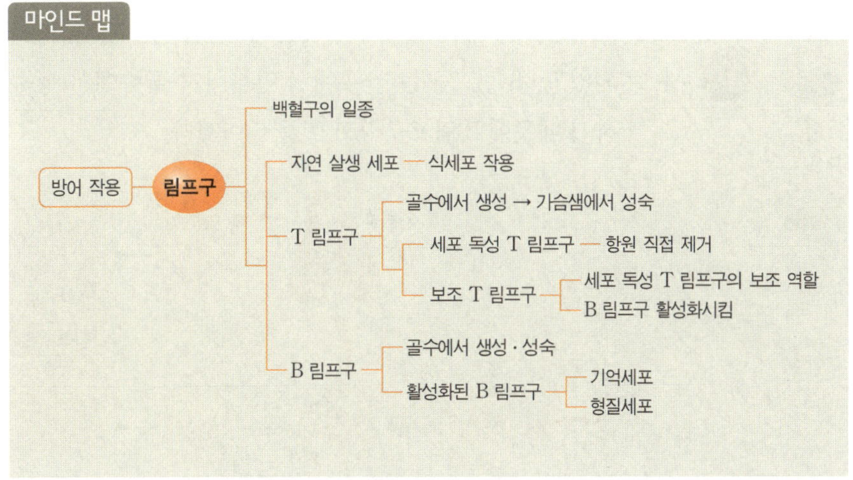

    사람의 혈액은 액체 성분인 혈장과 세포 성분인 혈구로 나눌 수 있고, 혈구
는 다시 백혈구와 적혈구, 혈소판으로 나누어진다. 이 중에서 면역 작용에 가
장 활발한 역할을 하는 세포는 백혈구이며, 백혈구는 적혈구나 혈소판과는
달리 그 종류 및 기능이 매우 다양하다.

    백혈구는 내부에 소낭이 존재하는 과립형 백혈구와 소낭이 없는 비과립형
백혈구로 분류할 수 있다. 과립형 백혈구에는 기생충에 대한 방어 기능을 하
는 호산성 백혈구, 세균을 잡아먹는 식세포 작용▪을 하는 호중성 백혈구, 내
부의 소낭을 방출하여 염증을 유도하는 호염기성 백혈구가 있다.

    비과립형 백혈구에는 대식세포▪로 성숙한 후에 세균을 잡아먹는 식세포 작용

▪**식세포 작용**: 세포가 외부
로부터 침입한 병원균 등을
세포 내로 잡아들여 세포내
소화를 하는 작용. 식균 작용
이라고도 한다.

▪**대식세포**: 혈액, 림프, 결
합 조직에 있는 백혈구의 일
종으로 침입한 병원균이나
손상된 세포를 포식하여 면
역 기능 유지를 담당한다.

을 하는 단핵구單核球와 또 다른 세포로 림프구가 존재한다.

면역 기능을 하는 림프구

림프구는 항체를 생산하거나 병원체를 제거하는 등의 면역 기능을 담당하는 세포이다. 림프구에는 식세포 작용을 하는 자연 살생 세포natural killer cell: NK cell와 면역에서 주된 역할을 하는 T 림프구, B 림프구가 있다.

T 림프구는 골수骨髓 bone marrow에서 만들어져 가슴샘 thymus gland에서 성숙하기 때문에 T 림프구라고 불리게 되었고, B 림프구는 골수에서 만들어져 골수에서 성숙하기 때문에 B 림프구라고 이름 지어졌다.

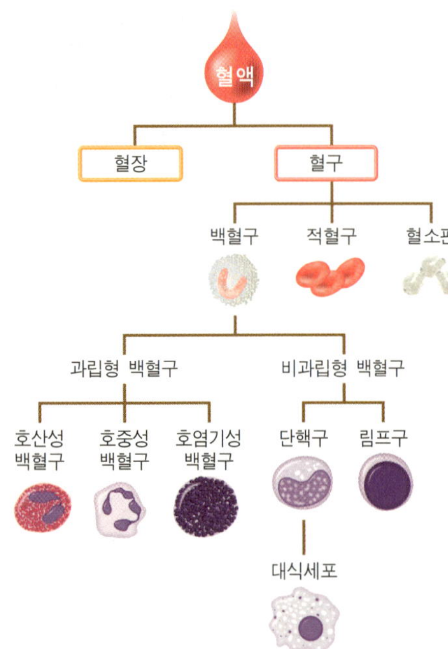

▲ 혈구의 종류

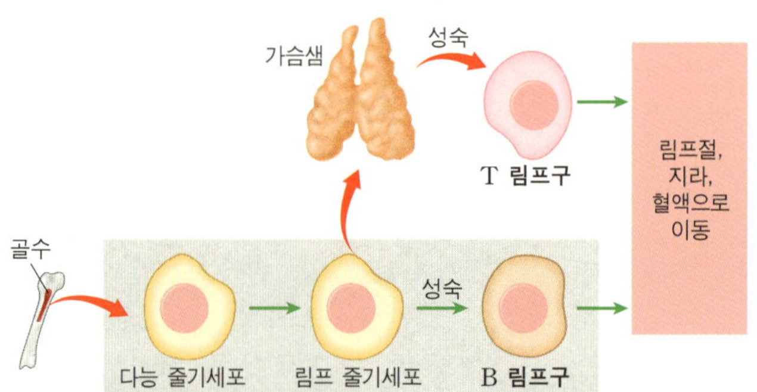

▲ 림프구의 종류와 생성

T 림프구는 다시 세포 독성 T 림프구killer T cell와 보조 T 림프구helper T cell로 분류되는데, 세포 독성 T 림프구는 병원체에 감염된 세포나 항원을 직접 없애는 역할을 한다. 보조 T 림프구는 세포 독성 T 림프구가 몸에 침입한 항원을 제거하는 데 보조 기능을 수행하며, B 림프구를 활성화시키는 역할도 한다. 보조 T 림프구에 의해 활성화된 B 림프구는 항체를 생산하는 형질세포와 침입한 병원체를 기억하는 기억세포로 분화하여 면역 기능을 수행하게 된다.

림프구는 전체 백혈구의 약 30% 정도를 차지하며 림프관과 혈관 등을 통해 끊임없이 몸속을 순환한다.

염증 〔불꽃 염 炎, 증세 증 症〕
inflammation

피부가 손상되어 병원체가 침입한 부위에 열이 나고 빨갛게 부어오르며 통증이 생기는 현상

마인드 맵

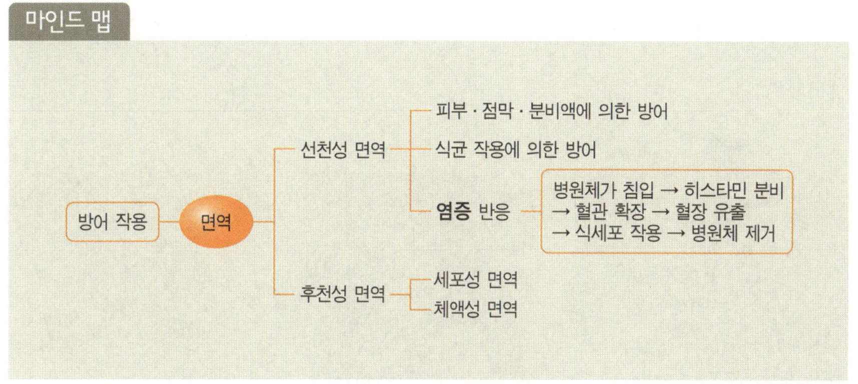

　사람의 피부는 물리적인 1차 방어벽을 형성하므로 세균이나 바이러스 같은 병원체가 피부를 직접 뚫고 들어올 수 없다. 하지만 피부에 상처가 생겨 손상되면 병원체가 침입하게 된다. 이때 우리 몸에는 즉각적인 작용이 일어나는데 그 대표적인 반응이 '염증'이다. 염증 반응은 비특이적 현상으로, 병원체의 침입에 대한 즉각적인 방어 작용이며, 감염 확대를 방지하고 손상된 세포를 제거하는 역할을 한다.

염증의 진행 과정

염증의 첫 번째 증상은 손상된 피부 주위로 붉은색이 나타난다. 이는 혈관의 확장으로 혈액이 많이 흐르기 때문인데, 상처 난 피부 아래쪽의 비만 세포■에서 분비한 히스타민이라는 화학 물질이 원인이다. 히스타민은 신호 물질로 작용하여 모세 혈관을 확장시켜 모세 혈관을 흐르는 혈액량을 증가시킨다.

■**비만 세포**(mast cell): 피부, 혈관 주위, 점막 주변 등 외부 물질이 침입하기 쉬운 곳에 분포되어 있는 백혈구의 일종. 히스타민을 분비하여 혈관을 확장시킨다.

두 번째 증상은 상처 부위가 부풀어 오르는데, 이는 모세 혈관에서의 물질 투과도가 증가하여 혈액의 액체 성분인 혈장이 모세 혈관 밖으로 유출되었기 때문이다.

세 번째 증상은 열이 발생하여 상처 난 부위가 화끈거린다. 이는 시상 하부의 자극으로 열이 발생했기 때문인데, 온도가 상승하면 백혈구에 의한 식세포 작용이 더 활발해진다고 알려져 있다. 상처를 통해서 들어온 병원체는 대식세포와 호중성 백혈구에 의해서 주로 제거된다.

네 번째 증상은 상처 부위의 통증이다. 피부가 손상되고 염증 반응이 시작되면 대뇌에서는 통증을 감지하여 병원체가 침입한 부위를 계속해서 경계하게 된다.

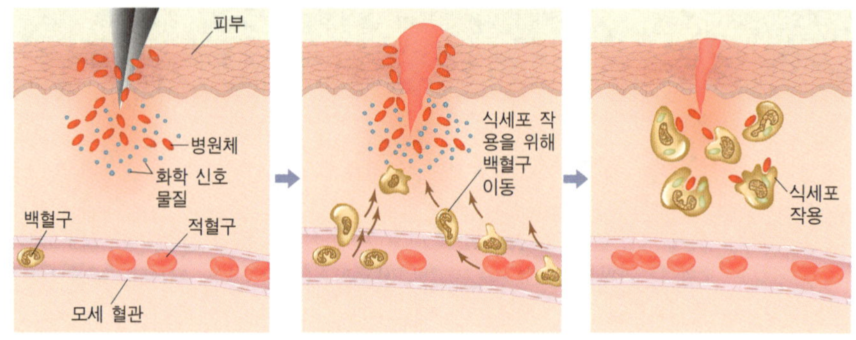

▲ 염증의 진행 과정

백혈구는 세균과 싸우다 죽으면 고름이 된다. 이처럼 염증이 진행됨에 따라 고름이 쌓이는데, 상처 난 부위에서 생기는 고름에는 죽은 백혈구와 죽은 세균 등이 들어 있다.

항원 / 항체

〔막을 항 抗, 근원 원 原〕 **antigen /**
〔막을 항 抗, 몸 체 體〕 **antibody**

항체를 생성하도록 하는 이물질 / 항원과 결합하는 단백질

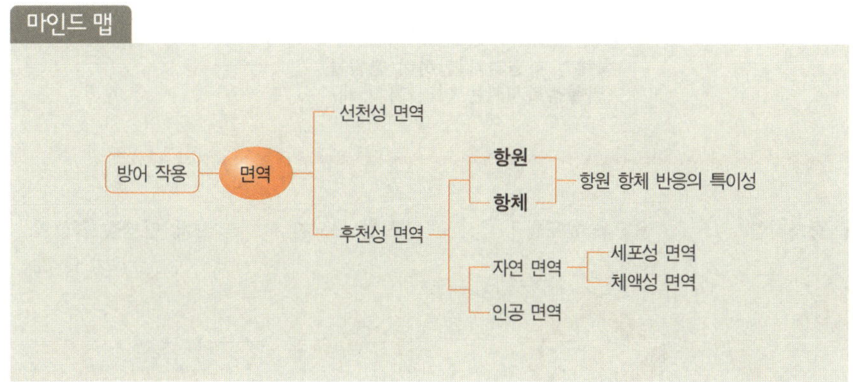

항원

우리 몸에 들어와 질병을 일으키는 병원체에는 바이러스, 세균, 곰팡이, 원생 동물 등이 있다. 또한 병원성 생물체가 만들어 낸 독성 물질이나 외부에서 들어오는 단백질, 당 등도 질병을 일으킬 수 있다. 이처럼 외부에서 몸 안으로 들어왔을 때 면역계에 인식되거나 면역계와 상호 작용을 할 수 있는 생물체나 물질을 '항원'이라고 한다. 항원이 몸 안으로 들어오면 항원에 대해 항체가 생성된다.

항체

'항체'란 항원의 자극에 의해 몸 안에서 만들어지고 그 항원과 결합하여 항원을 비활성화시키는 면역 관련 단백질이다. 즉 항체로 작용하는 면역 글로불린immunoglobulin: Ig을 말한다.

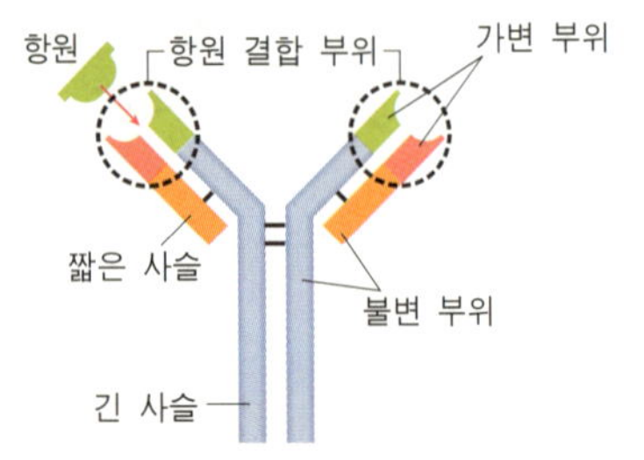
▲ 항체의 구조(단량체인 경우)

항체는 아미노산이 폴리펩타이드 결합으로 연결된 단백질로 되어 있으며, 긴 사슬의 단백질과 짧은 사슬의 단백질이 결합하여 Y자 모양의 구조를 이루고 있다. 항체는 종류에 상관없이 '불변 부위'라는 공통된 부위와 항체의 종류마다 차이가 나는 '가변 부위'를 가지고 있는데, 가변 부위에 항원과 결합할 수 있는 항원 결합 부위를 가지고 있다.

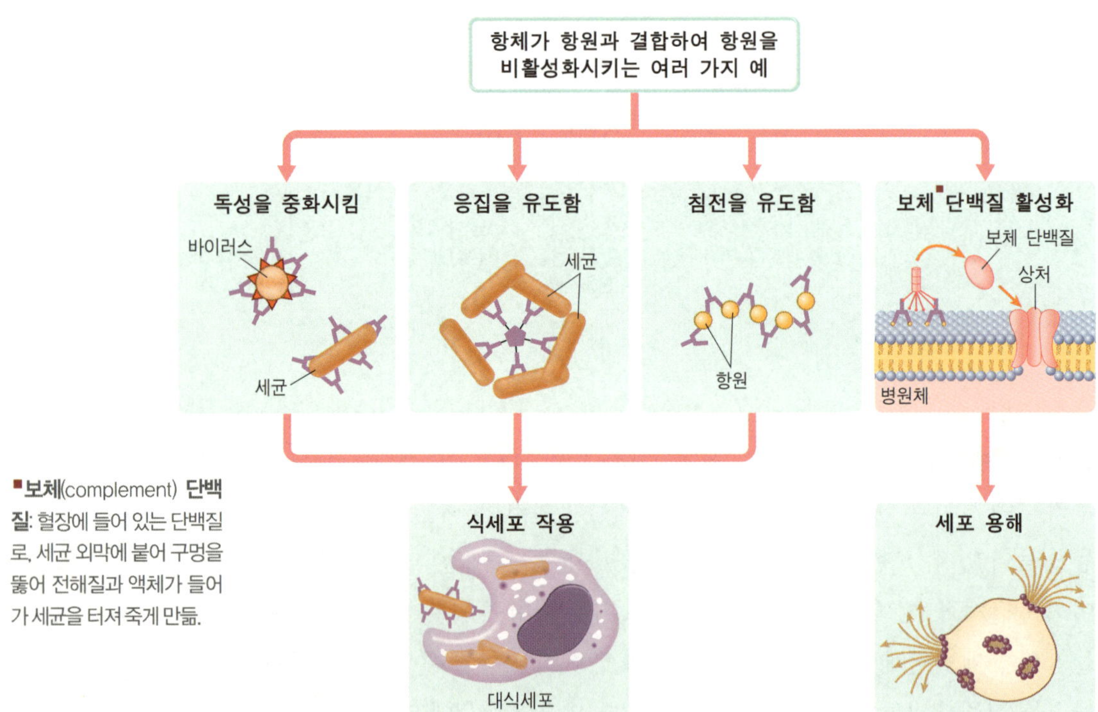
▲ 항체의 여러 가지 기능

■**보체**(complement) **단백질**: 혈장에 들어 있는 단백질로, 세균 외막에 붙어 구멍을 뚫어 전해질과 액체가 들어가 세균을 터져 죽게 만듦.

항원 항체 반응의 특이성

■**형질세포**(形質細胞): B 림프구가 보조 T 림프구에 의해 변형된 항체 생성 세포.

항체는 B 림프구가 분화하여 생성된 형질세포plasma cell■에서 만들어지며, 한 종류의 항원이 침입하면 형질세포에서는 그 항원과 결합할 수 있는 한 종류의

항체만 생성된다. 이때 항체는 그 항체를 생성시
킨 항원을 인식하고, 항원 결합 부위에서 그 항
원과 결합하는 특이성을 갖게 되는데, 이를 '항원
항체 반응의 특이성'이라고 한다.

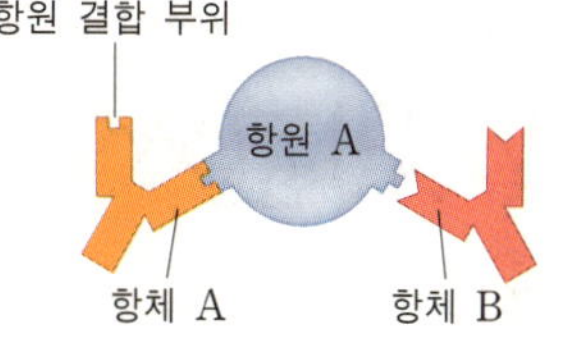

▲ 항원과 항체의 결합

항체(면역 글로불린immunoglobulin: Ig)는 크게 5가지의 그룹으로 분류된다. 각각은 항체 G·A·M·D·E로 분류되며, 혈액 속에 존재하는 주된 항체는 IgG이다.

항체의 종류	구조	특징
Ig G	단량체	1, 2차 면역 반응에서 주도적 역할을 함. 혈액의 주된 항체
Ig M	5량체	1차적으로 항원에 노출된 B 림프구에서 방출되는 항체
Ig D	단량체	Ig G와 유사함
Ig A	2량체	눈물, 침, 젖 등에 존재함
Ig E	단량체	알레르기 반응에 관여함

세포성 면역

〔가늘 세 細, 세포 포 胞, 성질 성 性, 면할 면 免, 전염병 역 疫〕　cellular immunity

활성화된 세포 독성 T 림프구가 항원에 감염된 세포나 항원을 직접 공격하여 일어나는 면역

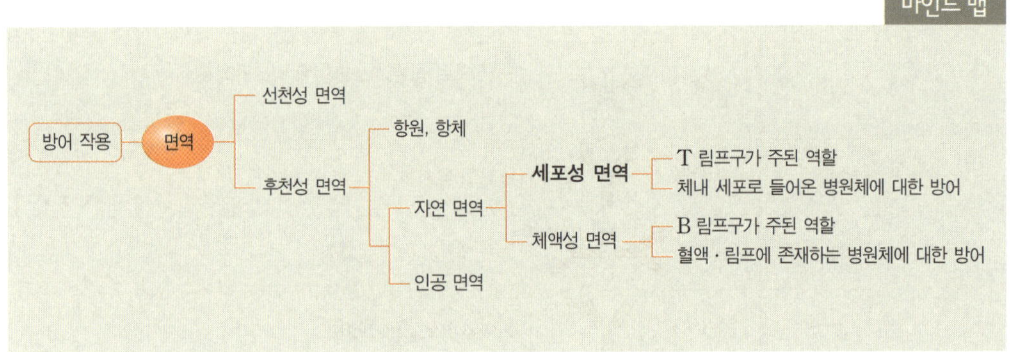

　외부 침입자항원가 몸 안으로 들어오려고 할 때 우리 몸은 효과적으로 그것들을 방어하는 수단인 선천성 면역 능력을 가동한다. 선천성 면역 능력은 누구나 타고나는 것으로 항원에 대한 1차 방어 수단이지만, 1차 방어 수단이 무너지고 항원이 몸 안으로 침투하면 조금은 느리지만 효과적인 2차 방어 수단인 후천성 면역 반응을 작동한다.

　후천성 면역 반응에는 백혈구의 일종인 T 림프구가 주된 역할을 하는 세포성 면역, B 림프구가 주된 역할을 하는 체액성 면역이 있다. T 림프구는 보조 T 림프구helper T cell와 세포 독성 T 림프구killer T cell로 분류되는데, 세포성 면역은 보조 T 림프구가 비활성화되어 있는 세포 독성 T 림프구를 활성화시키면서 시작된다.

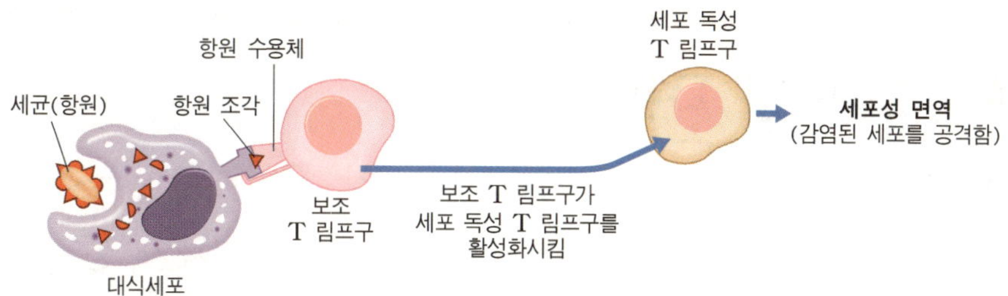

▲ 세포성 면역에서 보조 T 림프구의 기능

세포성 면역의 과정

대식세포가 식세포 작용으로 잡아먹은 항원 조각을 보조 T 림프구에 전하면
보조 T 림프구는 이것을 세포 독성 T 림프구에게 제시해 준다. 즉 보조 T 림
프구는 몸 안으로 특정한 항원이 침입하였음을 세포 독성 T 림프구에게 알려
주는 것이다. 이후 세포 독성 T 림프구는 침입한 항원에 대한 인지 기능을 가
지며, 항원에 감염된 세포를 찾아 화학 물질을 분비하여 직접 공격하게 된다.

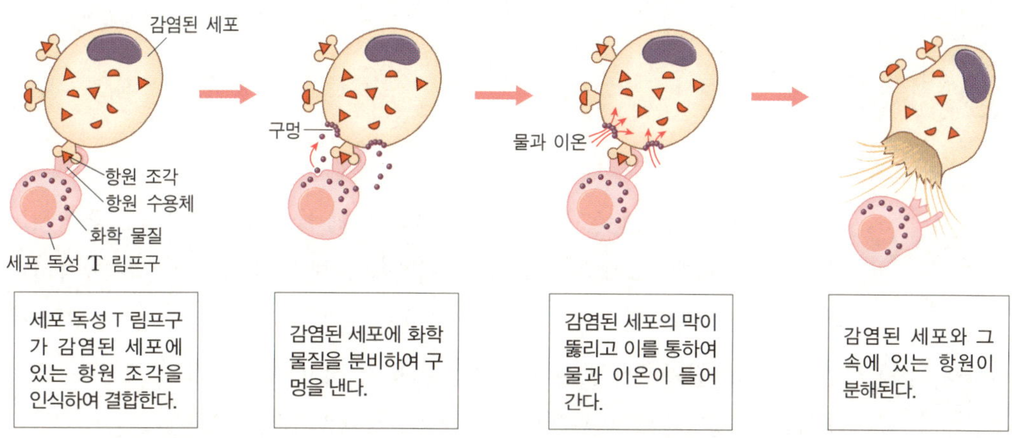

▲ 세포성 면역의 과정

'세포성 면역'에서 '세포성'의 의미는 체내로 들어온 항원에 대한 공격 주체가 T 림프구와 같은 세
포임을 강조하는 것이다.

체액성 면역

〔몸 체 體, 진액 액 液, 성질 성 性, 면할 면 免, 전염병 역 疫〕　**humoral immunity**

B 림프구에서 분화한 형질세포가 생성한 항체가 항원과
반응하여 일어나는 면역

마인드 맵

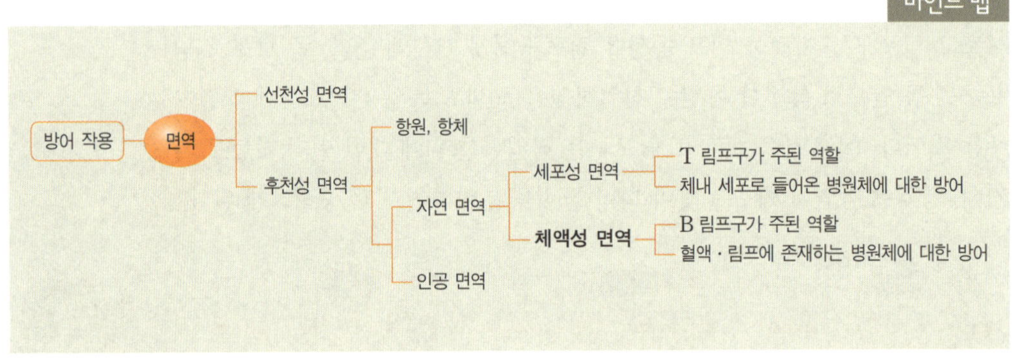

■**형질세포**(形質細胞): B 림프구가 보조 T 림프구에 의해 변형된 항체 생성 세포.

　　체내로 침입한 항원은 몸을 이루는 세포 내에 들어와서 세포를 무력화시킬 수도 있고, 혈액·조직액·림프 등의 체액을 통해 몸의 다른 곳으로 이동하여 존재할 수도 있는데 이런 경우에 체액성 면역 반응이 일어나게 된다. 체액성 면역이란 B 림프구가 분화하여 형질세포■가 되고, 형질세포가 생성·분비한 항체와 항원이 결합하여 진행되는 면역 반응을 말한다.

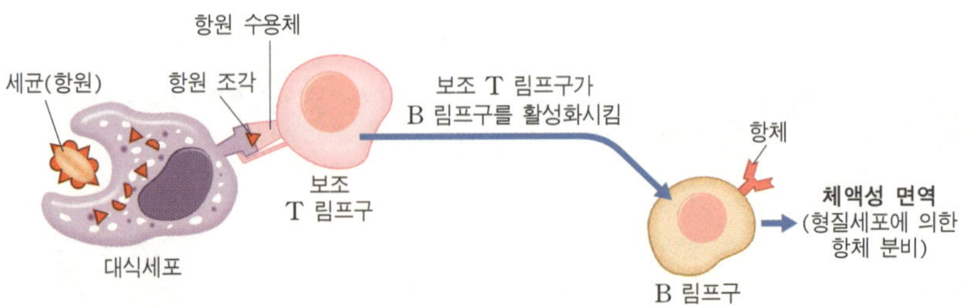

▲ 체액성 면역에서 보조 T 림프구의 기능

체액성 면역의 과정

체액성 면역에서도 보조 T 림프구의 역할이 중요한
데, 활성화된 보조 T 림프구가 B 림프구에 항원을 제
시하면 B 림프구는 형질세포로 분화한 후 이 항원과
결합할 수 있는 항체를 생성하게 된다. 일부 B 림프구
는 기억세포로 분화하는데, 이 기억세포는 처음 침입
한 항원의 종류를 기억하는 기능이 있으며, 동일한 항
원의 2차 침입 때 형질세포와 기억세포로 다시 분화되
어 신속하게 다량의 항체를 생성한다.

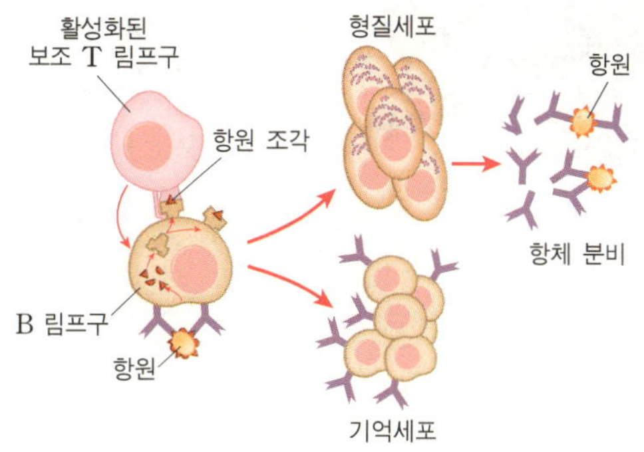

▲ 체액성 면역의 과정

    오른쪽 그래프에서 항원 A를 인체에 주사하면 B 림프
구는 형질세포로 분화하여 항체를 만들고, 일부는 기억
세포로 분화하여 침입한 항원을 기억한다. 항원 A가
2차로 침입하기 전까지의 이 시기를 '1차 면역 반응'이
라고 한다.

    28일경 항원 A가 2차로 침입하면 기억세포가 많은 수
의 형질세포로 분화하여 신속하게 많은 항체를 생성하
게 되어 방어 속도가 빨라지는데, 이를 '2차 면역 반응'
이라고 한다.

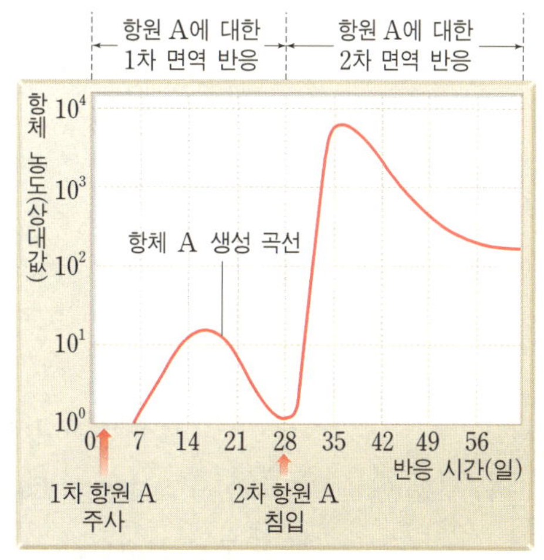

▲ 1차 면역 반응과 2차 면역 반응

Tip '체액성 면역'에서 '체액성'의 의미는 우리 몸속의 체액인 혈액·조직액·림프관으로 항체를
분비하여 병원체에 대한 방어 작용을 한다는 것을 강조하는 용어이다.

백신 vaccine

죽거나 약화시킨 병원체 또는 약화된 독성 물질로 체내에서
면역 작용을 유도하는 물질

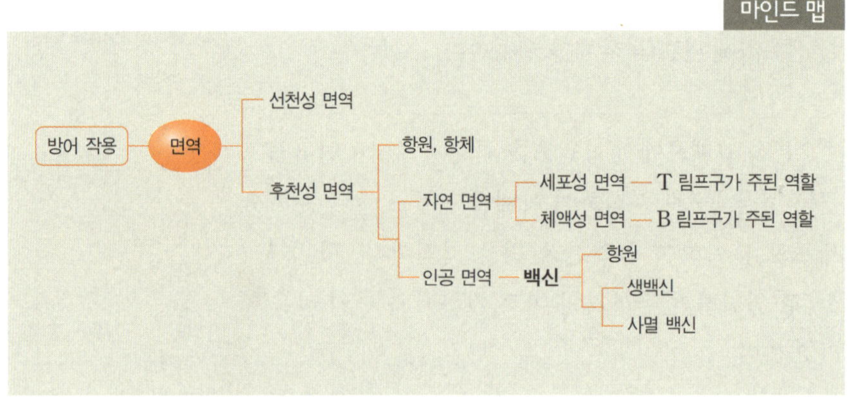

세포성 면역이나 체액성 면역은 건강한 사람이면 누구나 스스로 획득할 수
있는 능력으로 '자연 면역'이라고도 한다. 이에 반하여 아직 면역력을 갖추지
못한 신생아나 면역력이 감소한 노인의 경우에는 인위적인 방법을 이용하여
면역력을 높이기도 하는데, 이를 '인공 면역'이라고 한다. 인공 면역의 대표적
인 예가 '백신' 접종법이다.

백신은 죽거나 약화시킨 병원체나 독성을 약화시킨 항원으로, 이를 체내에
주입하면 면역 반응이 일어난다. 백신은 살아 있는 병원균의 병원성을 약하
게 하여 만든 면역성 백신인 생백신生– live vaccine과 병원균을 죽여서 만든 사
멸 백신死滅– nonlive vaccine으로 구분할 수 있다.

백신 접종의 목적

우리가 흔히 예방 주사라고 하는 것이 바로 백신 접종을 의미하는 것이다. 백

백신의 종류	특징 및 사용 예
생백신	– 독성을 약화시킨 살아 있는 병원체 – 백신의 효과가 오래 지속됨 – BCG(결핵 예방 백신), MMR(홍역 · 볼거리 · 풍진 예방 백신)
사멸 백신	– 죽은 병원체 – 백신의 효과가 짧아 추가 접종이 필요함 – 콜레라 백신, 인플루엔자 백신 등

신 접종법은 특정한 질병에 대한 저항력을 높여 주기 위해 감염 전에 예방을 목적으로 독성을 거의 없앤 항원을 주입하는 것이다. 즉 예방 주사는 약을 주입하는 것이 아니라 항원을 주입하는 것이다.

백신 접종으로 항원이 체내에 들어오면 1차 면역 반응이 일어나는데, 이 반응으로 몸에서는 B 림프구에서 분화한 형질세포가 그 항원과 결합할 수 있는 항체를 만든다. 또한 일부 B 림프구는 그 항원을 기억하는 능력을 가진 기억세포로 분화된다. 백신 접종을 하는 이유는 바로 이 기억세포를 만들기 위한 것이다.

기억세포의 수명은 짧으면 수년이고 길게는 수십 년으로 사람의 일생 동안 체내에 남을 수 있다. 우리 몸에 처음 들어온 항원을 기억세포가 기억하고 있다가 동일한 항원이 2차로 침입하면 이 기억세포에서 많은 수의 형질세포가 분화되고 그만큼 신속하게 많은 항체를 만들어 우리 몸은 효율적으로 병원체에 저항할 수 있게 된다.

백신 접종으로 생성된 기억세포는 한 종류의 항원만을 기억하므로 여러 질병에 대한 저항력을 가지려면 종류가 다른 백신을 접종해야 한다.

주제 43

후천 면역 결핍증

〔뒤 후 後, 하늘 천 天, 면할 면 免, 전염병 역 疫, 이지러질 결 缺, 모자랄 핍 乏, 증세 증 症〕
acquired immune deficiency syndrome: AIDS

후천적인 이유로 체내 면역 기능이 소실되는 증상

마인드 맵

방어 작용 — 면역
- 선천성 면역
- 후천성 면역 —— 면역 기능 상실 ——→ **후천 면역 결핍증**
  HIV에 의한 T 림프구 파괴

세포성 면역과 체액성 면역에서 중요한 역할을 하는 것은 보조 T 림프구이다. 그렇다면 보조 T 림프구의 기능이 상실되거나 보조 T 림프구 자체가 파괴된다면 어떤 일이 일어날까? 정답은 모든 면역 기능의 상실이다. 보조 T 림프구가 제 역할을 하지 못하면 세포성 면역과 체액성 면역이 모두 정지하므로 결국은 사망하게 된다. 후천적인 이유로 체내 면역 기능이 소실되는 증상을 '후천 면역 결핍증'이라고 하며, 흔히 에이즈AIDS라고 불리는 이 증상에 대한 완전한 치료법은 아직까지 나오지 않았다.

에이즈는 '사람 면역 결핍 바이러스human immunodeficiency virus: HIV'에 의해 T 림프구가 파괴되어 나타난다. 모든 바이러스는 숙주가 필요한데 HIV의 숙주가 T 림프구인 것이다. HIV는 사람의 체내로 침입하여 T 림프구에 들어간 다음 역전사 효소를 이용하여 RNA를 주형鑄型으로 DNA를 합성한다. 그 후 새로운 HIV를 만들어 내고 숙주인 T 림프구를 파괴한 다음 밖으로 나와 계속해서 또 다른 T 림프구를 숙주로 삼아 증

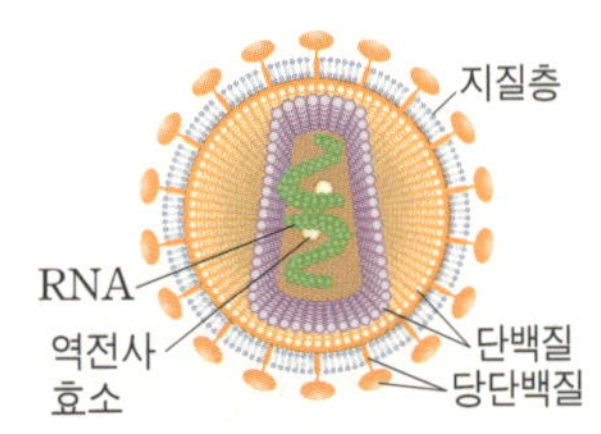

▲ HIV의 구조

식하며 T 림프구를 파괴한다.

  이와 같이 HIV는 서서히 인체 내에서 증식하는데 잠복기가 길게는 10년 정도나 되며, 잠복기 이후 인체에 치명적인 영향을 준다. 현재 에이즈의 치료에는 HIV의 역전사 과정RNA로부터 DNA가 합성되는 과정을 억제하는 지도부딘zidovu-dine:AZT이라는 억제제 물질과 DNA 백신 등이 이용되나 확실한 치료법은 아니므로 HIV에 감염되지 않도록 예방하는 것이 최선이라고 할 수 있다.

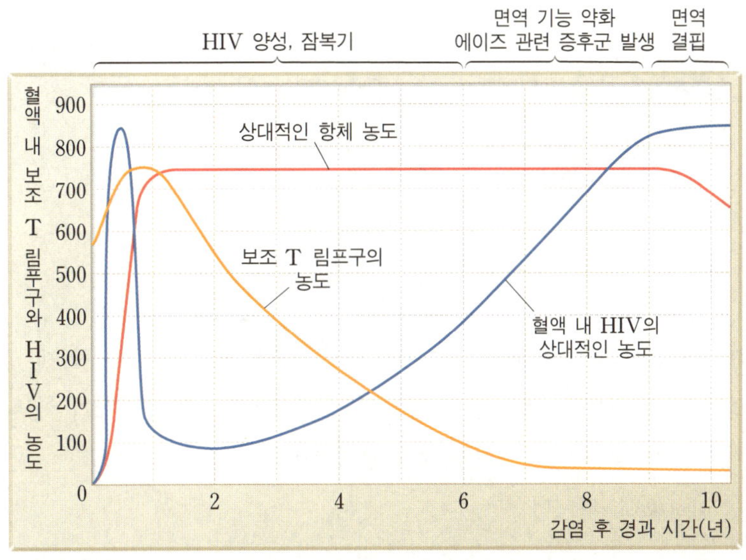

▲ HIV에 감염된 후 면역 결핍이 일어나기까지 T 림프구와 HIV의 상대 농도의 변화

  그래프를 통해 알 수 있는 것과 같이 HIV에 감염되면 혈액 내 보조 T 림프구의 농도가 감소하여 보조 T 림프구에 의해 유발되는 체액성 면역 기능이 소실되어 항체는 더 이상 생성되지 못한다. 결국 에이즈는 인간이 갖는 면역 기능을 모두 무력화시키므로 면역 기능이 정상이라면 스스로 완치될 수 있는 사소한 질병에 의해서도 치명적인 결과가 나타나 마침내 사망하게 된다.

HIV는 혈액이나 정액 같은 체액을 통해서만 전염되며 공기나 물 등을 통해서는 전염되지 않는다.

# 알레르기(앨러지)
allergie(allergy)

외부에서 체내로 들어온 이물질에 대해 면역 반응을 일으키는 현상

마인드 맵

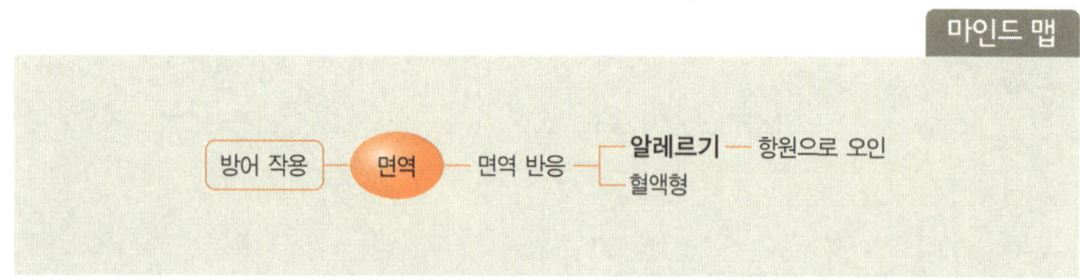

알레르기는 항원으로 작용하지 않는 어떤 물질이 인체에 들어왔을 때 체내에서 항원으로 인식하여 면역 반응을 일으키는 현상이다. 즉 병원체가 아닌 물질이 체내에 들어왔을 때 이를 병원체로 인식하여 면역 반응을 일으키는 일종의 과민증hypersensitivity이다.

알레르기 반응을 일으키는 물질을 알레르겐allergen이라고 하는데, 일반적으로 보통 사람에게는 항원으로 작용하지 않는 꽃가루·특정 단백질 등이 이에 해당된다. 복숭아 껍질의 털이나 새우 껍질, 화학 물질, 특정 약물 등 알레르겐의 종류는 다양하다.

알레르겐이 처음 체내로 들어오면 이에 대한 항체가 생성되는데 이를 '항원 결정기'라고 한다. 나중에 알레르겐이 다시 체내로 들어왔을 때 항체는 활성화되어 비만 세포mast cell를 자극하게 되는데, 비만 세포에서는 히스타민을 분비하여 혈관을 확장시키고 모세 혈관에서의 물질 투과성을 증대시킨다. 이에 대한 결과로 콧물, 재채기, 두드러기 등의 알레르기 증상이 나타난다.

알레르기는 알레르겐이 들어온 후 반응이 나타나는 시간에 따라 즉시형 알

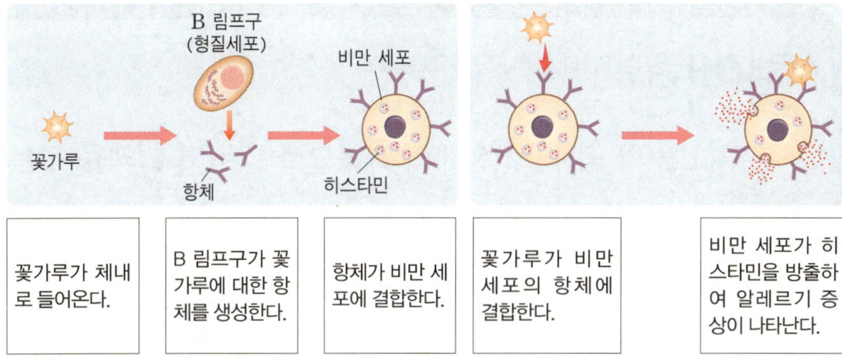

▲ 꽃가루에 대한 알레르기 증상이 나타나는 과정

레르기와 지연성 알레르기로 구분된다. 즉시형 알레르기에는 알레르기성 비염, 결막염, 알레르기성 천식, 아나필락시스anaphylaxis 등이 해당되고, 지연성 알레르기에는 결핵의 감염 여부를 테스트하는 투베르쿨린 피부 반응 검사 등이 속한다.

아나필락시스는 즉시형 알레르기 중에서도 가장 위험한 경우이다. 벌에 쏘이면 혈압이 급강하고 심장 박동이 멈추어 결국 사망하는 경우가 아나필락시스 쇼크의 한 예이다.

주제 45

혈액형 〔피 혈 血, 진액 액 液, 모형 형 型〕
blood type(blood group)

적혈구 표면의 항원을 몇 개의 그룹으로 나누어 혈액을 구분한 것

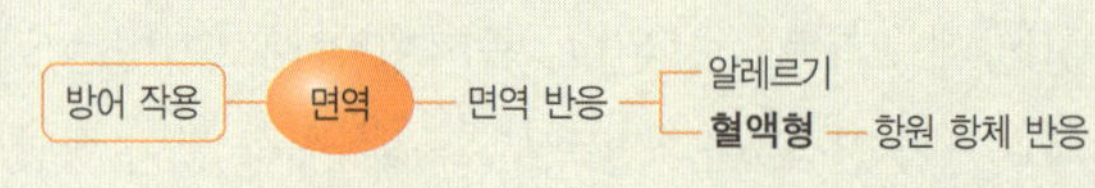

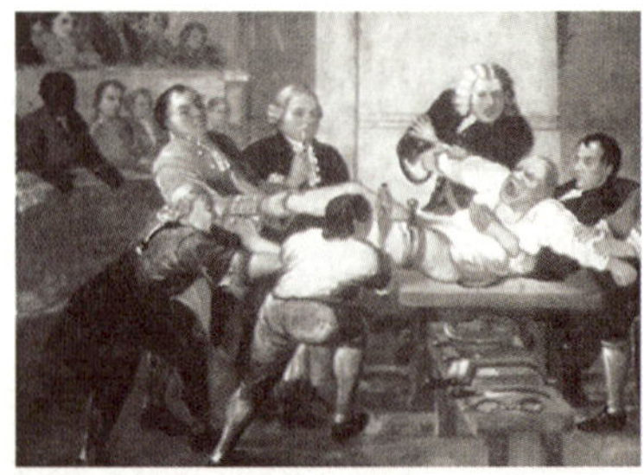

▲ 18세기의 외과 수술 장면

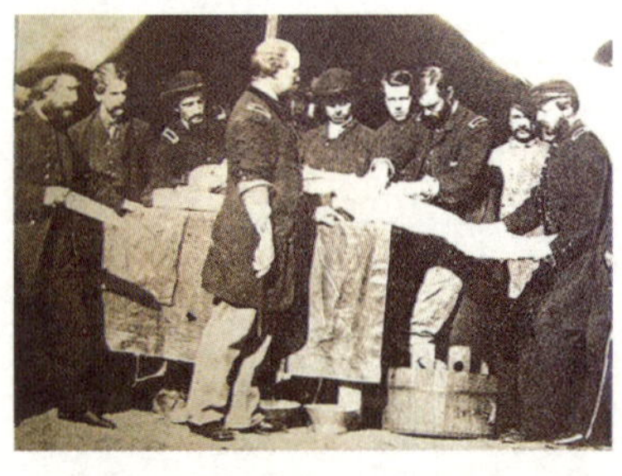

▲ 미국 남북전쟁 당시의 외과 수술 장면

외과 수술을 할 때 의료진은 계속해서 환자에게 혈액을 공급한다. 수술을 할 때 혈관이 파손되어 혈액이 계속 환자의 몸 밖으로 유출되기 때문에 외부에서 지속적으로 혈액을 공급해 주지 않는다면 환자는 사망하게 된다. 과다 출혈이 사망으로 이어지는 가장 큰 이유는 혈액에 의한 산소 공급이 이루어지지 않아서이다. 하지만 100여 년 전에는 외과 수술에서의 수혈이 불가능했는데, 이는 인간의 혈액이 한 종류가 아니라 여러 종류로 구분되어 있으나 이 혈액형을 구분할 수 있는 의학적 발달이 이루어지지 않았기 때문이다.

A형 혈액을 가진 사람에게 B형 혈액을 수혈하면 혈관 내부에서 혈액의 응집 반응항원 항체 반응에 의해 수혈을 받은 사람은 사망하게 된다. 따라서 예전에는 외과 수술을 받다 과다 출혈이나 쇼크로 사망하는 환자들이 많았다.

1901년에 오스트리아의 병리학자 란트슈타이너Karl Landsteiner가 ABO식 혈액형을 알아낸 후에야 혈액형에 따른 수혈이 가능해졌다. 그는 환자의 혈액

을 현미경으로 관찰하면서 다른 혈액과 섞었을 때 일어나는 응집 반응을 통해 사람의 혈액이 서로 다른 4가지로 분류될 수 있다는 것을 알아냈다. 혈액형은 혈액의 세포 성분인 적혈구 표면의 항원을 몇 개의 그룹으로 나누어 혈액을 구분한 것으로 ABO식 혈액형이 대표적인 예이며, 그 외에도 Rh식 혈액형, MN식 혈액형 등이 있다.

ABO식 혈액형은 적혈구 표면의 응집원▪에 따라 A형, B형, AB형, O형의 4가지로 혈액을 구분한다.

▲ 란트슈타이너

▪**응집원**: 응집 반응을 일으키는 항원.

혈액형	A형	B형	AB형	O형
적혈구 종류	A	B	AB	O
응집소	β 응집소	α 응집소	없음	β 응집소 α 응집소
응집원	A 응집원	B 응집원	A 응집원 B 응집원	없음

▲ ABO식 혈액형에서의 응집원과 응집소

적혈구 표면의 응집원은 일종의 항원 역할을 하고, 혈액의 액체 성분인 혈장 속 단백질인 응집소▪는 항체 역할을 하게 된다. 그래서 A형 혈액에 B형 혈액이 들어오면 A형 혈액의 β 응집소와 B형 혈액의 적혈구 표면에 있는 B 응집원이 결합하는 항원 항체 반응을 통해 혈액이 응집된다. 따라서 수혈은 혈액형이 동일한 사람끼리 가능하다. O형의 경우 응집원이 없어 A형, B형, AB형, O형 모두에게 수혈할 수 있지만 O형은 응집소를 모두 가지고 있으므로 혈액형이 다른 사람에게 수혈할 때는 200mL 미만의 소량 수혈만 가능하다.

▪**응집소**: 혈장 속에 들어 있는 일종의 항체로 적혈구 표면의 응집원과 결합하여 응집 반응을 일으킨다.

동물의 경우에도 혈액형이 존재하지만 인간의 ABO식 혈액형과는 다르며 종류도 다양하다. 고양이는 4종류, 말은 7종류, 개는 11종류, 소는 12종류, 돼지는 15종류나 된다.
재미있는 것은 영장류의 경우에는 인간처럼 ABO식 혈액형이 존재한다는 것인데, 침팬지는 A형과 O형만 존재하고, 고릴라는 모두 B형이며, 오랑우탄은 O형이 없이 A형, B형, AB형이 존재한다.

자연 속의 인간

생태계

- **생물과 환경의 상호 관계**
  - 빛과 생물
    - 빛의 세기 — **보상점 / 광포화점**, **광합성량 / 호흡량**
    - 빛의 파장 — **보색 적응**
    - 일조 시간 — **광주기성**
  - 온도와 생물
    - 온도와 식물
    - 온도와 동물 — **알렌 법칙 / 베르그만 법칙**
  - 물과 생물
  - 토양과 생물
  - 공기와 생물
  - **생활형** — 겨울눈의 위치
- 개체
- **개체군**
  - **개체군 밀도**
  - **개체군 생장 곡선**
  - **개체군 생존 곡선**
  - 동종 개체군 내의 상호 작용 — **세력권제(텃세) / 순위제**
- **군집**
  - 군집의 구성 — **먹이 사슬 / 먹이 그물**, **생태적 지위**
  - 군집의 구조 — **우점종**
  - 군집 내의 상호 작용 — **경쟁 · 배타 원리**, **포식 / 피식**, **공생**
  - 군집의 변화 — **천이**
- **생물 군계**
- 물질 순환
  - 물질의 생산 — **총생산량**, 순생산량
  - **탄소 순환**
  - **온실 효과**
  - **질소 순환**
  - **에너지 흐름** — 에너지 효율
  - **생태 피라미드**
- **생태계 평형**
- 생물 다양성
  - **종**
  - **생물 자원**
  - **귀화종**
  - 서식지 파괴 — **서식지 단편화**
- **지속 가능한 발전**

주제 **1**

생태계 〔살 생 生, 모양 태 態, 맬 계 系〕
ecosystem
하나의 계로서 작용하는 생물과 비생물적 환경

마인드 맵

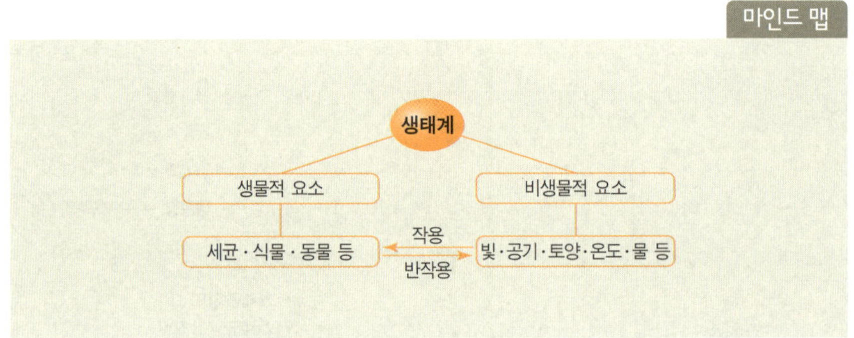

어떤 일정한 지역에서 생물들과 비생물적인 환경이 밀접한 관계를 맺으며 서로 영향을 주고받는 하나의 계system를 '생태계'라고 한다. 우리가 살고 있는 지구에는 매우 다양한 생명체가 존재하고 있으며, 생명체들은 빛·공기·토양·온도·물 등과 같은 비생물적인 무기 환경 요소에 삶을 의존하고 있다.

생태계의 어원은 그리스 어 'oikos오이코스'에서 유래하였는데, oikos란 '집'을 의미하는 단어이다. 즉 생태계란 모든 생명체생물적 요소: 생산자, 소비자, 분해자와 그 생명체들이 살아가는 무기 환경비생물적 요소을 포함한다.

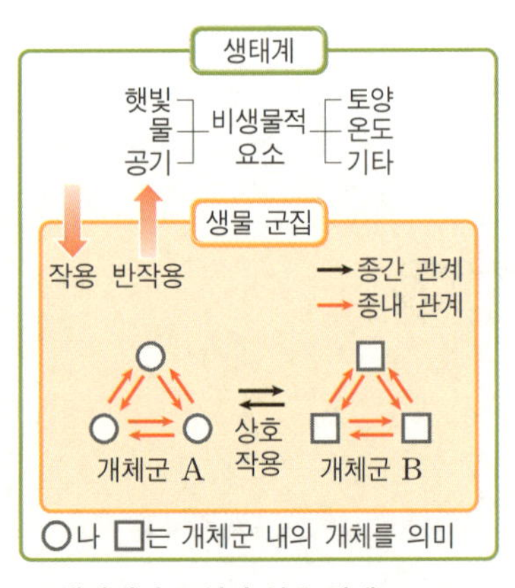

▲ 생태계의 구성과 상호 관계

생태계가 생물뿐만 아니라 비생물적 환경 요소를 포함하고 있다는 것은 생태계의 영어 표현 ecosystem에 잘 나타나 있다. eco는 생물을 둘러싸고 있는 환경을 의미하며, system은 생태계가 서로 유기적인 관계를 맺고 하나의 단위로 작동하는 집합체임을 의미한다.

▲ 생태계의 한 예(육상 생태계)

▲ 생태계의 한 예(해양 생태계)

생태계 안에서 생물 집단과 자연환경은 서로 조화를 이루며 그 속에서 자연이 만든 에너지 흐름과 물질 순환은 하나의 단위를 형성한다.

공원과 같은 자연 생태계를 예로 들자면, 생물적 요소에는 공원에서 살고 있는 나무·풀과 같은 식물뿐 아니라 여러 곤충들·토양 속 미생물 등이 포함되며, 비생물적 요소에는 빛·공기·토양·온도·물 등이 포함된다. 각 생물은 환경에 반응하여 생명을 유지하기도 하고 환경에 영향을 주기도 한다_{반작용}. 환경 또한 생물에게 늘 영향을 주고 있는데_{작용}, 생물과 비생물 사이의 상호 관계는 복잡하면서도 유기적으로 연결되어 있다.

생태계 안에서 일어나는 생물과 무생물의 복잡한 상호 작용은 물리적, 화학적, 생물학적 그리고 지질학적 과정의 모든 다양성을 포함하고 있다. 따라서 생태계에 대해서 연구하려면 생태학의 간학문(間學問 interdisciplinary)적인 성격을 충분히 이해해야 한다.

주제 **2**

보상점 / 광포화점

〔보수할 보 補, 보상할 상, 償, 점 점 點〕 **compensation point /**
〔빛 광 光, 배부를 포 飽, 화할 화 和, 점 점 點〕 **light saturation point**

식물의 광합성 작용과 호흡 작용의 속도가 같을 때의 빛의
세기 / 식물의 광합성 작용의 속도가 최대일 때의 최소한의
빛의 세기

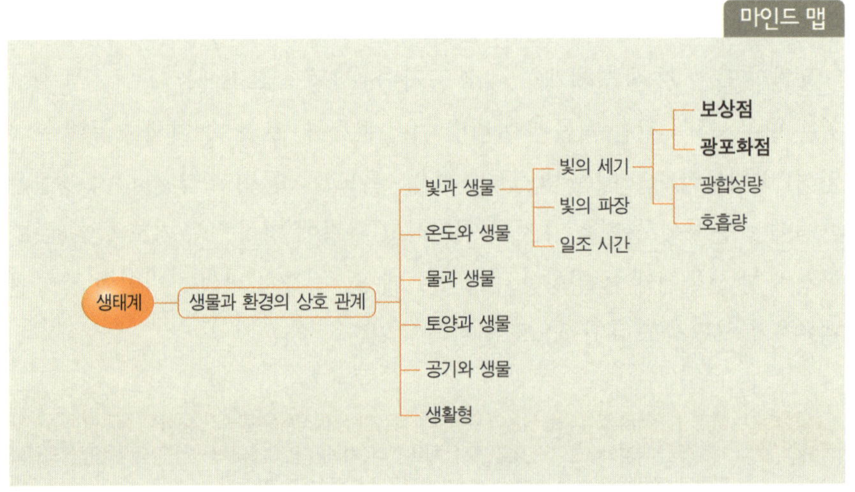

▲ 빛을 이용하여 스스로 양분을 합성하는 식물

보상점

태양의 빛에너지는 식물의 광합성 작용에 반드시 필요하
다. 식물은 공기 중의 이산화탄소CO_2와 뿌리털에서 흡수한
물을 반응물로 하여 유기물인 포도당을 합성한다. 이 과정
에서 에너지원으로 작용하는 것이 태양의 빛이다. 만약 식
물을 빛이 전혀 주어지지 않는 곳에 며칠씩 놓아두면 식물
은 광합성 작용을 할 수 없어 양분을 합성하지 못하고 죽고
말 것이다. 하지만 약한 빛이라도 주어진다면 광합성 작용

을 할 수 있는데, 이처럼 식물이 스스로 양분을 합성하여 살아갈 수 있는 최소한의 빛의 세기를 '보상점'이라고 한다. 식물은 빛이 주어져야 광합성 작용을 할 수 있지만, 양분을 분해하는 호흡 작용은 빛이 있거나 없거나 생명 활동을 위해 하게 된다.

식물은 광합성 작용을 하면 CO_2를 흡수하고, 호흡 작용을 하면 CO_2를 방출한다. 보상점에서는 호흡 작용에 의해 방출된 CO_2가 모두 광합성 작용에 다시 이용되므로 외관상 CO_2의 순이동은 없다. 따라서 보상점은 광합성 작용의 속도와 호흡 작용의 속도가 같을 때의 빛의 세기인 것이다.

▲ 보상점은 해뜰 때와 해질 때의 빛의 세기이다

보상점은 양지 식물과 음지 식물의 경우가 다른데 상대적으로 적은 양의 빛의 세기에도 충분히 광합성 작용을 할 수 있는 식물을 음지 식물로, 더 많은 양의 빛을 필요로 하는 식물을 양지 식물로 구분한다. 참나무나 떡갈나무와 같은 음지 식물은 소나무와 같은 양지 식물보다 보상점이 낮아 그늘진 조건에서도 생존이 가능하다.

광포화점

빛의 세기가 증가하면 광합성량은 비례적으로 증가하지만, 보상점 이상의 수준을 지나서 광합성이 진행되다 보면 더 이상 광합성량이 증가하지 않는 빛의 세기에 도달하게 된다. 이는 빛의 세기가 광합성 작용에 충분한 에너지를 공급하고 있지만 식물의 CO_2 흡수량이 최대치에 도달하여 광합성량이 더 증가하지 않는 것이다. 이렇게 광합성 작용이 최대로 일어나고 있을 때의 최소한의 빛의 세기를 '광포화점'이라고 한다.

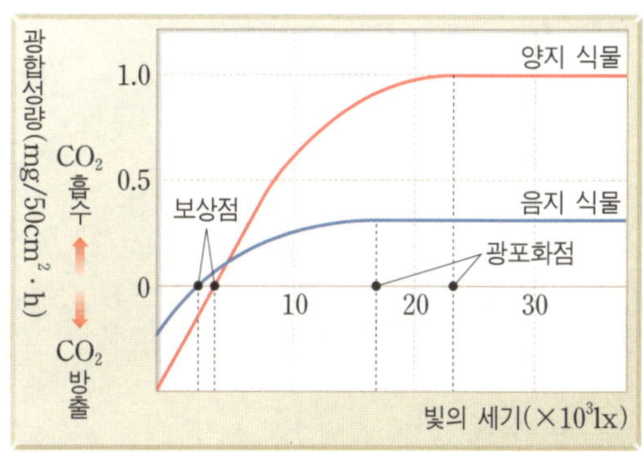

▲ 음지 식물은 보상점과 광포화점이 양지 식물보다 낮다

여름에는 빛의 세기가 강해 활발한 광합성 작용으로 식물의 생장에 유리하지만, 겨울이나 극지방의 환경은 빛의 세기가 약해 식물의 생장이 억제된다.

광합성량 / 호흡량

〔빛 광 光, 합할 합 合, 이룰 성 成, 헤아릴 량 量〕/
〔숨 내쉴 호 呼, 숨 들이쉴 흡 吸, 헤아릴 량 量〕

식물이 이산화탄소와 물을 재료로 빛에너지를 흡수하여
만들어 내는 유기물의 양 /
식물이 유기물을 분해하는 세포 호흡을 진행하면서 소비하
는 산소의 양이나 발생시킨 이산화탄소의 양

마인드 맵

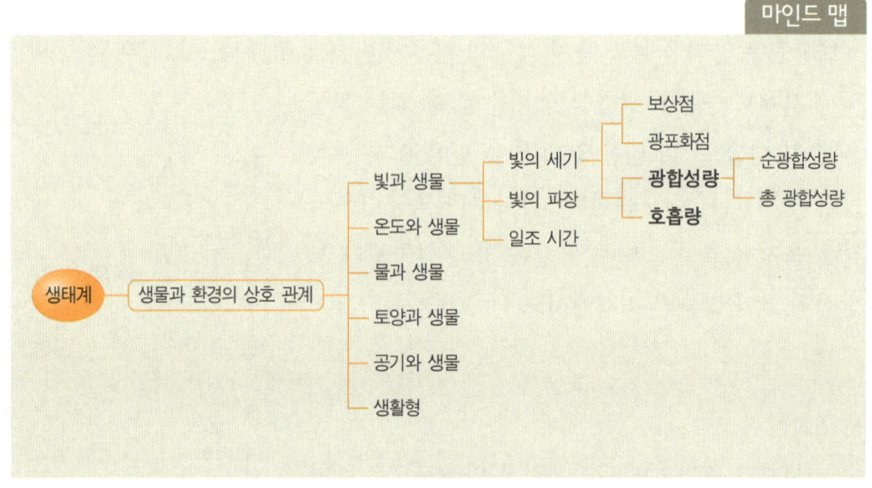

　식물은 살아가기 위한 에너지의 원천으로 태양의 빛에너지를 이용한다. 광
합성photosynthesis 작용이라고 하는 일련의 화학 반응을 통해 공기 중의 이산
화탄소CO_2는 식물 세포의 엽록체에 고정되고 뿌리털에서 흡수한 물과 반응하
여 유기물인 포도당으로 전환된다. 이때 화학 반응의 에너지원으로 태양의
빛에너지가 이용된다. 광합성 과정은 다음과 같이 표현할 수 있다.

$$6CO_2 + 12H_2O \rightarrow C_6H_{12}O_6 + 6O_2 + 6H_2O$$

이처럼 식물이 이산화탄소와 물을 재료로 빛에너지를 흡수하여 만들어 내는 유기물의 양을 '광합성량'이라고 한다. 광합성량을 직접 측정하기는 어렵지만 광합성 과정에서 흡수되는 CO_2의 양은 광합성량을 측정하는 중요한 척도로, 광합성량은 식물이 흡수하는 CO_2의 양으로 측정한다.

광합성 작용은 식물이 살아가기 위해 스스로 양분을 합성하는 과정이지만, 이와 정반대의 반응도 존재하는데 이것이 호흡 작용이다. 호흡respiration 작용은 모든 생물체에서 일어나는 화학 반응으로, 양분을 분해하여 생활에 필요한 에너지원인 ATP를 생산하는 과정이다. 따라서 호흡 작용은 유기물을 분해하는 과정으로, 다음과 같이 광합성 과정과 정반대로 진행된다.

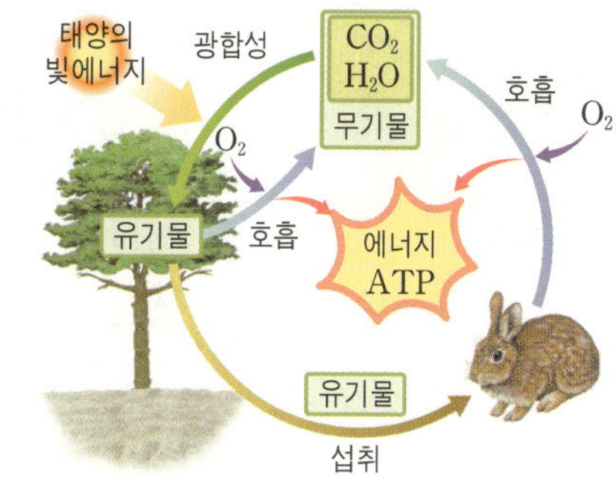

▲ 광합성 작용과 호흡 작용의 과정

$$C_6H_{12}O_6 + 6O_2 + 6H_2O \rightarrow 6CO_2 + 12H_2O$$

호흡 과정과 광합성 과정의 차이는 광합성 과정에서는 에너지가 흡수되고 유기물이 만들어지지만, 호흡 과정에서는 유기물이 분해되고 에너지가 방출된다는 점이다. 유기물이 분해될 때는 공기 중의 산소가 이용되는데 유기물 속의 탄소가 산소와 반응하여 CO_2가 만들어지고, 만들어진 CO_2는 공기 중으로 방출된다. '호흡량'이란 식물이 유기물을 분해하는 세포 호흡$^{■}$ 중에 소비하는 산소의 양이나 발생시킨 CO_2의 양이다. 호흡량은 식물이 호흡 과정에서 방출하는 CO_2의 양으로 측정한다. 식물은 빛이 존재하면 광합성 작용을 하지만, 호흡 작용은 빛의 존재 유무와 상관없이 항상 진행된다. 총 광합성량은 실제로 식물에서 일어난 광합성의 총량이며, 순광합성량은 총 광합성량에서 식물의 호흡을 뺀 값이다.

■ **세포 호흡**: 세포 내 소기관인 미토콘드리아에서 에너지를 얻기 위해 영양분을 산화시켜 물과 이산화탄소로 분해하는 과정이다. 폐에서 일어나는 가스 교환은 '외호흡'이라 하고 모세 혈관과 조직 사이에서 일어나는 가스 교환은 '내호흡'이라고 한다.

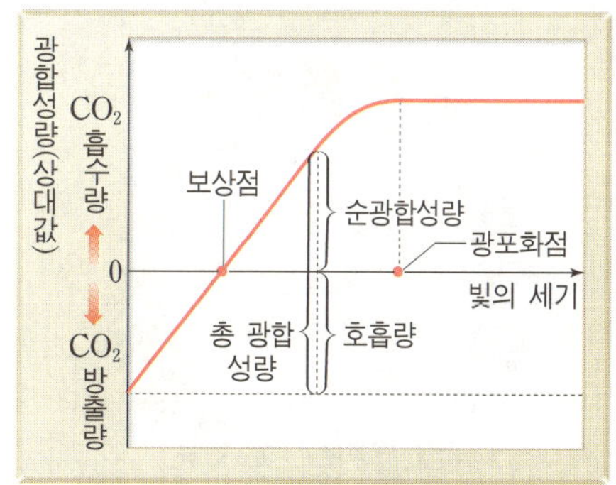

▲ 그래프에서 CO_2 흡수량이 순광합성량, CO_2 방출량이 호흡량이다

광합성량을 측정하는 방법으로 '이산화탄소의 흡수량'으로 측정하는 방법 이외에 '생성되는 포도당의 양'으로 측정하는 방법이 있다.

주제 **4**

보색 적응

〔보탤 보 補, 빛 색 色, 적합할 적 適, 응할 응 應〕
complementary chromatic adaptation

빛을 가장 효율적으로 이용할 수 있도록 최적의 광합성 색소를 가지게 되는 것

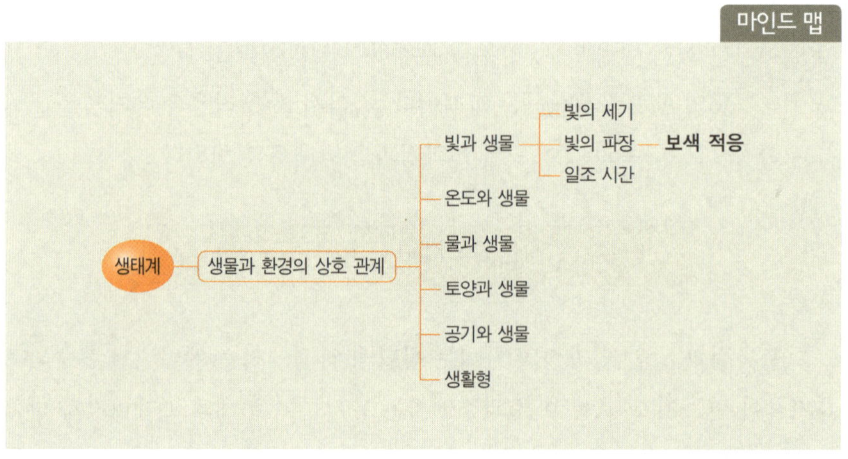

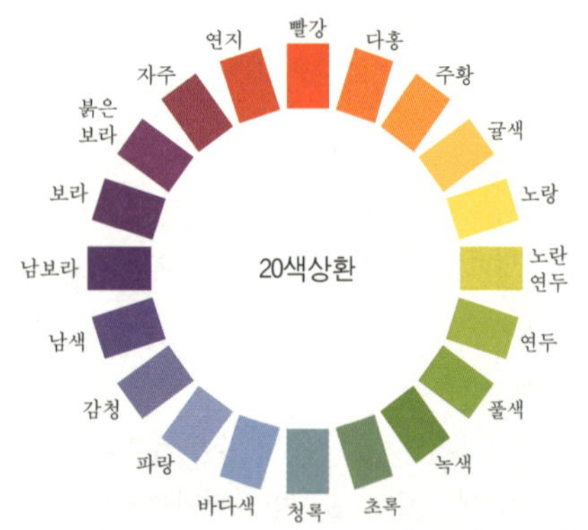

▲ 서로 마주 보고 있는 색은 보색 관계

'보색'은 미술에서 주로 사용되는 용어로, 다른 색상의 두 빛깔이 섞여 무채색이 될 때 이 두 빛깔을 서로 이르는 말이다. 이때 두 색은 '보색 관계에 있다'라고 한다.

빛에도 색이 존재하므로 광합성을 하는 생물에게는 빛의 색이 중요하다. 일반적으로 식물이 이용하는 태양의 빛은 어느 한 가지 색으로 되어 있는 빛이 아니라 무지개 색처럼 우리 눈에 보이는 가시광선可視光線을 포함하여 자외선, 적외선 등 여러 가지 빛이 혼합된 것이다.

수심에 따라 해조류가 달리 분포하는 이유

빛은 육상 생태계보다 해양 생태계에서 광합성량을 제한할 수 있는 주된 요인

이 되는데, 그 이유는 태양의 빛이 침투할 수 있는 물의 깊이가 제한되기 때문이다. 빛에너지 중에서 에너지가 큰 빛은 물속 깊이까지 침투할 수 있으나 에너지가 작은 빛은 물속 깊이 들어가지 못한다. 따라서 물속에서 광합성 작용을 해야 하는 생물의 경우 빛을 효율적으로 이용하기 위해 주어진 환경에 알맞게 진화되었다. 이것이 바닷속 수심에 따라 해조류가 달리 분포하는 이유이다.

빛의 파장에 따른 해조류의 분포

해조류의 분포를 보면 수심에 따라 파래와 같은 녹조류에서 미역·다시마와 같은 갈조류, 김이나 우뭇가사리 같은 홍조류로 그 종류가 달라진다. 수심이 얕은 곳에서는 빛의 파장이 길어 물속으로의 침투력이 약한 적색광을 이용하는 녹조류가 많이 분포하는데, 이는 적색과 녹색이 보색 관계에 있기 때문이다. 가장 깊은 물속에서는 빛의 파장이 짧아 침투력이 센 청색광을 이용하는 홍조류가 분포하는데, 이는 청색과 붉은색이 보색 관계에 있기 때문이다. 이처럼 해조류는 자신의 빛깔과 보색 관계에 있는 빛을 가장 잘 흡수하며 이를 이용하여 광합성 작용을 효율적으로 하게 되는데, 이를 '보색 적응'이라고 한다.

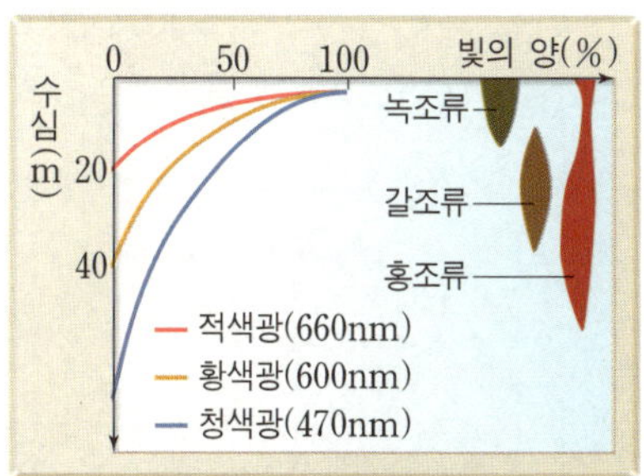

▲ 빛의 파장에 따른 해조류의 분포

Tip 녹조류는 엽록소 a, b를 갖고 있으므로 녹색으로 보이고, 갈조류는 엽록소 a, c와 적갈색 색소인 갈조소를 가지고 있어 갈색으로 보인다. 홍조류는 엽록소 a, d와 붉은 색소인 홍조소를 가지고 있어서 붉게 보인다. 우리가 일반적으로 먹는 김은 홍조류이지만 붉게 보이지 않는데, 그 이유는 무엇일까? 대부분이 바닷속 깊이 사는 자연산 김이 아니고 깊지 않은 바닷물에서 양식한 김이기 때문이다.

주제 **5**

광주기성 〔빛 광 光, 돌 주 週, 기간 기 期, 성질 성 性〕
photoperiodism

일조 시간이 길어지고 짧아지는 주기적 변화에 의해 생물의
생식, 발육, 행동 등이 주기적으로 나타나는 것

마인드 맵

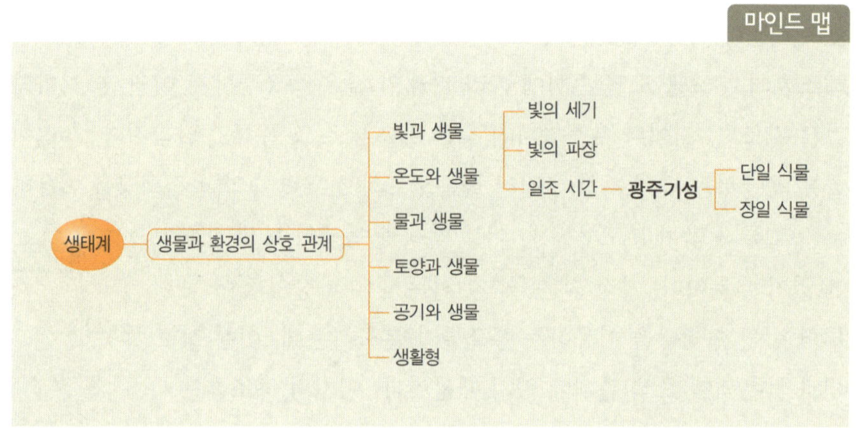

■**일조 시간**(日照時間): 구름이나 안개 따위에 가려지지 않고 햇볕이 실제로 내리쬐는 시간.

겨울에서 봄과 초여름으로 계절이 바뀌면 일조 시간■이 길어져서 동물과 식물이 낮 동안에 받는 태양 빛의 양이 증가한다. 또한 여름에서 가을, 겨울로의 계절의 변화는 생물이 받는 태양 빛의 감소를 의미한다. 이와 같이 일조 시간의 주기적 변동이 생물의 생활 습성과 생식, 발육, 행동 등을 주기적으로 변화시키는 것을 '광주기성'이라고 한다.

식물의 개화

식물의 경우 일조 시간에 따라 꽃눈 형성, 낙엽, 휴면休眠 등의 현상이 나타나는데, 식물이 보이는 광주기성의 대표적인 예가 꽃눈 형성이다.

토끼풀, 시금치, 카네이션 같은 경우는 일조 시간이 길어야 꽃눈을 형성하므로 봄에서 초여름 사이에 꽃을 피운다. 이처럼 하루 일조 시간이 12~14시간 이상인 시기에 꽃이 피는 식물을 '장일 식물long-day plant'이라고 한다. 반대

로 도꼬마리, 국화, 코스모스와 같이 일조 시간이 짧은 가을에 꽃을 피우는 식물을 '단일 식물short-day plant'이라고 한다. 단일 식물은 하루 일조 시간이 14~16시간 이하인 경우에 꽃이 피는데, 이때 낮의 길이명기(明期)뿐만 아니라 하루 8~10시간 정도의 지속적인 밤의 길이암기(暗期)가 꽃눈 형성에 중요한 요인이 된다. 어떤 식물은 일조 시간이 아닌 온도의 영향을 받아 꽃눈 형성 시기가 달라지는 경우도 있는데, 이러한 식물들을 '중일 식물day-neutral plant'이라고 한다. 토마토, 옥수수, 가지 등이 이에 해당된다.

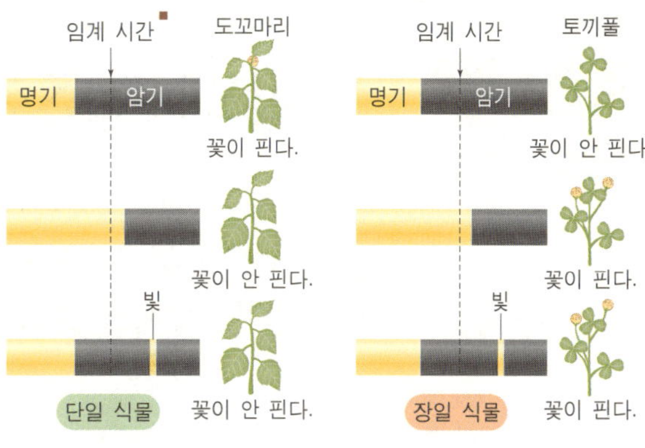

▲ 식물의 광주기성

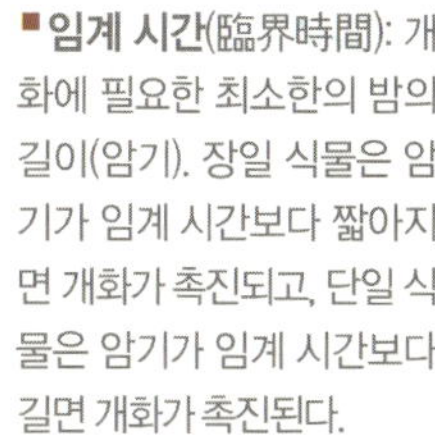

■임계 시간(臨界時間): 개화에 필요한 최소한의 밤의 길이(암기). 장일 식물은 암기가 임계 시간보다 짧아지면 개화가 촉진되고, 단일 식물은 암기가 임계 시간보다 길면 개화가 촉진된다.

▲ 장일 식물인 카네이션

▲ 단일 식물인 코스모스

동물의 생식

동물의 경우도 일조 시간의 변화는 행동 변화를 유도한다. 조류의 경우 겨울에서 봄으로 계절이 변화하여 낮의 길이가 길어지면 봄철 서식지로의 이주 행동이 유도된다. 또한 호르몬 분비량이 변화하여 생식샘 발달이 자극되고, 생식 주기가 일어난다. 포유류의 경우도 먹이 저장과 생식 활동 등에 영향을 주는데, 양이나 사슴은 가을이 되어 낮의 길이가 짧아지면 뇌하수체의 예민도가 감소하여 생식샘을 자극하는 호르몬의 방출이 감소된다.

Tip 장일 식물의 경우 꽃이 피기 위해서 낮의 길이가 길어져야 하지만, 보다 중요한 것은 밤의 길이가 특정 시간 이하로 짧아져야 하는 것이 필수적이다. 이를 임계 시간(critical time)이라고 한다. 낮의 길이가 짧아도 밤의 길이가 임계 시간 이하가 되면 장일 식물은 꽃을 피운다.

주제 **6**

알렌 법칙 / 베르그만 법칙

기온이 낮은 지역에 사는 동물일수록 몸의 말단부가 작아지는 경향 / 기온이 낮은 지역에 사는 동물일수록 몸의 크기가 커지는 경향

마인드 맵

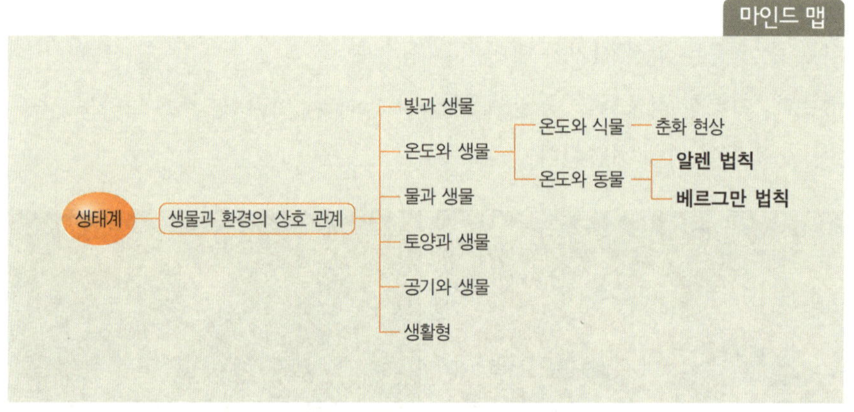

■정온 동물(定溫動物): 조류나 포유류처럼 바깥 온도 변화에 관계없이 항상 일정하게 따뜻한 체온을 유지하는 동물.

'알렌 법칙Allen's rule'은 1877년 알렌이 주장한 것으로, 포유류와 같은 정온 동물■의 경우 기온이 낮은 지역에 사는 동물일수록 기온이 높은 지역에 사는 동물에 비해 코, 입, 귀, 다리 등의 몸의 말단 부위가 작다는 것이다.

'베르그만 법칙Bergmann's Rule'은 1847년에 동물학자인 베르그만이 주장한 것으로, 정온 동물은 동종 또는 진화적으로 유사한 종일 경우 추운 지역에 사는 동물일수록 몸 크기가 커지는 경향이 있다는 것이다.

북극의 겨울철 기온은 영하 30~40℃에 달하며, 남극의 경우는 중심부의 온도가 영하 50℃까지 떨어진다. 생물은 항상 환경에 적응하여 생존하는 방법을 터득해 왔기 때문에 인간이 생존하기 힘든 극한 환경인 북극과 남극에서도 적응하여 생존이 가능하다. 추운 지역에서 생존하기 위한 생물의 생존 전략은 어쩌면 간단해 보인다. 최대한 열의 발산을 줄여 체온을 유지하는 것이다.

몸의 일부를 변형시키는 정온 동물의 탁월한 능력은 체표면에서 열의 발산을 감소시키도록 몸집은 크고베르그만 법칙, 말단 부위는 작아지는알렌 법칙 방법을 선택해 왔다. 반대로 사막과 같은 덥고 건조한 지역이나 열대 지역에서는 최대한 열을 많이 발산해야 정상적인 체온을 유지할 수 있다.

북극토끼　　아메리카산토끼　　캘리포니아멧토끼　　영양잭토끼

▲ 정온 동물인 토끼의 온도 적응 예: 왼쪽에서 오른쪽으로 갈수록 더운 지역에서 사는 토끼

따라서 추운 지방에 사는 동물들의 특징은 주둥이가 짧고 귀가 크지 않다. 즉 몸집은 커지고 차가운 공기와 만나는 체표 면적은 부피에 비해 감소하게 된다. 이와 반대로 더운 지역에 사는 동물들은 몸의 말단부가 커서 부피에 비해 더운 공기와 만나는 체표 면적이 넓다.

북극여우　　　　사막여우

▲ 여우의 온도 적응 예

온도에 따라 몸의 형태가 변하는 이유

왜 생물체는 몸의 형태를 변화시키면서까지 온도에 적응해야만 하는 걸까? 그것은 생물체 내에서 일어나는 물질대사가 효소에 의해 진행되기 때문이다. 물질대사는 생물체가 생명을 유지하기 위해 체내에서 진행하는 화학 반응으로, 물질대사에는 촉매 역할을 하는 효소가 필요하다. 효소는 주성분이 단백질인데 단백질은 고온에서는 구조가 변성되어 기능을 상실하고, 온도가 너무 낮으면 활성도가 떨어진다. 이러한 이유로 효소가 기능을 상실하면 물질대사가 일어나지 못하고 생물체는 목숨을 잃게 된다. 따라서 정온 동물의 경우 온도라는 환경에 반응하는 방식으로 몸의 일부가 거기에 맞게 변화되는 것이다.

Tip 　정온 동물의 온도 적응의 결과 나타나는 몸의 형태의 차이는 몸의 부피와 체표 면적의 관계로 이해하면 된다. 또 다른 온도 적응의 예로는 '곰의 동면', '철새의 주기적 이동' 등이 있다.

생활형 〔살 생 生, 살 활 活, 모형 형 型〕
life form

서로 다른 생물이 같은 환경에 적응하여 갖게 된 몸의 형태나 생활 양식

마인드 맵

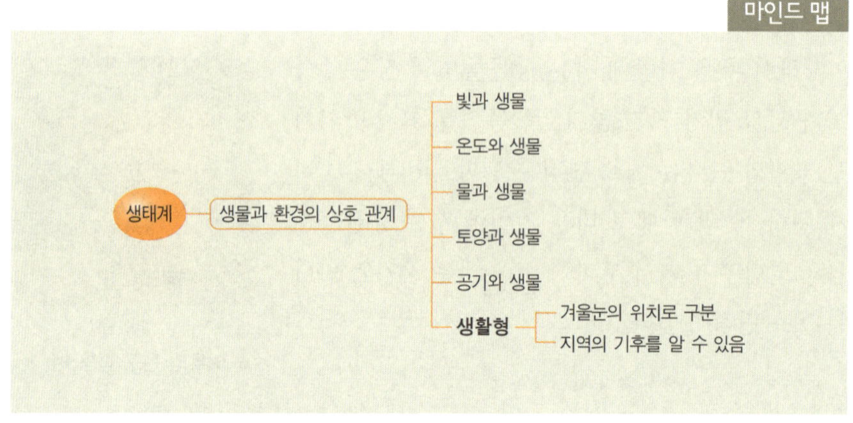

▲ 동물의 생활형의 예

분류학상 서로 다른 종의 동물이나 식물이 같은 환경에 오래 적응하여 살게 되면 몸의 형태나 생활 방식이 비슷해진다. 대표적인 예로 육지와 물에서 동시에 생활하는 동물들의 몸의 형태를 들 수 있다. 양서류인 개구리, 파충류인 악어, 포유류인 하마가 물속에 들어가 몸을 숨기고 있는 모습을 보면 머리 윗부분이 매우 유사한데, 수면 위로 눈과 콧구멍만 내놓은 모습이 아주 닮았음을 알 수 있다.

겨울눈의 위치로 식물의 생활형 구분

▲크리스텐 라운키에르

생물의 생활형이 연구되기 시작한 것은 1800년대 초반 식물의 생활형 연구가 시초였다. 현재는 덴마크의 크리스텐 라운키에르Christen Raunkiaer가 체계화시

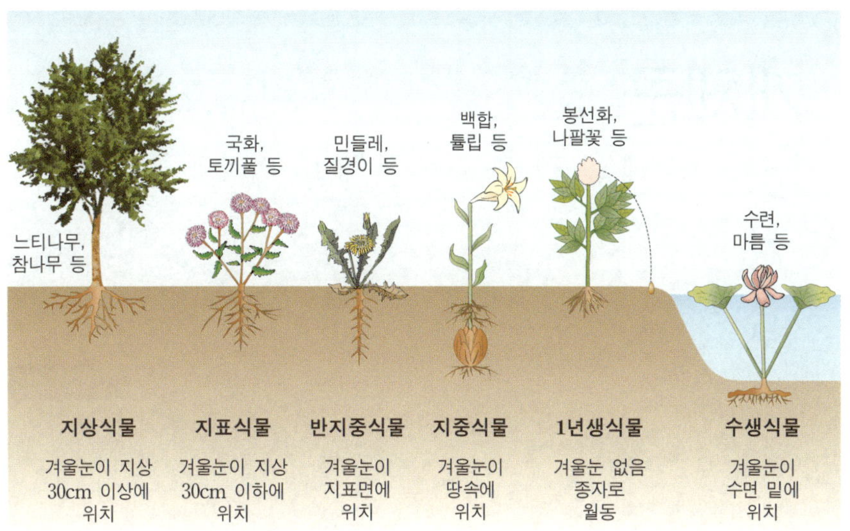

▲ 라운키에르의 식물의 생활형 구분

킨 식물의 생활형을 사용하는데, 라운키에르는 추운 기후에 적응하는 식물의 겨울눈▪의 위치를 기준으로 하여 식물의 생활형을 구분하였다. 그의 분류에 의하면 겨울눈의 위치가 지표면 위로 30cm 이상에 있으면 '지상식물', 30cm 이하에 있으면 '지표식물', 겨울눈이 지표면에 접하여 있으면 '반지중식물', 토양 속에 있으면 '지중식물'이다. 1년생식물은 겨울눈이 없으며 종자로 겨울을 보내고, 수생식물은 겨울눈이 수면 밑에 위치한다.

식물의 생활형과 지역의 기후

라운키에르는 어떤 지역에 있는 식물 전체에 대해서 생활형의 비율을 조사하여 그 지역의 기후를 간접적으로 알 수 있게 하였다. 즉 식물의 생활형은 그 지역의 기후에 따라 나타나는 현상이므로 식물의 생활형을 조사하면 그 지역의 기후를 알 수 있는 것이다. 예를 들어 기후가 차고 건조한 한대 지역에서는 지중식물과 반지중식물이 풍부하게 나타나고, 온대 지역에서는 반지중식물이, 덥고 습한 열대 지역에서는 지상식물이 우세하게 나타난다.

> **Tip** 생활형은 어떤 생물이 특정 환경에 오래 적응한 결과 나타나는 그 생물 종의 고유한 특징이다. 따라서 생물체의 외형이나 생활 방식이 유사하다면 비슷한 환경을 갖는 곳에서 생활하는 생물로 추정할 수 있다.

▪**겨울눈**(winter bud): 식물에서 늦여름부터 가을까지 생겨 겨울을 넘기고 이듬해 봄에 자라는 싹. 봄에 새싹이 나올 수 있도록 겨우내 보호된다.

주제 **8**

개체군 〔낱 개 個, 몸 체 體, 무리 군 群〕
population

일정한 지역에 살고 있는 같은 종 개체들의 무리

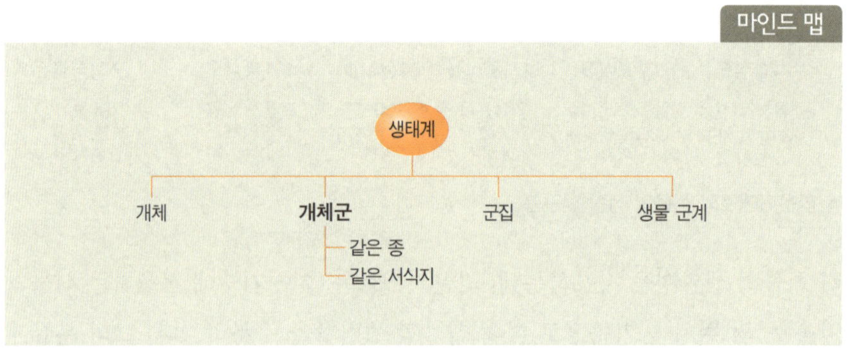

우리 주변에는 수많은 동물과 식물들이 살고 있다. 봄이 오면 꽃이 피고 나비가 날고, 여름에는 파리·모기와 같은 해충이 우리를 귀찮게 하기도 한다. 겨울이 되면 겨울 철새들이 잠시 우리나라에 머물러 살다 가기도 한다. 이렇듯 주변을 둘러보면 우리 자신을 포함한 다양한 생명체들이 각자 자신의 생명을 유지하며 그들 나름대로의 삶의 방식으로 살고 있음을 알 수 있다.

▲ **찔레나무의 꽃과 벌**(나무와 벌은 하나의 개체)

생명 과학에서는 하나하나의 동물과 식물을 지칭하는 말로 '개체'라는 용어를 사용한다. 하지만 모든 생물은 어떤 지역에 단지 혼자서 존재할 수는 없다. 생명체의 가장 중요한 특성인 종족 유지를 위해서도 생물은 혼자서 존재할 수 없는 것이다. 따라서 모든 생물은 개체보다 더 큰 단위인 '개체군'을 이루고, 개체군 내에서 서로 상호 작용하며 생명을 유지한다.

개체군이란 용어에 내포된 생물학적 의미

일정한 지역에 살고 있는 같은 종 개체들의 집합을 '개체군'이라고 한다. 개체군이란 용어를 좀 더 풀어서 설명하자면 다음 2가지의 중요한 생물학적 의미가 내포되어 있음을 알 수 있다.

첫 번째는 개체군은 '유전적 단위'이다. 유전이라는 것은 부모의 특성이 자손에게 전해지는 현상이다. 따라서 개체군 내의 각 개체들은 같은 종으로 이루어져 있기 때문에 생식을 통해 상호 교배가 가능하며, 유전자를 자손에게 전달한다.

두 번째는 개체군은 정해진 공간이 필요한 '공간적 개념'이다. 개체군이 개체들의 모임이기 때문에 그 모임이 이루어지고 상호 작용을 할 수 있는 공간을 고려하여 개체군이란 용어를 사용한다. 따라서 개체군이 나타내는 다양한 특징들은 그러한 공간 안에서 조사되고 연구될 수 있다.

▲ **유채꽃으로 가득한 들판**(일정 지역에 서식하는 같은 종 무리인 개체군)

Tip 각 개체들이 규정된 공간적 경계에서 살아갈 때는 공간이 지니고 있는 환경 조건에 큰 영향을 받는다. 즉 환경 조건에 따라 개체군의 분포가 달라지는 것이다. 한 종의 전체 개체군이 포함되는 지역을 '개체군의 지리적 범위'라고 한다.

주제 **9**

개체군 밀도

〔낱 개 個, 몸 체 體, 무리 군 群, 빽빽할 밀 密, 정도 도 度〕　**population density**

단위 넓이(1km^2 또는 1m^2)당 생물의 개체 수

마인드 맵

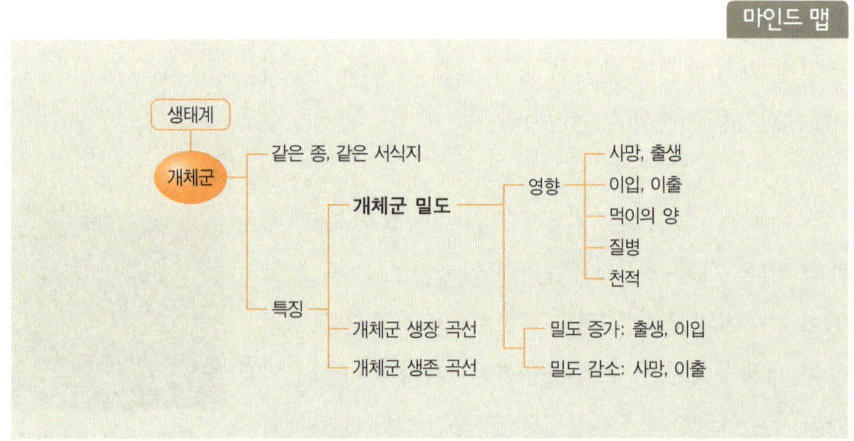

　개체군이란 한 지역에 살고 있는 단일 종으로 이루어진 개체들의 집단이므로 특정 지역에 얼마만큼의 개체가 살고 있는지를 나타내 주는 것은 개체군의 밀도 개념이 된다. '개체군 밀도'는 단위 넓이 1km^2 또는 1m^{2}당 또는 단위 부피당 개체 수로서 시간이 지남에 따라 변화하는 특징이 있다.

　생물의 생존에 필수적인 빛, 물, 온도, 생활 공간 등 환경적 요소는 변화할 수 있고 이에 따라 출생률과 사망률이 변하므로 개체군의 밀도에 매우 큰 영향을 준다. 또한 다른 지역에서 어떤 지역으로의 이입immigration과 그 반대 개념인 이출emigration 또한 개체군 밀도에 영향을 준다. 출생률의 증가 또는 이입은 개체군 밀도를 증가시키며, 사망률의 증가 또는 이출은 개체군 밀도를 감소시킨다. 개체군 밀도는 일반적으로 다음의 식으로 계산한다.

$$개체군 \ 밀도(D) = \frac{개체군 \ 내의 \ 개체 \ 수(N)}{생활 \ 공간의 \ 넓이(S)}$$

개체군 밀도의 측정

개체군 밀도를 측정하기란 쉽지 않으나 식물이나 고착 생활을 하는 동물의 경우라면, 조사 지역을 소단위로 나누고 몇 개의 표본 지역의 개체군 밀도를 넓은 지역으로 확대 적용하는 '표본 채집법'을 널리 이용한다. 계속해서 이동하며 생활하는 동물의 경우는 포획하여 표시한 후 놓아준 뒤 재포획하는 방법인 '표지 재포획법marking-and-recapture method'을 이용한다.

개체군 분산 형태

개체군 내에서 개체들이 분포하는 방식 또한 개체군 밀도에 중요한 영향을 미친다. 즉 개체 상호 간에 대한 공간적 위치를 고려해야 함을 의미하는데, 이것을 개체군 분산 형태 또는 개체군 공간 분포 양상이라고 한다.

개체군의 범주 내에 있는 개체들이 공간을 점유하는 유형으로는 군생clumped 분포, 균등uniform 분포, 임의random 분포 등이 있다.

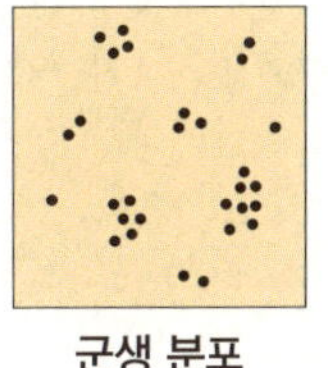
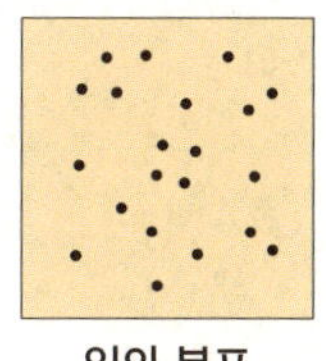

군생 분포   균등 분포   임의 분포

▲ 개체군의 공간 분포 양상(·은 개체를 나타낸다)

Tip

개체군 밀도는 생물이 실제로 생활할 수 있는 넓이에 대한 밀도인 '생태 밀도(상대 밀도)'와 그 개체군이 속해 있는 전체 넓이에 대한 개체 수로서 간단히 측정되는 '조밀도(절대 밀도)'로 조사할 수 있다.

$$\text{생태 밀도} = \frac{\text{개체 수}}{\text{개체가 실제 서식할 수 있는 넓이}}$$

$$\text{조밀도} = \frac{\text{개체 수}}{\text{개체군이 존재하는 전체 넓이}}$$

주제 **10**

개체군 생장 곡선

〔낱 개 個, 몸 체 體, 무리 군 群, 날 생 生, 자랄 장 長, 굽을 곡 曲, 줄 선 線〕
population growth curve

시간에 따른 생물 개체 수의 변화를 나타낸 그래프

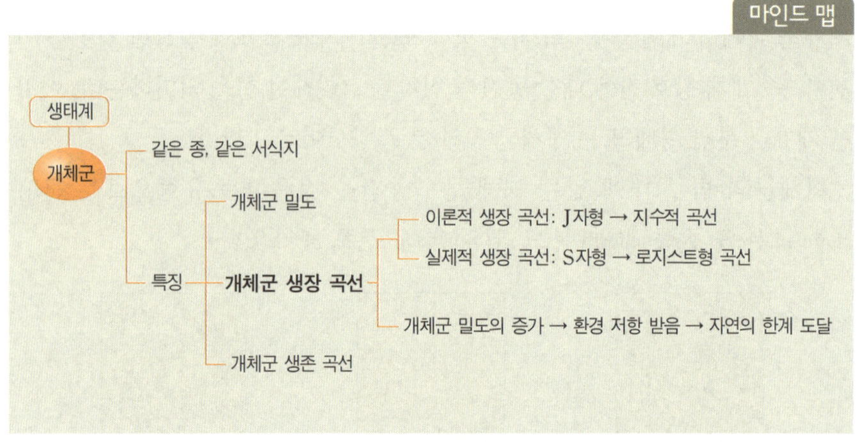

시간의 경과에 따라 생물 개체 수의 변화를 그래프로 나타낸 것을 '개체군 생장 곡선'이라고 한다. 실험실의 일정한 공간 안에서 서식하는 생물체가 있다고 하자. 이때 초기 개체군이 작고 서식 지역 내의 먹이 공급이 현재 개체군 유지에 필요한 양보다 충분히 많다고 가정한다면, 이입▪과 이출▪을 고려하지 않았을 때 이론적으로 개체군의 개체 수는 기하급수적으로 증가할 수 있다. 이러한 개체군의 생장 추이를 하나의 모형으로 표현할 수 있는데, 이를 '지수적 개체군 생장 곡선'이라고 한다.

지수적 개체군 생장 곡선은 환경 조건에 제한이 없는 이상적 환경에서 나타날 수 있는 개체군 성장 모형으로, 폭발적인 개체 수의 증가로 개체군의 크기가 증가하고 이를 시간에 따른 그래프로 나타내면 J자형 곡선이론적 개체군 생장 곡

▪**이입**(移入): 개체가 생활 공간 밖에서 해당 개체군으로 들어오는 현상.

▪**이출**(移出): 개체가 생활 공간 밖으로 해당 개체군에서 나가는 현상.

선이 된다. 이러한 경우의 개체군 생장률은 다음과 같은 식으로 표현된다.

$$\text{이론적 개체군 생장률} = \frac{\Delta N}{\Delta t} = rN$$

[Δt: 시간 간격, ΔN: 개체군의 크기 변화, r: (개체당 출생률)−(개체당 사망률),
N: 개체군의 크기]

그러나 실제로 개체군의 개체 수는 처음에는 기하급수적으로 급격히 증가하지만, 어느 정도 시간이 지난 후에는 증가율이 감소하며 나중에는 더 이상 증가하지 않고 일정한 수를 유지하게 된다. 그 이유는 개체군의 개체 수가 증가하여 개체군 밀도가 증가함에 따라 환경 저항을 받기 때문이다. 이러한 환경 저항에는 생활 공간의 부족, 먹이 부족, 노폐물 및 질병 증가, 천적 증가 등이 있다.

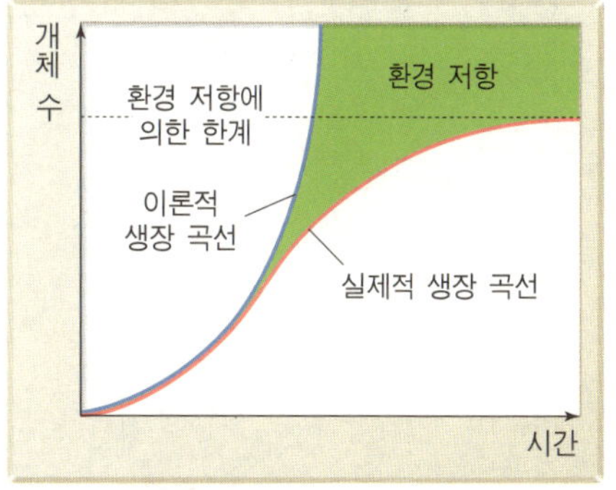

▲ 개체군 생장 곡선

결국 개체군 생장 곡선은 이론적 J자형 곡선이 아닌 S자형 곡선으로 나타나며, 이를 '로지스트형 개체군 생장 곡선'이라고 한다. 로지스트형 개체군 생장 곡선에서는 개체군의 크기가 환경 수용 능력carrying capacity에 근접할수록 개체군의 생장이 감소하여 S자형 곡선실제적 개체군 생장 곡선이 된다. 어떤 서식지의 개체군의 크기와 그 서식지 개체군의 수용 능력이 같아지면 개체군의 생장률은 0이 된다.

$$\text{실제적 개체군 생장률} = \frac{\Delta N}{\Delta t} = rN\frac{(K-N)}{K}$$

[Δt: 시간 간격, ΔN: 개체군의 크기 변화, r: (개체당 출생률)−(개체당 사망률), N: 개체군의 크기, K: 환경 수용 능력]

개체군의 생장률이 0이 되는 지점에서 그래프의 y값의 변수를 '환경 수용 능력'이라고 하는데, 이것은 주어진 자원을 가지고 있는 환경이 수용할 수 있는 최대 개체 수를 의미한다.

주제 **11**

개체군 생존 곡선

〔낱 개 個, 몸 체 體, 무리 군 群, 날 생 生, 있을 존 存, 굽을 곡 曲, 줄 선 線〕
population survivorship curve

동시에 출생한 개체들의 생존 개체 수를 시간에 따라 나타낸 그래프

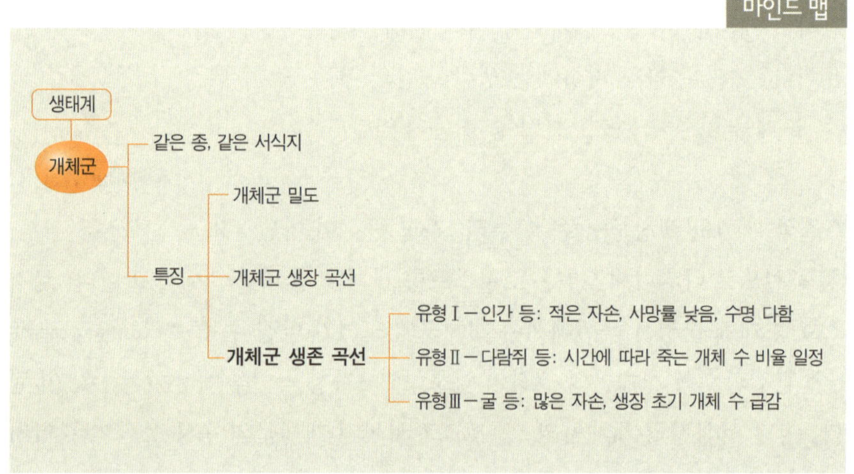

마인드 맵

어떤 개체군에서 동시에 출생한 개체들은 시간이 지남에 따라 사망하는 개체가 생겨 생존하는 개체 수는 점차 감소하게 된다. '개체군 생존 곡선'은 개체군의 출생률과 사망률의 변화를 강조하여 상대적 시간에 따라 개체 수의 변화를 나타낸 그래프이다.

개체군 생존 곡선의 유형
개체군 생존 곡선은 개체군의 종류와 환경 요소에 따라 다르게 나타나는데, 일반적으로 3가지의 유형이 있다.

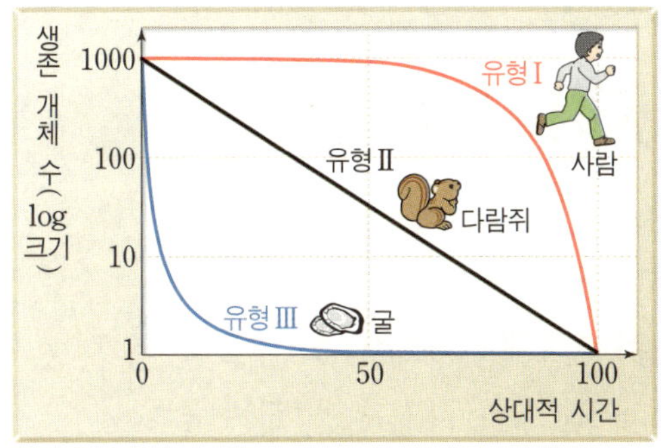

◀ 개체군 생존 곡선

① 유형 I

자신들의 생리적 수명▪을 다하고 죽는 경우로, 생존율은 수명이 다하도록 높다가 마지막에는 사망률이 높다. 생존 곡선을 보면 곡선 부분이 볼록하게 나타난다. 이러한 생존 곡선은 사람을 비롯한 포유류에서 전형적으로 나타나며, 일부 식물에서도 나타나기도 한다.

② 유형 II

생존 곡선이 직선인 경우로, 생존율이 연령에 따라 변하지 않고 일정한 값을 가진다. 이러한 양상은 설치류나 파충류, 야생 조류의 성체成體, 다년생 식물 등에서 나타난다.

③ 유형 III

초기 사망률이 극히 높은 경우로, 발생 과정 중에 많은 개체가 사망하고 극히 소수만 살아남아 생리적 수명을 다하게 된다. 어류나 굴, 많은 무척추동물, 대부분의 수목을 포함한 식물에서 나타나는 특징이다.

유형 I 에 속하는 생물의 경우 자식을 적게 낳지만 부모 의존도가 높아 생존율이 높다. 반대로 유형 III 에 속하는 생물들은 부모 의존도도 낮고 생존율도 낮기 때문에 자식을 많이 낳는다.

▪**생리적 수명**: 최적의 조건에서 개체군의 평균적인 수명, 즉 태어나서 늙어 죽을 때까지의 존속 기간을 이름. 이와 달리 생활 환경이나 먹이 부족, 질병 등으로 죽는 개체군의 평균 수명을 생태적 수명이라고 한다.

주제 **12**

세력권제(텃세) / 순위제

〔권세 세 勢, 힘 력 力, 경계 권 圈, 만들 제 制〕 territory /
〔따를 순 順, 자리 위 位, 만들 제 制〕 social hierarchy

일정한 생활 공간을 차지하고 다른 개체의 침입을 막는 것 /
개체군 내에서 힘의 서열에 따라 순위가 결정되는 것

개체군이 생장하여 개체 수가 증가하면 개체들 간의 경쟁은 피할 수 없게 된다. 생활 장소에 대한 경쟁, 먹이나 배우자를 차지하기 위한 경쟁 등 개체군 내에서 개체들은 끊임없이 경쟁을 할 수밖에 없다. 하지만 경쟁이 너무 심할 경우에는 개체 상호 간의 생존이 위험해지고 천적에게 공격당할 위험성도 커진다. 이러한 문제를 해결하기 위해 동종 개체군 내에서는 지나친 경쟁을 피하고 개체군을 안정화시키는 상호 작용을 하게 되는데, 대표적인 것으로 세력권제텃세와 순위제가 있다.

세력권제텃세

동물이 일정한 지역을 생활 공간으로 확보하고 다른 개체의 침입을 막는 것을 '세력권제'라 하고, 이때 확보한 생활 공간을 '세력권텃세권'이라고 한다. 세력권제는 개체들을 다른 지역으로 분산시켜 개체군 밀도를 조절하는 기능이 있다. 일반적으로 세력권제는 포유류, 어류, 조류 등에서 볼 수 있는데, 아프리카의 치타가 배설물을 이용하여 자신의 생활 공간임을 알리는 것이 세력권제의 좋은 예가 된다.

▲ 분비물을 이용하여 세력권을 나타내는 치타

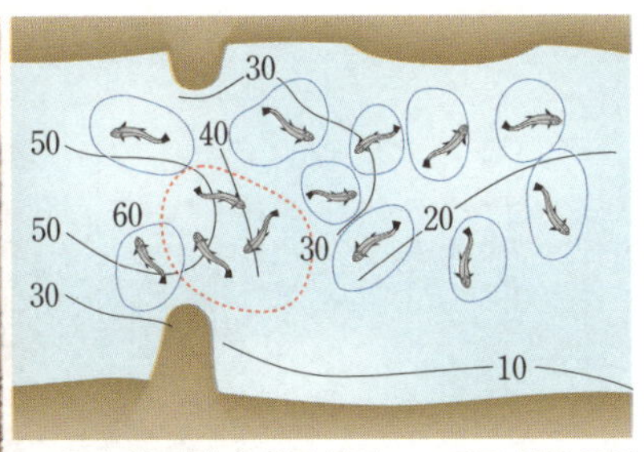

▲ 은어의 텃세: 은어는 수심이 깊은 곳에서는 세력권을 형성하지 않고 수심이 얕은 곳에서만 세력권을 형성한다.

순위제

개체군 내에서 힘의 강약에 따라 순위가 형성되는 것을 '순위제'라고 한다. 배우자나 먹이를 차지하려고 경쟁하다 보면 순위가 형성된다. 예를 들면, 일본 원숭이나 사슴의 경우 힘이 센 순서대로 암컷을 차지하며, 닭의 경우 여러 마리의 닭이 한 장소에 있을 때 모이를 주면 처음에는 서로 싸우다가 나중에는 순위가 정해져서 모이를 먹는 순서가 정해지게 된다. 포유류와 어류 등에서 볼 수 있는 순위제는 개체군 내의 경쟁을 줄여 집단 내 질서를 유지하고 우수한 형질을 다음 세대에 전달하는 기능이 있다.

Tip

리더제와 사회생활

동종 개체군 내에서의 상호 작용은 세력권제와 순위제 이외에도 '리더제'와 '사회생활' 등이 있다. 리더제(leader system)는 집단에서 경험이 많은 한 개체가 전체를 통솔하는 것으로 기러기나 사슴, 원숭이 집단에서 볼 수 있는데, 리더를 제외하고는 나머지 개체들의 서열이 없다는 것이 순위제와의 차이점이다.

개미나 벌의 집단처럼 전체적으로 역할이 분업화된 개체군을 '사회'라 하고 그 구조를 '사회생활(社會生活)'이라고 한다.

주제 **13**

군집

〔무리 군 群, 모을 집 集〕
community

일정한 지역에서 생활하는 동종 또는 서로 다른 개체군의 모임

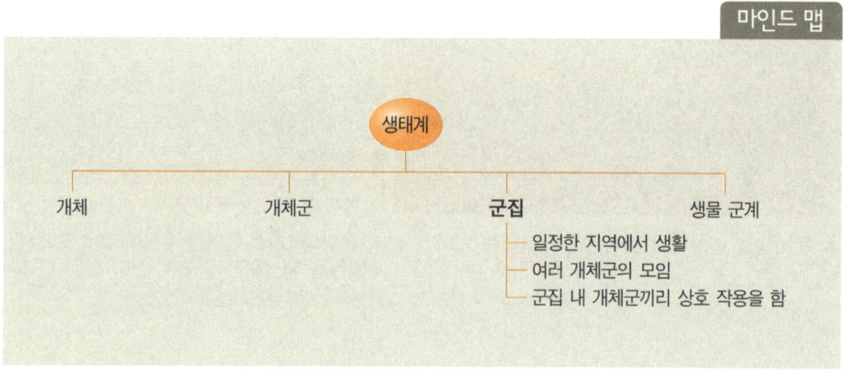

숲에서 야영을 할 기회가 있다면 우리는 생태학의 가장 역동적인 주제와 만날 수 있을 것이다. 숲에는 각종 풀과 나무, 곤충 및 야생 동물들이 그들 나름대로의 삶의 방식으로 생명을 유지하고 있다. 좀 더 세심한 관찰력을 가지고 풀과 나무들을 바라본다면, 양지바른 곳에 살고 있는 풀과 나무 그리고 조금은 햇빛이 약한 곳에서 서식하는 풀과 나무가 있음을 알 수 있다. 그들은 태양으로부터 쏟아지는 막대한 양의 에너지를 화학 에너지로 전환시켜 스스로 살아갈 수 있는 유기물을 만들어 낸다. 식물의 몸에서 광합성▪이라는 매우 복잡하고도 정교한 화학 반응이 각종 효소▪에 의해 진행되고 있는 것이다.

식물이 만든 화학 에너지는 그들만이 아닌 다른 생물체를 위해서도 쓰인다. 숲에서 사는 곤충이 풀잎이나 나뭇잎을 갉아 먹고 있을 때, 태양으로부터 식물로 전해진 우주의 에너지는 곤충의 생명 유지를 위한 에너지원으로 전환된다. 다시 다른 곤충이나 크고 작은 야생 동물들이 그 곤충을 잡아먹는 장면을 볼 수 있다면 우리는 또 다른 생명체에게 에너지가 전환되는 것을 목격하는 것이다. 물론 이러한 에너지 전환 과정에 우리 인간도 예외일 수 없다. 인간

▪**광합성**(光合成): 식물이 물과 이산화탄소, 빛에너지를 이용하여 유기물을 합성하는 것.

▪**효소**(酵素): 생물의 세포 안에서 합성되어 생체 속에서 행하여지는 거의 모든 화학 반응의 촉매 구실을 하는 고분자 화합물. 술·간장·치즈 등의 식품이나 소화제 등의 의약품을 만드는 데 쓰임.

▲ 개체, 개체군, 군집, 생태계의 관계

역시 생명을 유지하기 위해 끊임없이 에너지원이 될 만한 물질을 외부에서 구해 섭취해야 한다. 각종 식물과 동물은 인간을 위한 에너지원이 될 수 있으며, 우리 인간이 그것들을 섭취할 때 결국은 태양에 의한 에너지가 우리에게로 전해지는 것이다.

생태계 내에서 각 개체군■은 서로 독립적으로 존재하지 않는다. 한 개체군은 다른 개체군에게 에너지 자원의 역할을 해주고, 어떤 개체군은 다른 개체군과 한정된 자원을 두고 치열한 경쟁을 벌이기도 한다. 먹이와 서식지, 물, 햇빛의 양까지도 개체군끼리는 생존을 위해서 차지해야 할 자원인 것이다.

어떤 경우에는 개체군과 개체군이 서로를 의지해야만 상호 도움이 되는 경우도 있다. 이를 '공생'이라고 하는데, 이러한 현상은 서로에게 먹이와 서식지를 의지하는 경우에 볼 수 있다. 이렇듯 한 지역을 차지하는 서로 다른 개체군은 직접적·간접적 방법으로 끊임없이 상호 작용을 하는데, 이러한 의미에서 이들을 '군집'이라고 한다.

■ **개체군**(population): 일정한 지역에 살고 있는 같은 종 개체들의 무리.

> **Tip**
>
> **기능에 따른 군집 구분 – 생산자·소비자·분해자**
> 생물 군집에서 각 군집은 기능에 따라 생산자, 소비자, 분해자로 구분할 수 있다. 생산자는 광합성을 통하여 빛에너지를 유기물로 전환시키는 유기물 생산의 기능을 하며, 소비자는 생산자에 의해 만들어진 유기물을 직접 또는 간접적으로 소비하는 역할을 한다. 분해자는 생산자와 소비자의 배설물이나 사체를 분해하여 다시 무기물로 돌아가게 하는 기능을 한다.

주제 **14**

먹이 사슬 / 먹이 그물

food chain / food web

생물 군집 내에서 서로 먹고 먹히는 사슬 모양의 관계 /
먹이 사슬이 복잡하게 얽힌 그물 모양의 먹이 관계

마인드 맵

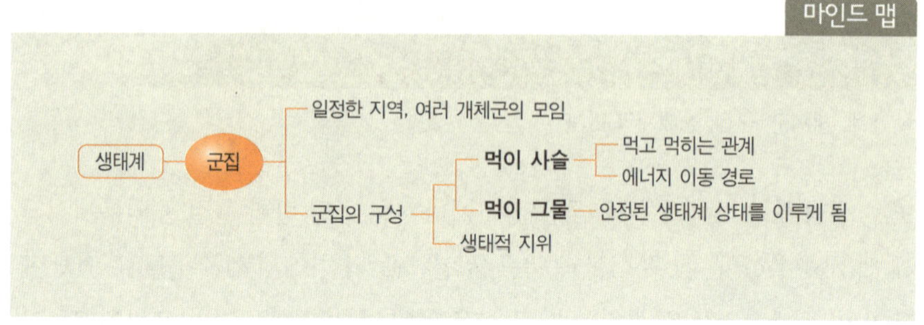

인간이 무인도에 홀로 남겨진다면 가장 먼저 걱정해야 할 것은 무엇일까? 아마도 먼저 먹을 것과 마실 물을 찾아야 할 것이다. 자연에 존재하는 생물체는 그 누구라도 먹지 않고는 살 수가 없다. 식물은 스스로 먹을거리인 영양소를 합성하여 살아가지만, 모든 동물은 식물이나 다른 동물 개체군을 먹이 자원으로 이용한다.

초식동물은 광합성 작용을 하는 식물을 먹고, 육식을 하는 동물은 초식동물을 먹는다. 좀 더 강한 육식동물은 그보다 약한 육식동물을 먹고 살게 되는데, 이렇듯 군집▪을 구성하는 각 개체군은 생산자 → 1차 소비자초식동물 → 2차 소비자육식동물 → 3차 소비자2차 소비자를 먹는 육식동물 → 최종 소비자의 순으로 먹고 먹히는 관계가 성립된다. 이를 '먹이 사슬' 또는 '먹이 연쇄'라고 한다.

먹이 사슬에 대한 연구는 1927년 영국의 동물 생태학자 찰스 엘턴Charles Elton이 동물 군집을 연구하면서 본격적으로 시작되었다.

▪**군집(群集):** 일정한 지역 안에서 생활하는 동종 또는 서로 다른 여러 개체군의 모임.

▲ 먹이 사슬

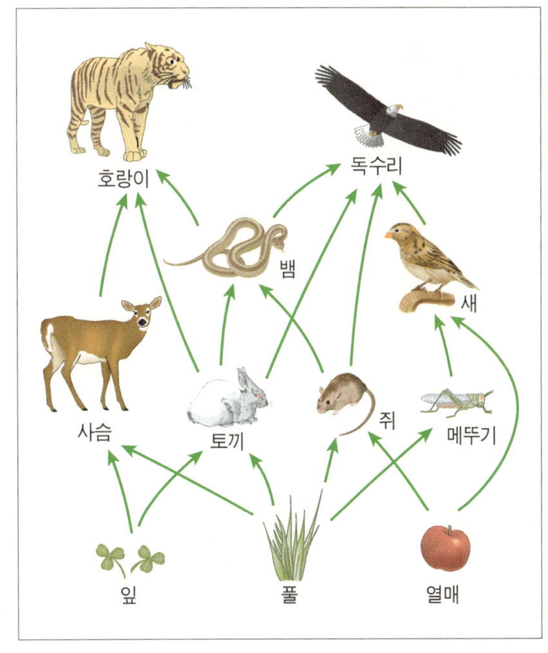

▲ 먹이 그물

먹이 사슬은 군집 내의 섭식 관계를 나타내는 함축적인 용어로 어떤 한 종에서 출발하여 다른 종으로 건너가는 화살표를 통해서 먹고 먹히는 관계를 표현한다. 화살표의 방향은 잡아먹히는 생물피식자에서 잡아먹는 생물포식자로 에너지가 이동하는 것을 나타낸다.

그러나 군집 내에서 생물 간에 먹고 먹히는 관계는 굉장히 복잡한 양상으로 나타난다. 단순히 일직선의 먹이 사슬이 아니라 실제로는 많은 먹이 사슬이 생산자에서 시작되어 다양한 소비자로 연결되는 그물 형태의 섭식 관계가 형성되는데, 이것을 '먹이 그물'이라고 한다.

> **Tip**
> 먹이 사슬의 각 단계를 '영양 단계(營養段階 trophic level)'라고 하는데 생물 군집에서 기능에 따라 구분되는 생산자, 소비자, 분해자는 각각 고유의 역할을 수행하고 있다.
> 생산자 → 1차 소비자 → …… → 최종 소비자로 이어지는 먹이 사슬 단계에서 한 단계라도 사라지면 먹이 사슬은 끊어지고, 이는 생태계 전체의 파괴를 초래하게 된다. 따라서 생태계는 먹이 사슬이 복잡하게 얽혀 있는 먹이 그물 구조로 구성될 때 안정된 상태를 이루게 된다.

주제 **15**

생태적 지위

〔살 생 生, 모양 태 態, 과녁 적 的, 지위 지 地, 위치 위 位〕 **ecological niche**

군집을 구성하는 개체군이 갖는 공간적 지위와 먹이 지위

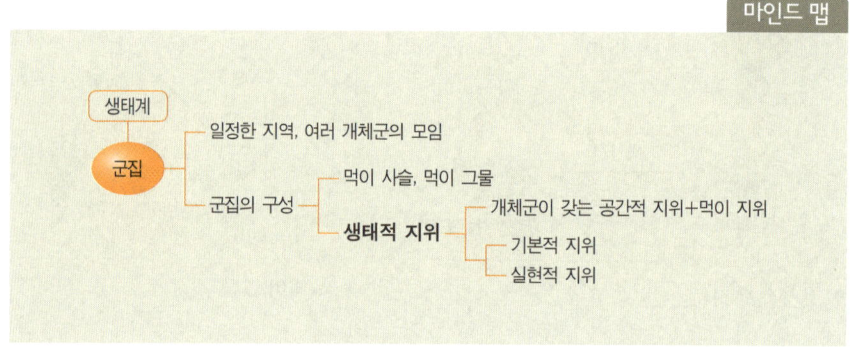

연약한 새끼 사슴이 무방비 상태로 대형 육식동물이 득실거리는 숲을 홀로 걷고 있다면 어떻게 될까? 숲에 거주하는 야생 동물은 사슴을 침입자 혹은 먹이 자원으로 인식하고 공격할 것이다. 이때 사슴은 야생 동물의 입장에서는 그들이 차지하고 있는 공간에 대한 불법 침입자이다. 또한 야생 동물은 포식자 ■로서의 지위를 갖고 피식자 ■인 사슴을 공격하는 것이다. 이렇게 군집을 구성하는 각 개체군은 군집 내에서 어떤 공간을 점유하는가에 대한 '공간적 지위'가 있다.

아프리카의 사자가 얼룩말을 사냥하는 장면을 상상해 보자. 얼룩말의 먹이가 되는 초원의 풀은 생태적 지위가 생산자에 해당한다. 풀을 먹는 얼룩말은 1차 소비자이다. 얼룩말을 잡아먹는 사자는 2차 소비자이다. 이때 사자가 남긴 얼룩말의 고기를 얻어먹는 독수리와 하이에나의 경우도 2차 소비자이다. 하지만 같은 공간에서 같은 먹이를 먹고 있지만 사자와 하이에나, 독수리는

■**포식자**(捕食者 predator): 생물들 사이에 먹고 먹히는 관계에서 먹는 생물.

■**피식자**(被食者 prey): 생물들 사이에 먹고 먹히는 관계에서 먹히는 생물.

생태적 지위가 다르다. 독수리와 하이에나는 반드시 사자가 얼룩말을 먹은 이후에만 남은 고기를 먹을 수 있다. 이렇듯 먹이를 먼저 먹을 수 있는 지위와 나중에 먹어야만 하는 지위를 통틀어 '먹이 지위'라고 하며, 먹이 사슬에는 어떤 위치에 있는가에 대한 먹이 지위가 있다.

이와 같은 공간적 지위와 먹이 지위를 합하여 '생태적 지위'라고 하며, 생태적 지위는 비슷해 보여도 어떤 한 가지라도 차이가 나야 군집 내에서 서로 다른 개체군의 공존이 가능하다.

기본적 지위와 실현된 지위

생태적 지위는 다시 '기본적 지위'와 '실현된 지위'로 나눌 수 있다. 기본적 지위fundamental niche는 어떤 개체군이 다른 종이나 개체군의 간섭 없이 모든 자원을 이용하여 생존·생식할 수 있는 범위를 가지는 것을 말한다. 하지만 자연계에는 이런 유토피아적 공간은 찾기 힘들다. 모든 생물은 같은 지역에서 서식하는 다른 종과의 상호 작용에 의해 실제로 이용할 수 있는 공간적 지위와 먹이가 제한될 수밖에 없는데, 이렇게 제한된 요소를 빼고 실제로 이용하는 기본적 지위의 일부를 그 생물의 '실현된 지위realized niche'라고 한다.

서로 다른 개체군의 생태적 지위가 중복된 경우 그 생물들은 공존하기가 힘들다. 생태적 지위의 중복이란 사는 공간과 먹이의 종류가 동일함을 의미하며, 이런 경우에는 개체군 사이의 경쟁을 피할 수 없다. 따라서 생태계에서 생물의 공존은 생태적 지위가 다름을 전제로 하고 있다.

생태적 지위는 군집 내에서 그 생물이 서식할 수 있는 공간과 먹이 자원을 나타내는 중요한 지표가 된다.

우점종

〔우수할 우 優, 차지할 점 占 , 종류 종 種〕
dominant species

군집 내에서 개체 수가 가장 많고 그 군집의 특성을 결정하는 개체군

마인드 맵

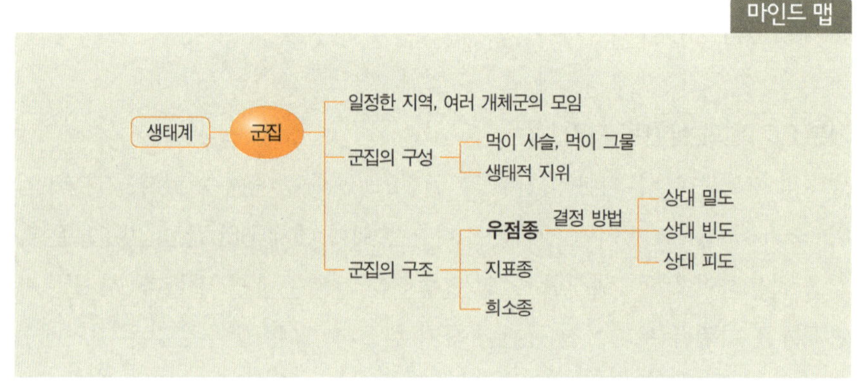

■**낙엽 관목**(落葉灌木): 진달래, 철쭉 등 가을이나 겨울에 잎이 떨어져서 봄에 새잎이 나는 관목.

■**피도**(cover): 식물 군집을 구성하는 각 종류가 지표면을 차지하는 비율.

생물 군집이란 일정 지역 내에 서식하는 모든 종류의 개체군을 말한다. 군집 내에는 서로 다른 다양한 생물들이 함께 살고 있지만 밀도가 높은 개체군과 그렇지 않은 개체군이 존재하기 마련이다. 예를 들어 진달래꽃 축제가 한창인 도시 외곽으로 산행을 갔을 때 산 입구에 진달래꽃 나무가 많이 있는 것을 보고 이 지역의 진달래 개체군의 밀도가 높을 것으로 추정할 수 있겠지만, 산에는 초본 식물인 갖가지 풀과 각종 침엽수·활엽수가 많이 분포하고 진달래는 낙엽 관목■으로 산 정상 쪽으로 갈수록 그 개체 수가 감소하므로, 추정치와 실제 결과는 다를 수 있다.

보통 한 군집은 한두 종의 밀도가 높은 개체군과 다수의 밀도가 낮은 종으로 이루어지는데, 이는 대부분의 군집에 적용되는 현상이다. '우점종'이란 군집에서 밀도, 빈도, 피도■가 높아 그 군집을 대표할 수 있는 개체군을 말한다. 일반적으로 우점종은 생태계의 비생물적 구성 요소인 환경에 가장 많은 영향을 끼치며, 우점종이 아닌 종들은 그 환경에 적응하여 살게 된다.

식물 종의 밀도, 빈도, 피도 구하는 방법

식물의 경우 우점종을 결정할 때에는 상대 밀도와 상
대 빈도 그리고 상대 피도가 가장 큰 종을 우점종으
로 하게 된다. 이들을 알기 위해서는 우선 식물 종의
밀도, 빈도, 피도를 알아야 하는데 각각을 구하는 방
법은 오른쪽과 같다.

$$\text{밀도} = \frac{\text{개체 수}}{\text{단위 넓이(m}^2\text{)}}$$

$$\text{빈도(\%)} = \frac{\text{특정 종이 나타난 방형구 수}}{\text{총 방형구 수}} \times 100$$

$$\text{피도} = \frac{\text{특정 종이 차지하는 넓이(m}^2\text{)}}{\text{총 넓이(m}^2\text{)}}$$

 빈도를 조사할 때는 '방형구법'을 이용하는데, 방형
구법方形區法은 네모 모양의 방형구를 이용하여 식물
군락을 정량 조사하는 것이다. 초원의 경우는 1 m²,
삼림의 경우는 100 m²의 방형구를 이용하여 방형구
내에 있는 식물의 개체 수를 조사한다.

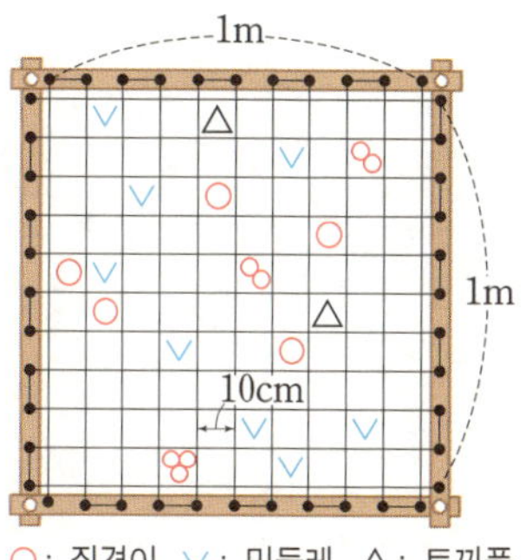

▲ 방형구틀에 의한 군집 조사

식물 종의 상대 밀도, 상대 빈도, 상대 피도 구하는 방법

밀도, 빈도, 피도를 구한 후 이를 바탕으로 상대 밀도와 상대 빈도 그
리고 상대 피도를 구한다. 구한 상대 밀도와 상대 빈도, 상대 피도를
모두 합한 값을 '중요치'라고 하며 이때 중요치가 가장 큰 종이 우점종
이 된다.

$$\text{상대 밀도(\%)} = \frac{\text{특정 종의 개체 수}}{\text{조사 대상이 되는 모든 종의 개체 수}} \times 100$$

$$\text{상대 빈도(\%)} = \frac{\text{특정 종의 빈도}}{\text{조사 대상이 되는 모든 종의 빈도}} \times 100$$

$$\text{상대 피도(\%)} = \frac{\text{특정 종의 피도}}{\text{조사 대상이 되는 모든 종의 피도}} \times 100$$

주제 **17**

경쟁 · 배타 원리

〔다툴 경 競, 다툴 쟁 爭, 밀칠 배 排, 다를 타 他, 근원 원 原, 다스릴 리 理〕
competitive-exclusion principle

생태적 지위가 동일하거나 유사한 이종 개체군은 같은 장소에서 함께 살 수 없다는 원리

마인드 맵

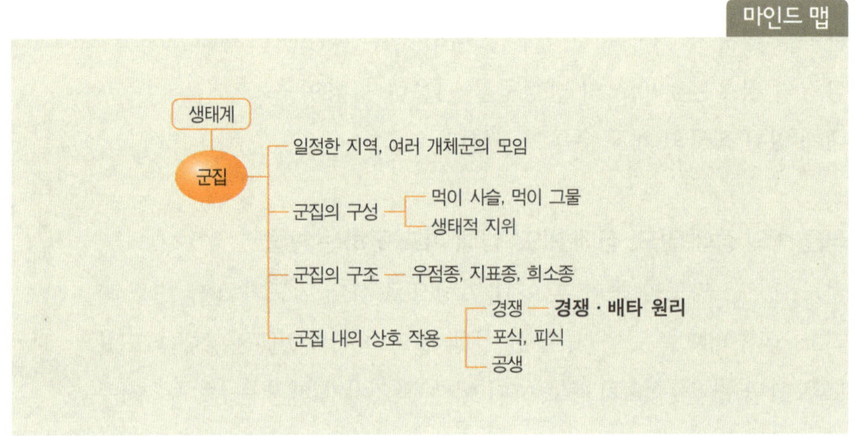

사자와 호랑이가 같은 장소에서 함께 살 수 있을까? 만약 사자와 호랑이가 싸운다면 누가 이길까?

동물의 왕으로 불리는 호랑이와 초원의 왕이라 할 수 있는 사자의 맞대결은 현실에서는 불가능하다. 오랜 시간 동안 환경에 적응하고 진화한 결과 두 생물은 서로 만날 수 없는 환경에서 각자 먹이 사슬■의 최고점에 올라갔기 때문이다. 호랑이는 나무가 울창한 숲에서, 그리고 사자는 넓은 초원에서 각자의 공간적 지위를 차지하고 있다. 즉 그들은 생태적 지위■가 달라서 서로 간의 경쟁을 피할 수 있었고 현재까지도 종을 유지하며 살고 있는 것이다.

1930년대 러시아의 생물학자인 가우스G. F. Gause는 두 종의 짚신벌레를 배

■**먹이 사슬**: 생물 군집 내에서 서로 먹고 먹히는 사슬 모양의 관계.
■**생태적 지위**: 군집을 구성하는 개체군이 갖는 공간적 지위와 먹이 지위.

양하며 두 종간의 경쟁을 조사하였다. 두 종의 짚신벌레를 사육실에서 각각 단독 배양했을 때는 전형적인 개체군 생장 곡선■인 S자형의 곡선이 나타났지만 그 둘을 같은 사육실에서 배양했을 때는 먹이와 공간을 차지하기 위한 치열한 경쟁이 나타나는 것을 발견했다. 즉 한 종의 짚신벌레가 다른 종을 완전히 전멸시키고 모든 공간과 먹이를 차지해 버린 것이다.

■ **개체군 생장 곡선**: 시간의 경과에 따라 생물 개체 수의 변화를 나타낸 그래프.

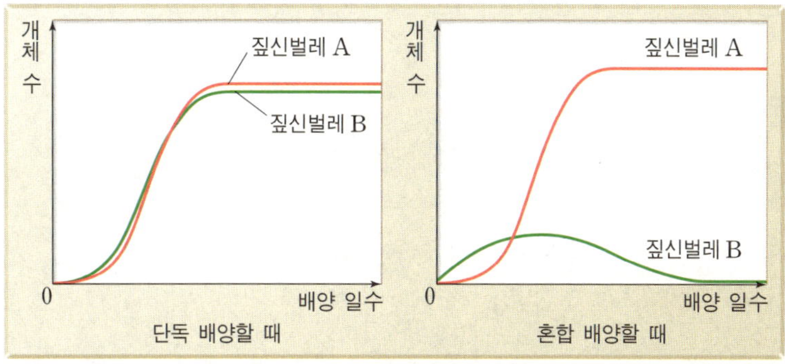

▲ 두 종의 짚신벌레를 이용한 가우스의 실험 결과

　가우스의 실험 결과는 다음과 같은 결론에 도달한다. 같은 공간에 살며 생태적 요구가 동일한 두 종 A, B가 있을 때, A종이 빠르게 증가하면 A종은 B종을 경쟁적으로 이기고 결국은 B종을 소멸시킨다는 것이다. 가우스의 이름을 따서 '가우스의 원리'라고도 부르는 이러한 원리가 바로 '경쟁·배타 원리'이다.

　생태적 지위가 동일하거나 유사한 개체군은 경쟁·배타 원리에 의해서 같은 장소에서 살 수 없다. 따라서 우리 주변에서 함께 살고 있는 모든 개체군은 생태적 지위가 다르다는 것을 알 수 있다.

외래종이 들어올 경우 원래 있던 종과 생태적 지위가 중복되면 새로운 종과 기존의 종 사이에서는 치열한 경쟁이 일어날 수밖에 없다. 대표적인 예로 동물 종에서는 미국에서 들어온 배스가 있고, 식물 종에서는 돼지풀이 있다. 경쟁·배타 원리에 의해 토종의 개체군과 외래종은 공존할 수 없으므로 그 둘 사이의 치열한 경쟁에 의해 결국 어느 한 종은 사라지게 된다.

주제 18

포식 / 피식

〔잡을 포 捕, 먹을 식 食〕 predation /
〔입을 피 被, 먹을 식 食〕 prey

개체군 사이에서 다른 동물을 잡아먹는 것 /
개체군 사이에서 다른 동물에게 잡아먹히는 것

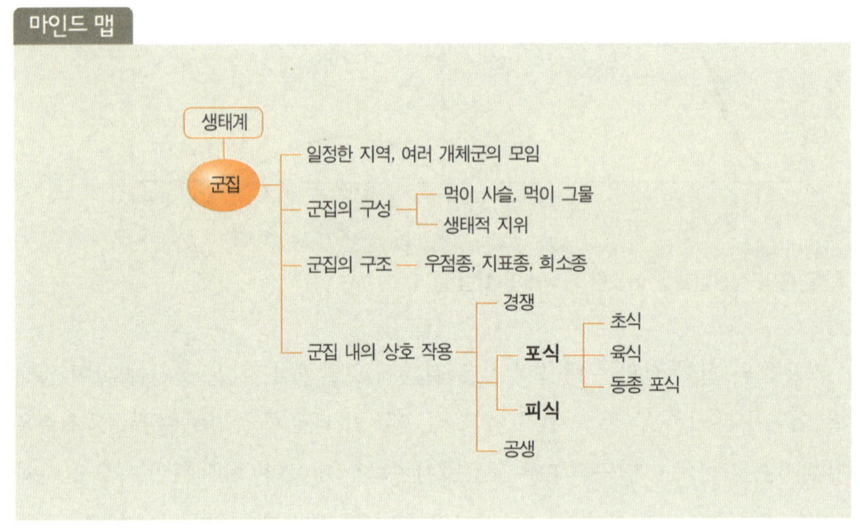

■ **광합성**(光合成): 식물이 물과 이산화탄소, 빛에너지를 이용하여 유기물을 합성하는 것.

　식물들은 음식물을 먹지 않는 것처럼 보인다. 하지만 표면적으로는 참인 것 같은 이 얘기는 잘못된 것이다. 광합성■ 작용을 하는 생물체들은 외관상 음식물을 섭취하지는 않지만 광합성 작용이라는 복잡한 화학 반응을 통해서 음식물을 먹은 것과 동일한 효과를 얻으며 살아가고 있다. 문제는 광합성 작용을 하지 못하는 생물체이다. 그들은 생명을 유지하기 위해서 늘 먹을 것을 찾아다니고 기회가 주어질 때마다 반드시 먹어야만 한다. 이처럼 서로 다른 종의 생물들 사이에서는 먹고 먹히는 관계가 성립하는데, 이때 잡아먹는 것을 '포식'이라 하고 먹히는 것을 '피식'이라고 한다. 먹는 생물이 있다면 먹히는 생물이 있게 마련이므로 포식과 피식은 항상 동시에 일어난다. 이때 먹는 생물을 '포식자predator', 먹히는 생물을 '피식자prey'라고 한다.

포식의 유형

포식에는 다양한 유형이 있다. 풀이나 나뭇잎만 섭취하는
것을 초식草食 herbivory이라 하고, 다른 동물을 잡아먹는 것
을 육식肉食 carnivory이라고 한다. 그러므로 포식자는 초식
동물이나 육식동물이다. 하지만 인간을 비롯한 많은 수의
동물은 초식과 육식 둘 다 가능한 잡식동물omnivore이다.
포식자와 피식자는 보통 다른 종의 개체군이지만 특수한
유형의 동종 포식도 존재한다. 동종 포식cannibalism은 포식
자와 피식자가 같은 종으로, 교미할 때 암컷 사마귀가 수컷
사마귀를 잡아먹는 것이 이에 해당한다.

▲ 포식의 유형(초식)

포식과 피식의 영향

포식자와 피식자는 서로 먹고 먹히는 관계를 통해서 끊임없이 상호 작용을 하
게 된다. 이러한 상호 작용은 군집 구조의 변화에 영향을 끼치며 한편으로는
자연 선택의 결과로 포식자와 피식자 모두 진화할 수 있는 계기가 된다.

포식 현상이 일어날 때 피식자 수는 자연히 감소되므로,
포식자는 피식자 개체군의 크기를 조절하는 변인이 된다.
또한 피식자 개체군은 포식자 개체군에게 있어서 포식자 개
체군의 생장을 조절하는 변인이 되기도 한다. 일반적으로
포식자가 증가하면 피식자가 감소하고, 피식자가 감소하면
포식자가 감소하는데, 이에 따라서 주기적인 개체 수의 변
동이 나타난다. 대표적인 예가 북아메리카 대륙에 서식하고
있는 눈신토끼와 이를 잡아먹는 스라소니의 관계이다.

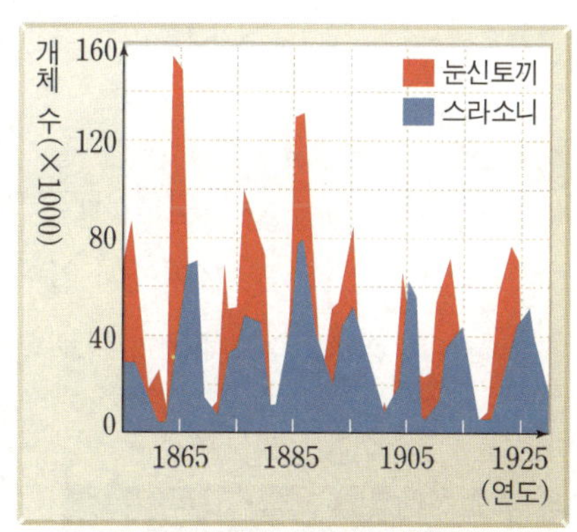

▲ 스라소니와 눈신토끼의 개체 수 변동

> Tip 포식자를 피식자의 '천적'이라고도 하는데, 일반적으로 포식자는 피식자보다 개체 수가 적고 몸
> 크기는 더 크다. 또한 포식과 피식은 먹이 사슬 관계를 형성하여 생태계의 평형을 유지하는 기본
> 원리로 작용한다.

주제 **19**

공생 〔함께 공 共, 살 생 生〕
symbiosis

두 종의 개체군이 밀접한 관계를 맺으며 함께 생활하는 것

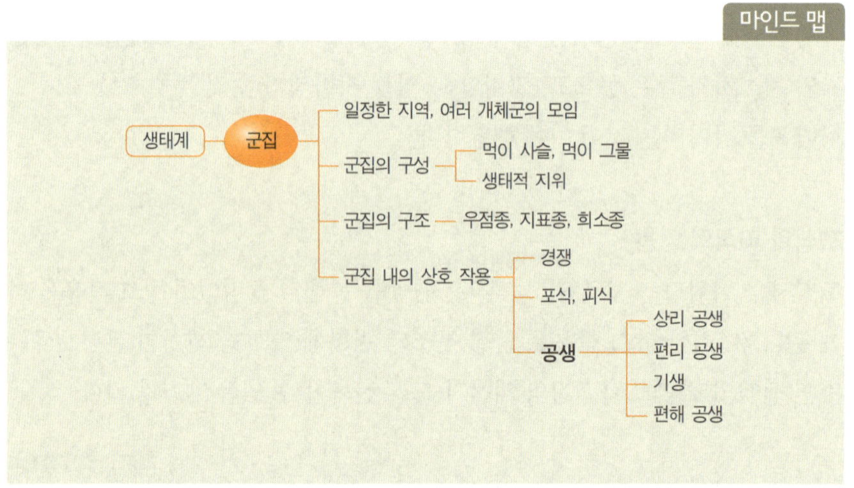

진화 생물학자 린 마굴리스Lynn Margulis는 공생을 '서로 다른 둘 이상의 종 사이에서 일어나는 긴밀하고 지속적인 연합'이라고 정의했다. 즉 두 종의 개체군이 서로 밀접한 관계를 맺으며 함께 생활하는 것을 말한다.

대표적인 예가 인간의 장에서 살고 있는 세균장내 세균과 인간의 경우이다. 인간과 장내 세균은 언제부터인가 진화 과정에서 서로에게 도움을 주는 존재로 함께 살아오고 있다. 장내 세균은 인간에 의해 소화된 탄수화물의 산물인 당을 얻어 생활하고 있으며, 어떤 장내 세균은 인간이 섭취한 질긴 식물 세포의 셀룰로스cellulose를 분해하여 소화에 도움을 준다. 또한 장내 세균의 대표 격인 대장균은 비타민 K를 합성하여 인간에게 공급해 주고 묽은 변을 막아 주는 등의 좋은 일도 한다.

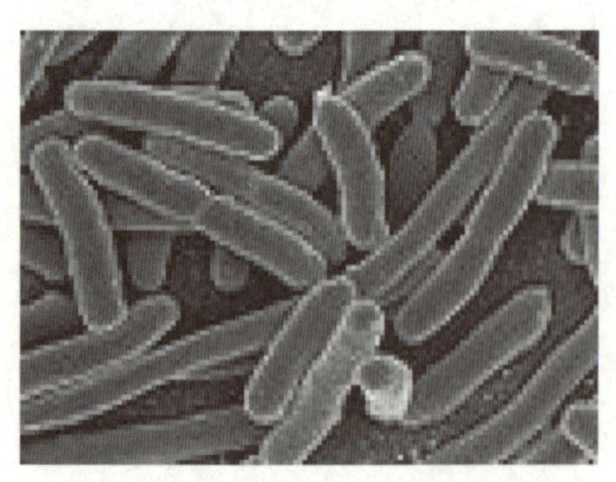

▲ 장내 세균의 대표적 예(대장균)

상리 공생相利共生 mutualism

인간과 장내 세균처럼 긴밀하고도 지속적인 상호 작용은
서로에게 도움을 주어 상호 이익을 갖게 하는데, 이러한 경
우를 '상리 공생'이라고 한다.

　상리 공생의 또 다른 예로 조류藻類: 광합성을 하는 원생생물의 한 무
리와 균류의 공생체인 지의류地衣類, 개미와 진딧물, 말미잘
과 흰동가리, 콩과식물과 뿌리혹박테리아 등을 들 수 있다.

▲ 상리 공생의 예(말미잘과 흰동가리)

편리 공생片利共生 commensalism

공생이 반드시 서로에게 이익이 되는 모습만 갖고 있는 것은 아니다. 한쪽은
이익이 되지만 다른 쪽은 이익도 손해도 없는 경우가 있는데, 이를 '편리 공
생'이라고 한다. 해삼과 숨이고기 또는 해삼과 바닷게, 대합과 속살이게 등이
편리 공생의 예가 된다. 바닷게는 해삼의 등에 올라붙어 손쉽게 이동할 수 있
고, 때로는 적으로부터 보호를 받을 수도 있다. 이때 해삼은 이익도 손해도 없
지만 바닷게는 해삼으로부터 이익을 얻게 된다.

기생寄生 parasitism

한쪽 생물이 다른 생물의 양분을 뺏는 등의 해를 입히며 살아가는 것을 '기생'
이라고 한다. 기생의 예로는 동물의 몸속에 사는 기생충을 들 수 있다.

편해 공생片害共生 amensalism

한쪽은 피해를 보고 다른 쪽은 피해도 이익도 없는 경우를 '편해 공생'이라고
한다. 자연 현상에서 편해 공생의 예는 매우 드문 편으로, 푸른곰팡이가 분비
하는 물질에 의해 세균이 죽는 현상이 이에 해당한다.

> **Tip** 기생의 경우 한 종이 다른 종을 희생시키며 양분을 빼앗게 되므로 기생 생물에 의한 감염은
> 질병을 유발할 수 있다. 질병을 일으킬 수 있는 대표적인 기생 생물은 세균, 바이러스, 원생동물
> 등이며, 이때 피해를 입는 생물을 숙주(host)라고 한다.

주제 **20**

천이 〔옮길 천 遷, 옮길 이 移〕
succession

어떤 지역 내의 생물 군집이 오랜 시간에 걸쳐 생물의 종류와 수가 변해 가는 과정

마인드 맵

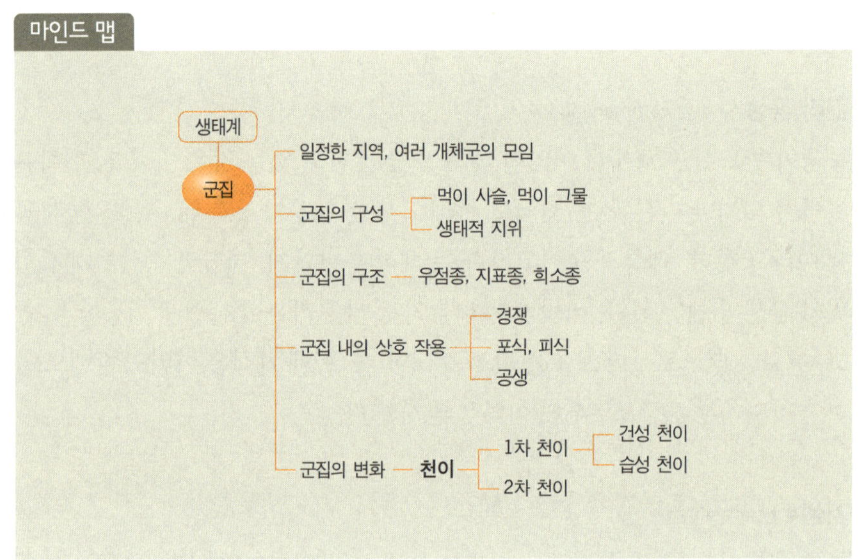

어떤 지역 내의 생물 군집은 언제나 그 자리에 머물러 있지 않다. 군집의 구조는 공간뿐만 아니라 시간의 흐름에 따라서도 변화한다. 여러 가지 원인이 군집의 구조를 변화시킬 수 있는데, 기후 변화와 같은 환경 요인의 변화, 외래종의 유입, 생태계 교란 등 많은 요인들이 한 지역의 생물 종을 다른 종으로 대체시키고 그 수에서도 변화를 가져오게 한다. 이러한 변화 과정을 '생태학적 천이ecological succession' 또는 '천이'라고 한다. 천이에는 1차 천이와 2차 천이가 있다.

1차 천이primary succession

암반노두, 새로 형성된 삼각주▪, 사구▪, 새로 형성된 화산섬 등과 같이 이전

▪**삼각주**(三角洲): 강이나 호수의 하구에 형성되는 퇴적 지형.

▪**사구**(砂丘): 바람에 의해 운반되어 만들어진 모래 언덕.

에 생물체가 존재하지 않았던 지역에서 생물 군집이 발생하여 천이가 일어나는 것을 말하며, 1차 천이에는 건성 천이와 습성 천이가 있다.

① 건성 천이乾性遷移

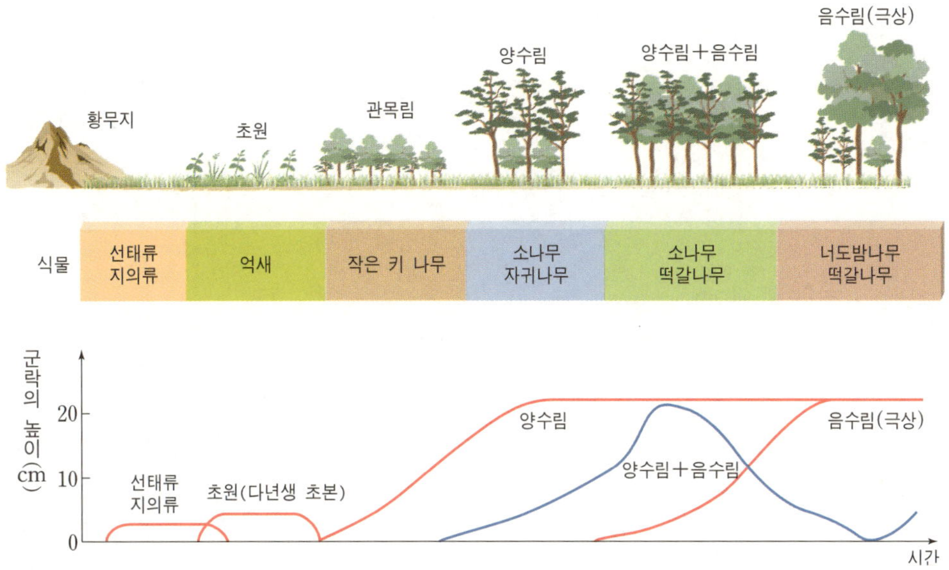

▲ 군집의 건성 천이

용암 대지나 암석으로 이루어진 불모지에 시간이 흘러 암석이 풍화됨에 따라 개척자 생물￭인 지의류가 먼저 등장하고, 뒤이어 토양층이 형성되면서 선태류 → 초원 → 관목림 → 양수림 → 혼합림 → 음수림의 순으로 군집이 변화해 가는 과정이다.

￭**개척자 생물**: 천이를 시작하는 생물.

② 습성 천이濕性遷移

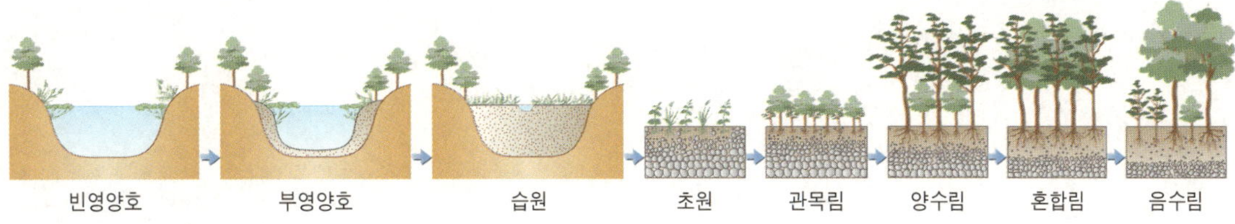

▲ 군집의 습성 천이

습지에 습생식물이 개척자 역할을 하며 시작되는데, 점차적으로 유기물과 흙

이 빈영양호■를 부영양호■로 바꾸어 습원습기가 많은 초원을 형성하고 초원이 생겨나 그 이후는 건성 천이와 동일한 천이 과정을 겪게 된다.

2차 천이|secondary succession

삼림에 산불이나 산사태와 같은 생태적 교란이 일어나 이전 군집이 파괴된 곳에서 새로이 형성되는 군집의 정착 과정을 말한다. 토양에 수분과 유기물이 많아 지의류나 선태류의 정착 과정을 거치지 않고 초원부터 천이가 시작되므로 천이 속도가 빠르다.

극상極相 climax

1차 천이인 건성 천이와 습성 천이 그리고 2차 천이의 끝은 모두 음수림이다. 잎이 얇고 넓은 음지식물이 음수림을 이루어 숲을 차지하게 되면 더 이상의 식물 군집의 변화는 일어나지 않게 되는데, 이러한 천이의 마지막 단계를 극상이라고 한다.

천이 초기에는 토양에 물이 어느 정도 있는지가 가장 중요한 환경 요인으로 작용하는데 후기 단계로 갈수록 빛이 가장 중요한 요인이 된다. 따라서 극상 단계에서는 온대 지방의 경우 대부분 음수림이 된다.

생물 군계 〔살 生, 만물 物, 무리 군 群, 맬 계 系〕
biomes

비슷한 생활상과 환경 조건을 갖는 생물의 주요 군집

마인드 맵

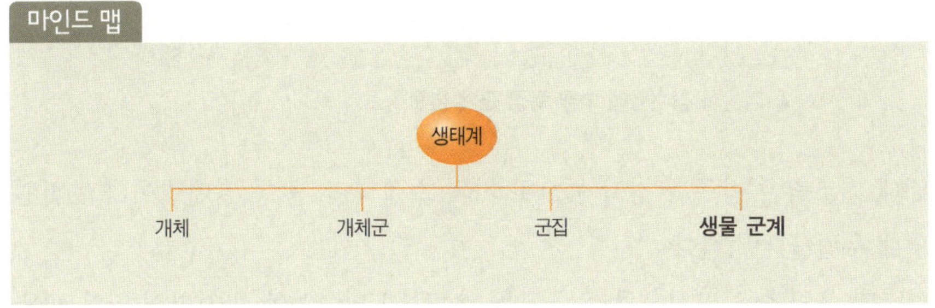

생물이 살아가는 데는 기온과 강수량이 중요한 생존의 변인으로 작용한다. 이러한 이유는 동물과 식물 모두 물이 필요하며 외부 기온 변화에 민감하게 반응할 수 밖에 없기 때문이다. 기온과 강수량의 전 지구적인 편차는 생물 군집의 분포에도 영향을 끼친다. 육지에서 살아가는 모든 동물 개체군과 식물 개체군의 광역 분포는 '생물 군계'라는 용어를 사용하여 넓은 범주로 분류된다.

8가지의 주요 생물 군계의 특징

1939년 클레먼츠F. E. Clements와 셸퍼드V. E. Shelford에 의해서 제안된 생물 군계는 보통 그 지역에서 우세한 식물의 유형에 따라 분류되며, 열대림, 온대림, 침엽수림, 열대 사바나, 온대 초지, 관목지, 툰드라, 사막으로 세분하여 분류한다. 이러한 8가지의 주요 생물 군계는 풀과 같은 식물인 초본, 키 작은 나무인 관목, 키가 크고 줄기가 굵은 나무인 교목의 환경에 대한 적응 양상을 반영하고 있다.

① 열대림

열대 지방에 발달한 삼림으로, 열대 건조림과 열대 우림으로 세분할 수 있다.

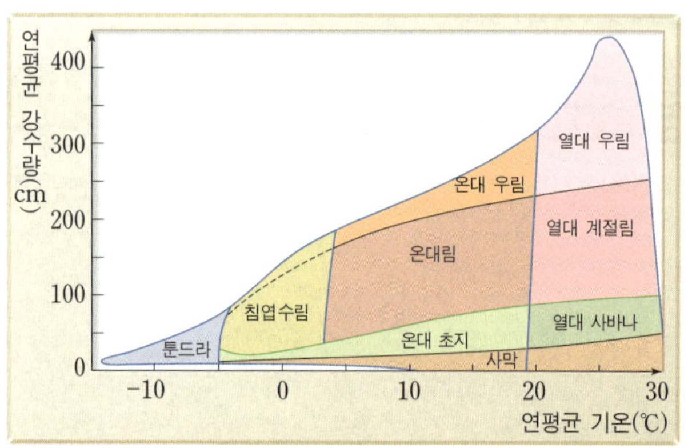

▲ 기온과 강수량에 따른 육상 군계 분류

열대 건조림은 방목과 경작 등으로 거의 소실되어, 보통 열대림이라고 하면 열대 우림을 지칭한다.

열대 우림은 지리적으로 적도에서 남북위 $10°$ 사이에 위치하여 많은 비와 연중 높은 기온으로 상록 활엽수가 식물의 대부분을 차지하며 매우 다양한 동식물이 분포한다. 열대 우림에는 모든 영장류의 90%가 살고 있으며, 현재까지 알려진 동식물 종의 절반 이상이 이 지역에서 발견되고 있다.

② 온대림

온대 지방에 발달한 삼림으로, 습윤한 중위도 지역에서 낙엽 활엽수가 우세한 숲을 이룬다. 특히 식물의 수직 구조가 숲에 서식하는 생물 다양성 및 분포에 큰 영향을 준다. 온대림에는 다양한 절지동물, 포유류, 조류 등이 서식하고 있다.

③ 침엽수림타이가(taiga)

침엽수로 이루어진 수림으로, 극지의 타이가 및 아한대림을 이룬다. 아한대림에서는 순록, 엘크사슴, 눈신토끼, 북미 스라소니 등 다른 지역에서는 보기 힘든 독특한 동물 군집을 보인다.

④ 열대 사바나savanna

열대와 아열대 지방에 분포한 초원으로, 우기와 건기가 반복되는 지역에서 발달하여 초본과 목본 식물이 거의 대등하게 나타나는 특징을 보인다. 열대 사바나에서는 초식성 척추동물과 무척추동물의 다양한 무리를 볼 수 있으며,

아프리카 사바나에는 사자, 표범, 치타, 하이에나 등의 육식동물들이 우점하고 있다.

⑤ 온대 초지

연 강수량이 250~800mm인 지역에는 온대 초지가 분포한다. 온대 초지에는 초식성 척추동물과 무척추동물이 우점한다.

⑥ 관목지

키가 작은 나무들이 많은 가지를 가지고 자라는 지역이다. 관목 군집에는 지역에 따라 다른 동물 무리가 나타나는데, 특징적으로 북미 지역에는 코요테와 다양한 설치류가, 호주 지역에는 캥거루와 왈라비 등이 나타난다.

⑦ 툰드라tundra

북극에 있는 툰드라는 영구 동토층과 추운 날씨 및 적은 강수량으로 생장 속도가 느리고 매우 적은 종류의 키 작은 식물만이 존재한다. 이 지역의 동물 군집은 다양성은 낮으나 독특함을 보이는데 나그네쥐, 북극토끼, 순록, 사향소, 늑대, 북극여우 등이 살고 있다.

⑧ 사막

남북위 15~30°에 주로 위치하며 식물이 자라기 힘든 지역으로, 고온 건조한 기후에 적응한 일부 관목 및 초본만이 존재하고 있다. 하지만 동물은 개미·메뚜기 등의 곤충과 각종 도마뱀·뱀 등의 파충류, 조류, 초식 포유류 및 사막여우 등 식물에 비해 높은 동물 다양성을 보인다.

주제 **22**

총생산량 〔합할 총 總, 낳을 생 生, 낳을 산 産, 분량 량 量〕
gross production
광합성 생물이 광합성 작용으로 생산한 유기물의 총량

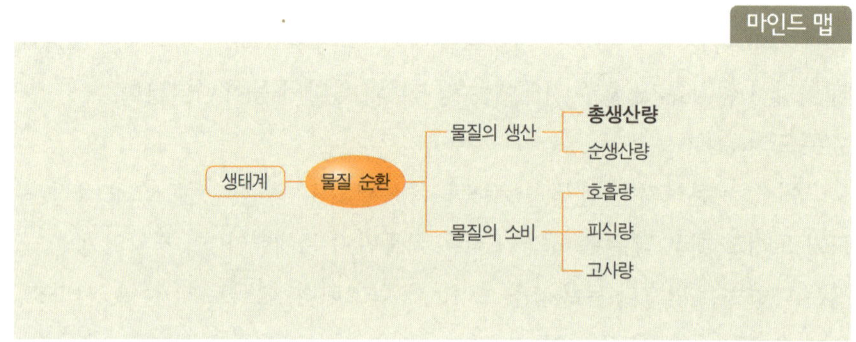

생태계에서 생산자의 역할을 맡고 있는 광합성 생물은 실로 놀라운 일을 수행하고 있음에도 별로 주목을 받지 못하는 것이 많은데, 그 일이 바로 광합성 작용이다. 광합성 작용이라는 화학 반응은 지구로 쏟아지는 엄청난 양의 빛에너지를 생태계에서 소비자의 역할을 수행하고 있는 모든 생물체를 먹여 살리는 유기물로 전환시키는 에너지 전환 과정이다. 유기물의 화학 결합에 저장되는 이러한 에너지는 살아 있는 모든 생물체의 에너지원이 된다. 이때 생산자가 광합성 작용으로 합성한 유기물의 총량을 '총생산량'이라고 한다.

에너지 전환 과정에 따라 생태계 내에서 생산자가 생산하는 유기물의 양은 그 유기물을 소비하는 소비자들을 어느 정도의 수까지 유지시킬 수 있는가를 판단하는 기준이 될 수 있다. 따라서 인구 증가와 함께 맞닥뜨린 식량 부족 문제를 해결하기 위해 인간은 작물 생산량을 최대한 끌어올릴 수 있도록 작물 생산을 돕는 비료를 개발하고, 생명 공학적인 측면에서 농업 기술을 개발하고 있는 것이다.

한편 식물은 광합성 작용을 통해 유기물을 생산하는 것뿐만 아니라 그 자신의 생존을 위해 자신이 만든 유기물을 소비하는데, 이 과정을 '호흡 작용'이라고 한다. 물론 소비자 역시 호흡 과정을 통해 유기물을 소비하며, 분해자도 마찬가지이다.

생산자가 광합성 작용으로 합성한 유기물의 총량총생산량에서 호흡량을 뺀 양을 '순생산량'이라고 부른다. 순생산량 중에서 1차 소비자인 초식동물에게 먹혀 소실되는 양을 '피식량被食量'이라 하고, 뿌리·줄기·가지의 고사나 낙엽으로 소실되는 양을 '고사량'이라고 하며, 마지막에 남는 에너지는 생산자에게 저장되는데 이를 '생장량'이라고 한다.

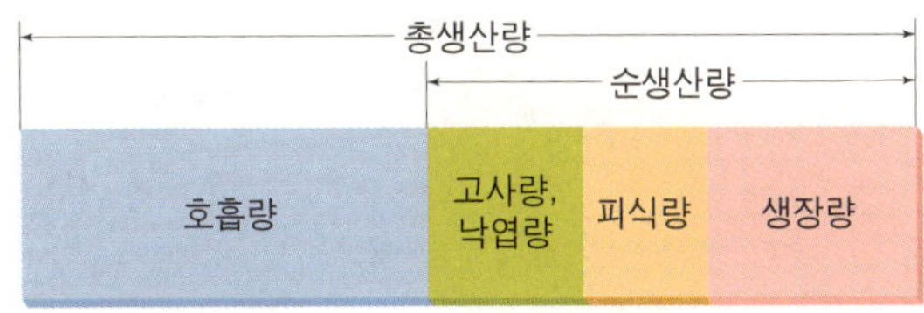

▲ 식물의 물질 생산과 소비

그리고 단위 시간 동안의 단위 넓이당 생장량을 '생산력'이라고 하며, 생물 군집이 가지고 있는 유기물의 총량을 '현존량생물량'이라고 한다.

> **Tip** 몇 가지 개념을 공식화하면 다음과 같다.
> - 순생산량 = 총생산량 − 호흡량
> - 생장량 = 순생산량 − (고사량 + 피식량)
> - 소비자의 동화량* = 포식량(섭식량) − 배출량

■ **소비자의 동화량**: 소비자가 음식물 섭취를 통해 실제로 획득한 에너지 총량.

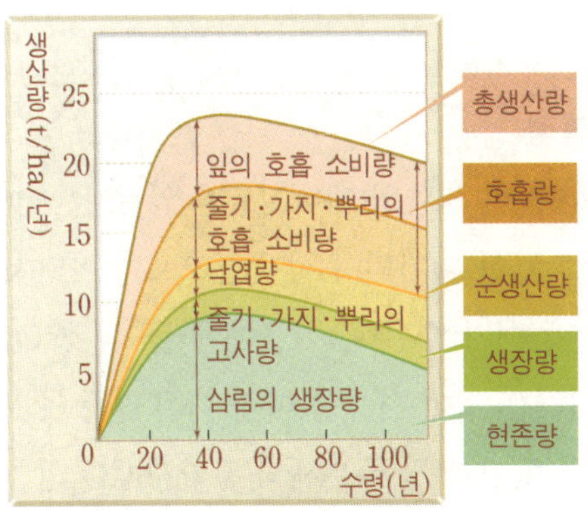

▲ 식물의 생산량의 변화

주제 **23**

탄소 순환

〔숯 탄 炭, 바탕 소 素, 돌 순 循, 고리 환 環〕
carbon cycle

생태계에서 탄소가 생물적 요소와 비생물적 요소 사이에서 순환하는 것

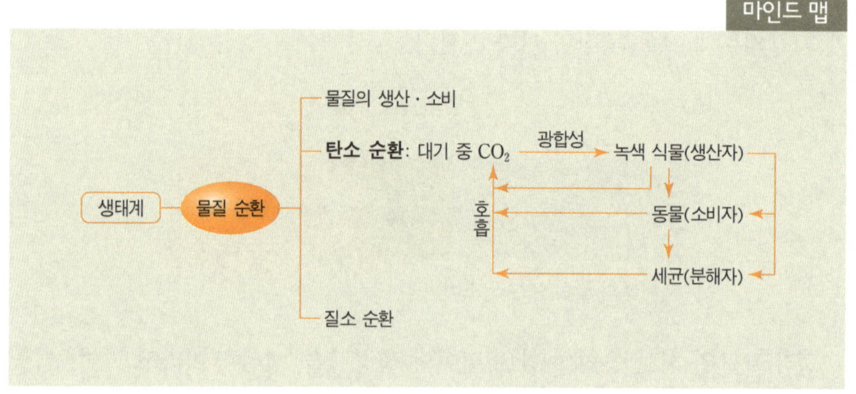

　생태계 내에서 물질은 끊임없이 순환한다. 물질이 순환한다는 것은 생태계에서 생물적 구성 요소를 이루는 물질이 비생물적 구성 요소로 전환되고, 다시 비생물적 구성 요소가 생물적 구성 요소로 흘러 들어가는 것을 의미한다. 그 대표적인 예가 탄소 순환이다.

생태계에서의 탄소 순환의 과정

모든 생물체는 유기물을 분해하여 생활의 에너지원을 얻는다. 이때 유기물의 분해 결과 생성된 이산화탄소CO_2는 대기의 구성 성분으로 돌아가서 다시 광합성 생물을 통해 식물체 몸에 들어가게 된다. 식물체에 들어온 CO_2는 다시 유기물의 형태로 전환되고, 이것은 먹이 사슬을 따라 다른 생물의 포식 작용에 의해 상위 영양 단계■로 흘러 들어가 결국 분해되어 다시 CO_2의 형태로 대기로 방출된다.

■**영양 단계**(營養段階): 먹이 사슬의 각 단계로, 생산자, 1차 소비자, 2차 소비자 등을 가리킨다.

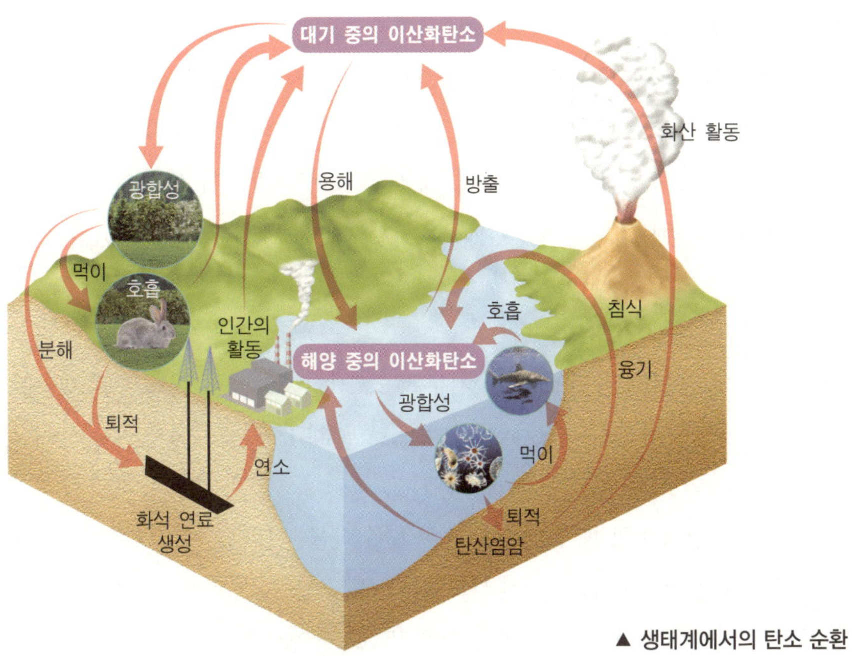

▲ 생태계에서의 탄소 순환

생물체의 구성 원소인 탄소

탄소는 모든 생물체 및 유기 화합물의 기본 구성 물질이므로 탄소 순환은 생태계에서 대단히 중요한 의미가 있다. 탄소가 생물체의 구성 원소로서 차지하는 비중은 상당히 커서 인간의 경우 체중당 차지하는 탄소의 비율이 약 20%나 된다.

인체 구성 원소	체중당 비율(%)	인체 구성 원소	체중당 비율(%)
산소(O)	65.0	인(P)	1.0
탄소(C)	18.5	칼륨(K)	0.4
수소(H)	9.5	황(S)	0.3
질소(N)	3.3	나트륨(Na)	0.2
칼슘(Ca)	1.5	염소(Cl)	0.2

▲ 인간의 몸을 구성하는 주요 원소

모든 생명체에게 탄소는 중요한 원소이므로 공급이 지체되어서는 안 되는데, 다행히도 탄소는 생태계에서 빠르게 순환하며 늘 일정한 양이 유지되고 있다.

생태적 공간의 탄소

지구라는 생태적 공간에 존재하는 탄소의 양은 약 10^{23}g, 다르게 표현한다면 1억 기가톤GT의 탄소가 존재한다. 그 대부분은 석회암 또는 대리암 속에 탄산칼슘$CaCO_3$ 형태로 존재하며, 이것을 제외한 나머지 탄소가 생태계에서의 탄소 순환에 참여한다.

탄소의 존재 형태

탄소 순환에 참여하는 탄소는 전 지구적으로 매우 다양한 형태로 존재하는데, 대기에서는 이산화탄소가 기체 형태로 존재하고 물속에서는 탄산이온 HCO_3^- 또는 CO_3^{2-}의 형태로 존재한다.

또한 모든 생명체의 몸 안에서 탄소는 탄수화물, 단백질, 지질, 핵산이라는 고분자의 다양한 화합물을 구성하고 있다. 탄소는 지질 시대에 살았던 고생물로부터 생성된 석유와 석탄 같은 화석 연료▪ 속에도 저장되어 있는데, 우리가 화석 연료를 사용함에 따라 탄소는 이산화탄소나 일산화탄소의 형태로 대기 중에 나타나게 된다.

▪**화석 연료**(化石燃料): 생물의 사체 중에서 분해되지 않은 유기물이 땅속에 묻혀 화석처럼 굳어져 오늘날 연료로 이용되는 물질.

Tip 탄소 순환에서 순환의 주체는 탄소인데, 생태계에서 탄소는 CO_2의 형태로 대기 중에 환경 요소를 이루다가 광합성 생물(생산자)에 의해서 유기물 속으로 들어오게 된다. 이를 '탄소 고정'이라고 하며, 유기물 속의 탄소는 다시 먹이 사슬을 따라 다른 생물체에게 유입되고, 호흡이나 연소 반응을 통해 다시 CO_2의 형태로 나가게 된다.

온실 효과

〔따뜻할 온 溫, 집 실 室, 나타낼 효 效, 결과 과 果〕

greenhouse effect

대기에 복사 에너지가 흡수되어 대기의 기온이 상승하는 현상

마인드 맵

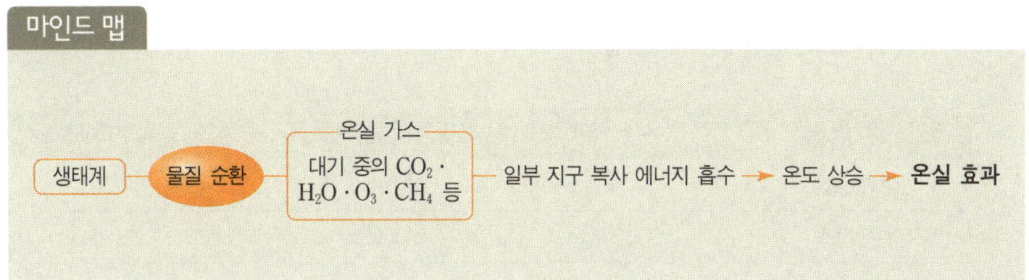

추운 겨울날 온실로 이루어진 식물원에 가면 따뜻함이 느껴지며 그 안에서 생장하고 있는 열대 식물도 볼 수 있다. 또한 우리는 겨울에도 비닐하우스에서 재배되는 싱싱한 야채나 과일을 손쉽게 접할 수 있다. 식물원이나 비닐하우스 같은 온실에서 우리가 따뜻함을 느낄 수 있는 원리는 간단하다.

태양의 빛에너지가 온실을 뚫고 들어와 온실 내부의 공기 온도를 올려 주지만 온실 밖으로 방출되는 열에너지가 적어서 전체적으로 들어오고 나가는 에너지 평형이 이루어지지 않기 때문이다. 하지만 이런 '에너지 비평형 현상'이 지구 전체적으로 일어날 때는 얘기가 달라진다.

지구 생태계에서 온실의 유리와 같은 기능을 하는 기체를 '온실 가스'라고 하는데, 대기 중의 이산화탄소CO_2, 수증기H_2O, 오존O_3, 메테인CH_4, 일산화질소NO, 프레온 가스 등 그 종류도 다양하다.

이러한 온실 가스들이 지구가 태양으로부터 받은 태양 복사 에너지를 지구 복사 에너지의 형태로 반사시킬 때 일부가 우주로 방출되지 않고 지구 대기에

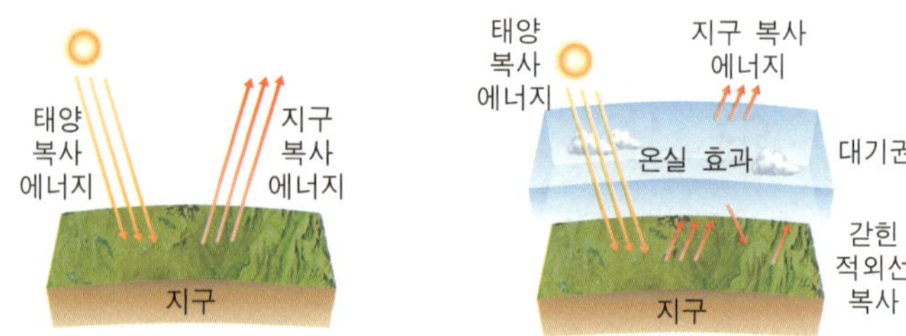

▲ 지구에서의 에너지 평형(왼쪽)과 온실 효과(오른쪽)

머물도록 한다. 따라서 지구 표면의 온도가 점차 상승하게 되는데, 이러한 현상이 '온실 효과'이다.

다음은 각 온실 가스의 온실 효과 기여도를 나타낸 표이다.

온실 가스	승온 효과	대기 중의 농도(ppm)	온실 효과 기여도(%)
이산화탄소	1	351	57
프레온 가스	6000	0.00225	25
메테인	21	1.675	12
질소 산화물	290	0.34	6

▲ 4가지 온실 가스의 온실 효과 기여도

지구 온난화 현상

온실 효과는 온실 가스에 의해 나타나는데, 온실 가스 중에서도 가장 문제가 되는 CO_2는 온실 효과에서 기여도가 가장 큰 기체일 뿐 아니라 산업 혁명 이후 석유·석탄과 같은 화석 연료를 대량 소비하면서 대기 중에 그 농도가 급증하였다. 지구 대기에 많아진 CO_2는 수증기와 함께 온실 효과를 유발하여 지구의 연평균 기온을 상승시키고 지구 온난화 현상을 일으키고 있다.

지구 온난화 현상은 현재 전 지구적인 강수량의 증가, 열대 지역의 확대, 해수면 상승으로 인한 육지 면적의 감소, 해안선의 변화, 저지대의 침수, 농경지 감소 및 식량 부족, 또한 대기 중에서 수증기량·강수량 변화에 의한 이상 기상 현상, 사막화 가중 등 여러 가지 심각한 상황을 초래하고 있다.

온실 효과나 지구 온난화 현상이라는 말은 이제는 낯설지 않은 용어가 된

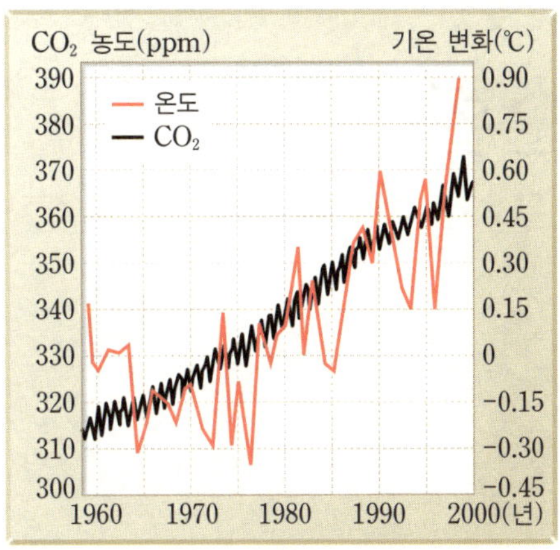

▲ CO_2 농도 증가와 기온 상승의 관계 그래프

지 오래되었고, 앞으로 우리 후손들을 위해서라도 지구 전체적인 기온 상승 문제는 해결의 실마리를 찾아야 하는 생존의 문제가 되고 말았다.

Tip　온실 효과로 인한 지구 온난화 현상을 억제하기 위해서 1992년 리우 회의에서 채택되고 1994년부터 발효된 기후 변화 협약이 있다. 이는 국제적으로 온실 가스의 배출량을 억제하기 위해 여러 국가가 모여 채택한 국제 협약이다.

주제 **25**

질소 순환

〔질소 질 窒, 바탕 소 素, 돌 순 循, 고리 환 環〕
nitrogen cycle

생태계에서 질소가 생물적 요소와 비생물적 요소 사이에서 순환하는 것

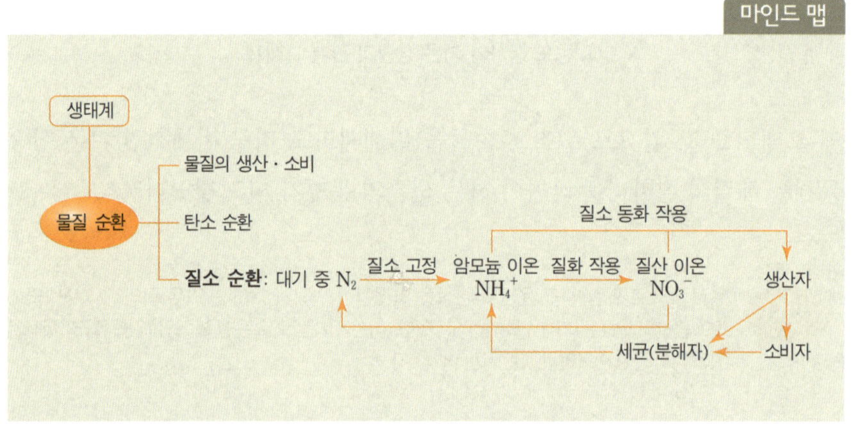

생태계의 물질 순환 중에서 탄소 순환 못지않게 중요한 것이 질소 순환이다. 탄소는 유기물의 중심 뼈대 역할을 하지만 반드시 질소 원자가 있어야 합성될 수 있는 유기물이 있는데 그것이 바로 단백질과 핵산이다.

우리 인체에서 가장 많은 것은 물이지만, 유기물 중에서 가장 많은 것은 단백질이다. 물은 인체에서 약 66%를 차지하고, 단백질은 약 16%를 차지한다. 단백질은 근육이나 머리카락, 피부 등 세포의 구성 물질로 효소, 호르몬 등의 주성분이 된다. 단백질의 구성 단위체는 아미노산인데, 아미노산에는 아미노기NH_2라는 질소 원자가 들어 있는 분자가 존재한다.

핵산nucleic acid은 일반적으로 DNA와 RNA를 함께 지칭하는 용어로 DNA는 유전 정보의 저장 기능을 하고, RNA는 유전 정보를 전달하여 특정한 단백질이 생성되는 일을 돕는다. 특정한 단백질의 생성은 곧 그 생물을 특징짓는

$$\underset{\text{(아미노기)}}{NH_2} - \overset{\overset{\displaystyle H}{|}}{\underset{\underset{\displaystyle R\,\text{(작용기)}}{|}}{C}} - \underset{\text{(카복시기)}}{COOH}$$

▲ 단백질을 구성하는 아미노산의 구조

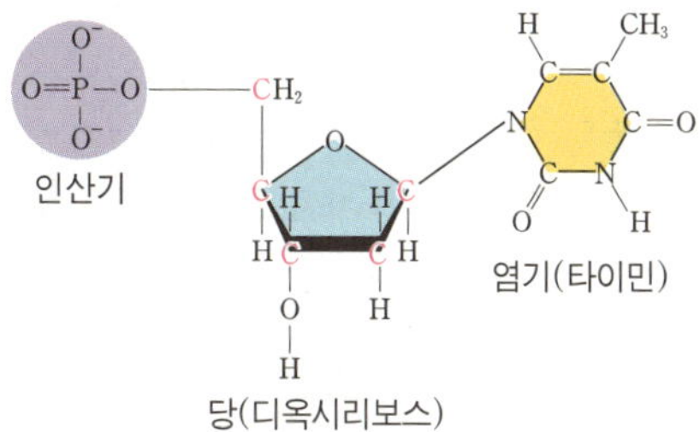

▲ DNA를 구성하는 4종류의 뉴클레오타이드 중에서 타이민을 가지고 있는 뉴클레오타이드

형질로 나타나게 된다. DNA와 RNA를 구성하는 기본적인 분자는 뉴클레오타이드nucleotide이다. 뉴클레오타이드에도 질소 원자가 들어간 염기base라는 분자가 존재한다.

  따라서 생물은 단백질과 핵산을 만들기 위해 식물이든 동물이든 끊임없이 단백질을 필요로 한다. 모든 동물은 질소를 공급받기 위해 단백질을 섭취해서 그 속에 있는 아미노산으로 또 다른 단백질을 합성한다.

생태계에서의 질소 순환 과정

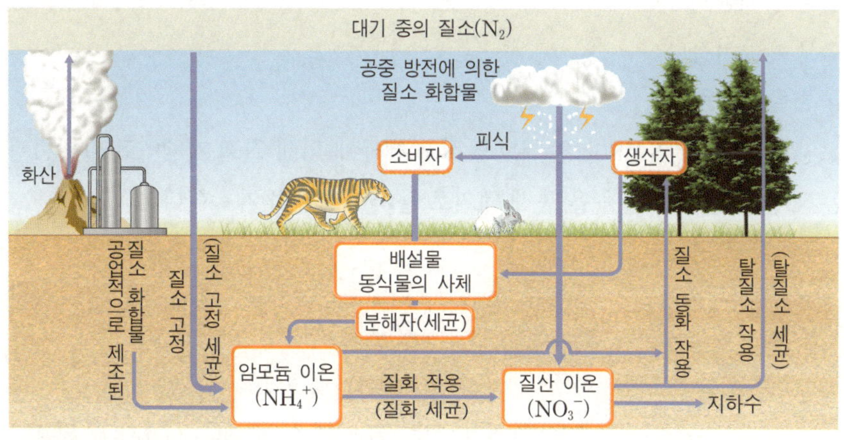

▲ 생태계에서의 질소 순환

① 질소 고정

질소 순환은 대기 중에 78%나 존재하는 질소 기체N_2를 식물이 직접 이용할 수 없으므로 뿌리를 통해 흡수하여 이용할 수 있도록 암모늄 이온NH_4^+이나 질산

이온NO_3^-으로 전환되는 과정인 '질소 고정'으로부터 시작된다.

　질소 고정은 대부분 생물학적 방법에 의한다. 일반적인 식물의 경우에는 토양 속에 사는 질소 고정 세균이, 콩과식물의 경우에는 뿌리혹박테리아가 대기 중의 질소 기체N_2를 식물이 이용할 수 있는 암모늄 이온NH_4^+으로 전환시켜 준다. 또한 질소 고정의 일부는 비생물적인 방법에 의해서도 일어나는데, 번개와 같은 공중 방전 작용에 의해 공기 중의 질소가 질산염 같은 질소 화합물이 되기도 한다.

② 질화 작용

식물이 이용할 수 있도록 전환된 암모늄 이온NH_4^+의 일부는 '질화 작용'에 의해 질화 세균의 질산 이온NO_3^-으로 전환된다.

③ 질소 동화 작용

토양 속의 암모늄 이온NH_4^+과 질산 이온NO_3^-은 생산자인 식물에게 흡수되어 '질소 동화 작용'에 의해 아미노산, 단백질, 핵산과 같은 유기 질소 화합물로 합성된다. 바로 이 질소 화합물은 먹이 사슬을 따라 각 영양 단계[*]의 생물에게로 전해진다. 다시 생산자와 소비자의 사체 및 배설물에 들어 있던 질소 화합물은 세균과 같은 분해자에 의해 분해되어 암모늄 이온NH_4^+으로 되어 토양 속으로 들어간다.

④ 탈질소 작용

토양 속의 질산 이온NO_3^- 일부는 탈질소 세균에 의해 질소 기체N_2로 환원시키는 과정인 '탈질소 작용'을 통해 대기로 돌아가 순환을 계속한다.

Tip　1904년 독일의 하버(Haber)는 대기에 존재하는 질소를 고온·고압하에서 촉매를 사용하여 수소와 반응시켜 암모니아(NH_3)를 합성하는 방법을 고안하였다.

$$N_2 + 3H_2 \rightarrow 2NH_3$$

오늘날 작물의 재배에 이용되는 질소 비료의 약 40%는 하버의 암모니아 합성법으로 공급되고 있다.

주제 **26**

에너지 흐름 *energy flow*

태양으로부터 기인한 생태계 에너지가 먹이 사슬을 따라 한 방향으로만 흐르는 것

마인드 맵

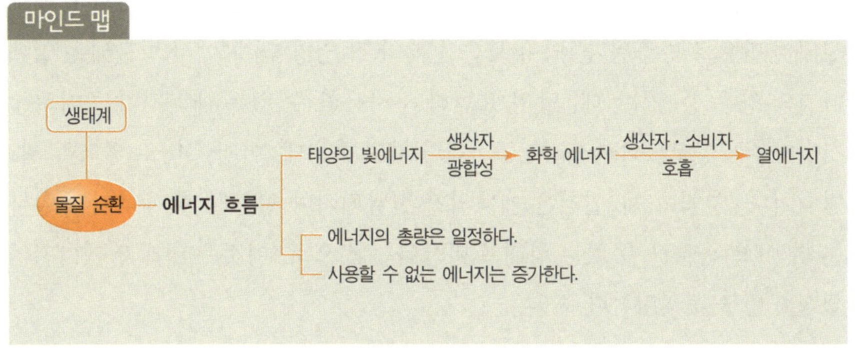

생태계에서 모든 에너지의 근원은 태양의 빛에너지이다. 태양의 빛에너지는 생태계에서 생산자에 의해 화학 에너지로 전환되고, 이것은 유기물의 형태로 생산자에게서 소비자에게로 먹이 사슬■을 따라 이동한다. 생태계에서 탄소와 질소 같은 물질은 순환하지만 에너지는 순환하지 않고 먹이 관계에 따라 한 방향으로만 흐른다. 이것을 '에너지 흐름'이라고 한다. 에너지 흐름은 열역학 제1법칙과 제2법칙에 의해 지배된다.

■ **먹이 사슬**(food chain): 생물 군집에서 서로 먹고 먹히는 사슬 모양의 관계.

에너지 흐름을 따라 에너지의 형태는 바뀌어도 총량은 일정하다

열역학 제1법칙은 '에너지 보존 법칙'이다. 에너지 보존 법칙은 에너지는 생성되거나 소멸되지 않고 그 형태만 바뀔 뿐이므로 에너지의 총량은 항상 일정하다는 것이다. 실제로 태양 에너지는 생산자의 광합성 작용에 의해 유기물 속에 화학 에너지로 저장되고, 생산자에 저장된 화학 에너지는 생산자를 먹는 소비자에게로 전달되며 이를 소비자는 또 다른 형태의 화학 에너지로 전환시켜 몸에 저장하게 된다. 또한 분해자가 얻는 에너지 역시 생산자와 소비자가 갖고 있던 에너지를 다른 형태로 전환시킨 것에 불과하다.

에너지 흐름을 따라 사용할 수 없는 에너지엔트로피는 증가한다

하지만 생산자나 소비자, 분해자는 공통적으로 '호흡 작용'을 해야 전달받은 에너지를 사용하게 되는데, 호흡 작용이란 유기물을 분해하여 생활에 필요한 에너지로 전환시키는 과정으로서 이때 사용할 수 없는 에너지로의 전환이 생긴다. 호흡 작용은 발열 과정이며 결국 에너지의 일부는 열에너지의 형태로 생태계 밖으로 방출된다. 먹이 사슬을 따라 각 영양 단계에서 방출되는 열에너지의 양은 증가하는데, 달리 표현하면 사용할 수 없는 에너지가 증가하는 것이다. 즉 '엔트로피entropy가 증가한다'라고 하는데, 이것이 바로 열역학 제2법칙이다. 열역학 제2법칙은 에너지가 전달되거나 전환될 때 에너지의 일부는 더 이상 전달될 수 없는 형태로 바뀐다는 것으로, 이것은 대개 열에너지의 생성과 방출을 의미한다.

영양 단계(營養段階): 먹이 사슬의 각 단계로, 생산자, 1차 소비자, 2차 소비자 등을 가리킨다.

빛에너지의 총량은 감소하거나 증가하지 않는다

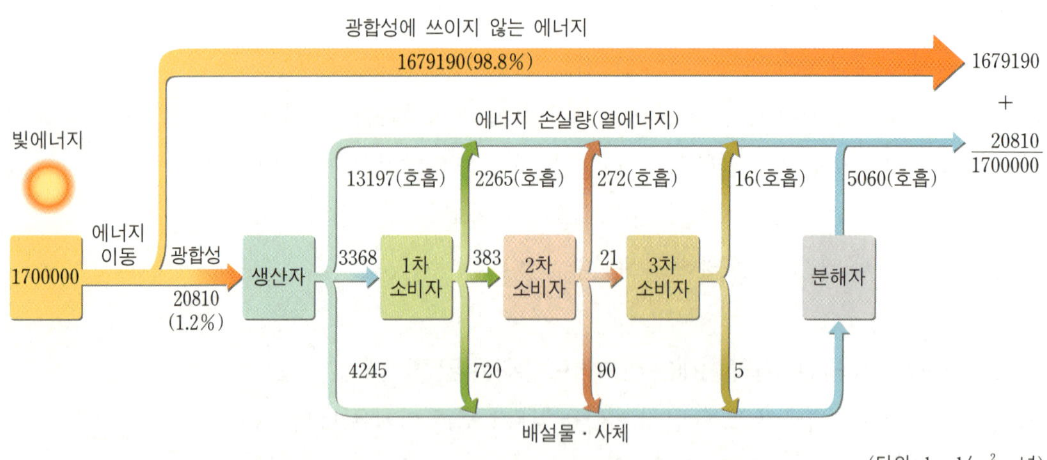

▲ 생태계에서의 에너지 흐름 예시도

위의 그림에서 태양의 빛에너지는 생산자에게로 이동되고, 생산자의 에너지는 1차 소비자에게 전달되지만 생산자의 호흡 작용으로 방출된 열에너지는

1차 소비자에게 전달되지 않는다. 마찬가지로 2차 소비자에게는 1차 소비자의 호흡 작용으로 방출된 에너지를 제외한 양만큼의 에너지만 전달되며, 3차 소비자의 경우도 이와 같다. 하지만 태양의 빛에너지의 총량은 광합성에 쓰이지 않은 양과 먹이 사슬의 각 단계로 전해진 양, 그리고 각 영양 단계에서 호흡 작용으로 방출한 열에너지를 더하면 그 총량은 감소하거나 증가하지 않으며 일정함을 알 수 있다.

생태계에서 에너지는 생물 군집을 통해 순환하는 것이 아니라 한 방향으로만 한 번 흐른다. 따라서 열로 전환된 에너지는 생태계 밖으로 방출되기 때문에 결국 생태계의 에너지 손실이 있게 된다. 이러한 사실은 생태계가 계속 유지되기 위해서는 태양의 빛에너지가 계속해서 공급되어야 함을 의미한다.

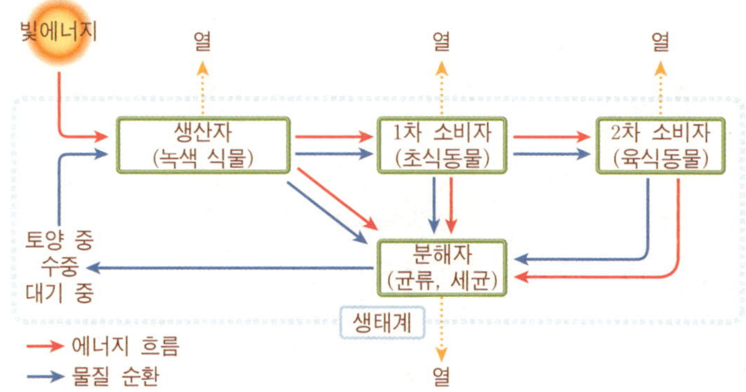

▲ 생태계에서의 에너지 흐름 및 물질 순환

주제 **27**

에너지 효율 〔–효과 效, 비율 율 率〕
energy efficiency

생태계의 한 영양 단계에서 다음 상위 영양 단계로 이동한
에너지양의 비율

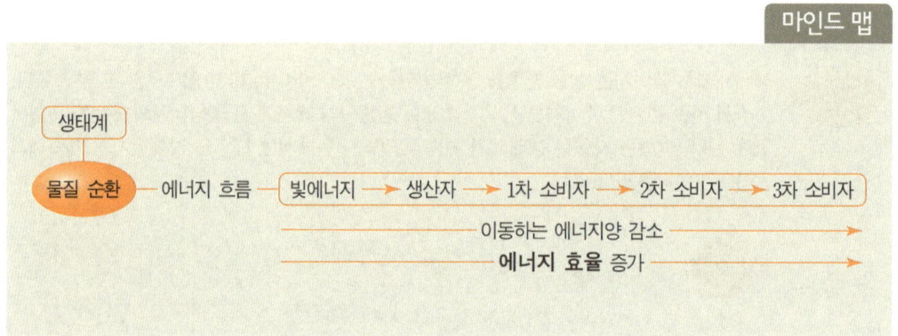

■**영양 단계**(營養段階): 먹
이 사슬의 각 단계로, 생산자,
1차 소비자, 2차 소비자 등을
가리킨다.

생태계에서 에너지는 한 방향으로 흐르는데 이때 먹이 사슬의 한 영양 단계■
에서 다음 상위 영양 단계로 이동한 에너지양의 비율을 '에너지 효율'이라고
한다.

$$에너지\ 효율(\%) = \frac{현\ 영양\ 단계가\ 보유한\ 에너지양}{전\ 영양\ 단계가\ 보유한\ 에너지양} \times 100$$

에너지의 이동 과정에서 생성된 열에너지는 생태계 밖으로 방출되므로 생
태계에서 이동하는 에너지양은 계속 감소할 수밖에 없다. 이와는 달리 에너
지 효율은 먹이 사슬의 상위 영양 단계로 올라갈수록 증가한다.

그 이유는 무엇일까? 생산자에게서 초식을 하는 1차 소비자로 에너지가 이
동하는 경우를 생각해 보면, 수많은 풀과 나무들이 갖고 있는 에너지의 극히
일부만이 초식동물들에게 먹혀 에너지가 전달되므로 에너지 효율값으로 구
한 수량적 수치는 극히 작게 나타난다. 하지만 1차 소비자인 초식동물을 2차
소비자인 육식동물이 먹게 될 경우에는 전 단계의 에너지양과 현 단계의 에너

지양 차이가 앞서 언급한 풀과 초식동물의 경우보다 적게 나타나므로 에너지 효율은 더 높게 나타난다. 즉 먹이 사슬의 상위 영양 단계에 있는 소비자일수록 자신이 갖는 에너지양과 가장 가까운 에너지양을 갖는 동물성 먹이의 섭취 비율이 높아 에너지 효율이 높아지는 것이다.

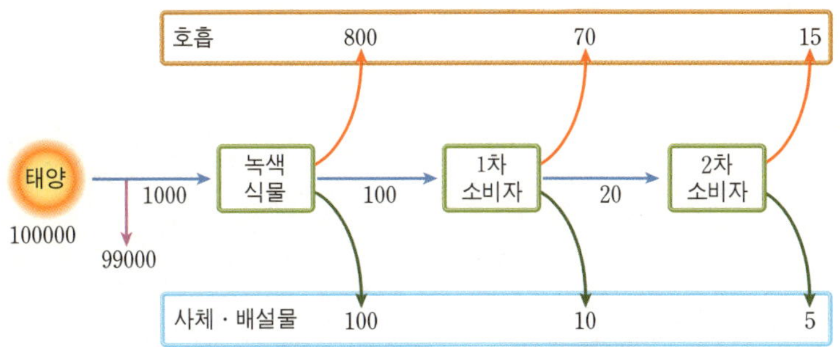

▲ 생태계에서의 에너지 흐름

위의 그림으로 각 영양 단계에서의 에너지 효율을 구해 보면 에너지 효율은 녹색 식물 → 1차 소비자 → 2차 소비자의 순으로 증가함을 알 수 있다.

- 녹색 식물생산자의 에너지 효율 $= \dfrac{1000}{100000} \times 100 = 0.1(\%)$

- 1차 소비자의 에너지 효율 $= \dfrac{100}{1000} \times 100 = 10(\%)$

- 2차 소비자의 에너지 효율 $= \dfrac{20}{100} \times 100 = 20(\%)$

Tip 생태계 내에서의 에너지 관계를 정리해 보면 영양 단계가 높아질수록 이동하는 에너지양은 감소하고, 에너지 효율은 증가하며, 생물 요소가 보유하는 전체 에너지양은 감소한다.

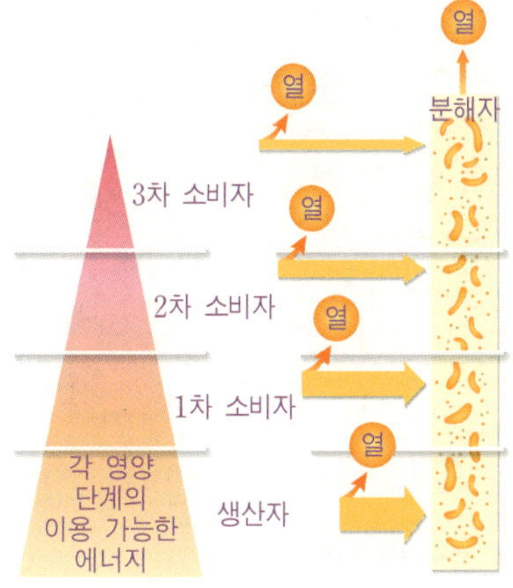

▶ 생태계에서의 에너지 이동

생태 피라미드 ecological pyramid

먹이 사슬의 각 영양 단계에 따른 생물의 개체 수, 생물량,
에너지양을 피라미드 구조로 표현한 것

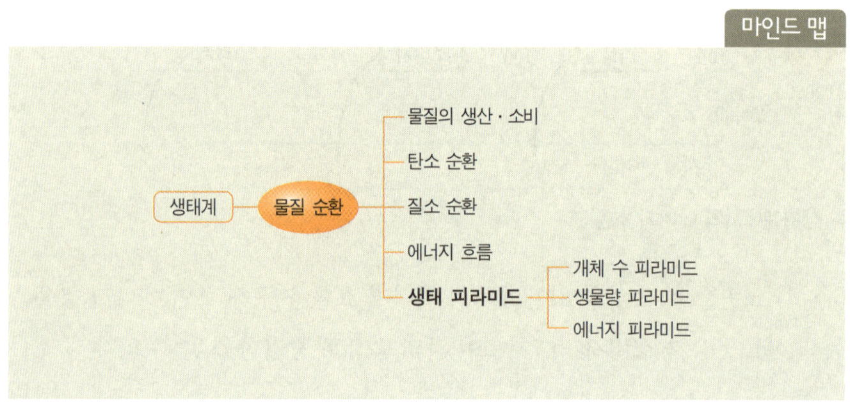

먹이 사슬을 구성하는 각 영양 단계에서의 생물 개체 수, 생물량, 에너지양
을 생산자부터 1차 소비자, 2차 소비자, …, 최종 소비자의 순으로 수량을 하
나씩 도식화해 보면 상위 영양 단계로 갈수록 감소하는 피라미드 모양과 같은
구조가 나타나는데, 이를 '생태 피라미드' 또는 '생태학적 피라미드'라고 한
다. 생태 피라미드에는 개체 수 피라미드, 생물량 피라미드, 에너지 피라미드
의 3가지 유형이 있다.

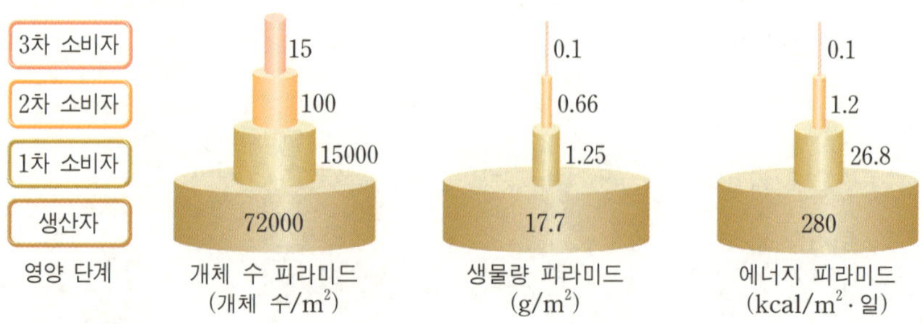

▲ 생태 피라미드

개체 수 피라미드

각 영양 단계에 존재하는 단위 넓이당 생물들의 개체 수를 도식화한 것이다. 개체 수 피라미드는 생산자와 각 단계의 소비자 개체 수 및 그들이 이루고 있는 군집의 크기를 나타내 준다. 생산자의 거의 대부분은 식물이며, 그들이 이루는 군집의 크기 및 식물 개체 수의 크기는 상당히 크다. 하지만 초식동물인 1차 소비자부터 육식을 하는 2차 소비자 그리고 최종 소비자로 갈수록 개체 수의 크기는 크게 감소한다.

생물량 피라미드

각 영양 단계에서의 단위 넓이당 생물의 무게를 나타낸 것이다. 상위 영양 단계로 갈수록 각 개체의 몸집이 커지는 경향이 있어서 무게는 증가하지만, 개체 수가 적어 이를 도식화하면 역시 피라미드 구조로 나타난다.

에너지 피라미드

각 영양 단계에서의 단위 시간 및 단위 넓이당 생물이 갖는 에너지양을 의미한다. 생산자의 경우에는 광합성 작용을 통해서, 소비자의 경우에는 포식을 통하여 에너지를 얻는데, 먹이 사슬의 다음 단계로 넘어갈 때마다 열역학 제2법칙▪에 따라 에너지양은 감소한다. 에너지양의 감소는 호흡 과정에서 발생하는 열이 체외로 방출되기 때문이며, 보통 한 영양 단계에서 다음 영양 단계로 약 20~30%의 에너지만 전달된다. 상위 영양 단계로 전달되는 에너지양의 감소는 먹이 사슬에서의 영양 단계의 수를 제한하는 이유가 된다.

▪**열역학 제2법칙**: 에너지 흐름을 따라 에너지가 전달될 때 사용할 수 없는 에너지(엔트로피, entropy)는 증가한다.

Tip 생태 피라미드 중에서 영양 단계별 에너지 효율, 개체의 크기·무게, 생물 농축도 등은 갈수록 증가하여 역피라미드 구조를 이룬다.

생태계 평형

〔살 생 生, 모양 태 態, 맬 계 系, 평평할 평 平, 저울 형 衡〕
equilibrium in ecosystem

생태계 내의 각 영양 단계의 생물 군집의 종류와 개체 수, 물질의 양이 균형을 이루는 안정된 상태

마인드 맵

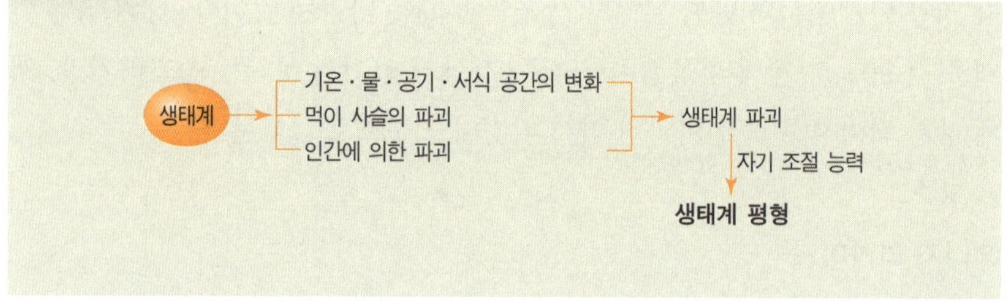

생태계는 먹이 사슬과 물질 순환 등의 작용으로 생물 군집의 종류, 개체 수 그리고 물질의 양이 안정된 상태를 유지하는데, 이를 '생태계 평형'이라고 한다. 생태계 평형의 가장 근본적 원리는 서로 먹고 먹히는 관계인 먹이 사슬에 따른 것으로, 먹이 사슬이 복잡하게 얽힌 먹이 그물의 형태로 구성될수록 생물 종의 다양성이 커져서 평형이 잘 이루어진다.

생태계 평형이 잘 이루어지려면 먹이 그물 외에 안정적인 물질 순환, 원활한 에너지 흐름 등도 중요하게 작용하며 급격한 환경 변화도 없어야 한다. 그러므로 천이* 중인 군집보다는 극상*에 도달한 군집에서 평형이 잘 이루어지는 것을 볼 수 있다.

■천이(遷移): 어떤 지역 내의 생물 군집이 오랜 시간에 걸쳐 생물의 종류와 수가 변해 가는 과정.

■극상(極相): 천이의 마지막 단계로 잎이 얇고 넓은 음지 식물이 음수림을 이룬 상태.

생태계의 일시적 파괴와 회복 과정

안정적인 생태계에서는 평형이 일시적으로 깨지더라도 시간이 지나면 다시 회복된다. 예를 들어 어떤 요인에 의해서 1차 소비자의 수가 갑자기 증가한다

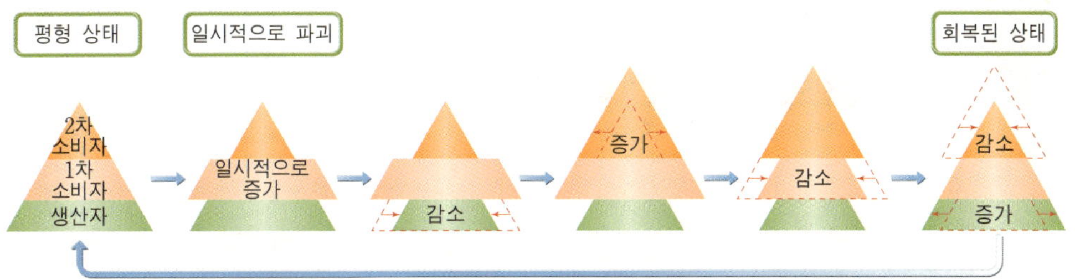

▲ 생태계의 일식적 파괴와 회복 과정(1차 소비자의 수가 증가한 경우)

면, 먹이 사슬의 하위 단계에 있는 생산자의 수가 감소할 것이다. 1차 소비자의 증가는 1차 소비자를 먹이로 하는 2차 소비자의 증가를 야기한다. 이에 따라 생태 피라미드의 모양은 변하고 생태계 평형도 깨지게 된다. 하지만 생산자의 감소는 1차 소비자의 감소를 초래하고, 이는 다시 2차 소비자의 감소를 초래하여 결국은 원래의 피라미드 형태로 되돌아가게 된다. 이처럼 생태계 평형의 기본 원리는 먹이 사슬에서 먹고 먹히는 관계에 의한 것이며, 피식자와 포식자의 수적인 평형은 자연히 유지된다.

생태계의 파괴 요인

생태계 평형을 유지하는 데에는 기온·물·공기·서식 공간 등 환경 요인도 먹이 사슬 못지않게 중요하다. 남극에 사는 펭귄의 경우 추운 기온 탓에 먹이가 충분해도 개체 수의 증가가 제한되어 일정한 수를 유지한다. 생태계 평형은 일시적으로 평형이 깨지더라도 회복될 수 있지만 그 정도가 지나쳐 생태계의 자기 조절 능력을 벗어나면 전체 생태계의 파괴를 초래하여 회복이 불가능할 수 있다. 이러한 생태계 파괴 요인으로는 산불·가뭄·홍수·지진·화산 폭발 같은 자연재해로 인한 먹이 사슬의 파괴, 외부에서 들여온 귀화종■에 의한 먹이 사슬의 파괴, 무분별한 자연 개발이나 환경 파괴 등의 인간 활동에 의한 파괴 등이 있다.

■**귀화종**: 어떤 지역에 들어와서 정착하게 된 원산지가 다른 생물.

Tip 생태계 평형을 유지하기 위한 기본 원리는 먹이 사슬이 기초가 되므로 생물 다양성 유지가 필수적이다. 어느 정도의 생태계 파괴는 생태계 자체의 자기 조절 능력에 의해 느리지만 회복이 가능하다. 하지만 인간에 의한 생태계 파괴는 생태계 전반을 위협할 뿐만 아니라 생태계의 복원력을 크게 약화시킨다.

생물 다양성

〔살 생 生, 만물 물 物, 많을 다 多, 모양 양 樣, 성질 性〕 **biodiversity**
특정 지역 내 생물들이 갖는 종, 유전자, 생태계의 다양함

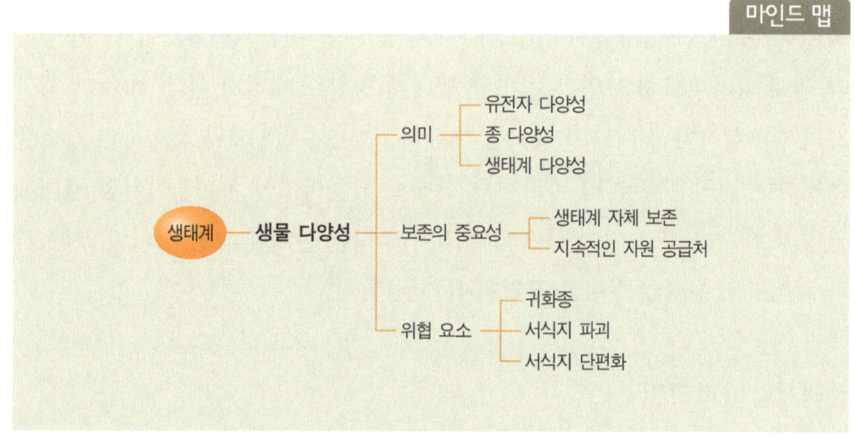

현재 지구에는 수천만 종의 생물이 인간과 공존하며 서식하고 있다. 그중에서 약 175만 종의 생물에게는 생물학적인 이름학명이 부여되었다. 대략 500만~1,000만 종의 박테리아가 알려져 있고, 약 10만 종의 곰팡이와 버섯 같은 균류가 존재하며, 약 50만 종의 식물, 120만 종의 동물이 있는 것으로 조사되고 있다.

생물 다양성과 생태계 평형의 관계

■**생태적 지위**(生態的地位): 군집을 구성하는 개체군이 갖는 공간적 지위와 먹이 지위.

지구상의 다양한 생물의 종들은 그들의 생태적 지위■에서 먹이 사슬 및 먹이 그물 관계를 통해 서로 물질을 교환하며 각자의 역할을 수행함으로써 생태계 평형을 유지해 주고 있다. 같은 종의 생물이라도 그 안에 존재하는 유전적 다양성은 환경 변화에 대한 생존 능력을 증가시켜 주며, 다양한 서식지에서 생

태계를 이루며 살 수 있는 능력을 준
다. 또한 평형을 이루는 안정된 생태계
는 다시 생물 다양성을 유지시켜 주는
역할을 하고 있는데, 생물 다양성이란
용어는 생물의 유전자 다양성, 생물의
종 다양성, 생물이 서식하는 생태계 다
양성을 지칭하는 포괄적인 말이다. 안
정된 생태계의 형성은 다양한 생물들
이 복잡한 먹이 그물 관계를 이루는 것
을 기초로 한다.

▲ 생물 다양성의 3단계 : 유전자 다양성, 종 다양성, 생태계 다양성

　다양한 생물들이 복잡하게 서로 먹고 먹히는 관계를 형성하려면 생물의 종
다양성이 선행되어야 한다. 특히 생물의 종 다양성은 인류가 이용할 수 있는
식량 자원의 원천으로서 '식물의 종자 다양성'과도 밀접한 관계가 있다.
　같은 종의 생물이라도 유전자 다양성이 존재하는데, 이는 같은 인간이라도
서양인과 동양인이 다르고 또 같은 동양인이라도 한국인과 일본인이 다른 경
우가 대표적인 예라고 할 수 있다. 생태계 다양성은 온대 활엽수림, 열대 우림,
산림 생태계, 습지 등 생물이 서식하는 생태계가 얼마나 다양한가를 의미한다.

생물 다양성 유지의 중요성

생태계에서 생물 다양성의 유지는 우리 인류에게 매우 중요하다. 그 이유는
첫째, 생태계 자체가 보존되어야 인류가 다양한 생물들과 함께 공존하며 살
수 있기 때문이다. 둘째, 인간에게 필요한 여러 가지 자원의 공급처로서 생물
자원이 중요하기 때문이다. 지속적인 식량 자원의 공급 및 개발, 새로운 의약
품 및 생활 필수품 생산을 위한 자원 공급처로서 생물 자원이 역할을 하도록
생물 다양성은 유지되어야 한다.

Tip　생물 종은 한 번 멸종하면 다시 살아나지 않기 때문에 종의 보존과 관리를 위해 종자 은행이
설립되고 있다. 갑작스런 지구 환경 변화에도 수십 년 또는 수백 년 동안 식물 종자를 보관할 수
있도록 만들어진 '스발바르 국제 종자 저장고'가 대표적인 예가 된다.

주제 **31**

종 〔씨 종 種〕
species

생물 분류의 기본 단위로 생식 능력을 가진 자손을 낳는 개체들의 집단

마인드 맵

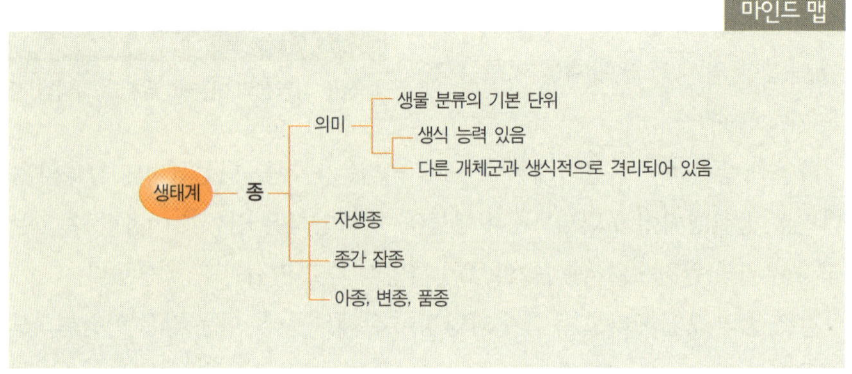

일반적으로 다른 생물에 이름을 붙여 구분할 때 우리는 무의식적으로 종의 개념을 사용한다. 예를 들어 고양이, 나비, 장미, 개구리 등 우리가 지칭하는 생물들의 이름은 각각 그 생물들이 다르다는 전제하에 부르는 호칭이다. 이 세상에는 약 50만 종의 식물, 120만 종의 동물이 있는 것으로 알려져 있다. '50만 종의 식물'이라는 말의 뜻은 구별되는 서로 다른 식물들이 50만 가지나 된다는 의미이며, '120만 종의 동물'이라는 말 또한 120만 가지의 서로 구별되는 동물이 존재한다는 의미이다.

그렇다면 종의 의미는 무엇일까? 생물학적으로 종의 개념은 '생식을 통하여 유전자 교환이 일어날 수 있는, 다른 개체군과 생식적으로 격리되어 있는 개체군'을 의미한다. '생식적으로 격리되어 있는'이란 말의 뜻은 다른 종의 생물끼리는 교배가 불가능하여 자손을 낳을 수 없다는 의미이다. 대표적인 예가 개와 고양이의 경우이다. 두 생물은 다른 종으로 서로 교배가 불가능하여 새끼를 낳을 수 없다. 따라서 개와 고양이는 다른 종으로 분류한다. 식물의 경

우도 마찬가지여서 복숭아나무에 핀 꽃의 꽃가루를 사과나무에 핀 꽃의 암술에 인공적으로 수분▪을 시켜도 열매가 생기지 않는다.

■**수분**(受粉 pollination): 식물의 꽃에 있는 수술에서 만들어진 꽃가루가 암술머리에 옮겨붙는 것.

종간 잡종種間雜種

그렇다면 동물원에서 볼 수 있는 라이거는 어떤 종일까? 라이거는 수사자와 암호랑이 사이에서 태어난 동물이다. 하지만 사자와 호랑이는 서로 다른 지역에 서식하므로 자연 상태에서 만날 수 있는 기회도 없고 서로 다른 종이라 교배도 되지 않는다. 라이거는 인간이 사자의 정자와 호랑이의 난자를 인공 수정시켜서 만든 동물이다. 라이거처럼 종이 달라도 수정이 되는 예외적인 경우도 있지만, 라이거와 같은 생물은 새끼를 낳을 수 없는 불임이다. 따라서 라이거는 호랑이도 아니고 사자도 아니다. 또한 사자와 호랑이는 생물학적으로 다른 종으로 분류된다. 라이거처럼 서로 다른 종 사이에서 태어난 자손을 '종간 잡종'이라고 하는데, 이들은 한 세대가 끝나면 자손을 남기지 못하므로 소멸된다. 또 다른 예인 노새는 암말과 수나귀 사이에서 태어난 잡종인데, 마찬가지로 새끼를 낳지 못한다. 따라서 말과 당나귀는 생물학적으로 다른 종이며, 노새는 종간 잡종으로 분류된다.

▲ 종간 잡종의 예: 라이거

아종, 변종, 품종

생물학적 종의 하위 단계로 아종, 변종, 품종의 3가지가 있다.

'아종亞種 subspecies'은 같은 종이지만 지리적으로 다르거나 환경에 적응한 양상이 달라서 형태가 달라진 경우이다. 한국이 원산지인 진돗개와 멕시코가 원산지인 치와와의 경우 등 많은 예가 있다.

'변종變種 variety'은 주로 식물의 경우에 볼 수 있는데, 고추와 피망의 관계처럼 기본적 유전자는 같지만 자연적인 돌연변이에 의해 성질과 형태가 달라져 새로운 특징이 나타난 경우를 말한다.

'품종品種 form'은 인간에 의한 인공적인 돌연변이에 의해서 개량된 종을 말하는데, 가축이나 원예 작물에서 볼 수 있다.

주제 **32**

귀화종 〔돌아올 귀 歸, 될 화 化, 씨 종 種〕
naturalized species

어떤 지역에 들어와서 정착하게 된 원산지가 다른 생물

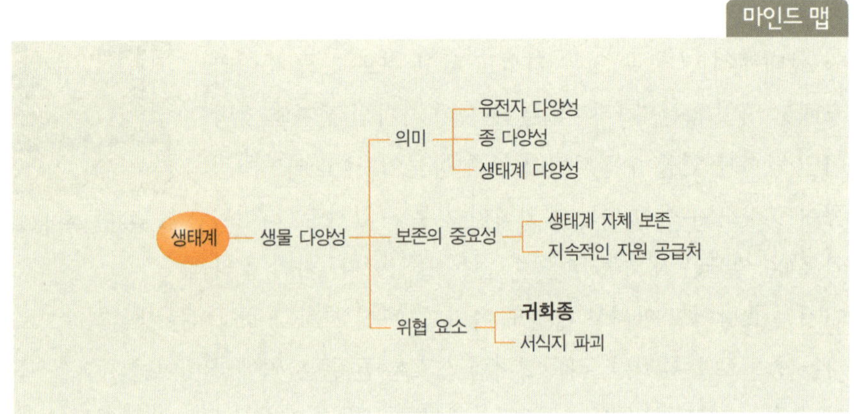

생태계 평형의 파괴 원인은 여러 가지가 있다. 대규모의 산불이나 홍수, 가뭄 등으로 먹이 사슬에 큰 변화가 생기는 경우 생태 피라미드[*] 구조에 큰 변화가 나타나며 생태계 평형이 깨어진다. 또한 원래의 먹이 사슬 구조에는 없던 생물체가 갑자기 등장하면 전체적인 먹이 사슬에 변화가 오게 되는데, 그 예가 바로 다른 생태계에서 들어온 귀화종이다.

원산지에서 다른 생태계로 이동하여 들어온 생물을 지칭하여 '귀화종'이라고 한다. 귀화종은 생물의 등장과 진화의 과정에서 서로 먹고 먹히는 관계가 성립되지 않은 생물체가 등장한 것이므로 천적이 존재하지 않는 경우가 대부분이다. 원래 그 지역에 서식하던 기존 생물체의 입장에서도 한 번도 먹어 보지 못한 생물체가 나타났으므로 그 생물체를 자연적으로 섭식하기까지는 꽤 오랜 시간이 필요할 것이다. 귀화종은 대부분 천적이 존재하지 않을뿐더러 경쟁 상대도 없어서 그 수가 빠르게 증가할 수 있다.

[*] **생태 피라미드:** 먹이 사슬의 각 영양 단계에 따른 개체 수, 생물량, 에너지양을 피라미드 구조로 표현한 것.

우리나라에 귀화종이 들어오게 된 경로

황소개구리는 원래 미국이 원산지이나 일본에서 식용으로 들여
온 것을 다시 우리나라가 식용으로 들여온 경우이다. 큰입배스
나 남미가 원산지인 뉴트리아도 마찬가지이다. 현재 황소개구리
나 큰입배스, 뉴트리아는 우리나라의 생태계에서 천적이 없어
그 수가 늘어 가며 토종 생태계의 먹이 사슬을 파괴하고 있다.

식물의 경우에는 비의도적인 경로를 통해 들어오기도 한다.
미국자리공, 돼지풀 등 외국으로부터 인간의 왕래와 화물의 수
출입 과정 중에 도입된 경우가 해당된다. 자연적인 경로를 통해
서도 들어올 수 있는데 바람, 해류, 철새 등에 의하여 도입되는
경우로 토끼풀, 달맞이꽃이 이에 속한다고 추정된다.

귀화종의 영향

일반적으로 귀화 식물은 인체에 알레르기 등의 피해를 입히거
나 기존 생태계를 잠식한다. 돼지풀은 '천연 제초제'라고 불리는
화학 물질을 내뿜어 토종 식물을 쫓아낸다. 귀화 식물이 토종 식
물을 죽이거나 성장을 억제하는 천연 제초제를 토종 식물보다 2
배 이상 많이 내뿜는 것이다. 이에 따라 토양 미생물도 죽게 되
므로 토양은 산성화되고 다른 식물이 살 수 없게 된다. 또한 돼
지풀은 사람에게 꽃가루 알레르기성 비염과 눈병을 일으킨다.

▲ 귀화종의 예(황소개구리)

▲ 귀화종의 예(뉴트리아)

▲ 귀화종의 예(달맞이꽃)

▲ 귀화종의 예(돼지풀)

Tip 우리나라 비토착종으로서 인위적 또는 자연적인 방법으로 들어와 야생 상태에서 스스로
번식하며 생존할 수 있는 종을 귀화종이라고 한다. 이와 달리 외국에서 들여왔어도 인간의
관리가 없어 야생 상태에서 스스로 번식할 수 없는 경우는 외래종(alien species)이라고 한다.

주제 **33**

서식지 단편화

〔집 서棲, 살 식息, 땅 지地, 끊을 단斷, 조각 편片, 될 화化〕
habitat fragmentation

자연적인 생물의 서식지가 도로 건설, 철도 건설 등 인간의
개발에 의해서 나눠지는 것

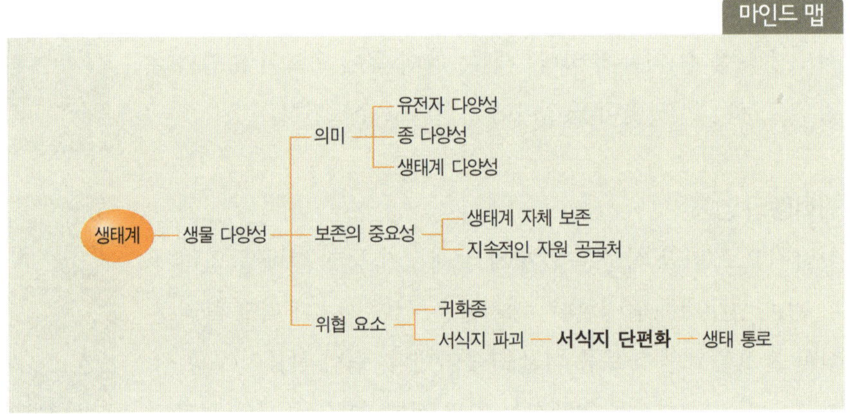

생물 다양성은 유전자 다양성, 종 다양성, 생태계 다양성을 포함하는 포괄
적인 개념이다. 생물 다양성이 유지되어야 전체 생태계가 균형을 이루며 그
속에서 살고 있는 인간도 영속적으로 존재할 수 있다. 거꾸로 이 말은 유전자
다양성, 종 다양성, 생태계 다양성이 유지되지 않으면 생물 다양성이 파괴되
고 더 나아가서 전체 생태계가 파괴될 수 있음을 의미한다.

전체 생태계의 파괴는 인간의 존재 또한 위협할 수 있다. 지질 시대에 수차
레 있었던 거대한 운석 충돌, 소행성이나 혜성의 충돌은 지구에 살고 있는 많
은 생물 종種 species들을 멸종시키기도 했다. 특히 중생대 백악기약 1억 4,500만 년
~6,500만 년 전 말의 '대량 절멸mass extinction 사건' 은 지구에 살고 있던 생물 종의

70%를 절멸시킨 것으로 여겨진다. 또한 고생대 페름기약 2억 9,000만 년~2억 4,500 만 년 전의 화석 기록 역시 이 시기에 생물 종의 50% 정도가 대량 절멸한 것으로 확인되고 있다.

소행성 충돌이나 급격한 기후 변동이 이유는 아니지만 현재 생태계에서도 이와 같은 일이 일어나 매년 수천 종들이 대량으로 멸절되고 있다고 과학자들은 추정하고 있다. 종 절멸의 주요 원인은 인구가 급격히 증가함에 따라 인간 활동이 증가하면서 자연에서 살고 있는 생물들의 서식지가 파괴되고 있기 때문이다. 도로나 철도의 건설, 작물 생산을 위한 삼림의 개간 및 습지나 갯벌 등의 매립은 매우 넓은 지역의 생태계를 순식간에 파괴해 버린다.

특히 도로나 철도 등에 의한 서식지 분할을 '서식지 단편화'라고 하는데, 넓은 서식지가 분할되어 감소하면 다른 서식지로의 이동이 쉽지 않고, 이동 중에 차량에 의해 부딪히는 일이것을 road kill이라고 부른다 등이 발생할 수도 있다. 이에 야생 동물들이 이동할 수 있도록 기존의 도로나 철도 위에 '생태 통로生態通路 ecological path'를 만드는 방법이 시행되고 있다. 또한 서식지 넓이의 감소는 결국 생물의 종 다양성을 감소시켜 전체 생태계를 위협하는 요소가 된다.

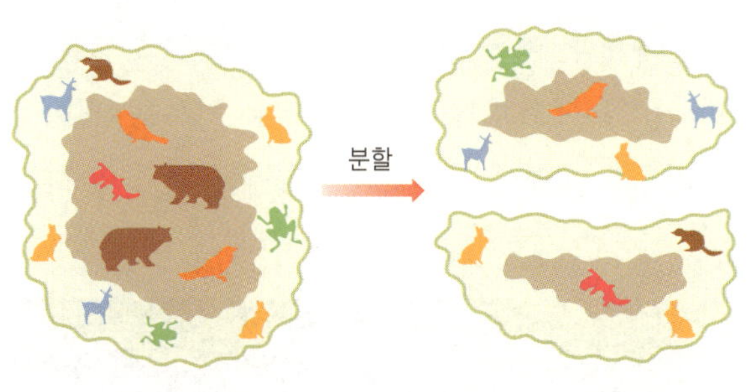

▲ 서식지 단편화

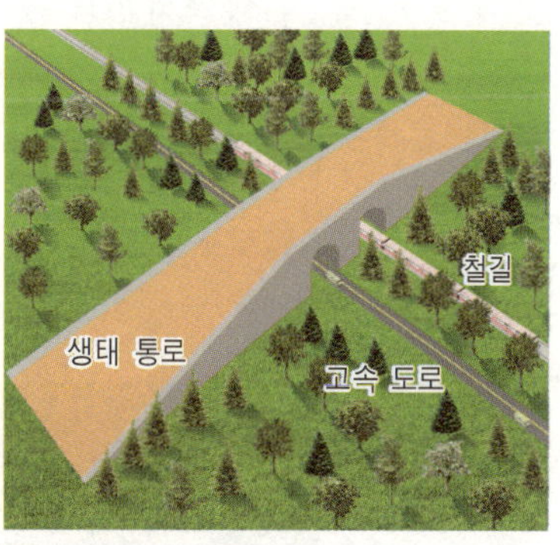

▲ 서식지 단편화를 막기 위한 생태 통로

주제 **34**

생물 자원

〔살 생 生, 만물 물 物, 재물 자 資, 근원 원 源〕
biological resources

인류를 위해 이용될 수 있는 생태계의 모든 생물적 요소

마인드 맵

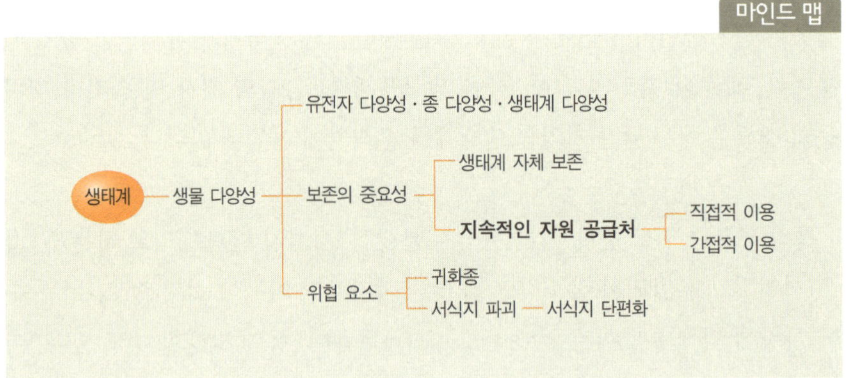

지구상의 모든 생물은 인간에게 귀중한 자원이 된다. 고대로부터 인간은 자연에 존재하는 생물로부터 식량과 의복, 거주지를 마련하기 위한 재료, 그리고 의약품 등 다양한 혜택을 얻어왔다. 예를 들면 벼·밀·옥수수·콩 등은 주요한 식량 자원이 되며, 목화·마·누에고치에서 얻는 실크는 의복을 위한 재료로 쓰이고 있다. 또 인삼·당귀 등은 약용 식물로서 직접 이용되고 있으며,

▲ 항암제의 재료가 되는 주목　▲ 해열제로 쓰이는 버드나무 껍질　▲ 면섬유의 재료인 목화

주목·버드나무 껍질·푸른곰팡이 등에서 추출한 물질들은 의약품을 만들기 위한 재료로 이용된다. 이처럼 인간에게 현재 이용되고 있거나 잠재적으로 이용 가치가 있는 생태계의 생물적 요소를 총칭하여 '생물 자원'이라고 한다.

인류는 생물을 자원으로서 더욱 효과적으로 이용하기 위해서 한층 진보된 과학 기술을 이용하고 있다. 고대 그리스의 히포크라테스Hippocrates는 버드나무 껍질을 이용하여 해열·진통제를 만들어 이용하였으며, 이를 보완하여 1897년 독일의 호프만A. Hofmann은 아스피린을 개발하였다. 또한 1904년 하버 F. Haber는 암모니아 생성법을 개발하여 질소 비료를 대량 생산함으로써 주요한 식량 자원인 곡식 생산 증가에 크게 기여하였다. 오늘날에는 유전자 조작 기술을 이용하여 인간에게 유용한 특징을 갖는 생물을 만들어 내는 단계에 이르렀다. 다양한 생물 자원을 이용하기 위해서는 생물 다양성■이 확보되어야 한다. 다양한 생물 종은 그 자체로 지구와 우리 인류에게 귀중한 자원이다.

■ **생물 다양성**(生物多樣性): 특정 지역 내 생물들이 갖는 종, 유전자, 생태계의 다양함.

Tip 생물 자원의 확보와 보전을 위한 국제적인 움직임이 곳곳에서 추진되는 흐름에 맞추어서 우리나라도 2007년 국립생물자원관(http://www.nibr.go.kr)을 설립하여 국가적인 차원에서 생물 자원을 확보하고 관리할 수 있는 능력을 갖게 되었다. 인천광역시 서구에 위치한 국립생물자원관은 우리나라의 고유 생물과 자생 생물들의 표본을 소장·연구하고 있으며, 생물 자원의 이해를 위한 전시관도 운영 중이다.

주제 **35**

지속 가능한 발전

〔보전할 지 持, 계속할 속 續, 될 가 可, 능할 능 能, -, 일어날 발 發, 펼 전 展〕
sustainable development

현재의 자연환경을 미래 지향적으로 보전하고 개발하여 경제 발전을 도모하는 것

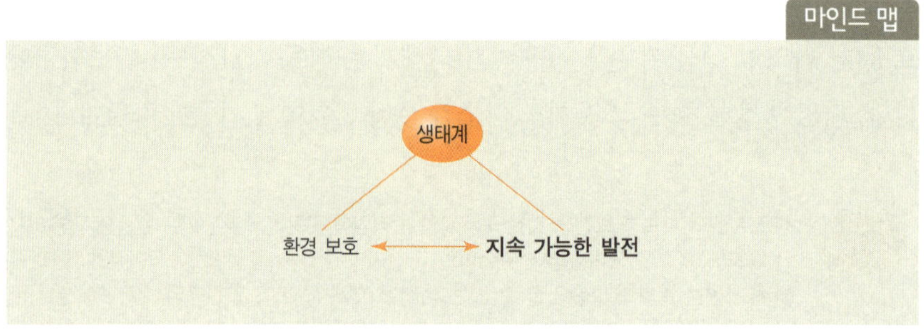

'지속 가능한 발전'이란 말은 1987년 세계 환경개발 위원회**WCED**에서 처음 사용한 개념이다. '우리의 미래**Our Common Future**'라는 보고서에서 "미래의 세대가 그들의 필요를 충족시킬 수 있는 가능성을 손상시키지 않는 범위에서 현재 세대의 필요를 충족시키는 개발"이라고 지속 가능한 발전이란 말의 정의를 내렸다. 물론 여기서의 개발이란 먼저 자연 자원의 개발을 의미하는데, 생물 자원**▪** 또한 이러한 개발 대상에 포함된다.

'환경적으로 건전하고 지속 가능한 개발**environmentally sound and sustainable development: ESSD**'의 개념이 지속 가능한 개발의 핵심이며, 이는 환경 보전과 경제 발전 그리고 사회 발전을 조화시켜 현 세대 인류의 삶의 질을 향상시키고 이것이 미래 세대에게 전달되기를 지향한다.

지속 가능한 발전은 3가지 요소가 공통적으로 추구하는 목적의 교집합이

▪생물 자원(生物資源): 인류를 위해 이용될 수 있는 생태계의 모든 생물적 요소

되는데, 첫 번째 요소인 사회social는 자연과 조화를 이룬 건강하고 생산적인 삶을 지향하고, 두 번째 요소인 환경environment은 현재 세대가 쾌적한 삶을 누릴 뿐 아니라 후대 세대 또한 그러한 혜택을 받도록 깨끗한 환경을 조성하는 것을 목표로 한다. 세 번째 요소인 경제economy는 생태계와 환경을 훼손하지 않고 인간이 지속적으로 발전할 수 있는 경제 개발을 추구하는 것을 목표로 한다.

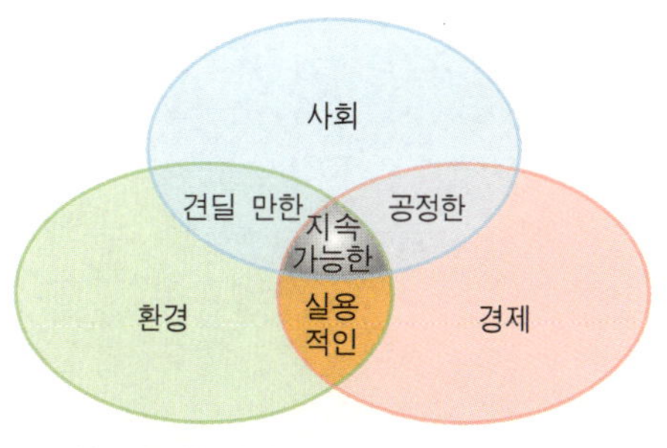

▲ 지속 가능한 발전의 모식도

지속 가능한 발전은 3개의 다리, 즉 경제·이익, 환경·지구, 공정성·인간이 있는 의자로 비유되기도 한다. 경제(economy)는 이익(profits)을 추구하며, 환경(environment)은 우리 삶의 터전이 되는 지구(planet)의 보전을 추구하고, 마지막으로 공정성(equity)은 인간(people)과 자연의 조화를 추구한다.

생명
과학